高等院校计算机教材系列

DISCRETE MATHEMATICS
AND ITS APPLICATIONS

离散数学及其应用

陈琼 主编

马千里 周育人 副主编

胡劲松 罗荣华 参编

机械工业出版社
China Machine Press

图书在版编目（CIP）数据

离散数学及其应用 / 陈琼主编 . —北京：机械工业出版社，2014.8（2021.8 重印）
（高等院校计算机教材系列）

ISBN 978-7-111-47488-3

I. 离…　II. 陈…　III. 离散数学 – 高等学校 – 教材　IV. O158

中国版本图书馆 CIP 数据核字（2014）第 169946 号

　　本书根据计算机专业对离散数学的教学要求编写而成。全书共分数理逻辑，集合、关系和函数，组合数学，图论，代数结构五个部分。书中对离散数学的基本概念、理论和方法进行了严谨、系统的阐述，配备了大量的典型例题和不同难度的习题，注重理论联系实际，给出了丰富的应用实例，可为计算机专业学生和科研人员提供必要的数学基础知识。

　　本书可用于普通高等院校计算机科学、计算机工程各专业本科生的离散数学教材，也可作为工程技术人员和其他专业学生的参考书。

出版发行：机械工业出版社（北京市西城区百万庄大街 22 号　邮政编码：100037）
责任编辑：曲　熠　　　　　　　　　　　　　责任校对：董纪丽
印　　刷：北京捷迅佳彩印刷有限公司　　　　版　　次：2021 年 8 月第 1 版第 7 次印刷
开　　本：185mm×260mm　1/16　　　　　　印　　张：16.5
书　　号：ISBN 978-7-111-47488-3　　　　　定　　价：35.00 元

凡购本书，如有缺页、倒页、脱页，由本社发行部调换
客服热线：（010）88378991　88361066　　　　　投稿热线：（010）88379604
购书热线：（010）68326294　88379649　68995259　　读者信箱：hzjsj@hzbook.com

版权所有·侵权必究
封底无防伪标均为盗版
本书法律顾问：北京大成律师事务所　韩光 / 邹晓东

前　　言

离散数学研究离散结构及其相互关系，是计算机科学与工程各专业的核心基础课。离散数学充分描述了计算机科学离散性的特点，是数据结构、编译系统、数据库原理、计算机组成原理、算法分析、人工智能、信息安全、计算机网络等计算机专业课程的数学基础。学习离散数学不仅能够帮助学生更好地理解与掌握专业课程的教学内容，同时也可以为学生在将来的计算机科学技术的研究和工程应用中打下坚实的理论基础。

作为计算机专业的重要课程，我们在教学过程中参考了国内外许多优秀的离散数学教材，精心组织教学内容，在强化学生的理论基础的同时，注重理论和实践的结合，培养学生运用基本理论解决问题的能力。本教材按照计算机科学与技术专业对离散数学的教学要求、结合教学组老师多年来的教学实践编写而成。

本书对离散数学的核心知识单元进行系统的理论阐述，对离散数学的分析证明方法进行严谨的介绍，并通过丰富的实际应用实例介绍实际离散系统的建模，帮助读者在掌握坚实的基础理论的同时，理解离散数学理论在科学研究和后续课程中的应用，了解理论是如何解决实际应用问题的，从而提高学生应用理论知识分析问题和解决问题的能力，提高计算思维能力。本书分数理逻辑，集合、关系和函数，组合数学，图论，代数结构五部分，每部分均配有大量典型例题和难易程度不同的习题，并紧密结合实际应用，介绍离散数学在科学领域的应用，使学生对离散数学课程的认识由抽象、枯燥转变为易学、有趣。本书内容翔实，理论与实践相结合、深入浅出，是一本学术性和可读性都很强的教学参考书。

本教材适用于计算机科学、计算机工程、软件工程等不同专业方向和不同学校的离散数学教学。与本教材配套的电子教案和习题解答将陆续推出，以便为使用本教材的学生和教师提供参考。

本书的编写和出版得到机械工业出版社的大力支持，得到许多教师及业界同仁的帮助，收到了许多宝贵的意见，在此我们表示衷心的感谢。编写过程中，我们参考了很多离散数学方面的教材和参考资料，在此也向文献作者表示感谢。由于编著者水平有限，书中难免存在疏漏和不妥之处，敬请读者批评指正。

编者
2014 年 5 月

教 学 建 议

教学章节		教学要求	课时
第一部分 数理逻辑	第1章 命题逻辑	掌握命题的基本概念 掌握联结词的定义、能准确应用它们表示命题 掌握命题公式的分类和公式类型的判定 熟悉命题演算的等价关系式 了解其他联结词和最小全功能联结词集 掌握求主析取范式和主合取范式的方法 掌握推理的概念和命题演算的推理	10~12
	第2章 谓词逻辑	掌握谓词逻辑的基本概念 了解谓词公式的解释和分类 熟悉谓词演算的关系式 了解前束范式的概念 掌握谓词演算推理理论和推理问题的证明 了解谓词演算推理的应用	6~8
第二部分 集合、关系和函数	第3章 集 合	掌握集合的概念及表示 掌握集合间的关系判断 熟悉集合的运算	2~4
	第4章 关系和函数	掌握关系的定义和表示 掌握关系的复合运算和逆运算 掌握关系性质的定义和判断、关系闭包的求法 掌握等价关系、偏序关系的概念及证明 掌握函数的定义 掌握单射、双射和满射函数的判断和证明 了解集合的基数的概念,掌握无限集合的比较方法	14~18
第三部分 组合数学	第5章 计 数	掌握基本计数法则及其应用 掌握排列和组合计数方法、多重集的排列和组合计数方法 掌握容斥原理及应用 了解鸽巢原理	4~6
	第6章 高级计数技术	掌握递推方程、常系数线性齐次递推方程和常系数线性非齐次递推方程的求解方法 掌握生成函数的定义 了解生成函数的应用	8~10
第四部分 图 论	第7章 图 论	掌握图的基本概念和图的分类 理解通路、回路和连通的概念 掌握用邻接表、邻接矩阵、关联矩阵、可达矩阵表示图的方法 了解图的应用	6~8
	第8章 特 殊 图	掌握欧拉图和哈密顿图的判定 了解带权图,掌握求最短路径算法,了解旅行商问题和中国邮路问题的求解方法 理解匹配的概念,掌握二分图的定义及判定 掌握平面图的定义和判定 了解图的着色的概念及其应用	6~8

（续）

教学章节		教学要求	课时
第四部分 图　论	第9章 树	掌握无向树、有向树的概念 掌握最小生成树的概念、求最小生成树的方法，了解最小生成树的应用 掌握根树的概念，理解根树的遍历算法 了解根树的应用，掌握求前缀码、最优二元树的方法及其应用，了解决策树的概念	4～6
第五部分 代数结构	第10章 代数系统	掌握代数系统的定义、性质和分类，代数系统的同态和同构的概念 掌握群、半群、子群的定义、性质及证明方法 掌握循环群和置换群的概念和相关结论的证明 了解环和域的概念及证明	8
	第11章 格与布尔代数	掌握格、分配格、有界格、有补格、有补分配格的概念，能够证明格中的等式或不等式 掌握判定一个偏序集或代数系统是否构成格的方法 掌握布尔代数的概念，了解布尔代数在数字电路中的应用	8
总课时			80～92

说明：

1）完成全部教学内容，建议教学课时为80～92，不同学校可以根据各自的教学要求和计划课时数对教学内容进行取舍。

2）如果计划课时数较少，可以只讲第一、二、四部分，即数理逻辑，集合、关系和函数，图论。计划课时为48。第一、二、四部分中，1.3.2节、1.3.3节、3.4节、3.5节、4.8.5节、5.4节、8.2.3节、8.4.3节、9.4.3节可以略去不讲。

目　　录

第一部分

数 理 逻 辑

第1章 命 题 逻 辑

逻辑学是研究思维规律及推理的形式结构的科学。数理逻辑是用数学方法研究推理过程的科学，是计算机科学的理论基础之一。数理逻辑不仅对理解数学推理十分重要，而且在计算机电路设计、计算机程序设计、程序设计正确性的证明、程序设计语言、人工智能等计算机科学的其他领域都有广泛的应用。命题逻辑是数理逻辑的基本组成部分，是以命题为推理的基本单位的逻辑系统。本章介绍命题逻辑的基本知识、基本思想和方法。

1.1 命题与联结词

1.1.1 命题的概念

定义 1.1.1 **命题**是用陈述句表示的一个或者为真或者为假，但不能同时既为真又为假的判断语句。

命题代表人们进行思维时的一种判断，或者是肯定，或者是否定，因此命题只能为真或假，把这种真假的结果称为命题的**真值**。如果命题的真值为真，称该命题为**真命题**，其真值可用"T"或"1"表示；如果命题的真值为假，称该命题为**假命题**，其真值可用"F"或"0"表示。

例 1.1.1 判断下列句子哪些是命题？若是命题，判断其真值。

1）$2+3=5$。

2）$2+3=6$。

3）北京是中国的首都。

4）2013 年 5 月 1 日是星期日。

5）$3-x=5$。

6）请关上门。

7）几点了？

8）除地球外的星球有生物。

9）多漂亮的花啊！

10）对每一对实数 x、y，都有 $x+y=y+x$。

解 1）、2）、3）、4）、8）、10）是命题，5）、6）、7）、9）不是命题。1）、3）、10）的真值为 1，2）、4）的真值为 0。8）是命题，能判断真假，其真值是唯一确定的，只是目前人们不知道。5）不是命题，因为 x 是变元，它的真值不确定。6）是祈使句，7）是疑问句，9）是感叹句。祈使句、疑问句、感叹句表示的语义没有真假，所以都不是命题。◀

注意：表示命题的陈述句可判断真假，具有唯一真值。悖论是陈述句，但不能判断其真假,不是命题。例如,"我只给所有不给自己理发的人理发"不是命题。

引入英文字母表示任意的命题,就像用字母表示数学变元那样。表示命题的符号称为命题变元,通常用 p、q、r…或 P、Q、R…表示命题变元。命题变元没有真值,只有表示一个确定的命题后,才有真值。如用 p 表示命题"$2+3=6$",这时 p 的真值为 0,也可以用 p 表示命题"$2+3=5$",这时 p 的真值为 1。

定义 1.1.2 表示命题的陈述语句如果不能分解为更简单的陈述语句,称这样的命题为**简单命题**或**原子命题**;表示命题的陈述句由几个简单句和连词组合而成,称为**复合命题**。

本书中用小写英文字母表示简单命题。如用 p 表示简单命题"北京是中国的首都"。数理逻辑中定义了相应于自然语言中的连词的联结词,通常用英文字母和联结词的组合表示复合命题。

定义 1.1.3 用英文字母或英文字母和联结词的组合表示命题,称为**命题的符号化**。

1.1.2 联结词

定义 1.1.4 设 p 是一个命题,$\neg p$ 表示一个新命题"非 p"。"$\neg$"是**否定联结词**,命题 $\neg p$ 称为 p 的否定。当且仅当 p 为假时,$\neg p$ 为真。

真值表给出命题真值之间的关系。表 1.1.1 给出命题变元 p 及其否定的所有可能的真值,称为否定联结词"$\neg$"的真值表。

例如,p:今天是晴天,则 $\neg p$:今天不是晴天。注意,$\neg p$ 不能理解为"今天是雨天",因为"今天是晴天"的否定并不是"今天是雨天",还可能是"今天是阴天"、"今天是下雪天"等。

表 1.1.1 $\neg p$ 的真值表

p	$\neg p$
1	0
0	1

自然语言中表示否定的连词"非"、"不"、"没有"、"无"、"并非"等都可用 $\neg$ 来表示。

定义 1.1.5 设 p、q 表示任意两个命题,$p \wedge q$ 可表示复合命题"p 并且 q"。"$\wedge$"称为**合取**联结词。命题 $p \wedge q$ 称为 p 和 q 的合取。当且仅当 p 和 q 同时为真时,$p \wedge q$ 为真,真值表见表 1.1.2。

表 1.1.2 $p \wedge q$ 的真值表

p	q	$p \wedge q$
1	1	1
1	0	0
0	1	0
0	0	0

例如,p:今天是晴天;q:今天去公园。则 $p \wedge q$ 表示今天是晴天并且今天去公园。

自然语言中的"和"、"与"、"也"、"并且"、"既……又……"、"不仅……而且……"、"虽然……但是……"等表示同时的连词都可用 $\wedge$ 来表示。假设 p:小李聪明;q:小李用功。则"小李既聪明又用功"和"小李不仅聪明而且用功"均可符号化为 $p \wedge q$。

表 1.1.3 $p \vee q$ 的真值表

p	q	$p \vee q$
1	1	1
1	0	1
0	1	1
0	0	0

定义 1.1.6 设 p、q 是任意两个命题,$p \vee q$ 可表示复合命题"p 或 q","$\vee$"称为**析取**联结词。命题 $p \vee q$ 称为 p 和 q 的析取。当且仅当 p 和 q 都为假时,$p \vee q$ 为假。真值表见表 1.1.3。

例如，p：电灯不亮是灯泡有问题所致；q：电灯不亮是线路有问题所致。则 $p \lor q$ 表示电灯不亮是灯泡或线路有问题所致。

析取联结词可表示自然语言中的"或"、"可能……可能……"、"或者……或者……"等。自然语言中的"或"具有二义性，有时表示兼容性或，有时表示不兼容性或。由定义可以看出，$p \lor q$ 表示的是兼容性或，即容许 p 和 q 的真值中一个为真，或 p 与 q 的真值都为真。而对于命题"派小王或小李中的一人去开会"，其中的"或"表达的是不兼容性或（又称排斥或）。假设 p 表示命题"派小王去开会"，q 表示命题"派小李去开会"，该句不能符号化为 $p \lor q$ 的形式，而应符号化为 $(p \land \neg q) \lor (\neg p \land q)$。在命题逻辑中，将不兼容性或称为"异或"。

定义 1.1.7　设 p、q 为任意两个命题，$p \rightarrow q$ 可表示复合命题"如果 p，则 q"，"$\rightarrow$"称为**蕴涵**联结词。命题 $p \rightarrow q$ 称为 p 与 q 的蕴涵式。当且仅当 p 为真、q 为假时，$p \rightarrow q$ 为假。真值表见表 1.1.4。

表 1.1.4　$p \rightarrow q$ 的真值表

p	q	$p \rightarrow q$
1	1	1
1	0	0
0	1	1
0	0	1

例如，p：今天天气晴朗；q：我们去海滩。则 $p \rightarrow q$ 表示"如果今天天气晴朗，我们就去海滩"。

蕴涵式 $p \rightarrow q$ 表示的逻辑关系是：p 是 q 的充分条件，q 是 p 的必要条件。因此形如"如果 p，则 q"、"如果 p，那么 q"、"当 p 则 q"、"p 仅当 q"等复合命题都可以符号化为 $p \rightarrow q$ 的形式。形如 $p \rightarrow q$ 的蕴涵式中，称 p 为蕴涵前件，q 为蕴涵后件。

例 1.1.2　将下列命题符号化。

1）如果天气晴朗，我们去海滩。

2）仅当天气晴朗，我们去海滩。

解　假设，p：天气晴朗；q：我们去海滩。

1）可符号化为 $p \rightarrow q$，因为"天气晴朗"是"我们去海滩"的充分条件。

2）可符号化为 $q \rightarrow p$，这句的"天气晴朗"是"我们去海滩"的必要条件。　◀

注意，只有 p 的真值为真而 q 的真值为假时，$p \rightarrow q$ 的真值为假；当 p 和 q 的真值都为真，或 p 的真值为假（无论 q 的真值为真还是假）时，$p \rightarrow q$ 的真值都为真。蕴涵式的前件的真值为假，后件的真值为任何值时，蕴涵式的真值都为真，对此，可以理解为当规定的前提条件不成立时，得出任何结论都是有效的。例如，命题"如果 $2+3=6$，则太阳从东方升起"和"如果 $2+3=6$，则太阳从西方升起"的真值都为真。

这两个命题的假设和结论之间没有什么联系，在自然语言中，我们不会使用这样的条件句。在数学推理中，条件语句作为一个数学概念不依赖于假设和结论之间的语义关系。

定义 1.1.8　设 p、q 为任意两个命题，$p \leftrightarrow q$ 可表示命题"p 当且仅当 q"。"$\leftrightarrow$"称为**等价**联结词。命题 $p \leftrightarrow q$ 称为等值式。当且仅当 p 和 q 同时为真或同时为假时，$p \leftrightarrow q$ 为真。真值表见表 1.1.5。

表 1.1.5　$p \leftrightarrow q$ 的真值表

p	q	$p \leftrightarrow q$
1	1	1
1	0	0
0	1	0
0	0	1

等值式 $p \leftrightarrow q$ 表示 p 与 q 互为充分必要条件的逻辑关系，也就是表示形如"p 当且仅当 q"、"如果 p，那么 q，反之亦然"等的命题。

例如，p：两个三角形是全等的；q：两个三角形的三条对应边相等。则 $p \leftrightarrow q$ 表示"两个三角形是全等的当且仅当它们的三条对应边相等"。

也可以用一个英文字母来表示复合命题，但在推理问题的研究中有时是不适合的。对于一个复合命题，通常先分析出其中包含的简单命题及它们之间的关系，分别用英文字母表示每一个简单命题，选用合适的联结词表示命题间的关系，然后用联结词联结表示简单命题的字母，组成复合命题的表示式。

例 1.1.3 将下列命题符号化。

1）虽然天气很冷，老王还是来了。

2）小王和小李是好朋友。

3）小王和小李是好学生。

4）小王或小李中的一人是游泳冠军。

5）只有学过微积分或数学系的学生，才可以选修这门课。

6）如果明天早晨 6 点不下雨，我就去跑步。

7）今天下雨与 $3+3=6$。

8）登录服务器必须输入一个有效的口令。

9）$2+3=5$ 的充要条件是加拿大位于亚洲。

解 1）设 p：天气很冷；q：老王来了。则 1）可符号化为 $p \wedge q$。

2）这句虽然有连词"和"，但是个简单句，可用 p 表示"小王和小李是好朋友"。

3）这句中的连词"和"连接两个简单句"小王是好学生"和"小李是好学生"，分别用 p 和 q 表示这两个简单命题，则可符号化为 $p \wedge q$。

4）这句中的"或"是不兼容性或，因此应符号化为 $(p \wedge \neg q) \vee (\neg p \wedge q)$，其中 p 表示"小王是游泳冠军"，q 表示"小李是游泳冠军"。

5）这句含有 3 个简单命题，可分别用 p、q、r 来表示，设 p：学过微积分的学生；q：数学系的学生；r：你可以选修这门课。这句中含有的"或"是兼容性或，"只有……才……"的表达方式表示"你学过微积分或是数学系的学生"是"你可以选修这门课"的必要条件，所以，这个命题可以符号化为 $r \rightarrow (p \vee q)$。

6）设 p：明天早晨 6 点下雨；q：我去跑步。则 6）可符号化为 $\neg p \rightarrow q$，或者也可以符号化为 $\neg q \rightarrow p$。

7）设 p：今天下雨；q：$3+3=6$。则 7）可符号化为 $p \wedge q$。

8）设 p：登录服务器；q：输入一个有效的口令，则 8）可符号化为 $p \rightarrow q$。

9）设 p：$2+3=5$；q：加拿大位于亚洲，则 9）可符号化为 $p \leftrightarrow q$。 ◀

有些命题在自然语言中可能是没有意义的，如上例中的命题 7），其中包含的两个简单句语义上没有联系，逻辑上是合取关系。在数理逻辑中，$p \wedge q$、$p \vee q$、$p \rightarrow q$、$p \leftrightarrow q$ 中的 p 和 q 可以没有语义上的联系。

这里定义了 5 个主要联结词：$\neg$，$\wedge$，$\vee$，$\rightarrow$，$\leftrightarrow$。其中"$\neg$"是一元联结词，"$\wedge$、$\vee$、$\rightarrow$、$\leftrightarrow$"是二元联结词。与普通运算符一样，可以规定运算的优先级，优先顺序为 $\neg$、$\wedge$、$\vee$、$\rightarrow$、$\leftrightarrow$。例如，$p \vee q \rightarrow r$ 等同于 $(p \vee q) \rightarrow r$。若有括号，先进行括号中的内容的

运算。括号有时被省略，如¬$p \land q$是¬p和q的合取，这里是省略了¬p的括号，即$(¬p) \land q$，而不是p和q的合取的否定，即¬$(p \land q)$。合取运算符的优先级高于析取运算符，但这个规则不好记，所以使用括号来区别合取运算符和析取运算符的顺序。对于条件运算符和双条件运算符，也使用括号区分它们的运算顺序。

例1.1.4　将下列命题符号化，并指出它们的真值：

1）1＋1＝2和2＋3＝6。

2）1＋1＝2或猴子是飞禽。

3）若2＋3＝6，则猴子是飞禽。

4）若猴子不是飞禽，则1＋1＝2和2＋3＝6。

5）若2＋3＝6或猴子是飞禽，则1＋1＝2。

6）2＋3＝6当且仅当猴子不是飞禽。

解　设p：1＋1＝2，q：2＋3＝6，r：猴子是飞禽，则p表示的命题真值为1，q表示的命题真值为0，r表示的命题真值也为0。因而命题符号化为：

1）$p \land q$，真值为0，因为p和q中有一个为0。

2）$p \lor q$，真值为1，因为p和q中有一个为1。

3）$q \rightarrow r$，真值为1，因为这个条件蕴涵式的前件为0，当条件蕴涵式的前件为0时，无论它的后件的真值为1还是0，这个条件蕴涵式的真值都为1。

4）¬$r \rightarrow p \land q$，真值为0，因为这个条件蕴涵式的前件为1，后件为0。

5）$q \lor r \rightarrow p$，真值为1，原因同3）。

6）$q \leftrightarrow ¬r$，真值为0，因为q为0，¬r为1。　　◄

除了这五个联结词外，还定义了一些表示其他逻辑关系的联结词。常用的有与非联结词、或非联结词和异或联结词等。下面给出它们的定义。

定义1.1.9　设p和q是任意两个命题，$p \uparrow q$可表示复合命题"p和q的与非"，"$\uparrow$"称为**与非联结词**。命题$p \uparrow q$称为p和q的与非式。当且仅当p和q同时为真时，$p \uparrow q$为假。真值表见表1.1.6。可以看出，与非式$p \uparrow q$和¬$(p \land q)$等值。

表1.1.6　$p \uparrow q$的真值表

p	q	$p \uparrow q$
1	1	0
1	0	1
0	1	1
0	0	1

定义1.1.10　设p、q是任意两个命题，$p \downarrow q$可表示复合命题"p和q的或非"，"$\downarrow$"称为**或非联结词**。命题$p \downarrow q$称为p和q的或非式。当且仅当p和q同时为假时，$p \downarrow q$为真。真值表见表1.1.7。可以看出，或非式$p \downarrow q$和¬$(p \lor q)$等值。

表1.1.7　$p \downarrow q$的真值表

p	q	$p \downarrow q$
1	1	0
1	0	0
0	1	0
0	0	1

定义1.1.11　设p和q是任意两个命题，$p \oplus q$可表示复合命题"p、q之中恰有一个成立"，"$\oplus$"称为**异或**（不兼容性或）联结词。命题$p \oplus q$称为p和q的异或式。当且仅当p和q恰有一个为真时，$p \oplus q$为真。真值表见表1.1.8。可以看出，异或式$p \oplus q$和$(p \land ¬q) \lor (¬p \land q)$等值。

表1.1.8　$p \oplus q$的真值表

p	q	$p \oplus q$
1	1	0
1	0	1
0	1	1
0	0	0

在计算机中，这些联结词表示的逻辑关系可以用数字电路中的门电路实现，例如，表示"非"逻辑关系的否定联结词¬用数字电路中的"非门"实现，∧联结词用"与门"实现，∨联结词用"或门"实现，→和↔实际上可以用¬、∧和∨三个联结词来表示，所以可以用非门、与门和或门组合的电路来实现。图 1.1.1 是非门、与门和或门的电路符号。

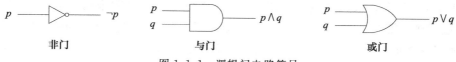

图 1.1.1　逻辑门电路符号

非门有一个输入端和一个输出端，与门和或门有两个或两个以上的输入端和一个输出端。与非、或非和异或逻辑关系可用与非门、或非门和异或门实现。在计算机电路中经常用到这些门电路。

例 1.1.5 用逻辑电路实现命题公式 $(p \lor q) \land \neg p$。

解 可以用图 1.1.2 所示的逻辑电路实现命题公式 $(p \lor q) \land \neg p$。 ◄

逻辑联结词广泛应用于信息检索中，例如，大部分网络搜索引擎支持布尔检索技术。在布尔检索中，联结词 AND 用于匹配同时包含两个检索项的记录，联结词 OR 用于匹配至少包含一个检索项的记录，而联结词 NOT 用于排除某个特定的检索项。采用布尔检索时，细心安排逻辑联结词的使用有助于有效找到特定主题的网页和信息。

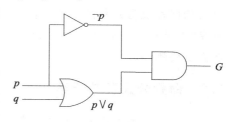

图 1.1.2　逻辑电路图

使用逻辑运算符可以把自然语言表示的命题翻译成由命题变元和逻辑联结词组成的表达式，具有重要的应用，例如，在说明计算机硬件系统和软件系统时，将自然语言翻译成逻辑表达式是很重要的部分。对于一些逻辑难题，可以用逻辑表达式表示，然后推理求解。

例 1.1.6 将下面的系统规范说明翻译成逻辑表达式，并确定这些系统规范说明是否一致。

"当且仅当系统正常操作时，系统处于多用户状态。"

"如果系统正常操作，则它的核心程序正在运行。"

"核心程序没有正常运行，或者系统处于中断模式。"

"系统不处于中断模式。"

解 令 p 表示"系统正常操作"，q 表示"系统处于多用户状态"，r 表示"核心程序正在运行"，s 表示"系统处于中断模式"，则上述规范说明可以表示为

$$p \leftrightarrow q, \quad p \rightarrow r, \quad \neg r \lor s, \quad \neg s$$ ◄

系统和软件工程师从自然语言中提取需求，生成精确的、无歧义性的规范说明，这些规范说明可作为软件开发的基础。系统规范说明应该是一致的，不应该包含有冲突的需求。当规范说明不一致时，无法开发出满足所有规范说明的系统。

若¬s 为真，则 s 需为假。当 s 为假时，¬$r \lor s$ 为真则必须 r 为假，这时 p 必须为假，才能使 $p \rightarrow r$ 为真。当 p 为假时，必须 q 为假，才有 $p \leftrightarrow q$ 为真。因此，当 s、r、p、q 都

为假时，上述规范说明的逻辑表达式的真值都为真，这四个规范说明是一致的。

如果在上述规范说明中增加一个"如果系统不处于多用户状态，它就处于中断状态"，表示为逻辑表达式 $\neg q \rightarrow s$。当 q 和 s 都为假时，$\neg q \rightarrow s$ 为假。因此，这五个规范说明就是不一致的。

例 1.1.7　三个客人坐在餐馆，服务生问："每个人都要咖啡吗？"第一位客人回答："我不知道。"接着第二位客人也回答："我不知道。"最后，第三位客人回答："不是每个人都要咖啡。"一会儿，服务生回来，将咖啡递给需要的客人。请问服务生是如何判断哪位客人需要咖啡的？

解　根据三位客人的回答，服务生给第一位客人和第二为客人送来咖啡。

设 p、q、r 分别表示第一、二、三位客人要咖啡。如果每个人都要咖啡，则 $p \wedge q \wedge r$ 为真。如果第一位客人不要咖啡，则 p 为假，这时 $p \wedge q \wedge r$ 为假，可以说"不是每个人都要咖啡"。第一个客人的回答是"我不知道"，服务生可以判断 p 不为假。根据第二个人的回答可以判断 q 为真，因为 q 为假时，第二个客人就知道"不是每个人都要咖啡"。第三位客人的回答说明 r 为假，因为这时已知 p 和 q 都为真，只有 r 为假，$p \wedge q \wedge r$ 才为假，也就是"不是每个人都要咖啡"。因此，服务员可以断定第一位和第二位客人要咖啡，第三位客人不要咖啡。　◀

1.2　命题公式及其分类

上一节介绍了几个常用的联结词及其组成的基本复合命题表达式 $\neg p$、$p \wedge q$、$p \vee q$、$p \rightarrow q$、$p \leftrightarrow q$ 等，其中 p、q 可以代表特定的命题，也可以代表任意的命题。当 p、q 代表特定的命题时，真值是确定的，称为命题常量（常项）。当 p、q 代表任意的命题时，称为命题变元（变项）。由代表命题常量或命题变元的字母、联结词、括号等组成的符号串称为命题公式，但不是由这些符号任意组成的符号串都是命题公式。下面给出命题公式的定义。

定义 1.2.1

1）每一个命题常量或命题变元都是命题公式。

2）如果 A 是命题公式，则 $(\neg A)$ 是命题公式。

3）如果 A 和 B 都是命题公式，则 $(A \wedge B)$、$(A \vee B)$、$(A \rightarrow B)$、$(A \leftrightarrow B)$ 都是命题公式。

4）一个由命题常量或命题变元、联结词和括号所组成的符号串是命题公式，当且仅当这个符号串是有限次应用上面的步骤得到的。

命题公式可以简称为公式。根据定义，$\neg(p \vee q)$、$p \rightarrow (q \rightarrow r)$、$(p \wedge q) \leftrightarrow r$ 等都是命题公式。为了书写方便，一般 $(\neg A)$ 的括号及整个公式最外层的括号可以省略，例如，$((((p \vee (\neg q)) \rightarrow r)$ 可写成 $(p \vee \neg q) \rightarrow r$。

一个含有命题变元的命题公式的真值是不确定的。只有当公式中的所有命题变元代表特定的命题时，命题公式才成为命题，其真值才唯一确定。例如，命题公式 $p \wedge q$ 中，若指定 p 为"2 是素数"，q 为"3 是奇数"，也就是 p 的真值为真，q 的真值为真，则 $p \wedge q$ 为真命题；若指定 p 为"2 是素数"，q 为"3 是偶数"，则 $p \wedge q$ 为假命题，因为 p 的真值为真，而 q 的真值为假。对命题公式的各个命题变元指定一个特定的命题，实际上就是对这个公式的解释，或称为赋值。对命题公式的解释或赋值的定义如下。

定义 1.2.2　若命题公式 A 含有的全部命题变元为 p_1，p_2，$\cdots$，p_n，给 p_1，p_2，$\cdots$，p_n 指定一组真值，称为对 A 的一个**解释**或**赋值**。使 A 的真值为真的赋值称为**成真赋值**，使 A 的真值为假的赋值称为**成假赋值**。通常赋值与命题变元之间按下标或字母顺序对应，即当 A 的全部命题变元为 p_1，p_2，$\cdots$，p_n 时，给 A 赋值 α_1，α_2，$\cdots$，α_n，是指 $p_1 = \alpha_1$，$p_2 = \alpha_2$，$\cdots$，$p_n = \alpha_n$；当 A 的全部命题变元为 p，q，r，$\cdots$ 时，给 A 赋值 α_1，α_2，α_3，$\cdots$ 是指 $p = \alpha_1$，$q = \alpha_2$，$r = \alpha_3$，$\cdots$。

例如，公式 $A \Leftrightarrow (p \vee \neg q) \to r$，$p = 0$、$q = 1$、$r = 0$ 是对 A 的一个赋值，这时 A 的真值为 1；$p = 1$、$q = 1$、$r = 0$ 是对 A 的又一个赋值，这时 A 的真值为 0。也就是 010 是公式 A 的一个成真赋值，而 110 是公式 A 的一个成假赋值。

含 $n(n \geqslant 1)$ 个命题变元的命题公式，共有 2^n 个不同的赋值。将命题公式在所有赋值下的真值列成一个表，称为该命题公式的真值表。命题公式有 n 个命题变元，它的真值表有 2^n 行。n 个命题变元的不同的真值表有 2^{2^n} 个。

例 1.2.1　写出下列公式的真值表。

1）$p \to (q \wedge \neg r)$

2）$(p \to q) \vee (\neg p \to q)$

3）$\neg(\neg p \to q) \wedge q$

解　1）$p \to (q \wedge \neg r)$ 有 3 个变元，真值表有 8 行，见表 1.2.1。

表 1.2.1　公式 1）的真值表

p	q	r	$\neg r$	$q \wedge \neg r$	$p \to (q \wedge \neg r)$	p	q	r	$\neg r$	$q \wedge \neg r$	$p \to (q \wedge \neg r)$
0	0	0	1	0	1	1	0	0	1	0	0
0	0	1	0	0	1	1	0	1	0	0	0
0	1	0	1	1	1	1	1	0	1	1	1
0	1	1	0	0	1	1	1	1	0	0	0

在写出命题公式 $p \to (q \wedge \neg r)$ 的真值表时，按联结词的优先级次序，首先计算在各种赋值下 $\neg r$ 的真值，然后计算 $q \wedge \neg r$ 的赋值，最后算出 $p \to (q \wedge \neg r)$ 的真值。

2）同理可以写出 $(p \to q) \vee (\neg p \to q)$ 的真值表，见表 1.2.2。

表 1.2.2　公式 2）的真值表

p	q	$p \to q$	$\neg p \to q$	$(p \to q) \vee (\neg p \to q)$	p	q	$p \to q$	$\neg p \to q$	$(p \to q) \vee (\neg p \to q)$
0	0	1	0	1	1	0	0	1	1
0	1	1	1	1	1	1	1	1	1

3）$\neg(\neg p \to q) \wedge q$ 的真值表见表 1.2.3。

表 1.2.3　公式 3）的真值表

p	q	$\neg p \to q$	$\neg(\neg p \to q)$	$\neg(\neg p \to q) \wedge q$	p	q	$\neg p \to q$	$\neg(\neg p \to q)$	$\neg(\neg p \to q) \wedge q$
0	0	0	1	0	1	0	1	0	0
0	1	1	0	0	1	1	1	0	0

在表 1.2.1 中有些赋值使命题公式为真，有些赋值使命题公式为假。而在表 1.2.2 中，所有赋值均使命题公式的真值为 1，在表 1.2.3 中，所有赋值均使命题公式的真值为 0。◄

按照命题公式在各种赋值下的取值情况，可将命题公式分类如下。

定义 1.2.3　设 A 为一个命题公式。

1)若 A 在它的各种赋值下取值均为 1，则称 A 为**重言式**或**永真式**。

2)若 A 在它的各种赋值下取值均为 0，则称 A 为**矛盾式**或**永假式**。

3)若至少存在一种赋值使 A 的真值为 1，则称 A 为**可满足式**。

这三类公式之间有下面的关系：

1)公式 A 永真，则 $\neg A$ 永假，反之亦然。

2)公式 A 是可满足的，当且仅当 $\neg A$ 不是永真式。

3)公式 A 不是可满足的，则一定是永假式。

4)公式 A 不是永假式，则一定是可满足的。

判断一个命题公式的类型(即永真式、永假式、可满足式)可通过构造命题公式的真值表来实现，如上例中的公式 1)存在为真的赋值，也存在为假的赋值，是可满足式，公式 2)的所有赋值都使公式的真值为 1，是永真式，公式 3)的所有赋值都使公式的真值为 0，是永假式。

1.3　命题演算的关系式

1.3.1　等价关系式

定义 1.3.1　设 A 和 B 是两个命题(或命题公式)，若 $A \leftrightarrow B$ 是永真式，命题 A 和 B 称为**逻辑等价**的，可记为 $A \Leftrightarrow B$。

$A \leftrightarrow B$ 是永真式表示命题公式 A 和 B 在所有的赋值下都有相同的真值，也就是说命题公式 A 和 B 有相同的真值表。因此，可以用真值表判定两个命题是否等价。命题 A 和 B 等价当且仅当真值表中给出它们真值的两列完全相同。

例 1.3.1　证明 $p \to q$ 和 $\neg p \lor q$ 等价。

证明　表 1.3.1 是公式 $p \to q$ 和 $\neg p \lor q$ 的真值表。

对于 p 和 q 的所有赋值，$p \to q$ 和 $\neg p \lor q$ 的真值都一样。见表 1.3.1。

表 1.3.1　公式 $p \to q$ 和 $\neg p \lor q$ 的真值表

p	q	$p \to q$	$\neg p$	$\neg p \lor q$	p	q	$p \to q$	$\neg p$	$\neg p \lor q$
0	0	1	1	1	1	0	0	0	0
0	1	1	1	1	1	1	1	0	1

所以这两个公式等价，即 $p \to q \Leftrightarrow \neg p \lor q$。◄

例 1.3.2　证明：$p \land (q \lor r)$ 和 $(p \land q) \lor (p \land r)$ 逻辑等价。

证明　表 1.3.2 是公式 $p \land (q \lor r)$ 和 $(p \land q) \lor (p \land r)$ 的真值表。

表 1.3.2 公式 $p \wedge (q \vee r)$ 和 $(p \wedge q) \vee (p \wedge r)$ 的真值表

p	q	r	$p \wedge (q \vee r)$	$(p \wedge q) \vee (p \wedge r)$	p	q	r	$p \wedge (q \vee r)$	$(p \wedge q) \vee (p \wedge r)$
0	0	0	0	0	1	0	0	0	0
0	0	1	0	0	1	0	1	1	1
0	1	0	0	0	1	1	0	1	1
0	1	1	0	0	1	1	1	1	1

可以看出公式 $p \wedge (q \vee r)$ 和 $(p \wedge q) \vee (p \wedge r)$ 有相同的真值表，所以它们是等价的。 ◀

下面列出了一些重要的等价关系，它们都可以通过构造真值表来证明。在这些等价关系中，1 表示真值为真的任意命题常量，0 表示真值为假的任意命题常量。

1) $\neg(\neg p)) \Leftrightarrow p$ 双重否定

2) $p \wedge 1 \Leftrightarrow p$ 同一律

   $p \vee 0 \Leftrightarrow p$

3) $p \vee 1 \Leftrightarrow 1$ 零元律

   $p \wedge 0 \Leftrightarrow 0$

4) $p \vee p \Leftrightarrow p$ 等幂律

   $p \wedge p \Leftrightarrow p$

5) $p \vee q \Leftrightarrow q \vee p$ 交换律

   $p \wedge q \Leftrightarrow q \wedge p$

6) $(p \vee q) \vee r \Leftrightarrow p \vee (q \vee r)$ 结合律

   $(p \wedge q) \wedge r \Leftrightarrow p \wedge (q \wedge r)$

7) $p \vee (p \wedge q) \Leftrightarrow p$ 吸收律

   $p \wedge (p \vee q) \Leftrightarrow p$

8) $\neg(p \wedge q) \Leftrightarrow \neg p \vee \neg q$ 德·摩根律

   $\neg(p \vee q) \Leftrightarrow \neg p \wedge \neg q$

9) $p \wedge (q \vee r) \Leftrightarrow (p \wedge q) \vee (p \wedge r)$ 分配律

   $p \vee (q \wedge r) \Leftrightarrow (p \vee q) \wedge (p \vee r)$

10) $p \rightarrow q \Leftrightarrow \neg p \vee q$ 蕴涵等价式

11) $p \vee \neg p \Leftrightarrow 1$ 排中律

12) $p \wedge \neg p \Leftrightarrow 0$ 矛盾式

13) $(p \rightarrow q) \wedge (q \rightarrow p) \Leftrightarrow p \leftrightarrow q$ 等值式

14) $(p \rightarrow q) \wedge (p \rightarrow \neg q) \Leftrightarrow \neg p$ 归谬论

德·摩根律的两个逻辑等价公式很重要，它给出了否定合取和析取的方法。等价式 $\neg(p \wedge q) \Leftrightarrow \neg p \vee \neg q$ 说明命题变元的合取的否定等价于命题变元的否定的析取。同理，等价式 $\neg(p \vee q) \Leftrightarrow \neg p \wedge \neg q$ 说明命题变元的析取的否定等价于命题变元的否定的合取。德·摩根律还可以扩展到多个变元，有如下表达式

$$\neg(p_1 \wedge p_2 \wedge \cdots \wedge p_n) \Leftrightarrow \neg p_1 \vee \neg p_2 \vee \cdots \vee \neg p_n$$

或

$$\neg(p_1 \lor p_2 \lor \cdots \lor p_n) \Leftrightarrow \neg p_1 \land \neg p_2 \land \cdots \land \neg p_n$$

上式可以用数学归纳法进行证明。

利用上面的等价关系式和置换规则，可以进行命题公式的等价运算、命题公式的化简及推理问题的证明等。

置换规则　若公式 G 中的一部分 A（包含 G 中几个连续的符号）是公式，则称 A 为 G 的子公式；用与 A 逻辑等价的公式 B 置换 A 不改变公式 G 的真值。

利用已知的等价关系式，将其中的子公式用和它等价的公式置换可以推出其他一些等价关系式，这一过程称为命题的等价运算。利用命题的等价运算，可以判断两个命题是否等价，判断命题公式的类型及进行命题公式的化简等。

例 1.3.3　证明：$p \to q \Leftrightarrow \neg q \to \neg p$。

证明　$p \to q \Leftrightarrow \neg p \lor q$　　　　　　　　　　　　　蕴涵等价式

　　　　　　$\Leftrightarrow \neg(\neg q) \lor \neg p$　　　　　　　　　　交换律和双重否定式

　　　　　　$\Leftrightarrow \neg q \to \neg p$　　　　　　　　　　　　蕴涵等价式　　◄

若条件命题 A 为"如果 p，则 q"，称"如果非 q，则非 p"为 A 的逆否命题，称"如果 q，则 p"为 A 的逆命题，称"如果非 p，则非 q"为 A 的否命题。例 1.3.3 证明了一个条件命题和它的逆否命题是等价的。

例 1.3.4　利用命题的等价运算判断下列公式的类型。

1）$\neg p \land \neg(p \to q)$

2）$p \land (p \to q)$

3）$(p \lor q) \lor (\neg q \land \neg p)$

解　1）$\neg p \land \neg(p \to q) \Leftrightarrow \neg p \land \neg(\neg p \lor q)$　　　　蕴涵等价式

　　　　　　　$\Leftrightarrow \neg p \land (p \land \neg q)$　　　　　德·摩根律

　　　　　　　$\Leftrightarrow (\neg p \land p) \land \neg q$　　　　　结合律

　　　　　　　$\Leftrightarrow 0 \land \neg q$　　　　　　　　　矛盾式

　　　　　　　$\Leftrightarrow 0$　　　　　　　　　　　　零元律

　　　2）$p \land (p \to q) \Leftrightarrow p \land (\neg p \lor q)$　　　　　　蕴涵等价式

　　　　　　　$\Leftrightarrow (p \land \neg p) \lor (p \land q)$　　　分配律

　　　　　　　$\Leftrightarrow 0 \lor (p \land q)$　　　　　　零元律

　　　　　　　$\Leftrightarrow p \land q$　　　　　　　　　同一律

　　　3）$(p \lor q) \lor (\neg q \land \neg p) \Leftrightarrow (p \lor q) \lor \neg(q \lor p)$　　德·摩根律

　　　　　　　　$\Leftrightarrow (p \lor q) \lor \neg(p \lor q)$　　交换律

　　　　　　　　$\Leftrightarrow 1$　　　　　　　　　　排中律

因此，1）为永假式，2）为可满足式，3）为永真式。　　◄

例 1.3.5　化简公式 $(p \land q) \lor (p \land \neg q)$。

解　$(p \land q) \lor (p \land \neg q) \Leftrightarrow p \land (q \lor \neg q)$　　　　分配律

　　　　　　　$\Leftrightarrow p \land 1$　　　　　　　　排中律

　　　　　　　$\Leftrightarrow p$　　　　　　　　　　同一律　　◄

例 1.3.5 是利用等价关系式对命题公式进行化简，利用等价关系式还可以求逻辑电路的输出及对逻辑电路进行化简。

例 1.3.6 对于图 1.3.1 所示的逻辑电路，可否用更简单的电路实现该逻辑关系？

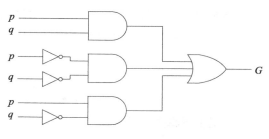

解 首先写出图 1.3.1 所示逻辑电路的逻辑表达式：$G \Leftrightarrow (p \wedge q) \vee (\neg p \wedge \neg q) \vee (p \wedge \neg q)$，化简这个公式

$$G \Leftrightarrow (p \wedge q) \vee (\neg p \wedge \neg q) \vee (p \wedge \neg q)$$
$$\Leftrightarrow (p \wedge q) \vee \neg q$$
$$\Leftrightarrow p \vee \neg q$$

因此，这个电路的输出是 $p \vee \neg q$，可以用更简单的电路实现上面电路的逻辑功能，见图 1.3.2。 ◀

图 1.3.1 逻辑电路

图 1.3.2 图 1.3.1 逻辑电路的等效电路

1.3.2 全功能联结词集

蕴涵等价式 $p \rightarrow q \Leftrightarrow \neg p \vee q$ 说明条件联结词 $\rightarrow$ 可以用 $\neg$ 和 $\vee$ 表示。1.1 节除了介绍五个主要联结词，还介绍了 $\uparrow$、$\downarrow$ 和 $\oplus$ 三个联结词。按照定义有

$$p \uparrow q \Leftrightarrow \neg(p \wedge q)$$
$$p \downarrow q \Leftrightarrow \neg(p \vee q)$$
$$p \oplus q \Leftrightarrow (p \wedge \neg q) \vee (\neg p \wedge q)$$

由此可见，$\uparrow$、$\downarrow$ 和 $\oplus$ 三个联结词可以用联结词 $\neg$、$\wedge$ 和 $\vee$ 表示。

定义 1.3.2 设 G 是一个联结词的集合，若任意一个命题都可用 G 中的联结词构成的命题公式来表示，则称 G 为**全功能联结词集**。如在 G 中去掉任何一个联结词，就不再具有这种特性，则称其为**最小全功能联结词集**。

可以证明，$\{\neg、\wedge、\vee\}$、$\{\neg、\wedge\}$、$\{\neg、\vee\}$、$\{\neg、\rightarrow\}$、$\{\uparrow\}$ 和 $\{\downarrow\}$ 都是全功能联结词集，而 $\{\neg、\wedge\}$、$\{\neg、\vee\}$、$\{\neg、\rightarrow\}$、$\{\uparrow\}$ 和 $\{\downarrow\}$ 都是最小全功能联结词集。

例 1.3.7 证明：$\{\uparrow\}$ 和 $\{\downarrow\}$ 是最小全功能联结词集。

证明
$$\neg p \Leftrightarrow p \uparrow p, \quad \neg p \Leftrightarrow p \downarrow p$$
$$p \wedge q \Leftrightarrow (p \uparrow q) \uparrow (p \uparrow q), \quad p \wedge q \Leftrightarrow (p \downarrow p) \downarrow (q \downarrow q)$$
$$p \vee q \Leftrightarrow (p \uparrow p) \uparrow (q \uparrow q), \quad p \vee q \Leftrightarrow (p \downarrow q) \downarrow (p \downarrow q)$$
$$p \rightarrow q \Leftrightarrow p \uparrow (q \uparrow q), \quad p \rightarrow q \Leftrightarrow ((p \downarrow p) \downarrow q) \downarrow ((p \downarrow p) \downarrow q)$$
$$p \leftrightarrow q \Leftrightarrow (p \uparrow q) \uparrow ((p \uparrow p) \uparrow (q \uparrow q)), \quad p \leftrightarrow q \Leftrightarrow ((p \downarrow p) \downarrow q) \downarrow (p \downarrow (q \downarrow q))$$

故 $\{\uparrow\}$ 和 $\{\downarrow\}$ 是最小全功能联结词集。 ◀

上述等价关系式表明，只用一个 $\uparrow$ 或 $\downarrow$ 就可以实现联结词 $\neg$、$\wedge$、$\vee$、$\rightarrow$、$\leftrightarrow$ 表示的逻辑关系。在数字电子技术中，可以用与非门实现 $\uparrow$ 的逻辑关系，用或非门实现 $\downarrow$ 的逻辑关系。因此，只用与非门或或非门组成的电路就可以实现任何逻辑运算。与非门和或非门的电路符号如图 1.3.3 所示。

例 1.3.8 用只有一种与非门的逻辑电路实现图 1.3.1 的逻辑电路的逻辑关系。

解 图 1.3.1 所示逻辑电路的逻辑表达式为 $G \Leftrightarrow (p \wedge q) \vee (\neg p \wedge \neg q) \vee (p \wedge \neg q)$。化简这个公式为只含有与非联结词的逻辑表达式

$$G \Leftrightarrow (p \wedge q) \vee (\neg p \wedge \neg q) \vee (p \wedge \neg q)$$
$$\Leftrightarrow p \vee \neg q$$
$$\Leftrightarrow \neg(\neg p \wedge q)$$
$$\Leftrightarrow (p \uparrow p) \uparrow q$$

因此实现该逻辑关系的逻辑电路如图 1.3.4 所示。 ◀

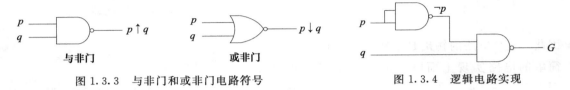

图 1.3.3 与非门和或非门电路符号 　　　　　 图 1.3.4 逻辑电路实现

1.3.3 对偶式

在 1.3.1 节所列的等价关系式中，公式 2)~9) 都是由两个公式组成的，这些成对出现的公式称为对偶式。对偶式的定义如下。

定义 1.3.3 在仅含有联结词 $\neg$、$\wedge$、$\vee$ 的公式 A 中，将其中的 $\wedge$ 换成 $\vee$、$\vee$ 换成 $\wedge$、1(或 T)换成 0(或 F)、0(或 F)换成 1(或 T)，其他符号不变，得到的公式称为 A 的**对偶式**，记为 A^*。

由定义可以看出，A^* 的对偶式就是 A，也就是对偶式是相互的。

例如，$p \vee q$ 和 $p \wedge q$、$p \vee \neg q$ 和 $p \wedge \neg q$、$\neg p \wedge (q \vee \neg r)$ 和 $\neg p \vee (q \wedge \neg r)$ 都互为对偶式。由于 $p \uparrow q \Leftrightarrow \neg(p \wedge q)$、$p \downarrow q \Leftrightarrow \neg(p \vee q)$，而 $\neg(p \wedge q)$ 和 $\neg(p \vee q)$ 互为对偶式，所以 $p \uparrow q$ 和 $p \downarrow q$ 也互为对偶式。

设 $A(p_1, p_2, \cdots, p_n)$ 和 $A^*(p_1, p_2, \cdots, p_n)$ 互为对偶式，其中 $p_1, p_2, \cdots, p_n$ 是出现在 A 和 A^* 中的全部的命题变元，则

$$\neg A(p_1, p_2, \cdots, p_n) \Leftrightarrow A^*(\neg p_1, \neg p_2, \cdots, \neg p_n)$$
$$A(\neg p_1, \neg p_2, \cdots, \neg p_n) \Leftrightarrow \neg A^*(p_1, p_2, \cdots, p_n)$$

例如，假设 $A(p, q) \Leftrightarrow p \wedge q$，则

$$A^*(p, q) \Leftrightarrow p \vee q$$

而

$$\neg A(p, q) \Leftrightarrow \neg(p \wedge q) \Leftrightarrow \neg p \vee \neg q$$
$$A^*(\neg p, \neg q) \Leftrightarrow \neg p \vee \neg q$$

所以

$$\neg A(p, q) \Leftrightarrow A^*(\neg p, \neg q)$$

类似地，有

$$A(\neg p, \neg q) \Leftrightarrow \neg A^*(p, q)$$

定理 1.3.1 设 A 和 B 为两个命题公式，A 和 A^*、B 和 B^* 互为对偶式，若 $A \Leftrightarrow B$，则 $A^* \Leftrightarrow B^*$。

证明 因为
$$A(p_1, p_2, \cdots, p_n) \Leftrightarrow \neg A^*(\neg p_1, \neg p_2, \cdots, \neg p_n)$$
$$B(p_1, p_2, \cdots, p_n) \Leftrightarrow \neg B^*(\neg p_1, \neg p_2, \cdots, \neg p_n)$$

若
$$A(p_1, p_2, \cdots, p_n) \Leftrightarrow B(p_1, p_2, \cdots, p_n)$$

则
$$\neg A^*(\neg p_1, \neg p_2, \cdots, \neg p_n) \Leftrightarrow \neg B^*(\neg p_1, \neg p_2, \cdots, \neg p_n)$$

即
$$A^*(\neg p_1, \neg p_2, \cdots, \neg p_n) \Leftrightarrow B^*(\neg p_1, \neg p_2, \cdots, \neg p_n)$$

则
$$A^*(p_1, p_2, \cdots, p_n) \Leftrightarrow B^*(p_1, p_2, \cdots, p_n) \qquad \triangleleft$$

例 1.3.9 求公式 $A \Leftrightarrow p \vee (\neg p \vee (q \wedge \neg q))$ 的对偶式。

解 公式 A 的对偶式 A^* 为
$$A^* \Leftrightarrow p \wedge (\neg p \wedge (q \vee \neg q)) \qquad \triangleleft$$

公式 $A \Leftrightarrow p \vee (\neg p \vee (q \wedge \neg q)) \Leftrightarrow p \vee \neg p \Leftrightarrow 1$ 是重言式，而 1 的对偶式是 0，所以，由对偶原理可以直接得知重言式 A 的对偶式 A^* 是矛盾式。

1.4 范式

1.4.1 析取范式和合取范式

范式是命题公式的规范表示形式，又称为标准形。一个命题公式可以有不同的等价式，因而为命题公式的研究带来一定的困难。把命题公式化成规范的标准形可为命题公式的研究和应用带来方便。

定义 1.4.1 一个命题公式具有形式 $A_1 \vee A_2 \vee \cdots \vee A_n (n \geqslant 1)$，其中 A_1，A_2，$\cdots$，A_n 都是由命题变元或其否定所组成的合取式，则称该命题公式为**析取范式**。

例如，给定命题变元 p、q 和 r，$p \vee (p \wedge \neg q \wedge \neg r) \vee (\neg p \wedge q) \vee \neg q$ 是析取范式。

定义 1.4.2 一个命题公式具有形式 $B_1 \wedge B_2 \wedge \cdots \wedge B_n (n \geqslant 1)$，其中 B_1，B_2，$\cdots$，B_n 都是由命题变元或其否定所组成的析取式，则称该命题公式为**合取范式**。

例如，给定命题变元 p、q 和 r，$(p \vee \neg q \vee \neg r) \wedge (\neg p \vee q) \wedge \neg q$ 是合取范式。

定理 1.4.1(范式存在定理) 任意一个命题公式都存在着与之等价的析取范式和合取范式。

证明 设 G 为任意一个公式。

1)消去 $\neg$、$\wedge$、$\vee$ 以外的联结词；

2)将否定联结词内移或消去；

3)利用分配律、交换律和结合律等将公式归纳为析取范式和合取范式。

通过上面 3 个步骤可以求出与 G 等价的析取范式和合取范式。因此，任意一个命题公式都存在着与之等价的析取范式和合取范式。以上亦是求析取范式和合取范式的步骤。 $\triangleleft$

例 1.4.1 求命题公式 $(p \wedge (p \rightarrow q)) \vee q$ 的析取范式和合取范式。

解
$$(p \wedge (p \rightarrow q)) \vee q \Leftrightarrow (p \wedge (\neg p \vee q)) \vee q$$
$$\Leftrightarrow (p \wedge \neg p) \vee (p \wedge q) \vee q \qquad \text{析取范式}$$
$$\Leftrightarrow (p \wedge q) \vee q \qquad \text{析取范式}$$

$\Leftrightarrow q$	析取范式
$\Leftrightarrow (p \lor q) \land q$	合取范式
$\Leftrightarrow (p \lor q) \land (\neg p \lor q)$	合取范式
$\Leftrightarrow q$	合取范式 ◀

按析取范式的定义，$(p \land \neg p) \lor (p \land q) \lor q$、$(p \land q) \lor q$、$q$ 都是原公式的析取范式，也就是说，与某个命题公式等值的析取范式是不唯一的。同理，与某个命题公式等值的合取范式也是不唯一的，如上例中，$(p \lor q) \land q$、$(p \lor q) \land (\neg p \lor q)$ 和 q 都是合取范式。因而析取范式和合取范式不能作为命题公式的标准形。下面介绍主范式的概念。可以证明任意命题公式的主范式都是唯一的，因而可以用与命题公式等值的主范式作为它的标准形。

1.4.2   主析取范式和主合取范式

定义 1.4.3   含有 n 个命题变元的合取式中，若每个命题变元与其否定不同时出现，而二者之一必出现且仅出现一次，这样的合取式称为**极小项**。

定义 1.4.4   含有 n 个命题变元的析取式中，若每个命题变元与其否定不同时出现，而二者之一必出现且仅出现一次，这样的析取式称为**极大项**。

一般来说，极大项和极小项中的各个变元按下标由小到大的顺序排列，若无下标，则按字母顺序排列。例如，对于三个命题变元 p、q 和 r，$p \land q \land r$、$p \land \neg q \land \neg r$、$\neg p \land q \land \neg r$ 都是极小项，而 $p \lor q \lor r$、$p \lor \neg q \lor \neg r$、$\neg p \lor q \lor \neg r$ 都是极大项，而 $p \land q$ 和 $r \land \neg q$ 都不是极小项，因为它们没有包含所有的命题变元。同理，$p \lor q$ 和 $\neg p \lor \neg r$ 也不是极大项。

含 n 个命题变元 p_1，p_2，$\cdots$，p_n 的极小项可表示为 $\bigwedge_{i=1}^{n} P_i^*$，极大项可表示为 $\bigvee_{i=1}^{n} P_i^*$，其中每一个 p_i^* 为 p_i 或 $\neg p_i$。由 n 个命题变元产生的不同的极大项和极小项的个数均为 2^n 个。每个极小项在它的 2^n 个赋值中只有一个成真赋值，例如，含三个变元的极小项 $p \land q \land r$ 的成真赋值只有 111。每个极大项在它的 2^n 个赋值中只有一个成假赋值，例如，含三个变元的极大项 $p \lor \neg q \lor \neg r$ 的成假赋值只有 011。因而每个极小项可以简记为 m_i，其中，下标 i 为该极小项的成真赋值；每个极大项可以简记为 M_i，其中，下标 i 为该极大项的成假赋值。

例如，3 个命题变元可形成 8 个极小项，如表 1.4.1 所示。

表 1.4.1   极小项表

$\neg p \land \neg q \land \neg r$	m_{000} 或 m_0	$p \land \neg q \land \neg r$	m_{100} 或 m_4
$\neg p \land \neg q \land r$	m_{001} 或 m_1	$p \land \neg q \land r$	m_{101} 或 m_5
$\neg p \land q \land \neg r$	m_{010} 或 m_2	$p \land q \land \neg r$	m_{110} 或 m_6
$\neg p \land q \land r$	m_{011} 或 m_3	$p \land q \land r$	m_{111} 或 m_7

一般地，n 个命题变元形成的极小项可表示为

$$m_0, m_1, \cdots, m_{2^n-1}$$

3 个命题变元形成的 8 个极大项，如表 1.4.2 所示。

表 1.4.2   极大项表

$p \lor q \lor r$	M_{000} 或 M_0	$\neg p \lor q \lor r$	M_{100} 或 M_4
$p \lor q \lor \neg r$	M_{001} 或 M_1	$\neg p \lor q \lor \neg r$	M_{101} 或 M_5
$p \lor \neg q \lor r$	M_{010} 或 M_2	$\neg p \lor \neg q \lor r$	M_{110} 或 M_6
$p \lor \neg q \lor \neg r$	M_{011} 或 M_3	$\neg p \lor \neg q \lor \neg r$	M_{111} 或 M_7

一般地，n 个命题变元形成的极大项可表示为

$$M_0, M_1, \cdots, M_{2^n-1}$$

定义 1.4.5　如果含 n 个命题变元的命题公式的析取范式的每个合取式全是极小项，则称该析取范式为**主析取范式**。

定理 1.4.2　任何命题公式的主析取范式都是存在的，并且是唯一的。

证明　给定命题公式 A。

1) 求 A 的析取范式 A'，A' 的形式为 $A_1 \vee A_2 \vee \cdots \vee A_n (n \geqslant 1)$；

2) 若 A' 中的某个简单合取式 A_i 不是极小项，则补入在 A_i 中没有出现的变元。例如，若 p_i 和 $\neg p_i$ 都不在 A_i 中，则将 A_i 展成如下形式：$A_i \Leftrightarrow A_i \wedge (p_i \vee \neg p_i) \Leftrightarrow (A_i \wedge p_i) \vee (A_i \wedge \neg p_i)$；

3) 重复步骤 2，直到所有的简单合取式都含有所有的命题变元或它的否定式；

4) 消去重复出现的命题变项、矛盾式及重复出现的极小项。

按上述步骤求得的就是 A 的主析取范式。所以，任何命题公式的主析取范式都是存在的，而且是唯一的（唯一性证明略）。　◄

例 1.4.2　求命题公式 $(p \vee (q \wedge r)) \rightarrow (p \wedge q \wedge r)$ 的主析取范式。

解　　$(p \vee (q \wedge r)) \rightarrow (p \wedge q \wedge r)$

$\Leftrightarrow \neg(p \vee (q \wedge r)) \vee (p \wedge q \wedge r)$

$\Leftrightarrow (\neg p \wedge (\neg q \vee \neg r)) \vee (p \wedge q \wedge r)$

$\Leftrightarrow (\neg p \wedge \neg q) \vee (\neg p \wedge \neg r) \vee (p \wedge q \wedge r)$　　　　　　　　析取范式

$\Leftrightarrow ((\neg p \wedge \neg q) \wedge (r \vee \neg r)) \vee ((\neg p \wedge \neg r) \wedge (q \vee \neg q)) \vee (p \wedge q \wedge r)$

$\Leftrightarrow (\neg p \wedge \neg q \wedge r) \vee (\neg p \wedge \neg q \wedge \neg r) \vee (\neg p \wedge \neg r \wedge q) \vee (\neg p \wedge \neg r \wedge \neg q) \vee (p \wedge q \wedge r)$

$\Leftrightarrow (\neg p \wedge \neg q \wedge \neg r) \vee (\neg p \wedge \neg q \wedge r) \vee (\neg p \wedge q \wedge \neg r) \vee (p \wedge q \wedge r)$　　主析取范式　◄

在 $(p \vee (q \wedge r)) \rightarrow (p \wedge q \wedge r)$ 的析取范式中含有两个合取式 $\neg p \wedge \neg q$ 和 $\neg p \wedge \neg r$，均不是极小项，因而要补入没有出现的变元，$\neg p \wedge \neg q$ 用 $(\neg p \wedge \neg q) \wedge (r \vee \neg r)$ 代换，并用分配律展开，使得每个合取式都是极小项。对 $\neg p \wedge \neg r$ 同样补入没有出现的变元 q。消去重复出现的极小项，就得到原公式的主析取范式。极小项可以用简记 m_i 表示，按 m_i 的下标由小到大的顺序排列后可用 $\sum$ 表示主析取范式，如

$$(p \vee (q \wedge r)) \rightarrow (p \wedge q \wedge r)$$
$$\Leftrightarrow m_0 \vee m_1 \vee m_2 \vee m_7 \Leftrightarrow \sum(0, 1, 2, 7)$$

一个命题公式的主析取范式中的每一个极小项的成真赋值就是该公式的一个成真赋值。因而根据命题公式的真值表可以立即写出公式的主析取范式。

例 1.4.3　试由 $p \wedge q \vee r$ 的真值表（表 1.4.3）求它的主析取范式。

解　由表 1.4.3 知，公式 $p \wedge q \vee r$ 的成真赋值为 001、011、101、110、111，对应的十进制数下标的极小项为 m_1、m_3、m_5、m_6、m_7。因此，$p \wedge q \vee r$ 的主析取范式为

$$p \wedge q \vee r \Leftrightarrow \sum(1, 3, 5, 6, 7)$$

表 1.4.3　$p \wedge q \vee r$ 的真值表

p	q	r	$p \wedge q \vee r$
0	0	0	0
0	0	1	1
0	1	0	0
0	1	1	1
1	0	0	0
1	0	1	1
1	1	0	1
1	1	1	1

利用表 1.4.1，$p \wedge q \vee r$ 的主析取范式还可写为

$p \wedge q \vee r \Leftrightarrow (\neg p \wedge \neg q \wedge r) \vee (\neg p \wedge q \wedge r) \vee (p \wedge \neg r \wedge q) \vee (p \wedge r \wedge \neg q) \vee (p \wedge q \wedge r)$。　◀

设 G 是含 n 个命题变项的命题公式，当且仅当 G 的主析取范式含全部 2^n 个极小项时，G 为重言式；若 G 为矛盾式，G 的主析取范式不含任何极小项，记 G 的主析取范式为 0；当 G 的主析取范式中至少含有一个极小项时，G 为可满足式。

类似地可以给出主合取范式的定义。

定义 1.4.6　如果含 n 个命题变元的命题公式的合取范式的每个析取项全是极大项，则称该合取范式为**主合取范式**。

定理 1.4.3　任何命题公式的主合取范式都是存在的，并且是唯一的。

证明　给定命题公式 A。

1) 求 A 的合取范式 B'，B' 的形式为 $B_1 \wedge B_2 \wedge \cdots \wedge B_n (n \geqslant 1)$；

2) 若 B' 中的某个析取式 B_i 不是极大项，则补入在 B_i 中没有出现的变元。例如，若 p_i 和 $\neg p_i$ 都不在 B_i 中，则将 B_i 展成如下形式：$B_i \Leftrightarrow B_i \vee (p_i \wedge \neg p_i) \Leftrightarrow (B \vee p_i) \wedge (B \vee \neg p_i)$；

3) 重复步骤 2，直到所有的简单析取式都含有所有的命题变元或它的否定式；

4) 消去重复出现的命题变项、重言式及重复出现的极大项。

按上述步骤求得的就是 A 的主合取范式。所以，任何命题公式的主合取范式都是存在的，而且是唯一的(唯一性证明略)。　◀

例 1.4.4　求命题公式 $(p \vee (q \wedge r)) \rightarrow (p \wedge q \wedge r)$ 的主合取范式。

解　$(p \vee (q \wedge r)) \rightarrow (p \wedge q \wedge r)$

$\Leftrightarrow (\neg p \wedge (\neg q \vee \neg r)) \vee (p \wedge q \wedge r)$

$\Leftrightarrow (\neg p \vee q) \wedge (\neg p \vee r) \wedge (\neg q \vee \neg r \vee p)$　　　　　　　　　合取范式

$\Leftrightarrow ((\neg p \vee q) \vee (r \wedge \neg r)) \wedge (\neg p \vee r) \vee (q \wedge \neg q)) \wedge (p \vee \neg q \vee \neg r)$

$\Leftrightarrow (\neg p \vee q \vee r) \wedge (\neg p \vee q \vee \neg r) \wedge (\neg p \vee \neg q \vee r) \wedge (p \vee \neg q \vee \neg r)$　　主合取范式　◀

将极小项按下标由小到大的顺序排列后可用 $\prod$ 表示，如

$$(p \vee (q \wedge r)) \rightarrow (p \wedge q \wedge r) \Leftrightarrow M_3 \wedge M_4 \wedge M_5 \wedge M_6 \Leftrightarrow \prod(3,4,5,6)$$

一个命题公式的主合取范式中的每一个极大项的成假赋值就是该公式的一个成假赋值。因而根据命题公式的真值表可以立即写出公式的主合取范式。又因为，公式的主析取范式中没有出现的极小项的赋值就是公式的成假赋值，因而主合取范式中的极大项的下标码和主析取范式中没有出现的极小项的下标码相同。因此，只要求出了命题公式的主析取范式，就可以立即写出它的主合取范式，反之亦然。

例如，已知公式 G 的主析取范式

$$G \Leftrightarrow m_0 \vee m_1 \vee m_5 \vee m_7 \Leftrightarrow \sum(0,1,2,7)$$

其中没有出现的极小项的下标码 3、4、5、6 就是主合取范式极大项的下标码，因此可以直接写出主合取范式

$$G \Leftrightarrow M_3 \wedge M_4 \wedge M_5 \wedge M_6 \Leftrightarrow \prod(3,4,5,6)$$

重言式的主合取范式不含任何极大项，用 1 表示重言式；矛盾式的主合取范式包含全部 2^n 个极大项。

利用主析取范式或主合取范式可以判断公式是否等价及求命题公式的成真赋值和成假赋值。

例 1.4.5 判断 $(\neg p \lor q) \land (\neg q \lor r) \land (\neg r \lor p)$ 和 $(p \lor \neg q) \land (q \lor \neg r) \land (r \lor \neg p)$ 是否等价。

解 $(\neg p \lor q) \land (\neg q \lor r) \land (\neg r \lor p) \Leftrightarrow (M_{100} \land M_{101}) \land (M_{010} \land M_{110}) \land (M_{001} \land M_{011})$

$$\Leftrightarrow M_4 \land M_5 \land M_2 \land M_6 \land M_1 \land M_3 \Leftrightarrow \prod (1,2,3,4,5,6)$$

$(p \lor \neg q) \land (q \lor \neg r) \land (r \lor \neg p) \Leftrightarrow (M_{010} \land M_{011}) \land (M_{001} \land M_{101}) \land (M_{100} \land M_{110})$

$$\Leftrightarrow M_2 \land M_3 \land M_1 \land M_5 \land M_4 \land M_6 \Leftrightarrow \prod (1,2,3,4,5,6)$$

所以，$(\neg p \lor q) \land (\neg q \lor r) \land (\neg r \lor p)$ 和 $(p \lor \neg q) \land (q \lor \neg r) \land (r \lor \neg p)$ 等价。 ◀

例 1.4.6 判断公式 $G \Leftrightarrow (p \to q) \to (\neg q \to \neg p)$ 是否为重言式。

解 $G \Leftrightarrow (p \to q) \to (\neg q \to \neg p)$

$$\Leftrightarrow \neg(\neg p \lor q) \lor (q \lor \neg p)$$

$$\Leftrightarrow (p \land \neg q) \lor q \lor \neg p$$

$$\Leftrightarrow m_{10} \lor (m_{01} \lor m_{11}) \lor (m_{00} \lor m_{01})$$

$$\Leftrightarrow m_2 \lor m_1 \lor m_3 \lor m_0 \lor m_1$$

$$\Leftrightarrow \sum (0,1,2,3)$$

公式 $G \Leftrightarrow (p \to q) \to (\neg q \to \neg p)$ 是重言式，因为主析取范式包含了所有的极小项。 ◀

例 1.4.7 三人表决时，每位表决者的座位旁有一个按钮，若同意则按按钮，若不同意则不按按钮。表决结果超过半数时，喇叭发出声音。设计满足上述条件的表决器。

解 三个表决者的按钮分别为 p、q、r，喇叭为 A。按钮被按下为 1，未被按下为 0；喇叭发出声音为 1，未发出声音为 0。

根据题意，可将真值表列出，见表 1.4.4。

由上述真值表可写出 A 的表达式

表 1.4.4 表决器的真值表

p	q	r	A
0	0	0	0
0	0	1	0
0	1	0	0
0	1	1	1
1	0	0	0
1	0	1	1
1	1	0	1
1	1	1	1

$$A \Leftrightarrow (\neg p \land q \land r) \lor (p \land \neg q \land r) \lor (p \land q \land \neg r) \lor (p \land q \land r)$$

化简 A 的表达式得

$$A \Leftrightarrow (p \land q) \lor (p \land r) \lor (q \land r)$$

$$\Leftrightarrow (p \land (q \lor r)) \lor (q \land r)$$

表决器的电路图如图 1.4.1 所示。 ◀

例 1.4.8 某单位选派 A、B、C 三位业务骨干去进修，由于工作需要，选派要满足如下条件：

1）若 A 去，则 C 同去。

2）若 B 去，则 C 不能去。

3）若 C 不去，则 A 或 B 可以去。

问可以有哪些选派方案？

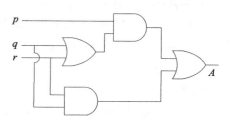

图 1.4.1 表决器的逻辑电路图

解 设 p：派 A 去，q：派 B 去，r：派 C 去。

由已知条件可得

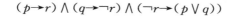

$$(p \to r) \land (q \to \neg r) \land (\neg r \to (p \lor q))$$

该公式的成真赋值就是可行的选派方案。写出该公式的主析取范式

$$(p \rightarrow r) \wedge (q \rightarrow \neg r) \wedge (\neg r \rightarrow (p \vee q))$$
$$\Leftrightarrow (\neg p \wedge \neg q \wedge r) \vee (\neg p \wedge q \wedge \neg r) \vee (p \wedge \neg q \wedge r)$$

有 3 个成真赋值，所以有 3 种选派方案：

1)A 和 B 不去，C 去；

2)A 和 C 不去，B 去；

3)A 和 C 去，B 不去。   ◀

1.5   命题演算的推理

1.5.1   推理理论

数理逻辑是用数学方法研究推理的形式结构和推理规律的数学学科。推理是从前提出发推出结论的思维过程，其中前提是已知的命题公式，结论是从前提出发应用推理规则推出的命题公式。关于从前提 A 推出结论 B 的定义如下。

定义 1.5.1   设 A 和 B 是两个命题公式，当且仅当命题 $A \rightarrow B$ 是重言式时(即 $A \rightarrow B \Leftrightarrow 1$ 时)，称从 A 可推出 B，或 A 蕴涵 B，或 B 是前提 A 的结论，可以表示成 $A \Rightarrow B$。

一般地，推理的前提可以有多个，若 $(A_1 \wedge A_2 \wedge \cdots \wedge A_n) \rightarrow B$ 是重言式，则称由前提 $A_1, A_2, \cdots, A_n$ 可推出结论 B，可表示为 $(A_1 \wedge A_2 \wedge \cdots \wedge A_n) \Rightarrow B$。

注意，$\Rightarrow$ 不是逻辑联结词，因而 $A \Rightarrow B$ 不是公式，称 $A \Rightarrow B$ 为蕴涵关系式。

例 1.5.1   判断下列推理是否正确：

1)$p \wedge (p \rightarrow q) \Rightarrow q$

2)$(p \rightarrow q) \wedge q \Rightarrow p$

解   写出 $p \wedge (p \rightarrow q) \rightarrow q$ 和 $(p \rightarrow q) \wedge q \rightarrow p$ 的真值表。

由真值表 1.5.1 可知，$p \wedge (p \rightarrow q) \rightarrow q$ 是重言式，所以蕴涵关系式 $p \wedge (p \rightarrow q) \Rightarrow q$ 成立。而 $(p \rightarrow q) \wedge q \rightarrow p$ 不是重言式，所以蕴涵关系式 $(p \rightarrow q) \wedge q \Rightarrow p$ 不成立。   ◀

表 1.5.1   真值表

p	q	$p \wedge (p \rightarrow q) \rightarrow q$	$(p \rightarrow q) \wedge q \rightarrow p$
0	0	1	1
0	1	1	0
1	0	1	1
1	1	1	1

在由前提推出结论时，前提的真值是不重要的。不管前提的真值如何，只要推理过程的每一步骤都遵循正确的推理规则，推出的结论就是有效结论，推理就是正确的。

例 1.5.2   证明"如果牛吃草，则马会飞；马不会飞，所以牛不吃草"是正确的推理。

证明   设 p：牛吃草；q：马会飞。

上述推理问题的前提符号化为 $p \rightarrow q$，$\neg q$，结论符号化为 $\neg p$。因此，只需证明 $\neg p$ 是 $p \rightarrow q$ 和 $\neg q$ 的结论。

而 $(p \rightarrow q) \wedge \neg q \rightarrow \neg p \Leftrightarrow \neg ((p \rightarrow q) \wedge \neg q) \vee \neg p$
$$\Leftrightarrow \neg (p \rightarrow q) \vee q \vee \neg p$$
$$\Leftrightarrow \neg (p \rightarrow q) \vee (p \rightarrow q)$$
$$\Leftrightarrow 1$$

所以，$\neg p$ 是 $p \rightarrow q$ 和 $\neg q$ 的结论，即蕴涵关系式 $(p \rightarrow q) \wedge \neg q \Rightarrow \neg p$ 成立。尽管结论"牛不吃草"真值为假，这仍然是正确的推理，这个结论是有效的，得出这个真值为假的结论的原因是前提条件的真值为假。

有一些重要的蕴涵关系式，称为推理定律。这些蕴涵式如下：

1) $\left. \begin{array}{l} p \wedge q \Rightarrow p \\ p \wedge q \Rightarrow q \end{array} \right\}$ 化简

2) $\left. \begin{array}{l} p \Rightarrow p \vee q \\ q \Rightarrow p \vee q \end{array} \right\}$ 附加

3) $p, \; p \rightarrow q \Rightarrow q$ 假言推理

4) $\neg q, \; p \rightarrow q \Rightarrow \neg p$ 拒取式

5) $\neg p, \; p \vee q \Rightarrow q$ 析取三段论

6) $p, \; q \Rightarrow p \wedge q$ 合取

7) $p \rightarrow q, \; q \rightarrow r \Rightarrow p \rightarrow r$ 假言三段论

8) $p \leftrightarrow q, \; q \leftrightarrow r \Rightarrow p \leftrightarrow r$ 等价三段论

9) $p \rightarrow q, \; r \rightarrow s, \; p \vee r \Rightarrow q \vee s$ 构造性二难

10) $p \vee q, \; \neg p \vee r \Rightarrow q \vee r$ 归结式

定理 1.5.1 若 $H_1, H_2, \cdots, H_m$ 和 P 推出 Q，则 $H_1, H_2, \cdots, H_m$ 推出 $P \rightarrow Q$。

证明 从定理的假设有

$$H_1 \wedge H_2 \wedge \cdots \wedge H_m \wedge P \Rightarrow Q$$

根据定义 1.5.1，有

$$H_1 \wedge H_2 \wedge \cdots \wedge H_m \wedge P \rightarrow Q \Leftrightarrow 1$$

令 $H_1 \wedge H_2 \wedge \cdots \wedge H_m \Leftrightarrow H$，则

$$\begin{aligned} H \wedge P \rightarrow Q &\Leftrightarrow \neg (H \wedge P) \vee Q \\ &\Leftrightarrow \neg H \vee \neg P \vee Q \\ &\Leftrightarrow H \rightarrow (P \rightarrow Q) \\ &\Leftrightarrow 1 \end{aligned}$$

所以 $H \Rightarrow P \rightarrow Q$，即

$$H_1 \wedge H_2 \wedge \cdots \wedge H_m \Rightarrow P \rightarrow Q$$

该定理在证明推理问题时十分有用。根据该定理，如果需要推出结论的形式为 $P \rightarrow Q$，则可以把 P 放在前提中，设法推出 Q 即可。这是一条命题推理规则，称为 CP 规则。

1.5.2 推理证明方法

根据定义 1.5.1，判断由前提 A 推出结论 B 的方法就是判断 $A \rightarrow B$ 是重言式的方法，可以采用不同的证明方法，下面是常用的证明方法，其中，真值表法、等价运算法是基本的方法。

通过写出真值表判断 $A \rightarrow B$ 的类型，若 $A \rightarrow B$ 是重言式，则由前提 A 可以推出结论 B。

1. 真值表法

例 1.5.3 证明前提 $p \vee q$ 和 $\neg p \vee r$ 可以推出结论 $q \vee r$。

证明 根据定义 1.5.1，只需证明 $(p \vee q) \wedge (\neg p \vee r) \rightarrow q \vee r$ 是重言式。

其真值表如表 1.5.2 所示。

表 1.5.2 的真值表

p	q	r	$p \vee q$	$\neg p \vee r$	$q \vee r$	$(p \vee q) \wedge (\neg p \vee r) \rightarrow q \vee r$
0	0	0	0	1	0	1
0	0	1	0	1	1	1
0	1	0	1	1	1	1
0	1	1	1	1	1	1
1	0	0	1	0	0	1
1	0	1	1	1	1	1
1	1	0	1	0	1	1
1	1	1	1	1	1	1

由真值表可知，$(p \vee q) \wedge (\neg p \vee r) \rightarrow q \vee r$ 是重言式，所以前提 $p \vee q$ 和 $\neg p \vee r$ 可以推出结论 $q \vee r$。 ◀

2. 等价演算法

利用命题的等值演算判断 $A \rightarrow B$ 的类型，若 $A \rightarrow B$ 是重言式，则由前提 A 可以推出结论 B。

例 1.5.4 证明 q 是 $\neg p$ 和 $p \vee q$ 的结论。

证明 $\neg p \wedge (p \vee q) \rightarrow q \Leftrightarrow \neg(\neg p \wedge (p \vee q)) \vee q$
$$\Leftrightarrow p \vee (\neg p \wedge \neg q) \vee q$$
$$\Leftrightarrow p \vee \neg q \vee q$$
$$\Leftrightarrow 1$$

当命题公式所含命题变元较多时，上述证明方法较为不便，因而常用演绎法证明推理的有效性。 ◀

3. 演绎法

演绎法是从前提（假设）出发，依据公认的推理规则和推理定律推导出一个结论。在证明过程中，将前提和推理定律匹配，推出结论；判断推出的结论是否为需要证明的结论，如果是，则结束；如果不是，则把推出的结论加入到前提集合中，构成一组新的前提，重复上述过程，直到推出需要证明的结论为止。演绎法证明推理问题就是用命题公式序列描述推理过程，其中的每个公式或者是前提，或者是由某些前提得出的结论。在这样的证明中需要引入下面的推理规则。

1）前提引入规则。在推导的过程中，可随时引入前提集合中的任意一个前提。

2）结论引入规则。在推导的过程中所得到的结论都可作为后续推导的前提。

3）置换规则。在推导的过程中，命题公式的子公式都可以用等值的公式置换。

4）CP 规则（附加前提规则）。如果推出的结论形为 $P \rightarrow Q$，则可以把 P 放到前提中去，设法推出 Q 即可。

这些规则与 1.5.1 节的推理定律和 1.3.1 节的基本等价公式，作为推理和演绎的基础，可以构造一个完整的命题演算推理系统，证明命题逻辑的推理。

例 1.5.5 证明 $(p \vee q) \wedge (p \leftrightarrow r) \wedge (q \rightarrow s) \Rightarrow s \vee r$。

证明

步骤	公式	理由
1)	$p \lor q$	前提引入
2)	$\neg p \to q$	1)置换规则
3)	$q \to s$	前提引入
4)	$\neg p \to s$	2)，3)假言三段论
5)	$\neg s \to p$	4)置换规则
6)	$p \leftrightarrow r$	前提引入
7)	$(p \to r) \land (r \to p)$	6)置换规则
8)	$p \to r$	7)化简
9)	$\neg s \to r$	5)，8)假言三段论
10)	$s \lor r$	9)置换规则 ◂

例 1.5.6 证明，由前提"今天下午有课且今天比昨天冷；只有今天下午没有课，我们才去游泳；如果我们不去游泳，我们就去打篮球；如果我们打篮球，我们就会感到精力充沛"推出结论"我们感到精力充沛"是正确的。

证明 设 p：今天下午有课，q：今天比昨天冷，r：我们去游泳，s：我们去打篮球，h：我们感到精力充沛。

则前提为 $p \land q$，$r \to \neg p$，$\neg r \to s$，$s \to h$，结论是 h。

步骤	公式	理由
1)	$p \land q$	前提引入
2)	p	1)化简
3)	$r \to \neg p$	前提引入
4)	$\neg r$	2)，3)拒取式
5)	$\neg r \to s$	前提引入
6)	s	4)，5)假言推理
7)	$s \to h$	前提引入
8)	h	6)，7)假言推理 ◂

例 1.5.7 证明 $\neg r \to s$ 是 $p \to (q \to r)$ 和 $p \land q$ 的结论。

证明

步骤	公式	理由
1)	$p \land q$	前提引入
2)	p	1)化简
3)	q	1)化简
4)	$p \to (q \to r)$	前提引入
5)	$q \to r$	2)，4)假言推理
6)	r	3)，5)假言推理
7)	$r \lor s$	6)附加

| 8) | $\neg r \to s$ | 7)置换规则 | ◄ |

4. 附加前提证明法

根据 CP 规则，如果推出的结论形为 $P \to Q$，则可以把 P 放到前提中去，设法推出 Q 即可。

例 1.5.8   证明 $r \to s$ 是 $p \to (q \to s)$、$\neg r \lor p$、q 的结论。

证明   根据 CP 规则，只需证明 s 是 r、$p \to (q \to s)$、$\neg r \lor p$、q 的结论。

步骤	公式	理由
1)	r	附加前提引入
2)	$\neg r \lor p$	前提引入
3)	p	1），2)析取三段论
4)	$p \to (q \to s)$	前提引入
5)	$q \to s$	3），4)假言推理
6)	q	前提引入
7)	s	6），5)假言推理 ◄

以上证明方法又称直接证明法。在推理问题的构造证明中，有时采用间接证明的方法（又称归谬法）。

5. 间接推演法（归谬法）

间接推演法就是把要推出的结论否定后与原来的前提一起使用推出矛盾结论的证明方法。

定义 1.5.2   设 H_1，H_2，$\cdots$，H_r 是 r 个命题公式。若 $H_1 \land H_2 \land \cdots \land H_r$ 是矛盾式，则称 H_1，H_2，$\cdots$，H_r 是不相容的，否则称 H_1，H_2，$\cdots$，H_r 是相容的。

如果公式 B 是由前提 H_1，H_2，$\cdots$，H_r 推出的，则 $H_1 \land H_2 \land \cdots \land H_r \to B \Leftrightarrow \neg(H_1 \land H_2 \land \cdots \land H_r) \lor B$ 是重言式，因此 $\neg(\neg(H_1 \land H_2 \land \cdots \land H_r) \lor B) \Leftrightarrow H_1 \land H_2 \land \cdots \land H_r \land \neg B$ 是矛盾式，即 H_1，H_2，$\cdots$，H_r，$\neg B$ 不相容。因而，若 H_1，H_2，$\cdots$，H_r，$\neg B$ 不相容，则说明 B 是公式 H_1，H_2，$\cdots$，H_r 的逻辑结论。这种将 B 作为附加前提推出矛盾的证明方法称为间接推演法（归谬法）。

例 1.5.9   用间接法证明 $\neg p$ 是 $p \to \neg q$、$q \lor \neg r$、$r \land \neg s$ 的结论。

证明

步骤	公式	理由
1)	$\neg \neg p$	否定结论
2)	p	1)双重否定
3)	$p \to \neg q$	前提引入
4)	$\neg q$	2），3)假言推理
5)	$q \lor \neg r$	前提引入
6)	$\neg r$	4），5)析取三段论
7)	$r \land \neg s$	前提引入
8)	r	7)化简
9)	0	8），6)合取 ◄

6. 归结证明法

例 1.5.10   证明 $p \vee q$、$\neg p \vee r$、$\neg q \vee r$ 蕴涵结论 r。

证明

步骤	公式	理由
1)	$p \vee q$	前提引入
2)	$\neg p \vee r$	前提引入
3)	$q \vee r$	1)，2)归结规则
4)	$\neg q \vee r$	前提引入
5)	r	3)，4)归结规则 ◀

在例 1.5.10 中利用了归结规则，称为归结证明。归结规则在基于逻辑规则的编程语言中扮演重要角色。可以用归结规则构建自动定理证明系统。要使用归结规则构造命题逻辑中的证明，前提和结论必须被表示为子句，子句是变元或其否定的析取，如 $p \vee q$、$\neg p \vee r$ 等是子句。对于非子句的公式，可以用一个或多个和它等价的子句替换它，如可以用 $\neg p \vee q$ 代替公式 $p \rightarrow q$；对于公式 $p \vee (q \wedge r)$，因为 $p \vee (q \wedge r) \Leftrightarrow (p \vee q) \wedge (p \vee r)$，可以用两个子句 $p \vee q$ 和 $p \vee r$ 代替 $p \vee (q \wedge r)$；可以用两个子句 $\neg p$ 和 $\neg q$ 代替 $\neg (p \vee q)$，因为 $\neg (p \vee q) \Leftrightarrow \neg p \wedge \neg q$。

例 1.5.11   用归结规则证明下面的推理。

如果小张守门或小李上场，则 A 队获胜；或者 A 队未获胜，或者 A 队成为联赛第一名；A 队没有成为联赛第一名。因此小张没有守门并且小李没有上场。

证明   设 p：小张守门；q：小李上场；r：A 队获胜；s：A 队成为联赛第一名。

前提：$(p \vee q) \rightarrow r$，$\neg r \vee s$，$\neg s$。

结论：$\neg p \wedge \neg q$。

前提中的 $(p \vee q) \rightarrow r \Leftrightarrow \neg (p \vee q) \vee r \Leftrightarrow (\neg p \vee r) \wedge (\neg q \vee r)$，用两个子句 $\neg p \vee r$ 和 $\neg q \vee r$ 代替 $(p \vee q) \rightarrow r$，前提中的 $\neg r \vee s$ 和 $\neg s$ 是子句。结论 $\neg p \wedge \neg q$ 可以用两个子句 $\neg p$ 和 $\neg q$ 代替。

步骤	公式	理由
1)	$\neg p \vee r$	前提引入
2)	$\neg r \vee s$	前提引入
3)	$\neg p \vee s$	1)，2)归结规则
4)	$\neg q \vee r$	前提引入
5)	$\neg q \vee s$	2)，4)归结规则
6)	$\neg s$	前提引入
7)	$\neg p$	3)，6)归结规则
8)	$\neg q$	5)，6)归结规则
9)	$\neg p \wedge \neg q$	7)，8)合取 ◀

习题

1. 判断下列语句哪些是命题并给出命题的真值。

  (1)15 是素数。

  (2)10 能被 2 整除，3 是偶数。

  (3)你下午开会吗？

  (4)$2x+3>0$

  (5)4 能被 2 整除或是 3 的倍数。

  (6)这个男孩真勇敢啊！

  (7)如果 $2+2=4$，则 5 是偶数。

  (8)只有 5 是奇数，3 才能被 2 整除。

  (9)明年 5 月 1 日是晴天。

  (10)圆的面积等于半径的平方与 π 的乘积。

  (11)$1+1=2$ 当且仅当 $2+2=5$。

  (12)请保护环境！

2. 将下列命题符号化。

  (1)小王既聪明又用功。

  (2)天气很冷，但没有下雪。

  (3)晚上有英语课或数学课。

  (4)你必须年满 14 岁或身高超过 1.4 米才能坐过山车。

  (5)如果产量上升，那么工资就能提高。

  (6)销量下降且价格上涨。

  (7)只要你给我发个电子邮件，我就有你的邮件地址。

  (8)两个三角形全等当且仅当它们的三条对应边相等。

  (9)只有阳光充足的夏天且不下雨，我才去游泳。

  (10)热带风暴来临时下大雨，反之亦然。

3. 设 p 表示"小王讲汉语"，q 表示"小王讲英语"，给出描述下列命题公式的语句。

  (1)$p \lor q$

  (2)$p \land q$

  (3)$p \land \neg q$

  (4)$\neg p \lor \neg q$

  (5)$\neg \neg p$

  (6)$\neg(\neg p \land \neg q)$

4. 设命题 p：天下雨，q：我去打球，r：我有空。用自然语言写出下列命题。

  (1)$q \leftrightarrow (r \land \neg p)$

  (2)$(p \lor r) \rightarrow q$

  (3)$(q \rightarrow r) \land (r \rightarrow q)$

  (4)$\neg(p \lor r)$

5. 设命题 p：这个材料很有趣；q：这些习题很难；r：学生喜欢这门课。将下列命题符号化。

  (1)这个材料很有趣和这些习题很难。

(2)这个材料很有趣并且这些习题不是很难,那么学生喜欢这门课。

(3)这个材料很有趣意味着学生喜欢这门课,反之亦然。

(4)这个材料不是很有趣,这些习题不是很难,而且学生不喜欢这门课。

(5)或者这个材料很有趣,或者这些习题很难,并且两者恰具其一。

6. 构造下列命题的真值表,写出成真赋值和成假赋值。

(1)$(p \vee \neg q) \rightarrow q$

(2)$p \wedge q \vee \neg r$

(3)$(p \rightarrow q) \wedge (\neg p \rightarrow q)$

(4)$(p \leftrightarrow q) \wedge (\neg p \leftrightarrow q)$

(5)$(q \leftrightarrow (r \rightarrow p)) \vee ((\neg q \rightarrow p) \leftrightarrow r)$

7. 设 p、q 的真值为 0,r、s 的真值为 1,求下列命题的真值。

(1)$p \vee (q \wedge r)$

(2)$(p \wedge (r \vee s)) \rightarrow ((p \vee q) \wedge (r \wedge s))$

(3)$(p \leftrightarrow q) \wedge (r \wedge \neg s)$

(4)$\neg (p \vee (q \rightarrow (r \wedge \neg p))) \rightarrow (r \vee \neg s)$

8. 用真值表法和公式法证明下列等价关系式。

(1)$p \vee (p \wedge q) \Leftrightarrow p$

(2)$p \wedge (q \vee r) \Leftrightarrow (p \wedge q) \vee (p \wedge r)$

(3)$(p \rightarrow r) \vee (q \rightarrow r) \Leftrightarrow (p \wedge q) \rightarrow r$

(4)$p \vee q \Leftrightarrow (p \downarrow q) \downarrow (p \downarrow q)$

(5)$\neg (p \oplus q) \Leftrightarrow p \leftrightarrow q$

9. 设 A、B、C 为任意的三个命题公式,下面的结论是否正确?

(1)若 $A \vee C \Leftrightarrow B \vee C$,则 $A \Leftrightarrow B$。

(2)若 $A \wedge C \Leftrightarrow B \wedge C$,则 $A \Leftrightarrow B$。

(3)若 $\neg A \Leftrightarrow \neg B$,则 $A \Leftrightarrow B$。

10. 简化下列命题公式。

(1)$((p \rightarrow q) \leftrightarrow (\neg q \rightarrow \neg p)) \wedge r$

(2)$(p \wedge q \wedge r) \vee (\neg p \wedge q \wedge r) \vee (p \wedge q \wedge \neg r) \vee (\neg p \wedge q \wedge \neg r)$

(3)$((p \rightarrow q) \wedge p \wedge r) \vee r$

(4)$\neg (p \vee r) \vee (\neg p \wedge q)$

11. 甲、乙、丙、丁 4 人中有且仅有 2 人参加羽毛球比赛。关于谁参加比赛,下列 4 种判断都是正确的:

(1)甲和乙只有一人参加。

(2)丙参加,丁必参加。

(3)乙或丁至多参加一人。

(4)丁不参加,甲也不参加。

问哪两个人参加了比赛?

12. 判断下列命题公式的类型。

   (1) $((p \rightarrow q) \wedge (q \rightarrow r)) \rightarrow (p \rightarrow r)$

   (2) $(p \rightarrow q) \wedge p \wedge \neg q$

   (3) $\neg(p \vee r) \vee (\neg p \wedge q)$

   (4) $((p \vee q) \rightarrow r) \leftrightarrow ((p \rightarrow r) \wedge (q \rightarrow r))$

   (5) $(p \wedge q) \wedge \neg(p \vee q)$

13. 一个排队线路，输入为 A、B、C，其输出分别为 F_A、F_B、F_C。在同一时间内只能有一个信号通过。如果同时有两个或两个以上信号通过时，则按 A、B、C 的顺序输出。例如，A、B、C 同时输入时，只能 A 有输出。写出 F_A、F_B、F_C 的逻辑表达式。

14. 设计一个符合如下要求的室内照明控制线路。在房间的门边、门内及床头分别装控制同一个电灯 F 的 3 个开关 A、B、C。当且仅当一个开关打开或 3 个开关都打开时电灯亮。写出 F 的逻辑关系式，并画出实现这个逻辑关系的最简单的逻辑电路。

15. 求下列命题公式的主析取范式和主合取范式。

   (1) $\neg(p \rightarrow q) \vee (p \vee r)$

   (2) $(\neg p \rightarrow (p \vee r)) \wedge (p \leftrightarrow q)$

   (3) $(\neg q \rightarrow r) \wedge (p \leftrightarrow q)$

   (4) $((p \wedge q) \vee \neg r) \leftrightarrow p$

   (5) $(p \vee \neg q) \rightarrow r$

16. 证明下列蕴涵关系式成立。

   (1) $p \wedge (p \rightarrow q) \Rightarrow q$

   (2) $(p \vee q) \wedge (p \rightarrow r) \wedge (q \rightarrow r) \Rightarrow r$

   (3) $(p \rightarrow (q \rightarrow r)) \wedge (q \rightarrow (r \rightarrow s)) \Rightarrow p \rightarrow (q \rightarrow s)$

   (4) $(p \wedge q) \Rightarrow p \rightarrow q$

   (5) $(\neg p \wedge \neg q) \Rightarrow \neg(p \wedge q)$

17. 证明 $s \rightarrow \neg q$ 是 $\neg p \vee \neg q$、$\neg p \rightarrow r$、$r \rightarrow \neg s$ 的有效结论。

18. 验证下列论断是否有效。

   (1) $p \rightarrow q$, $r \wedge s$, $\neg q \Rightarrow p \wedge s$

   (2) p, $q \rightarrow r$, $r \vee s \Rightarrow q \rightarrow s$

   (3) $\neg(p \wedge \neg q)$, $\neg q \vee r$, $\neg r \Rightarrow \neg p$

   (4) $\neg q \wedge r$, $p \wedge r$, $q \Rightarrow p \vee r$

   (5) $p \vee \neg r$, $q \vee s$, $r \rightarrow (s \wedge p) \Rightarrow s \rightarrow p$

19. 证明前提"若天气不下雨或天气不起雾，则举行游泳比赛和跳水表演；若举行游泳比赛，则颁发奖品；没有颁发奖品。"可以推出结论"天气下雨"。

20. 符号化下面的论断，并用构造法验证论断是否有效。

   (1) 如果 6 是偶数，则 2 不能整除 7；或者 5 不是素数，或者 2 整除 7；5 是素数，因此，6 是奇数。

   (2) 如果今天是星期六，我们就去公园或去爬山；如果公园人太多，我们就不去公园；今天是星期六，公园人太多，所以我们去爬山。

第2章 谓 词 逻 辑

在命题逻辑中，主要研究的是命题和命题之间的逻辑关系，命题是基本单位，对简单命题不再分析，因而命题逻辑的推演存在很大的局限性。例如，所有的偶数都能被 2 整除，6 是偶数，所以 6 能被 2 整除。这个推理在数学上是真命题，但是用命题逻辑无法证明这个推理的正确性。因为上述推理表示为$(p \land q) \rightarrow r$，$p$、$q$、$r$ 分别表示前面的 3 个命题时，$(p \land q) \rightarrow r$ 不是重言式，所以不能由它判断这个推理的正确性。

命题逻辑不能表示数量关系，假设用 s 表示：这个班的所有学生都选修离散数学；t 表示：这个班有些学生选修离散数学。这样表示这两个命题，表达不出它们的区别。

命题逻辑存在局限性的原因是其不考虑命题内在的结构和逻辑关系，也就无法建立基于命题内在结构联系的命题间的逻辑关系，无法表达命题内在的结构特征。上面的推理中，各命题间的逻辑关系不仅体现在原子命题之间，还体现在命题结构的更深层次上，所以用命题逻辑无法证明这个推理。

为了克服命题逻辑的局限性，有必要对命题的内在结构进行深入的分析。谓词逻辑对简单命题作进一步的分析，分析出其中的个体、谓词和量词，研究它们的形式结构和逻辑关系，以及推理形式和规则。谓词逻辑是命题逻辑的扩充和发展。

2.1 谓词逻辑的基本概念

2.1.1 个体词和谓词

在谓词逻辑中，要将原子命题分解成个体词和谓词两部分。

定义 2.1.1 **个体词**是指可以独立存在的客体，可以是一个具体的事物或抽象的概念，是原子命题所描述的对象。**谓词**用来说明个体的性质或个体间的关系。

例如，对于原子命题"小王是个大学生"，"小王"是个体词，"……是个大学生"是谓词，说明个体的性质；而对于原子命题"3 大于 2"，"3"和"2"是个体词，"……大于……"是谓词，说明个体词间的关系。

用谓词表达命题，要包括表示个体的字母和表示谓词的字母两部分。通常用大写英文字母表示谓词，用小写英文字母表示个体词。一般地，形如"b 是 A"类型的命题可表达为 $A(b)$；表示多个个体间关系的命题，如"a 大于 b"可表达为 $B(a, b)$，B 是"……大于……"，而"点 a 位于点 b 和点 c 之间"可表达为 $P(a, b, c)$，P 是"……位于……和……之间"。

定义 2.1.2 和一个个体相联系的谓词称为**一元谓词**，和两个个体相联系的谓词称为**二元谓词**，和 n 个个体相联系的谓词称为 **n 元谓词**。**个体常元**表示具体的或特定的个体，用 a，b，c，…等表示；**个体变元**表示抽象的或泛指的个体，用 x，y，z，…等表示。表示具体性质或关系的谓词称为**谓词常项**，表示抽象或泛指的谓词称为**谓词变项**，都用大写英文字母 P，Q，R，…表示。通常根据上下文来区分 P，Q，R，…表示的是谓词常项还是谓词变项。

定义 2.1.3 一个原子命题可以用一个谓词常项 P 和几个个体常元，如 a，b，c，…，表示成 $P(a, b, c, …)$ 的形式。称 $P(a, b, c, …)$ 为原子命题或命题的**谓词表达式**。一个谓词常项 P 和几个个体变元 x，y，z，…表示成 $P(x, y, z, …)$ 的形式，称为**命题函数**，其中的个体变元可以代表任意一个个体。

命题的谓词表达式和命题函数是不同的。命题的谓词表达式是有真值的，命题函数的真值是不确定的，例如，$A(x)$ 表示 x 是个大学生，真值是不确定的，不是命题，当 b 表示小王时，则命题的谓词表达式 $A(b)$ 表示命题"小王是个大学生"。

例 2.1.1 写出下列命题的谓词表达式。

1)小王和小李是大学生。

2)北京是中国的首都。

3)如果你来，他就走。

4)如果 3＞2，2＞1，则 3＞1。

5)武汉位于北京和广州之间。

解

1)设 $A(x)$：x 是大学生。a：小王，b：小李。则命题符号化为
$$A(a) \wedge A(b)$$

2)设 $F(x, y)$：x 是 y 的首都。a：北京，b：中国。则命题符号化为
$$F(a, b)$$

3)设 $P(x)$：x 来。$Q(x)$：x 走。a：你，b：他。则命题符号化为
$$P(a) \rightarrow Q(b)$$

4)设 $B(x, y)$：$x＞y$。a：3，b：2，c：1。则命题符号化为
$$B(a, b) \wedge B(b, c) \rightarrow B(a, c)$$

5)设 $Q(x, y, z)$：y 位于 x 和 z 之间。a：北京，b：广州，c：武汉。则命题符号化为
$$Q(a, c, b) \qquad \blacktriangleleft$$

从上面的例题可以看出，谓词中个体的顺序是十分重要的，不能随意改变。如上面的命题 $Q(a, c, b)$ 为"真"，但命题 $Q(a, b, c)$ 为"假"。

一个 n 元谓词不是一个命题。命题的谓词表达式是用具体的个体名称取代命题函数的个体变元。命题函数的个体变元可以用个体域中的任意个体取代。事实上，个体变元在哪些范围取值及取什么值，对是否成为命题及命题的真值有很大影响。例如，$A(x)$ 表示 x 是大学生。如果 x 的取值范围是某大学班级中的学生，则 $A(x)$ 是永真式。如果 x 的取值范围是某中学班级中的学生，则 $A(x)$ 是永假式。如果 x 的取值范围是单位的员工，其中有些是大学生，有些不是大学生，则对有些人 $A(x)$ 为真，对有些人 $A(x)$ 为假。

定义 2.1.4 命题函数中，个体变元的取值范围称为**个体域**或**论述域**。

个体域可以是有限的，也可以是无限的。把宇宙中一切事物作为对象的集合称为全总

个体域。通常，没有特别说明时，个体变元的论述域是指全总个体域。

例 2.1.2 假设 $R(x, y, z)$ 表示 $x+y>z$，则命题 $R(2, 3, 4)$ 和 $R(0, 1, 2)$ 的真值是什么？

解 要求 $R(2, 3, 4)$ 的真值，即令 $R(x, y, z)$ 中的 $x=2$、$y=3$、$z=4$，因此，$R(2, 3, 4)$ 为 "$2+3>4$"，真值为 1。$R(0, 1, 2)$ 为 "$0+1>2$"，真值为 0。 ◀

例 2.1.3 给出执行语句 "If $P(x)$ then $x:=1$" 以后 x 的值，其中 $P(x)$ 为语句 "$x>1$"，且执行到该语句时 x 的值如下：

1) $x=0$ 2) $x=1$ 3) $x=2$

解 1) 执行到语句 "If $P(x)$ then $x:=1$" 时，若 $x=0$，$P(x)$ 为语句 "$0>1$"，真值为 0，不执行赋值语句 "$x:=1$"，所以 $x=0$。

2) 执行到语句 "If $P(x)$ then $x:=1$" 时，若 $x=1$，$P(x)$ 为语句 "$1>1$"，真值为 0，不执行赋值语句 "$x:=1$"，所以 $x=1$。

3) 执行到语句 "If $P(x)$ then $x:=1$" 时，若 $x=2$，$P(x)$ 为语句 "$2>1$"，真值为 1，执行赋值语句 "$x:=1$"，所以 $x=1$。 ◀

2.1.2 量词

根据前面的叙述，当命题函数中所有变元均被赋值后，命题函数才成为命题。当把命题函数中的所有变元都量化后，也可使命题函数成为命题。例如：

1) 这个班的所有学生都选修离散数学。

2) 这个班有些学生选修离散数学。

这两句都是命题，除了有个体词和谓词外，还有"所有"、"有些"这样表示数量的词。这两句的个体词和谓词相同，个体域都是这个班的同学。将个体域的每个个体代换个体变元后，可以判断其真假。第 1) 句，当每个个体代换后均为真，该命题的真值才为真，只要有一个个体代换后为假，该命题的真值就是假。第 2) 句，当有一个或多个个体代换后为真，该命题的真值就是真，只有当每个个体代换后均为假，该命题的真值才为假。因此，将这两个命题符号化时要使用表示数量的词。

定义 2.1.5 表示个体常元或个体变元之间数量关系的词称为**量词**。量词有两种：

1) 全称量词，符号为 "$\forall$"，$\forall x$ 表示对个体域中"所有的 x"、"每一个 x"、"一切 x" 等。

2) 存在量词，符号为 "$\exists$"，$\exists x$ 表示个体域中"存在这样的 x"、"某个 x"、"至少有一个 x" 或 "有一些 x" 等。

$\forall x F(x)$ 表示个体域中所有个体都有性质 F，$\exists x F(x)$ 表示个体域中存在个体有性质 F。

例 2.1.4 假设 $F(x)$ 表示 x 选修离散数学，x 的个体域是这个班的同学，将上面的两个命题符号化。

解 1) "这个班的所有学生都选修离散数学"可符号化为 $\forall x F(x)$；

2) "这个班有些学生选修离散数学"可符号化为 $\exists x F(x)$。 ◀

这个例题中，$F(x)$ 是命题函数，$\forall xF(x)$ 和 $\exists xF(x)$ 是命题。也就是说，命题可以通过将命题函数中的个体变元量化得到。

在使用量词时，不同的个体域中，命题符号化的形式可能不同。一般来说，没有特别说明时，以全总个体域为个体域。例如上面的例题中，当个体域是全总个体域时，1)不能符号化为 $\forall xF(x)$，因为用宇宙中一切事物代换个体变元时，该命题的真值不为真。2)也不能符号化为 $\exists xF(x)$，因为在宇宙的一切事物中存在具有性质 F 的个体，但和题意是不相符的。原因是这两个命题的个体域只是全总个体域的子集。因此，需要引入一个新的谓词表示个体的取值范围。称这个表示个体范围的谓词为特性谓词。在命题符号化时，一定要正确使用特性谓词。

例 2.1.4 中，如果个体的取值范围是全总个体域，则设特性谓词 $S(x)$ 表示 x 是这个班的同学，这样，1)可符号化为 $\forall x(S(x) \rightarrow F(x))$，2)可符号化为 $\exists x(S(x) \wedge F(x))$。

注意，在使用全称量词时，表示个体范围的特性谓词和表示个体性质的谓词构成条件关系式；在使用存在量词时，表示个体范围的特性谓词和表示个体性质的谓词构成合取关系式。

例 2.1.5 在个体域分别为自然数集合和实数集合时，将下列命题符号化，并给出它们的真值。

1)对于任意的 x，均有 $x^2 - 3x + 2 = (x-1)(x-2)$；

2)存在 x，使得 $x + 5 = 2$。

解 假设 $F(x)$：$x^2 - 3x + 2 = (x-1)(x-2)$，$G(x)$：$x + 5 = 2$。

个体域为自然数集合时：

1)符号化为 $\forall xF(x)$，真值为 1。

2)符号化为 $\exists xG(x)$，真值为 0。

个体域为实数集合时：

1)符号化为 $\forall xF(x)$，真值为 1。

2)符号化为 $\exists xG(x)$，真值为 1。

上例说明，命题函数在不同的个体域量化得到的命题的真值可能相同，也可能不同。

例 2.1.6 用谓词逻辑将下列命题符号化。

1)所有的偶数均能被 2 整除。

2)这个班有些学生有计算机。

3)没有不犯错误的人。

4)尽管有人聪明，但未必所有人都聪明。

5)有些人喜欢某些体育运动。

6)并非所有的工作都可以由机器人来完成。

解 1)设 $A(x)$：x 是偶数，$B(x)$：x 能被 2 整除。则原命题可符号化为

$$\forall x(A(x) \rightarrow B(x))$$

2)设 $A(x)$：x 是这个班的学生，$B(x)$：x 有计算机。则原命题可符号化为

$$\exists x(A(x) \wedge B(x))$$

3)设 $A(x)$：x 是人，$B(x)$：x 犯错误。则原命题可符号化为

$$\neg\exists x(A(x) \land \neg B(x))$$

4)设 $A(x)$：x 是人，$B(x)$：x 聪明。则原命题可符号化为

$$\exists x(A(x) \land B(x)) \land \neg\forall x(A(x) \rightarrow B(x))$$

5)设 $A(x)$：x 是人，$B(y)$：y 是体育运动，$C(x, y)$：x 喜欢 y。则原命题可符号化为

$$\exists x(A(x) \land \exists y(B(y) \land C(x, y)))$$

6)设 $A(x)$：x 是工作，$B(x, y)$：x 可以由 y 来完成，$R(x)$：x 是机器人。则原命题可符号化为

$$\neg\forall x(A(x) \rightarrow \exists y(R(y) \land B(x, y))) \qquad \blacktriangleleft$$

以上各题中论述域都是全总个体域，因而都要引入特性谓词表示个体的取值范围。在全称量词后面的是表示个体范围的谓词和表示个体特征的谓词构成的条件式，在存在量词后面的是表示个体范围的谓词和表示个体特征的谓词构成的合取式。命题 1)不可以表示成 $\forall x(A(x) \land B(x))$，因为 $\forall x(A(x) \land B(x))$ 表示的是所有的 x 都是偶数并且能被 2 整除，和题意不符。命题 2)不能表示成 $\exists x(A(x) \rightarrow B(x))$，因为不是这个班的有计算机的学生代入也能使 $A(x) \rightarrow B(x)$ 为真。

当论述域中的元素个数有限时，例如，论述域为 n 个元素的集合 $\{a_1, a_2, a_3, \cdots, a_n\}$ 时，有

$$\forall xA(x) \Leftrightarrow A(a_1) \land A(a_2) \land A(a_3) \land \cdots \land A(a_n)$$

$$\exists xA(x) \Leftrightarrow A(a_1) \lor A(a_2) \lor A(a_3) \lor \cdots \lor A(a_n)$$

例 2.1.7 若 $P(x)$ 是语句"$x^2 > 10$"，论述域为不超过 4 的正整数，$\forall xP(x)$ 和 $\exists xP(x)$ 的真值是什么？

解 由于论述域为 $\{1, 2, 3, 4\}$，命题 $\forall xP(x)$ 为

$$\forall xP(x) \Leftrightarrow P(1) \land P(2) \land P(3) \land P(4)$$

而 $P(1)$ 即"$1^2 > 10$"为假，所以 $\forall xP(x)$ 为假。命题 $\exists xP(x)$ 为

$$\exists xP(x) \Leftrightarrow P(1) \lor P(2) \lor P(3) \lor P(4)$$

而 $P(4)$ 即"$4^2 > 10$"为真，所以 $\exists xP(x)$ 为真。 $\qquad \blacktriangleleft$

根据上面的例题，可以得出如下结论：

1)在不同的个体域内，同一个命题的符号化形式可能不同，也可能相同。

2)同一命题在不同的个体域中的真值可能不同，也可能相同。

3)全称量词后跟的是由特性谓词和谓词组成的条件式，存在量词后跟的是由特性谓词和谓词组成的合取式。

4)$P(x)$ 不是命题，当 x 用个体常元代替，或用量词量化为 $\forall xP(x)$ 和 $\exists xP(x)$ 时，则成为命题。

5)对含多个个体变元的命题函数，要将每一个个体变元量化或用个体常元代换，才能转变为命题。因而，会同时出现多个量词。除非所有量词都是全称量词或存在量词，否则，多个量词同时出现时，不能随意颠倒量词的顺序，颠倒后会改变原命题的含义。

例 2.1.8 设 $P(x, y)$ 表示"$x + y > 10$"，论述域为实数，$\forall x\exists yP(x, y)$ 和 $\exists y\forall xP(x,$

y)的真值是什么?

解 $\forall x \exists y P(x,y)$表示命题"对每一个实数 x,都存在实数 y,使得 $x+y>10$ 成立",这是个真命题。

$\exists y \forall x P(x,y)$表示命题"存在实数 y,对每一个实数 x,都有 $x+y>10$ 成立",这是个假命题。 ◀

2.2 谓词合式公式

一个谓词 P 和 n 个个体变元,如 x_1,x_2,x_3,$\cdots$,x_n,表示成 $P(x_1$,x_2,x_3,$\cdots$,$x_n)$的形式,称为 n 元原子谓词公式,简称 n 元谓词公式。例如,$A(x)$是一元谓词公式,$B(x,y)$是二元谓词公式,$P(x,y,z)$是三元谓词公式。特别地,如果谓词公式中没有个体变元,即 $n=0$ 时,称为 0 元谓词公式。0 元谓词公式就是原子命题。下面给出谓词合式公式的定义。

定义 2.2.1 谓词演算的合式公式,简称谓词演算公式,定义如下:

1)每一个原子谓词公式都是谓词演算公式。

2)如果 A 是谓词公式,则$(\neg A)$是谓词公式。

3)如果 A 和 B 都是谓词公式,则$(A \wedge B)$、$(A \vee B)$、$(A \rightarrow B)$、$(A \leftrightarrow B)$都是谓词公式。

4)如果 A 是谓词公式,x 是其中的任一变元,则 $\forall x A$ 和 $\exists x A$ 都是谓词公式。

5)当且仅当有限次地应用上面的步骤得到的符号串才是谓词公式。

定义 2.2.2 谓词公式 $\forall x A$ 和 $\exists x A$ 中出现在量词 $\forall$ 和 $\exists$ 后面的变元 x 称为量词的**指导变元**。每个量词后面的最小的谓词子公式,称为该量词的**辖域**。在量词的辖域中,x 的所有出现都称为**约束出现**。约束出现的变元称为**约束变元**。除约束变元以外的其他变元的出现称为**自由出现**。自由出现的变元称为**自由变元**。

例 2.2.1 说明以下谓词公式中各量词的辖域及变元的约束情况。

1)$\forall x(P(x) \wedge Q(x))$

2)$\forall x(P(x) \rightarrow \exists y Q(x,y))$

3)$\forall x \forall y(P(x,y) \wedge Q(y,z)) \wedge \exists x R(x,y)$

解 1)$\forall x$ 的辖域是 $P(x) \wedge Q(x)$,x 为约束变元。

2)$\forall x$ 的辖域是 $P(x) \rightarrow \exists y Q(x,y)$,$\exists y$ 的辖域是 $Q(x,y)$,x、y 为约束变元。

3)$\forall x$ 的辖域是 $\forall y(P(x,y) \wedge Q(y,z))$,$\forall y$ 的辖域是 $P(x,y) \wedge Q(y,z)$,$\exists x$ 的辖域是 $R(x,y)$。在 $\forall x \forall y(P(x,y) \wedge Q(y,z))$中,$x$、$y$ 为约束变元,z 为自由变元。在 $\exists x R(x,y)$中,x 为约束变元,y 为自由变元。 ◀

上例3)中的 y 既是约束变元,也是自由变元,这样会引起概念上的混淆。一个公式中的变元所使用的符号是无关紧要的,例如,$\forall x P(x)$和 $\forall y P(y)$的真值相同,$\exists x P(x)$和 $\exists y P(y)$的真值相同,所以可以对公式中的约束变元或自由变元更改名称符号,使得一个变元在一个公式中只呈现一种形式,即呈自由出现或呈约束出现,以避免混淆。

对谓词公式中约束出现的变元更改符号名称,称为**约束变元换名**。

约束变元换名规则：将量词中的指导变元以及量词辖域中该变元的所有出现更改为辖域中没有出现的变元名称，公式的其余部分不变。

对谓词公式中自由出现的变元更改符号名称，称为**自由变元代入**。

自由变元代入规则：对某自由出现的个体变元的每一处都代入与原公式中所有变元的名称不相同的变元。

例 2.2.2 对下列谓词公式中的变元更名，使每一变元只呈现一种出现形式。

1) $\forall x(P(x) \rightarrow Q(x, y)) \wedge R(x, y)$

2) $\forall x(P(x, y) \wedge Q(y, z)) \wedge \exists xR(x, y) \wedge \forall yS(y)$

解 1)利用约束变元换名规则，将 $\forall x(P(x) \rightarrow Q(x, y))$ 中的约束变元 x 换成 z，得到

$$\forall z(P(z) \rightarrow Q(z, y)) \wedge R(x, y)$$

或利用自由变元代入规则，将 $R(x, y)$ 中的 x 用 z 代入，得到

$$\forall x(P(x) \rightarrow Q(x, y)) \wedge R(z, y)$$

2)利用约束变元换名规则，将 $\exists xR(x, y)$ 中的约束变元 x 换成 u，利用自由变元代入规则，将自由出现的三处 y 用 t 代入，得到

$$\forall x(P(x, t) \wedge Q(t, z)) \wedge \exists uR(u, t) \wedge \forall yS(y)$$

注意，以下对 1)的改名都是错误的：$\forall x(P(z) \rightarrow Q(z, y)) \wedge R(x, y)$ 和 $\forall y(P(y) \rightarrow Q(y, y)) \wedge R(x, y)$。前者错在指导变元没有更改，后者错在约束变元更改后和一个自由变元同名。 ◄

定义 2.2.3 任一谓词公式 A，若 A 中没有自由出现的个体变元，称 A 是封闭的谓词公式，简称**闭式**。

例 2.2.3 判断下列谓词公式是否是闭式。

1) $\forall x(P(x) \rightarrow Q(x))$

2) $\forall x \exists y(P(x, y) \wedge Q(y, z)) \wedge \forall yS(y)$

解 1)是闭式，因为无自由出现的变元；2)不是闭式，有自由出现的变元 z。 ◄

2.3 谓词公式的解释和分类

2.3.1 谓词公式的解释

在谓词公式中，要确定其真值，需要指定个体域，要对谓词变元和个体变元赋以确定的值，要给函数符号指定具体的函数。因此对谓词公式的解释要复杂得多。下面给出谓词公式的一个解释的概念。

定义 2.3.1 谓词逻辑中公式 A 的一个解释(或赋值)I 由如下四部分组成：

1)非空的个体域集合 D；

2)A 中的每个常量符号，指定 D 中的某个特定的元素；

3)A 中的每个 n 元函数符号，指定 D^n 到 D 的某个特定的函数；

4)A 中的每个 n 元谓词符号，指定 D^n 到 $\{0, 1\}$ 的某个特定的谓词。

例 2.3.1　给定解释 I 如下：

1）个体域为自然数集合 **N**；

2）$a=0$；

3）**N** 中特定的函数 $f(x, y)=x+y$，$g(x, y)=xy$；

4）**N** 中特定的谓词 $F(x, y)$：$x=y$。

在解释 I 下，求下列公式的真值。

1）$\forall xF(g(x, y), z)$

2）$\forall xF(g(x, a), x) \rightarrow F(x, y)$

3）$\forall x\forall y\exists zF(f(x, y), z)$

4）$\exists x\forall yF(f(x, y), g(x, y))$

5）$\forall xF(f(x, x), a)$

6）$F(f(x, y), f(y, z))$

解　1）$\forall xF(g(x, y), z) \Leftrightarrow \forall x(xy=z)$，不是命题，真值不确定。

2）$\forall xF(g(x, a), x) \rightarrow F(x, y) \Leftrightarrow \forall x(xa=x) \rightarrow (x=y) \Leftrightarrow \forall x(0=x) \rightarrow (x=y) \Leftrightarrow 1$，因为蕴涵式前件为假。

3）$\forall x\forall y\exists zF(f(x, y), z) \Leftrightarrow \forall x\forall y\exists z(x+y=z) \Leftrightarrow 1$。

4）$\exists x\forall yF(f(x, y), g(x, y)) \Leftrightarrow \exists x\forall y(x+y=xy) \Leftrightarrow 0$。

5）$\forall xF(f(x, x), a) \Leftrightarrow \forall x(x+x=a) \Leftrightarrow \forall x(x+x=0) \Leftrightarrow 0$。

6）$F(f(x, y), f(y, z)) \Leftrightarrow x+y=y+z \Leftrightarrow x=z$，不是命题，真值不确定。　◀

定理 2.3.1　封闭的谓词公式在任何解释下都变成命题。

不是闭式的谓词公式在某些解释下也可能变成命题，如例 2.3.1 中的公式 2）不是闭式，但在解释 I 下是真命题。

2.3.2　谓词公式的分类

定义 2.3.2　设 A 是一个谓词公式，如 A 在任何解释下的真值恒为真，则称 A 为**永真式**（或**逻辑有效式**）；如 A 在任何解释下的真值恒为假，则称该谓词公式为**永假式**（或**矛盾式**）；如果至少存在一个解释使 A 的真值为真，则称 A 为**可满足式**。

例 2.3.2　判定公式 $\exists x\forall yA(x, y) \leftrightarrow \forall y\exists xA(x, y)$ 的类型。

解　设个体域为自然数集合，令 $A(x, y)$ 表示 $xy=y$。因为对任何自然数 y，均存在自然数 x，使得 $xy=y$，所以 $\forall y\exists xA(x, y)$ 在该解释下的真值为 1，而此时 $\exists x\forall yA(x, y)$ 的真值也为 1，因为存在一个自然数 x，使得对所有的自然数 y，都有 $xy=y$。因而在此解释下 $\exists x\forall yA(x, y) \leftrightarrow \forall y\exists xA(x, y)$ 的真值为 1。

再设个体域为自然数集合，$A(x, y)$ 表示 $x>y$。因为对任何自然数 y，均存在自然数 x，使得 $x>y$，所以 $\forall y\exists xA(x, y)$ 在该解释下的真值为 1，而此时 $\exists x\forall yA(x, y)$ 的真值为 0，因为不存在一个自然数 x，使得对所有的自然数 y，都有 $x>y$。因而在此解释下 $\exists x\forall yA(x, y) \leftrightarrow \forall y\exists xA(x, y)$ 的真值为 0。

因此公式 $\exists x\forall yA(x, y) \leftrightarrow \forall y\exists xA(x, y)$ 不是永真式，是可满足式。　◀

与命题公式不同，谓词公式没有真值表。判定一个谓词公式是否为永真式，当论述域是无限集时，要求出在任何解释下谓词公式的真值均为 1，这是不可能的。目前，还没有可行的算法判定一个谓词公式的类型，只能对一些特殊的谓词公式进行判断。

对于一些特殊的谓词公式，如果它是永真式或矛盾式，则可以采用分析法或公式法进行证明；如果它是可满足式，则要通过举例说明给出两种解释，一种解释使其为真，另一种解释使其为假，如例 2.3.2。

定义 2.3.3 设 A_0 是含命题变元 p_1，p_2，p_3，$\cdots$，p_n 的命题公式，A_1，A_2，$\cdots$，A_n 是 n 个谓词公式，用 $A_i(1 \leqslant i \leqslant n)$ 处处代替 A_0 中的 p_i，所得公式 A 称为 A_0 的代换实例。

如 $F(x) \rightarrow G(y)$、$\forall xF(x) \rightarrow \exists xF(x)$ 都是 $p \rightarrow q$ 的代换实例。

定理 2.3.2 命题公式中永真式的代换实例都是永真式，矛盾式的代换实例都是矛盾式。

例 2.3.3 判断下列公式是永真式还是矛盾式。

1）$\forall xF(x) \rightarrow \exists xF(x)$

2）$\forall xF(x) \rightarrow (\exists yG(y) \rightarrow \forall xF(x))$

3）$F(x，y) \wedge \neg(G(x，y) \rightarrow F(x，y))$

解 1）设 I 为任意解释。如果 $\forall xF(x)$ 在 I 下为真，则对于任意一个个体 a 都有 $F(a)$ 为真，于是 $\exists xF(x)$ 为真，所以 $\forall xF(x) \rightarrow \exists xF(x)$ 为真。如果 $\forall xF(x)$ 在 I 下为假，则 $\forall xF(x) \rightarrow \exists xF(x)$ 为真。故 $\forall xF(x) \rightarrow \exists xF(x)$ 为永真式。

2）因为 $p \rightarrow (q \rightarrow p) \Leftrightarrow 1$，而 $\forall xF(x) \rightarrow (\exists yG(y) \rightarrow \forall xF(x))$ 是 $p \rightarrow (q \rightarrow p)$ 的代换实例，所以 $\forall xF(x) \rightarrow (\exists yG(y) \rightarrow \forall xF(x))$ 是永真式。

3）因为 $p \wedge \neg(q \rightarrow p) \Leftrightarrow p \wedge \neg(\neg q \vee p) \Leftrightarrow p \wedge q \wedge \neg p \Leftrightarrow 0$，而 $F(x，y) \wedge \neg(G(x，y) \rightarrow F(x，y))$ 是 $p \wedge \neg(q \rightarrow p)$ 的代换实例，所以 $F(x，y) \wedge \neg(G(x，y) \rightarrow F(x，y))$ 是矛盾式。 ◀

2.4 谓词演算的关系式

定义 2.4.1 设 A 和 B 是任意两个谓词公式，如果 $A \leftrightarrow B$ 是永真式，则称谓词公式 A 和 B 等价，记为 $A \Leftrightarrow B$。

由定义显然可以看出，谓词公式 A 和 B 等价的充要条件是：在任意解释下，谓词公式 A 和 B 的真值都相同。

由于命题逻辑中的永真式的代换实例都是谓词逻辑中的永真式，所以命题逻辑中的等价式的代换实例是谓词逻辑中的等价式。

例如，$\neg(p \wedge q) \Leftrightarrow \neg p \vee \neg q$ 的代换实例 $\neg(\forall xP(x) \wedge \exists xQ(x)) \Leftrightarrow \neg \forall xP(x) \vee \neg \exists xQ(x)$，$p \rightarrow q \Leftrightarrow \neg p \vee q$ 的代换实例 $P(x) \rightarrow Q(x) \Leftrightarrow \neg P(x) \vee Q(x)$，都是谓词逻辑中的等价式。

除了由命题逻辑中的等价式的代换实例得到的谓词逻辑等价式外，还有许多谓词逻辑中特有的等价式。下面给出一些常用的基本谓词公式等价式。

定理 2.4.1（量词否定转换律） 设 $A(x)$ 是任意谓词公式，则有：

1）$\neg \forall xA(x) \Leftrightarrow \exists x \neg A(x)$

2）$\neg \exists xA(x) \Leftrightarrow \forall x \neg A(x)$

证明   1)¬∀$xA(x)$为真⇔∀$xA(x)$为假⇔∃a 使 $A(a)$为假⇔∃a 使¬$A(a)$为真⇔∃x¬$A(x)$为真，所以¬∀$xA(x)$⇔∃x¬$A(x)$。

2)∀x¬$A(x)$为假⇔∃a 使¬$A(a)$为假⇔∃a 使 $A(a)$为真⇔∃$xA(x)$为真⇔¬∃$xA(x)$为假，所以¬∃$xA(x)$⇔∀x¬$A(x)$。   ◀

定理 2.4.2(量词辖域扩张和收缩律)   设 $A(x)$是包含自由变元 x 的公式，B 是不包含 x 的公式，则有：

1)∀$x(A(x) \land B)$⇔∀$xA(x) \land B$

2)∀$x(A(x) \lor B)$⇔∀$xA(x) \lor B$

3)∃$x(A(x) \land B)$⇔∃$xA(x) \land B$

4)∃$x(A(x) \lor B)$⇔∃$xA(x) \lor B$

5)∀$xA(x) \rightarrow B$⇔∃$x(A(x) \rightarrow B)$

6)∃$xA(x) \rightarrow B$⇔∀$x(A(x) \rightarrow B)$

7)$B \rightarrow$∀$xA(x)$⇔∀$x(B \rightarrow A(x))$

8)$B \rightarrow$∃$xA(x)$⇔∃$x(B \rightarrow A(x))$

证明   仅证 5)，其余证明留给读者。

$$5)∀xA(x) \rightarrow B ⇔ ¬∀xA(x) \lor B$$
$$⇔ ∃x¬A(x) \lor B$$
$$⇔ ∃x(¬A(x) \lor B)$$
$$⇔ ∃x(A(x) \rightarrow B)$$
◀

定理 2.4.3(量词分配律)   设 $A(x)$，$B(x)$是包含自由变元 x 的公式，则有

1)∀$xA(x) \land$∀$xB(x)$⇔∀$x(A(x) \land B(x))$

2)∃$xA(x) \lor$∃$xB(x)$⇔∃$x(A(x) \lor B(x))$

证明   1)设 I 为任意解释。

如果∀$xA(x) \land$∀$xB(x)$在 I 下为真，则∀$xA(x)$和∀$xB(x)$都为真，于是对于任意一个个体 a 都有 $A(a) \land B(a)$为真，所以∀$x(A(x) \land B(x))$为真，因此∀$xA(x) \land$∀$xB(x)$⇒∀$x(A(x) \land B(x))$。

如果∀$x(A(x) \land B(x))$在 I 下为真，则对于任意一个个体 a 都有 $A(a)$和 $B(a)$为真，从而∀$xA(x)$和∀$xB(x)$都为真，于是∀$xA(x) \land$∀$xB(x)$为真，因此∀$x(A(x) \land B(x))$⇒∀$xA(x) \land$∀$xB(x)$。

故∀$xA(x) \land$∀$xB(x)$⇔∀$x(A(x) \land B(x))$。

2)证明与 1)类似。   ◀

这个定理说明，全称量词对合取满足分配律，存在量词对析取满足分配律。

定理 2.4.4   设 $A(x, y)$是包含自由变元 x，y 的二元谓词公式，则有：

1)∀x∀$yA(x, y)$⇔∀y∀$xA(x, y)$

2)∃x∃$yA(x, y)$⇔∃y∃$xA(x, y)$

下面通过例子来说明定理 2.4.4 是成立的。

设 $A(x, y)$表示 x 回答了问题 y，x 的个体域是学生集合，y 的个体域是问题集合。

则 $\forall x\forall yA(x,y)$：所有学生回答了所有问题；$\forall y\forall xA(x,y)$：所有的问题所有学生回答了。显然这两个句子的含义是相同的，故 $\forall x\forall yA(x,y)\Leftrightarrow\forall y\forall xA(x,y)$。

同理，$\exists x\exists yA(x,y)$：一些学生回答了一些问题；$\exists y\exists xA(x,y)$：一些问题有一些学生回答了。显然，这两句的含义也是相同的，故 $\exists x\exists yA(x,y)\Leftrightarrow\exists y\exists xA(x,y)$。

利用上面的等价关系式可以进行谓词公式的等值推演。在进行等值推演时，可以利用置换规则，将公式中的一个子公式用它的等价公式代替；还可以利用换名规则或代入规则更改变元名，使得谓词公式不含既是约束出现又是自由出现的变元。

例 2.4.1 证明下面的等价式成立。

1) $\exists x(A(x)\rightarrow B(x))\Leftrightarrow\forall xA(x)\rightarrow\exists xB(x)$

2) $\forall xA(x)\rightarrow B(x)\Leftrightarrow\exists y(A(y)\rightarrow B(x))$

证明

1) $\exists x(A(x)\rightarrow B(x))\Leftrightarrow\exists x(\neg A(x)\lor B(x))$

$\qquad\qquad\qquad\quad\Leftrightarrow\exists x\neg A(x)\lor\exists xB(x)$

$\qquad\qquad\qquad\quad\Leftrightarrow\neg\forall xA(x)\lor\exists xB(x)$

$\qquad\qquad\qquad\quad\Leftrightarrow\forall xA(x)\rightarrow\exists xB(x)$

2) $\forall xA(x)\rightarrow B(x)\Leftrightarrow\neg\forall xA(x)\lor B(x)$

$\qquad\qquad\qquad\quad\Leftrightarrow\exists x\neg A(x)\lor B(x)$

$\qquad\qquad\qquad\quad\Leftrightarrow\exists y\neg A(y)\lor B(x)$

$\qquad\qquad\qquad\quad\Leftrightarrow\exists y(\neg A(y)\lor B(x))$

$\qquad\qquad\qquad\quad\Leftrightarrow\exists y(A(y)\rightarrow B(x))$ ◀

在谓词逻辑中有一些蕴涵式，蕴涵式的定义如下。

定义 2.4.2 设 A 和 B 是任意两个谓词公式，如果 $A\rightarrow B$ 是永真式，则称谓词公式 A 蕴涵 B，记为 $A\Rightarrow B$，称 $A\Rightarrow B$ 为蕴涵式。

定理 2.4.5 设 $A(x)$、$B(x)$ 是包含自由变元 x 的公式，则有：

1) $\forall xA(x)\lor\forall xB(x)\Rightarrow\forall x(A(x)\lor B(x))$

2) $\exists x(A(x)\land B(x))\Rightarrow\exists xA(x)\land\exists xB(x)$

3) $\forall x(A(x)\rightarrow B(x))\Rightarrow\forall xA(x)\rightarrow\forall xB(x)$

4) $\exists x(A(x)\rightarrow B(x))\Rightarrow\forall xA(x)\rightarrow\exists xB(x)$

证明 仅证 1) 和 3)，2)、4) 留给读者证明。

1) 若 $\forall x(A(x)\lor B(x))$ 为假，则存在个体 a 使 $A(a)\lor B(a)$ 为假，于是 $A(a)$ 和 $B(a)$ 都为假，因而 $\forall xA(x)$ 和 $\forall xB(x)$ 都为假，从而 $\forall xA(x)\lor\forall xB(x)$ 为假。所以 $\forall xA(x)\lor\forall xB(x)\Rightarrow\forall x(A(x)\lor B(x))$。

3) 利用推理的 CP 规则，$\forall x(A(x)\rightarrow B(x))\land\forall xA(x)\Leftrightarrow\forall x((A(x)\rightarrow B(x))\land A(x))\Leftrightarrow$ $\forall x((\neg A(x)\lor B(x))\land A(x))\Leftrightarrow\forall x(B(x)\land A(x))\Leftrightarrow\forall xB(x)\land\forall xA(x)\Rightarrow\forall xB(x)$，所以 $\forall x(A(x)\rightarrow B(x))\Rightarrow\forall xA(x)\rightarrow\forall xB(x)$。 ◀

例 2.4.2 证明下面的蕴涵式成立。

1) $\exists xA(x)\rightarrow\forall xB(x)\Rightarrow\forall x(A(x)\rightarrow B(x))$

2)$\forall xA(x) \rightarrow \exists xB(x) \Rightarrow \exists x(A(x) \rightarrow B(x))$

解　1)$\exists xA(x) \rightarrow \forall xB(x) \Leftrightarrow \neg \exists xA(x) \lor \forall xB(x)$

$$\Leftrightarrow \forall x \neg A(x) \lor \forall xB(x)$$

$$\Rightarrow \forall x(\neg A(x) \lor B(x))$$

$$\Rightarrow \forall x(A(x) \rightarrow B(x))$$

2)$\forall xA(x) \rightarrow \exists xB(x) \Leftrightarrow \neg \forall xA(x) \lor \exists xB(x)$

$$\Leftrightarrow \exists x \neg A(x) \lor \exists xB(x)$$

$$\Leftrightarrow \exists x(\neg A(x) \lor B(x))$$

$$\Leftrightarrow \exists x(A(x) \rightarrow B(x))$$

$$\Rightarrow \exists x(A(x) \rightarrow B(x))$$

多个量词同时使用时，有下面的蕴涵式。

定理 2.4.6　设 $A(x, y)$ 是包含自由变元 x、y 的二元谓词公式，则有：

1)$\forall x \forall yA(x, y) \Rightarrow \forall xA(x, x)$

2)$\exists xA(x, x) \Rightarrow \exists x \exists yA(x, y)$

3)$\forall x \forall yA(x, y) \Rightarrow \exists y \forall xA(x, y)$

4)$\forall y \forall xA(x, y) \Rightarrow \exists x \forall yA(x, y)$

5)$\exists y \forall xA(x, y) \Rightarrow \forall x \exists yA(x, y)$

6)$\forall x \exists yA(x, y) \Rightarrow \exists y \exists xA(x, y)$

7)$\exists x \forall yA(x, y) \Rightarrow \forall y \exists xA(x, y)$

8)$\forall y \exists xA(x, y) \Rightarrow \exists x \exists yA(x, y)$

证明　1)设 I 为任意解释，如果 $\forall xA(x, x)$ 在解释 I 下为假，则存在一个个体 a，使得 $A(a, a)$ 为假，于是 $\forall yA(a, y)$ 为假，因而有 $\forall x \forall yA(x, y)$ 为假，所以 $\forall x \forall yA(x, y) \Rightarrow \forall xA(x, x)$。　◀

其余留给读者证明。

2.5　前束范式

一个谓词公式可以化成与其等价的规范形式，称为前束范式。

定义 2.5.1　一个谓词公式 A，若具有形式 $Q_1x_1Q_2x_2 \cdots Q_nx_nM$，其中每个 Q_i ($1 \leqslant i \leqslant n$) 为 $\forall$ 或 $\exists$，M 为不含量词的谓词公式，则称谓词公式 A 为**前束范式**。$Q_1x_1Q_2x_2 \cdots Q_nx_n$ 称为首标，M 称为母式。

例如，$\forall x \forall y(A(x, y) \rightarrow B(x, y))$ 和 $\exists x \forall y(A(x, y, z) \land C(x, y))$ 等都是前束范式，而 $\forall xA(x) \rightarrow \exists xB(x)$ 和 $\exists xA(x) \lor \exists xB(x, y)$ 等都不是前束范式。

定理 2.5.1　任一谓词公式都存在着与之等价的前束范式。

证明　设 A 为任意一个谓词公式。

1)将公式化成只含 3 个联结词 $\neg$、$\land$、$\lor$ 的形式；

2)利用 $\neg(\neg P) \Leftrightarrow P$、德·摩根律及量词转换律等将公式中的所有 $\neg$ 符号移到原子公式的前面。如果需要的话，将约束变元换名；

3)利用量词辖域收缩及扩张律、量词分配律等，将所有量词提到公式的最前面。

按照以上步骤，可得到谓词公式 A 的前束范式。由于每一步变换都保持着等价的关系，所以得到的前束范式与原公式是等价的。　◀

定义 2.5.2　在前束范式 $Q_1 x_1 Q_2 x_2 \cdots Q_n x_n M$ 中，如果 M 是析取范式，则称为前束析取范式，如果 M 是合取范式，则称为前束合取范式。

例 2.5.1　求下列谓词公式的前束范式。

1)$\forall x A(x) \rightarrow \exists x B(x)$

2)$\exists x A(x) \rightarrow \forall x B(x)$

解　1)$\forall x A(x) \rightarrow \exists x B(x) \Leftrightarrow \neg \forall x A(x) \vee \exists x B(x)$ 　　　置换规则

$\qquad\qquad\qquad \Leftrightarrow \exists x \neg A(x) \vee \exists x B(x)$ 　　　定理 2.4.1

$\qquad\qquad\qquad \Leftrightarrow \exists x (\neg A(x) \vee B(x))$ 　　　定理 2.4.3

或

$\qquad \forall x A(x) \rightarrow \exists x B(x) \Leftrightarrow \neg \forall x A(x) \vee \exists x B(x)$ 　　　置换规则

$\qquad\qquad\qquad \Leftrightarrow \exists x \neg A(x) \vee \exists x B(x)$ 　　　定理 2.4.1

$\qquad\qquad\qquad \Leftrightarrow \exists x \neg A(x) \vee \exists y B(y)$ 　　　换名规则

$\qquad\qquad\qquad \Leftrightarrow \exists x \exists y (\neg A(x) \vee B(y))$ 　　　定理 2.4.2

2)$\exists x A(x) \rightarrow \forall x B(x) \Leftrightarrow \neg \exists x A(x) \vee \forall x B(x)$ 　　　置换规则

$\qquad\qquad\qquad \Leftrightarrow \forall x \neg A(x) \vee \forall x B(x)$ 　　　定理 2.4.1

$\qquad\qquad\qquad \Leftrightarrow \forall x \neg A(x) \vee \forall y B(y)$ 　　　换名规则

$\qquad\qquad\qquad \Leftrightarrow \forall x \forall y (\neg A(x) \vee B(y))$ 　　　定理 2.4.2　◀

把一个公式化成前束范式时，结果可能不唯一。例如，在例 2.5.1 的 1)式中使用 $\exists$ 对 $\vee$ 的分配律得到只带一个量词的前束范式；还可以对第二项用换名规则将 x 换为 y，用量词辖域收缩和扩张律求得前束范式。2)式中 $\forall$ 对 $\vee$ 不满足分配律，必须通过换名使得两项的指导变元不重名。

例 2.5.2　把谓词公式 $\forall x (A(x) \vee \forall z B(z, y) \rightarrow \neg \forall y C(x, y))$ 化成前束范式。

解　$\forall x (A(x) \vee \forall z B(z, y) \rightarrow \neg \forall y C(x, y))$

$\qquad \Leftrightarrow \forall x (\neg (A(x) \vee \forall z B(z, y)) \vee \neg \forall y C(x, y))$ 　　　置换规则

$\qquad \Leftrightarrow \forall x ((\neg A(x) \wedge \neg \forall z B(z, y)) \vee \exists y \neg C(x, y))$ 　　　置换规则、定理 2.4.1

$\qquad \Leftrightarrow \forall x ((\neg A(x) \wedge \exists z \neg B(z, t)) \vee \exists y \neg C(x, y))$ 　　　定理 2.4.1、代入规则

$\qquad \Leftrightarrow \forall x \exists z \exists y ((\neg A(x) \wedge \neg B(z, t)) \vee \neg C(x, y))$ 　　　定理 2.4.2　◀

2.6　谓词演算的推理

2.6.1　推理理论

谓词逻辑的推理形式同命题逻辑一样，若 $(A_1 \wedge A_2 \wedge \cdots \wedge A_n) \rightarrow B$ 是永真式，则称由前提 A_1，A_2，$\cdots$，A_n 可推出结论 B，可表示为 $(A_1 \wedge A_2 \wedge \cdots \wedge A_n) \Rightarrow B$。但谓词逻辑的推理要更为复杂。在命题逻辑的推理中使用的等价关系、蕴涵关系和推理规则在谓词逻辑的

推理中同样适用，另外还有谓词演算特有的关于量词的规则。

1. 全称量词消去规则(UI)

$$\forall xA(x)\Rightarrow A(y)$$

成立的条件：

1)x 是 $A(x)$ 中自由出现的个体变元；

2)y 是任意的不在 $A(x)$ 中约束出现的个体变元；

由于 y 具有任意性，y 可以是个体域中的任意个体 c，因而这个规则还可表示为 $\forall xA(x)\Rightarrow A(c)$。在推理过程中，两种形式可根据需要选用。

使用时，要注意规则成立条件。例如，若 $A(x)\Leftrightarrow\exists yF(x,y)$，则 $\forall xA(x)\Leftrightarrow\forall x\exists y F(x,y)$，利用 UI 规则 $\forall xA(x)\Rightarrow A(y)$，于是 $\forall x\exists yF(x,y)\Rightarrow\exists yF(y,y)$，如假设在实数集上 $F(x,y)$：$x>y$，$\forall x\exists yF(x,y)$ 是真命题，而 $\exists yF(y,y)$ 是假命题，这个蕴涵式是不成立的，原因是使用 UI 规则时违背了条件 2)。

2. 存在量词消去规则(EI)

$$\exists xA(x)\Rightarrow A(c)$$

成立的条件：

1)c 是个体域中使 A 成立的特定的个体常元；

2)c 不曾在 $A(x)$ 中出现过；

3)$A(x)$ 中除 x 外还有其他自由出现的个体变元时，不能用此规则。

注意，这里的 c 是使 A 成立的特定的个体常元，不要和公式中或推理证明过程中前面步骤的其他常元和变元名称相同。

例如，在实数集上 $F(x,y)$：$x>y$，若 $A(x)\Leftrightarrow F(x,c)$，$c$ 是实数集上的一个常数，则 $\exists xA(x)$ 为真，例用 EI 规则，消去量词，用 c 取代 x，得 $F(c,c)$，这是假命题，原因是违背了条件 2)。

3. 全称量词引入规则(UG)

$$A(y)\Rightarrow\forall xA(x)$$

成立的条件：

1)y 是 $A(y)$ 中自由出现的个体变元，y 取个体域中的任何值时 A 都为真；

2)取代 y 的 x 不能在 $A(x)$ 中约束出现。

例如，在实数集上 $F(x,y)$：$x>y$，若 $A(y)\Leftrightarrow\exists xF(x,y)$，则对任意的 y，$A(y)$ 为真，利用 UG 规则，用 x 取代 y，得 $\forall x\exists xF(x,x)$，显然这是假命题，原因是违背了条件 2)。

当能够证明个体域中的任一个体都使 $A(x)$ 为真时，才能应用此规则引入全称量词。

4. 存在量词引入规则(EG)

$$A(c)\Rightarrow\exists xA(x)$$

成立的条件：

1)c 是特定的个体常元；

2)取代 c 的 x 不能在 $A(c)$ 中出现过。

例如，在实数集上 $F(x,y)$：$x>y$，若 $A(2)\Leftrightarrow\exists xF(x,2)$，则 $A(2)$ 为真，例用 EG 规则，用 x 取代 2，得 $\exists xF(x,x)$，显然这是假命题，原因是违背了条件 2)。

注意，上述 4 条规则仅对谓词公式的前束范式适用。应用上述规则和命题逻辑中的推理规则，可以证明谓词逻辑的推理问题。

2.6.2 推理问题的证明

谓词逻辑的推理问题的证明本质上和命题逻辑的推理问题的证明相同。

例 2.6.1 证明：$\forall x(P(x)\to\neg Q(x))$ 是 $\exists x(P(x)\wedge Q(x))\to\forall y(R(y)\to S(y))$ 和 $\exists y(R(y)\wedge\neg S(y))$ 的结论。

证明

1）$\exists y(R(y)\wedge\neg S(y))$	前提引入
2）$\neg\forall y\neg(R(y)\wedge\neg S(y))$	1）量词否定转换律
3）$\neg\forall y(\neg R(y)\vee S(y))$	2）德·摩根律
4）$\neg\forall y(R(y)\to S(y))$	3）置换规则
5）$\exists x(P(x)\wedge Q(x))\to\forall y(R(y)\to S(y))$	前提引入
6）$\neg\exists x(P(x)\wedge Q(x))$	4），5）拒取式
7）$\forall x(\neg P(x)\vee\neg Q(x))$	6）量词否定转换律、德·摩根律
8）$\forall x(P(x)\to\neg Q(x))$	7）置换规则 ◄

例 2.6.1 主要是利用了谓词公式的等价式、命题逻辑等价式和蕴涵式的代换实例进行推演。在有些谓词逻辑推理时，可用量词消去规则先把量词去掉，变为命题逻辑的推理推出结论；若推出的结论带有量词，可利用量词引入规则把量词附加上去。

例 2.6.2 证明苏格拉底三段论"所有的人都是要死的。苏格拉底是人。所以苏格拉底是要死的。"是正确的推理。

证明 设 $M(x)$：x 是人；$P(x)$：x 是要死的；a：苏格拉底。

上述推理问题的前提符号化为 $\forall x(M(x)\to P(x))$，$M(a)$。结论符号化为 $P(a)$。因此，需证明 $P(a)$ 是 $\forall x(M(x)\to P(x))$ 和 $M(a)$ 的结论。

证明过程如下：

1）$\forall x(M(x)\to P(x))$	前提引入
2）$M(a)\to P(a)$	1）UI
3）$M(a)$	前提引入
4）$P(a)$	2），3）假言推理 ◄

例 2.6.3 证明"每个大学生都是聪明的，每个勤奋又聪明的大学生在学业中都会取得成功，有些大学生是勤奋的，所以有些大学生在学业中会取得成功。"是正确的推理。

证明 设 $P(x)$：x 是大学生，$Q(x)$：x 是聪明的，$R(x)$：x 是勤奋的，$S(x)$：x 在学业中都会取得成功。

则前提为 $\forall x(P(x)\to Q(x))$，$\forall x(P(x)\wedge R(x)\wedge Q(x)\to S(x))$，$\exists x(P(x)\wedge R(x))$，结论是：$\exists x(P(x)\wedge S(x))$。

证明过程如下：

1）$\exists x(P(x) \wedge R(x))$	前提引入
2）$P(c) \wedge R(c)$	1）EI
3）$P(c)$	2）化简
4）$\forall x(P(x) \rightarrow Q(x))$	前提引入
5）$P(c) \rightarrow Q(c)$	4）UI
6）$Q(c)$	3），5）假言推理
7）$R(c)$	2）化简
8）$P(c) \wedge Q(c) \wedge R(c)$	3），6），7）合取引入
9）$\forall x(P(x) \wedge R(x) \wedge Q(x) \rightarrow S(x))$	前提引入
10）$P(c) \wedge Q(c) \wedge R(c) \rightarrow S(c)$	9）UI
11）$S(c)$	8），10）假言推理
12）$P(c) \wedge S(c)$	3），11）合取引入
13）$\exists x(P(x) \wedge S(x))$	12）EG ◀

例 2.6.4　找出下面推理中的错误，并说明错误的原因。

1）$\exists xP(x) \wedge \exists xQ(x)$	前提引入
2）$\exists xP(x)$	1）化简
3）$P(c)$	2）EI
4）$\exists xQ(x)$	1）化简
5）$Q(c)$	4）EI
6）$P(c) \wedge Q(c)$	3），5）合取
7）$\exists x(P(x) \wedge Q(x))$	5）EG

解　错误在第5）步用 EI 规则时，用 c 取代 x，c 在前面步骤已用于特指使 P 为真的个体，在这里不一定能使 Q 为真。

正确的推理步骤是：

1）$\exists xP(x) \wedge \exists xQ(x)$	前提引入
2）$\exists xP(x)$	1）化简
3）$P(c)$	2）EI
4）$\exists xQ(x)$	1）化简
5）$Q(d)$	4）EI
6）$P(c) \wedge Q(d)$	3），5）合取
7）$\exists x \exists y(P(x) \wedge Q(y))$	6）EG

蕴涵式 $\exists xP(x) \wedge \exists xQ(x) \Rightarrow \exists x(P(x) \wedge Q(x))$ 不成立。例如，假设 $P(x)$：x 是奇数，$Q(x)$：x 是偶数。在自然数集合中，$\exists xP(x)$ 和 $\exists xQ(x)$ 都是真命题，$\exists x(P(x) \wedge Q(x))$ 是假命题。　◀

例 2.6.5　找出下面推理中的错误，并说明错误的原因。

1）$\forall x(P(x) \rightarrow Q(x))$	前提引入

2) $P(c) \rightarrow Q(c)$ 　　　　　　　　　　　　1) UI

3) $\exists x P(x)$ 　　　　　　　　　　　　　　前提引入

4) $P(c)$ 　　　　　　　　　　　　　　　　3) EI

5) $Q(c)$ 　　　　　　　　　　　　　　　2)，4) 假言推理

6) $\exists x Q(x)$ 　　　　　　　　　　　　　5) EG

解　推理的错误是第2)步使用全称指定规则时引入了常量 c，在第4)步使用存在指定规则时又引入了常量 c。正确的推理步骤是：

1) $\exists x P(x)$ 　　　　　　　　　　　　　　前提引入

2) $P(c)$ 　　　　　　　　　　　　　　　　3) EI

3) $\forall x(P(x) \rightarrow Q(x))$ 　　　　　　　　前提引入

4) $P(c) \rightarrow Q(c)$ 　　　　　　　　　　　　1) UI

5) $Q(c)$ 　　　　　　　　　　　　　　　2)，4) 假言推理

6) $\exists x Q(x)$ 　　　　　　　　　　　　　5) EG 　◀

注意，在前提中出现含有全称量词 $\forall x$ 和存在量词 $\exists x$ 的条件时，应先使用 EI 规则，后使用 UI 规则。

例 2.6.6　下面的推理是否正确？为什么？

1) $\forall x \exists y F(x, y)$ 　　　　　　　　　　前提引入

2) $\exists y F(z, y)$ 　　　　　　　　　　　　1) UI

3) $F(z, b)$ 　　　　　　　　　　　　　　2) EI

4) $\forall x F(x, b)$ 　　　　　　　　　　　　3) UG

解　不正确。错在第3)步，因为 $\exists y F(z, y)$ 中 z 是自由变元，不能使用 EI 规则。

例如，假设在实数集上 $F(x, y)$：$x > y$，$\forall x \exists y F(x, y)$ 表示所有的实数都有比它小的实数，是真命题；第3)步使用 EI 规则得到的 $F(z, b)$，z 可以取任意实数，用 UG 规则得 $\forall x F(x, b)$，即所有实数都大于某个确定的实数 b，是假命题。　◀

例 2.6.7　证明 $\forall x(P(x) \rightarrow Q(x)) \Rightarrow \forall x P(x) \rightarrow \exists x Q(x)$。

证明　利用 CP 规则，证明 $\forall x(P(x) \rightarrow Q(x)) \wedge \forall x P(x) \Rightarrow \exists x Q(x)$，步骤如下：

1) $\forall x(P(x) \rightarrow Q(x))$ 　　　　　　　　前提引入

2) $P(c) \rightarrow Q(c)$ 　　　　　　　　　　　　1) UI

3) $\forall x P(x)$ 　　　　　　　　　　　　　附加前提

4) $P(c)$ 　　　　　　　　　　　　　　　　3) UI

5) $Q(c)$ 　　　　　　　　　　　　　　　2)，4) 假言推理

6) $\exists x Q(x)$ 　　　　　　　　　　　　　5) EG 　◀

谓词逻辑是人工智能中最重要的一种知识表示方法，可用于表述各种描述性语句，并可有效地存储到计算机中进行处理。谓词演算可用来建立自动定理证明系统、基于规则的演绎系统等。下面的例子是谓词逻辑在人工智能知识表示中的应用。

例 2.6.8　房间里有一只猴子和一个箱子，天花板上挂了一串香蕉，其位置关系如图 2.6.1 所示，猴子在 a 点，为了拿到香蕉，它必须把箱子从 b 点推到香蕉下面的 c 点，

然后再爬到箱子上。请用谓词逻辑表示猴子摘香蕉问题。问题的初始状态是图示的状态、目标状态是箱子位于位置 c、猴子站在箱子上、猴子拿到了香蕉。

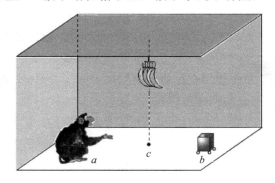

图 2.6.1　猴子摘香蕉问题

1）定义描述环境状态的谓词。

$AT(x, w)$：x 在 w 处，个体域：$x \in \{monkey\}$，$w \in \{a, b, c\}$；

$HOLD(x, t)$：x 手中拿着 t，个体域：$t \in \{box, banana\}$；

$EMPTY(x)$：x 手中是空的；

$ON(t, y)$：t 在 y 处，个体域：$y \in \{b, c, ceiling\}$；

$CLEAR(y)$：y 上是空的；

$BOX(u)$：u 是箱子，个体域：$u \in \{box\}$；

$BANANA(v)$：v 是香蕉，个体域：$v \in \{banana\}$；

2）使用谓词、联结词和量词来表示环境状态。

问题的初始状态可表示为：

S_0：$AT(monkey, a) \wedge EMPTY(monkey) \wedge ON(box, b) \wedge ON(banana, ceiling) \wedge CLEAR(c) \wedge BOX(box) \wedge BANANA(banana)$

要达到的目标状态为：

S_g：$AT(monkey, c) \wedge HOLD(monkey, banana) \wedge ON(box, c) \wedge CLEAR(ceiling) \wedge CLEAR(b) \wedge BOX(box) \wedge BANANA(banana)$

3）从初始状态到目标状态的转化，猴子需要完成一系列操作，定义操作类谓词表示其动作。

$WALK(m, n)$：猴子从 m 走到 n 处；个体域：$m, n \in \{a, b, c\}$；

$CARRY(s, r)$：猴子在 r 处拿到 s，个体域：$r \in \{b, ceiling\}$，$s \in \{box, banana\}$；

$CLIMB(u, c)$：猴子在 c 处爬上 u。

这 3 个操作也可分别用条件和动作来表示。条件直接用谓词公式表示，是为完成相应操作所必须具备的条件；当条件中的事实均为真时，则可激活操作规则，于是可执行该规则中的动作。动作通过前后状态的变化表示，即通过从动作前状态表中删除或增加谓词公式来描述动作后的状态。

①$WALK(m, n)$：猴子从 m 处走到 n 处。

条件：AT($monkey$，m)

动作：$\begin{cases}删除：AT($monkey$，$m$) \\ 增加：AT($monkey$，$n$)\end{cases}$

②CARRY(s，r)：猴子在 r 处拿到 s。

条件：AT($monkey$，r)$\wedge$EMPTY($monkey$)$\wedge$ON(s，r)$\wedge$BOX(box)$\wedge$BANANA($banana$)

动作：$\begin{cases}删除：EMPTY($monkey$)\wedge ON($s$，$r$) \\ 增加：HOLD($monkey$，$s$)\wedge CLEAR($r$)\end{cases}$

③CLIMB(u，c)：猴子在 c 处爬上 u。

条件：AT($monkey$，c)$\wedge$HOLD($monkey$，u)$\wedge$CLEAR(c)$\wedge$BOX(box)$\wedge$BANANA($banana$)

动作：$\begin{cases}删除：HOLD($monkey$，$u$)\wedge CLEAR($c$) \\ 增加：EMPTY($monkey$)\wedge ON($u$，$c$)\end{cases}$

4）按照行动计划，一步步进行状态替换，直至目标状态。

AT($monkey$，a)$\wedge$EMPTY($monkey$)$\wedge$ON(box，b)$\wedge$ON($banana$，$ceiling$)$\wedge$CLEAR(c)$\wedge$BOX(box)$\wedge$BANANA($banana$)

$\Downarrow$ WALK(a，b) 用 a 代换 m，用 b 代换 n

AT($monkey$，b)$\wedge$EMPTY($monkey$)$\wedge$ON(box，b)$\wedge$ON($banana$，$ceiling$)$\wedge$CLEAR(c)$\wedge$BOX(box)$\wedge$BANANA($banana$)

$\Downarrow$ CARRY(b，box) 用 b 代换 s，用 box 代换 r

AT($monkey$，b)$\wedge$HOLD($monkey$，box)$\wedge$ON($banana$，$ceiling$)$\wedge$CLEAR(b)$\wedge$CLEAR(c)$\wedge$BOX(box)$\wedge$BANANA($banana$)

$\Downarrow$ WALK(b，c) 用 b 代换 m，用 c 代换 n

AT($monkey$，c)$\wedge$HOLD($monkey$，box)$\wedge$ON($banana$，$ceiling$)$\wedge$CLEAR(b)$\wedge$CLEAR(c)$\wedge$BOX(box)$\wedge$BANANA($banana$)

$\Downarrow$ CLIMB(box，c) 用 box 代换 u

AT($monkey$，c)$\wedge$EMPTY($monkey$)$\wedge$ON(box，c)$\wedge$ON($banana$，$ceiling$)$\wedge$CLEAR(b)$\wedge$BOX(box)$\wedge$BANANA($banana$)

$\Downarrow$ CARRY($banana$，$ceiling$) 用 $banana$ 代换 s，用 $ceiling$ 代换 r

AT($monkey$，c)$\wedge$HOLD($monkey$，$banana$)$\wedge$ON(box，c)$\wedge$CLEAR(b)$\wedge$CLEAR($ceiling$)$\wedge$BOX(box)$\wedge$BANANA($banana$)

目标得解。

猴子行动的规则序列是：

WALK(a，b)→CARRY(b，box)→WALK(b，c)→CLIMB(box，c)→CARRY($banana$，$ceiling$)。

在上述过程中，当猴子执行某一个操作之前，需要检查当前状态是否满足所要求的条件，条件满足执行相应的操作。 ◄

上面的例子说明谓词逻辑可以有效地描述智能行为过程，可以通过对一组命题集或复杂的知识进行形式化表示而将智能行为过程输入到计算机中，建立计算机系统知识库，从而进行问题求解或机器定理证明。

习题

1. 令 $P(x)$ 表示"$x \geqslant 5$"，下列各式的真值是什么？

 (1)$P(1)$ (2)$P(5)$ (3)$P(6)$

2. 若个体域是整数集，令 $P(x, y)$ 表示 $x+y=0$，下列公式中哪些公式的值为真？

 (1)$\forall x \forall y P(x, y)$ (2)$\forall x \exists y P(x, y)$ (3)$\exists x \forall y P(x, y)$

 (4)$\exists x \exists y P(x, y)$ (5)$\forall y \forall x P(x, y)$ (6)$\exists y \forall x P(x, y)$

 (7)$\forall y \exists x P(x, y)$ (8)$\exists y \exists x P(x, y)$

3. 令 $L(x, y)$ 表示"x 喜欢 y"，个体域为所有人的集合。用谓词和量词表示下面的命题。

 (1)每个人都喜欢所有的人。

 (2)每个人都喜欢一些人。

 (3)一些人不喜欢任何人。

 (4)每个人都喜欢小王。

 (5)有些人被所有的人喜欢。

 (6)没有人人都喜欢的人。

 (7)每个人都不喜欢一些人。

4. 将下列命题用谓词逻辑符号化。

 (1)小王既聪明又用功。

 (2)小王从未给小李发过电子邮件，或打过电话。

 (3)只要你给我发个电子邮件，我就有你的邮件地址。

 (4)所有的人都要参加体育锻炼。

 (5)这个班有些学生选修了计算机专业的一些课程。

 (6)并非所有的智能工作都能由计算机来完成。

 (7)有些物品价格上涨，但不是所有物品的价格都上涨。

 (8)这个班有人给班上其他人都发过电子邮件。

 (9)不是每个大于 1 的自然数都是某个自然数的平方。

 (10)任何自然数都有唯一的后继数。

5. 假设个体域为一个大学的所有学生的集合，令 $F(x)$："x 是新生"，$M(x)$："x 是计算机专业的学生"。说明下面的每一个谓词逻辑表达式表示了下列三个命题中的哪一个？

 (1)一些新生是计算机专业的学生。

 (2)每一个计算机专业的学生都是新生。

 (3)没有一个计算机专业的学生是新生。

 a) $\forall x(M(x) \rightarrow \neg F(x))$ b) $\neg \exists x(M(x) \wedge \neg F(x))$ c) $\forall x(F(x) \rightarrow \neg M(x))$

 d) $\forall x(M(x) \rightarrow F(x))$ e) $\exists x(F(x) \wedge M(x))$ f) $\neg \forall x(\neg F(x) \vee \neg M(x))$

 g) $\forall x(\neg M(x) \wedge \neg F(x))$ h) $\forall x(\neg M(x) \vee \neg F(x))$

 i) $\neg \exists x(M(x) \wedge F(x))$ j) $\neg \forall x(F(x) \rightarrow \neg M(x))$

6. 将下列命题符号化，个体域是实数集合 **R**，指出各命题的真值。

   (1)对所有的 x，都存在 y 使得 $x+y=0$。

   (2)存在 x，使得对所有 y 都有 $x+y=0$。

   (3)对所有的 x，都存在 y 使得 $x \times y=0$。

   (4)存在 x，使得对所有 y 都有 $x \times y=0$。

   (5)对任意 x 和 y，都有 $x \times y=y \times x$。

   (6)对任意 x 和 y，都有 $x \times y=x+y$。

   (7)存在 x 和 y，使得 $x \times y=x+y$。

   (8)对所有的 x，都存在 y 使得 $x \times y=1$。

7. 假设命题函数 $P(x, y)$ 的个体域是 $\{1, 2, 3\}$，用析取和合取联结词表示下列命题。

   (1) $\exists x P(x, 2)$

   (2) $\forall y P(3, y)$

   (3) $\forall x \forall y P(x, y)$

   (4) $\exists x \exists y P(x, y)$

   (5) $\exists x \forall y P(x, y)$

   (6) $\forall y \exists x P(x, y)$

8. 给定解释 I 如下：

   i. 个体域为实数集 **R**；

   ii. 元素 $a=0$；

   iii. **R** 中特定的函数 $f(x, y)=x-y$；

   iv. **R** 中特定的谓词 $F(x, y)$：$x=y$，$G(x, y)$：$x<y$。

   在解释 I 下，求下列各式的真值。

   (1) $\forall x G(f(a, x), a)$

   (2) $\forall x \forall y(G(f(x, y), a) \rightarrow F(x, y))$

   (3) $\forall x \forall y(F(x, y) \rightarrow \neg G(x, y))$

   (4) $\forall x \forall y(F(f(x, y), a) \rightarrow G(x, y))$

9. 给定解释 I 如下：

   i. 个体域为 $D=\{-2, 3, 6\}$；

   ii. D 上特定谓词：$F(x)$：$x \leqslant 3$，$G(x)$：$x>5$，$R(x)$：$x \leqslant 7$。

   在解释 I 下，求下列各式的真值。

   (1) $\forall x(F(x) \wedge G(x))$

   (2) $\forall x(R(x) \rightarrow F(x)) \wedge G(5)$

   (3) $\forall x(F(x) \vee G(x))$

10. 判断下列各式的类型。

    (1) $\forall x \forall y F(x, y) \rightarrow(G(x, y) \rightarrow \forall x \forall y F(x, y))$

    (2) $\forall x(F(x) \rightarrow F(x)) \rightarrow \exists y(G(y) \wedge \neg G(y))$

    (3) $\exists y \forall x F(x, y) \rightarrow \forall x \exists y F(x, y)$

(4) $\forall x \exists y F(x, y) \rightarrow \exists x \forall y F(x, y)$

(5) $\forall x \forall y (F(x, y) \rightarrow F(y, x))$

(6) $\neg(\neg \forall x F(x) \rightarrow \exists y G(y)) \wedge \exists y G(y)$

(7) $(\exists x F(x) \rightarrow \exists x G(x)) \rightarrow \exists x (F(x) \rightarrow G(x))$

(8) $(\forall x F(x) \rightarrow \forall x G(x)) \rightarrow \forall x (F(x) \rightarrow G(x))$

11. 证明：$\neg \exists x \forall y P(x, y)$ 和 $\forall x \exists y \neg P(x, y)$ 有相同的真值。

12. 证明：$\exists x P(x) \wedge \exists x Q(x)$ 和 $\exists x (P(x) \wedge Q(x))$ 逻辑不等价。

13. 证明：$\forall x P(x) \wedge \exists x Q(x)$ 和 $\forall x \exists y (P(x) \wedge Q(y))$ 是逻辑等价的。

14. 指出下列公式中每个量词的作用域，并指出个体变元是约束变元还是自由变元。

(1) $\forall x \forall y (P(x, y) \vee Q(y, z)) \wedge \exists y R(x, y)$

(2) $\exists x (x = y \wedge x^2 + x < 5 \rightarrow x < z) \rightarrow x = 5 y^2$

15. 求下列公式的前束范式。

(1) $\neg \exists x P(x) \rightarrow \forall y Q(x, y)$

(2) $\forall x P(x) \rightarrow \exists x Q(x)$

(3) $\exists x P(x) \rightarrow \forall x Q(x)$

(4) $\forall x (P(x, y) \rightarrow Q(z)) \vee \exists x (R(z) \rightarrow \forall y S(x, y, z))$

(5) $\neg \exists x P(x) \wedge \forall y (P(y) \vee Q(y, z)) \rightarrow \exists w R(y, z, w)$

16. 证明下列蕴涵关系式成立。

(1) $\forall x (P(x) \rightarrow (Q(y) \wedge R(x)))$，$\exists x P(x) \Rightarrow \exists x (P(x) \wedge R(x))$

(2) $\forall x (\neg P(x) \rightarrow Q(x))$，$\forall x \neg Q(x) \Rightarrow \exists x P(x)$

(3) $\exists x P(x) \rightarrow \forall x Q(x) \Rightarrow \forall x (P(x) \rightarrow Q(x))$

(4) $\exists x P(x) \rightarrow \forall x ((P(x) \vee Q(x)) \rightarrow R(x))$，$\exists x P(x)$，$\exists x Q(x) \Rightarrow \exists x \exists y (R(x) \wedge R(y))$

(5) $\exists x (P(x) \wedge Q(x)) \rightarrow \forall y (R(y) \rightarrow S(y))$，$\exists y (R(y) \wedge \neg S(y)) \Rightarrow \forall x (P(x) \rightarrow \neg Q(x))$

(6) $\forall x (P(x) \rightarrow Q(x)) \Rightarrow \exists x P(x) \rightarrow \forall x Q(x)$

(7) $\forall x (P(x) \vee Q(x)) \Rightarrow \forall x P(x) \vee \exists x Q(x)$

(8) $\forall x \forall y (\neg P(x) \vee Q(y)) \Rightarrow \forall x \neg P(x) \vee \forall y Q(y)$

17. 指出下列推导中的错误，并加以改正。

(1) $\forall x P(x) \rightarrow Q(y)$ 前提引入

(2) $P(c) \rightarrow Q(c)$ (1)UI

(3) $\exists x P(x)$ 前提引入

(4) $P(c)$ (3)EI

(5) $Q(c)$ (4)(2)假言推理

(6) $\exists x Q(x)$ (5)EG

18. 构造下列推理的证明。

(1) $\forall x (P(x) \rightarrow (Q(y) \wedge R(x)))$，$\forall x P(x) \Rightarrow Q(y) \wedge \exists x (P(x) \wedge R(x))$

(2) $\exists x P(x) \rightarrow \forall y ((P(y) \vee Q(y)) \rightarrow R(y)) \Rightarrow \exists x P(x) \rightarrow \exists x R(x)$

(3) $\forall x (\neg P(x) \rightarrow Q(x))$，$\forall x \neg Q(x) \Rightarrow \exists x P(x)$

(4) $\forall x(P(x) \rightarrow (Q(x) \wedge R(x)))$，$\exists xP(x) \Rightarrow \exists x(P(x) \wedge R(x))$

19. 说明下列推理是否是逻辑有效的。

(1) 所有的好书定价都高，没有一本书定价高。所以没有一本书是好书。

(2) 本班有人上网，所有上网的人都发过 E-mail。所以本班有人发过 E-mail。

(3) 所有的舞蹈者都很有风度，有些学生很有风度，所以有些学生是舞蹈者。

20. 符号化下列命题，并推证其结论。

(1) 这个班的学生小李有计算机。每个有计算机的人都可以上网。所以这个班有学生上网。

(2) 这个班有个学生喜欢海洋生物，每个喜欢海洋生物的人都关心海洋污染。所以这个班有学生关心海洋污染。

(3) 所有的自然数都是整数，某些自然数是偶数。所以某些整数是偶数。

(4) 所有的自然数都是整数，任一整数不是奇数就是偶数，并非每个自然数都是偶数。所以，某些自然数是奇数。

(5) 每一个大学生，不是文科学生就是理工科学生；有的大学生是优秀学生；小王不是文科学生，但他是优秀学生。因而，如果小王是大学生，他就是理工科学生。

第二部分

集合、关系和函数

第3章 集　　合

集合是现代数学的基础。计算机科学与技术的研究和集合论有密切的关系。集合不仅可以用来表示数及其运算，还可以用于非数值计算信息的表示和处理，如数据的增加、删除、修改、排序，以及数据间关系的描述。集合论在计算机语言、数据结构、编译原理、数据库与知识库、形式语言及人工智能等许多领域得到广泛的应用。本章介绍集合的基本概念，包括集合的定义、集合的运算、集合间的关系、有限集合的计数等。

3.1　集合及其表示

集合是由一些对象聚集在一起构成的。例如，全体整数可以构成一个集合，全体中国人可以构成一个集合，26 个英文字母可以构成一个集合等。构成集合的对象可以是各种类型的事物。

定义 3.1.1　集合中的对象称为集合的**元素**或**成员**。

通常用大写的英文字母作为集合的名称，例如，字母 **N** 代表自然数集合，**R** 代表实数集合，**Z** 代表整数集合，**Z**$^+$ 代表正整数集合，**Z**$^-$ 代表负整数集合等。

集合的元素通常用小写的英文字母表示。若 a 是集合 A 的一个元素，可以记为 $a \in A$（读作 a 属于 A）。若 a 不是集合 A 的一个元素，则记为 $a \notin A$（读作 a 不属于 A）。例如，$2 \in \mathbf{N}$，$2 \notin \mathbf{Z}^-$。

表示集合的方法很多，下面介绍常用的集合表示方法。

1. 列举法

列举法是列出集合的所有元素，元素之间用逗号隔开，并把它们用花括号括起来。

例如，$A = \{a, b, c, d\}$，$B = \{1, 2, 3, 4\}$ 等。有时无法列出集合的所有元素时，先列出部分元素，当元素的一般形式很明显时用省略号表示其余所有元素。如 $\mathbf{N} = \{1, 2, 3, \cdots\}$，$\mathbf{C} = \{2, 4, 6, \cdots, 2n, \cdots\}$，$\mathbf{Z} = \{0, \pm 1, \pm 2, \cdots\}$ 等。

2. 描述法

描述法不要求列出集合中的所有元素，只要把集合中的元素具有的性质或所满足的条件描述出来即可。可以用谓词公式描述集合中的元素具有的性质或所满足的条件，表达式为

$$B = \{x \mid P(x)\}$$

上式表示集合 B 是由具有性质 P 的元素 x 构成。例如，$B = \{x \mid x \in \mathbf{Z} \wedge 3x \leqslant 6\}$，$C = \{x \mid x$ 是小于 10 的正整数$\}$ 等。

3. 归纳法

归纳法是通过归纳定义集合，主要由三部分组成：

1)指出属于集合的基本元素；

2)指出由基本元素构造新元素的方法；

3)指出该集合的界限。

前两步指出一个集合至少要包含的元素，第 3 步指出一个集合至多要包含的元素。

例如，集合 A 按归纳法定义如下：

1)0 和 1 都是集合 A 的元素；

2)如果 a、b 是 A 的元素，则 ab 和 ba 也是 A 的元素；

3)有限次地使用 1)、2)后所得到的字符串都是 A 的元素。

在这个集合的定义中，1)是归纳的基础，指出了集合 A 中最基本的元素是 0 和 1。2)是归纳，给出了由 0 和 1 构造新元素的方法，如 00、01、11 等都是由 0 和 1 构造的集合 A 中的元素。3)指出了集合的界限。

集合中的元素可以具有共同性质，也可以表面上看起来不相干，如{2，Tom，计算机，广州}的四个元素分别是编号、名字、专业和城市。集合也可以作为集合的元素，如集合 A＝{{1，2}，a，**N**}包含 3 个元素，第一个元素是集合{1，2}，第二个元素是字母 a，第三个元素是自然数集合 **N**，即{1，2}∈A，a∈A，**N**∈A，但 1∉A，2∉A，1 和 2 是 A 的元素的元素。

在集合中，规定元素之间没有次序关系，一个元素重复出现多次和只出现一次是一样的。例如，{3，4，5}、{3，4，4，5，5}、{5，3，4}都是同一个集合。

定义 3.1.2 有限个元素构成的集合 A 称为**有限集**，其中包含的元素个数称为该集合的元素数，记为|A|。无限个元素构成的集合称为**无限集**。

定义 3.1.3 不含任何元素的集合称为**空集**，记为 ∅。空集可以符号化表示为

$$\varnothing = \{x \mid x \neq x\}$$

空集是客观存在的，例如 $A = \{x \mid x \in \mathbf{R} \wedge x^2 + 1 = 0\}$，因为方程 $x^2 + 1 = 0$ 没有实数解，所以没有实数属于集合 A，因此 A＝∅。

根据上述定义，对于任一元素 x，有 $x \in \varnothing \Leftrightarrow 0$。

定义 3.1.4 所考虑的所有对象的集合称为**全集**，记为 E。

全集是个相对概念。由于所研究的问题不同，所取的全集也不同。例如，在研究平面解析几何的问题时，可以把整个坐标平面取为全集。在研究整数的问题时，可以把整数集 **Z** 取为全集。

对于全集中的任一元素 x，有 $x \in E \Leftrightarrow 1$。

3.2 集合间的关系

定义 3.2.1 设 A、B 为集合，当且仅当它们恰有完全相同的元素时，称 A 与 B 相等，记作 A＝B。符号化表示为

$$A = B \Leftrightarrow \forall x (x \in A \leftrightarrow x \in B)$$

例如，集合 $A = \{x \mid x \in Z \wedge 3 < x \leqslant 6\}$，$B = \{4，5，6\}$，则 A＝B。

定义 3.2.2 设 A、B 为两个集合，如果 B 中的每个元素都是 A 中的元素，则称 B 为 A 的子集合，简称**子集**。这时也称 **B 被 A 包含**，或 **A 包含 B**，记作 B⊆A 或 A⊇B。符号

化表示为

$$B\subseteq A\Leftrightarrow\forall x(x\in B\to x\in A)$$

如果 B 不被 A 包含，则记作 $B\nsubseteq A$。

例如，集合 $A=\{0,1,2\}$，$B=\{0,1\}$，$C=\{1,2\}$，则有 $B\subseteq A$，$C\subseteq A$，但 $C\nsubseteq B$，因为存在 2，$2\in C$ 但 $2\notin B$，因此 $C\nsubseteq B$。

定义 3.2.3　设 A、B 为集合，如果 $B\subseteq A$ 且 $B\neq A$（即集合 B 的每一个元素都属于 A，但集合 A 中至少有一个元素不属于 B），则称 B 是 A 的**真子集**。这时也称 B 被 A **真包含**，或 A 真包含 B，记作 $A\supset B$，亦即 $B\subset A$。符号化表示为

$$B\subset A\Leftrightarrow\forall x(x\in B\to x\in A)\wedge\exists x(x\in A\wedge x\notin B)$$

例如，$\{0,1\}$ 是 $\{0,1,2\}$ 的真子集，但 $\{1,5\}$ 和 $\{0,1,2\}$ 都不是 $\{0,1,2\}$ 的真子集。

根据定义不难得到集合满足下面的性质：

1）对任何集合 A 都有 $A\subseteq A$。

2）设 A、B 为集合，$A\subseteq B\wedge B\subseteq A\Leftrightarrow A=B$。

3）设 A、B、C 为集合，$A\subseteq B\wedge B\subseteq C\Rightarrow A\subseteq C$。

证明　1）显然成立。

2）　$A\subseteq B\wedge B\subseteq A$

$\Leftrightarrow\forall x(x\in A\to x\in B)\wedge\forall x(x\in B\to x\in A)$

$\Leftrightarrow\forall x((x\in A\to x\in B)\wedge(x\in B\to x\in A))$

$\Leftrightarrow\forall x(x\in A\leftrightarrow x\in B)$

$\Leftrightarrow A=B$

3）　$A\subseteq B\wedge B\subseteq C$

$\Leftrightarrow\forall x(x\in A\to x\in B)\wedge\forall x(x\in B\to x\in C)$

$\Leftrightarrow\forall x((x\in A\to x\in B)\wedge(x\in B\to x\in C))$

$\Rightarrow\forall x(x\in A\to x\in C)$

$\Leftrightarrow A\subseteq C$　◀

可以用文氏图形象地表示集合间的关系。文氏图是以英国数学家 John Venn 的名字命名的，他在 1881 年提出了这种表示方法。将所考虑的所有对象的集合 E，称为全集。在文氏图中用长方形表示全集，用圆或其他封闭的几何图形表示集合，有时用点表示集合中特定的元素。

例如，英文字母中元音字母的集合 $V=\{a,e,i,o,u\}$ 是全部 26 个英文字母集合 E 的子集，即 $V\subseteq E$。将 U 看作全集，用文氏图表示 $V\subseteq E$，如图 3.2.1 所示。

集合 A 和 B 是全集 U 的子集且 $A\subseteq B$，用文氏图表示 $A\subseteq B$，如图 3.2.2 所示。

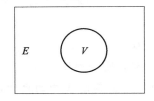

图 3.2.1　用文氏图表示 $V\subseteq E$

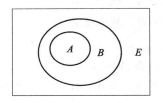

图 3.2.2　用文氏图表示 $A\subseteq B$

定理 3.2.1　空集 $\varnothing$ 是一切集合的子集。

证明　对任意集合 A，由子集的定义有

$$\varnothing \subseteq A \Leftrightarrow \forall x(x \in \varnothing \to x \in A)$$

由于 $x \in \varnothing$ 为假，所以整个蕴涵式 $x \in \varnothing \to x \in A$ 对一切 x 为真，因此 $\varnothing \subseteq A$ 为真。◄

推论　空集是唯一的。

证明　假设存在空集 $\varnothing_1$ 和 $\varnothing_2$，根据定理 3.2.1，有 $\varnothing_1 \subseteq \varnothing_2$ 和 $\varnothing_2 \subseteq \varnothing_1$，根据集合相等的定义得 $\varnothing_1 = \varnothing_2$。◄

例 3.2.1　确定下列命题是否为真。

1) $\varnothing \subseteq \varnothing$　　　2) $\varnothing \in \varnothing$　　　3) $\varnothing \subseteq \{\varnothing\}$　　　4) $\varnothing \in \{\varnothing\}$

解　1)、3)、4)为真，2)为假。因为任何集合都是它自己的子集，所以 1)为真；空集中没有任何元素，所以 2)为假；空集是任何集合的子集，因此 3)为真；而 4)集合有一个元素 $\varnothing$，所以为真。◄

含有 n 个元素的集合简称 **n 元集**，其含有 m 个元素的子集称作它的 m 元子集。任给一个元集，可求出它的全部子集。

例 3.2.2　求 $A = \{a, b, c\}$ 的全部子集。

解　将 A 的子集从小到大分类。

0 元子集，即空集，只有 1 个：$\varnothing$。

1 元子集，即单元子集，有 3 个：$\{a\}$，$\{b\}$，$\{c\}$。

2 元子集，有 3 个：$\{a, b\}$，$\{a, c\}$，$\{b, c\}$。

3 元子集，有 1 个：$\{a, b, c\}$。◄

一般说来，对于有 n 个元素的集合 A，它的 $m(0 \leqslant m \leqslant n)$ 元子集有 C_n^m 个，所以不同的子集总数有

$$C_n^0 + C_n^1 + \cdots + C_n^n$$

由二项式定理不难证明上式的和是 2^n，所以，n 元集有 2^n 个子集。

定义 3.2.4　设 A 为集合，把 A 的全体子集构成的集合叫做 A 的**幂集**，记作 $P(A)$（或 2^A），符号化表示为

$$P(A) = \{x \mid x \subseteq A\}$$

例 3.2.3　设 $A = \{a, b, c\}$，求 A 的幂集 $P(A)$。

解　$P(A) = \{\varnothing, \{a\}, \{b\}, \{c\}, \{a, b\}, \{a, c\}, \{b, c\}, \{a, b, c\}\}$。

可以看出，若 A 是 n 元集，则 $P(A)$ 有 2^n 个元素。◄

例 3.2.4　计算空集 $\varnothing$ 的幂集和集合 $\{\varnothing\}$ 的幂集。

解　因为任何集合都是它自己的子集，所以空集 $\varnothing$ 有一个子集 $\varnothing$，$\varnothing$ 的幂集 $P(\varnothing) = \{\varnothing\}$。集合 $\{\varnothing\}$ 的子集有 $\varnothing$ 和 $\{\varnothing\}$，因而 $P(\{\varnothing\}) = \{\varnothing, \{\varnothing\}\}$。◄

3.3　集合的运算

集合可以通过各种运算形成新的集合。

定义 3.3.1　设 A、B 为集合，由 A 和 B 的所有元素组成的集合称为 A 与 B 的**并集**，

可符号化表示为

$$A \cup B = \{x \mid x \in A \lor x \in B\}$$

用文氏图表示集合 A 与 B 的并集，如图 3.3.1 所示。

例 3.3.1   设 $A = \{1, 2, 3\}$，$B = \{2, 4, 6\}$，则 $A \cup B = \{1, 2, 3, 4, 6\}$。 ◀

显然，$E \cup A = E$，$\varnothing \cup A = A$。

n 个集合 A_1，A_2，$\cdots$，A_n 的并集为

$$\bigcup_{i=1}^{n} A_i = A_1 \cup A_2 \cup \cdots \cup A_n = \{x \mid (\exists i)(x \in A_i)\}$$

定义 3.3.2   设 A、B 为集合，由同时属于集合 A 和集合 B 的元素组成的集合，称为集合 A 与集合 B 的**交集**，可符号化表示为

$$A \cap B = \{x \mid x \in A \land x \in B\}$$

用文氏图表示集合 A 与 B 的交集，如图 3.3.2 所示。

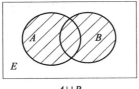

$A \cup B$

图 3.3.1   用文氏图表示集合 A 与 B 的并集

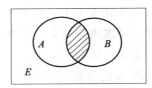

$A \cap B$

图 3.3.2   用文氏图表示集合 A 与 B 的交集

例 3.3.2   设 $A = \{1, 2, 3, 4\}$，$B = \{2, 4, 6\}$，则 $A \cap B = \{2, 4\}$。 ◀

显然，$E \cap A = A$，$\varnothing \cap A = \varnothing$。

n 个集合 A_1，A_2，$\cdots$，A_n 的交集为

$$\bigcap_{i=1}^{n} A_i = A_1 \cap A_2 \cap \cdots \cap A_n = \{x \mid (\forall i)(x \in A_i)\}$$

当两个集合的交集是空集时，称它们是不交的。如图 3.3.3 所示的文氏图表示集合 B 和 C 是不交的。

在例 3.3.2 中，$A \cup B = \{1, 2, 3, 4, 6\}$，$A \cup B$ 的元素个数 $|A \cup B| = 5$，而 $|A| = 4$，$|B| = 3$，$|A \cup B| \neq |A| + |B|$，因为元素 2 和 4 既属于集合 A，又属于集合 B，在 $|A|$ 和 $|B|$ 中都计数了 2

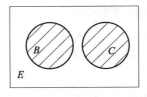

$B \cap C = \varnothing$

图 3.3.3   用文氏图表示集合 B 与 C 不交

和 4，$|A| + |B|$ 中包含了对 2 和 4 的重复计数，所以在计算 $A \cup B$ 的元素个数时要减去对 2 和 4 的重复计数，即 $|A \cup B| = |A| + |B| - |A \cap B|$。

关于有限集合元素的计数有下面的公式。

设 A_1，A_2，$\cdots$，A_m 为有限集合，其元素个数分别为 $|A_1|$，$|A_2|$，$\cdots$，$|A_m|$，则

$$|A_1 \cup A_2 \cup \cdots \cup A_m| = \sum_{i=1}^{m} |A_i| - \sum_{1 \leqslant i < j \leqslant m} |A_i \cap A_j| + \sum_{1 \leqslant i < j < k \leqslant m} |A_i \cap A_j \cap A_k|$$

$$- \cdots + (-1)^{m+1} |A_1 \cap A_2 \cap \cdots \cap A_m|$$

证明见第 5 章。

定理 3.3.1 设 A，B 为集合，则下列交换律成立。

1）$A \cup B = B \cup A$

2）$A \cap B = B \cap A$

定理 3.3.1 显然成立，也就是集合的并运算和交运算满足交换律。

定理 3.3.2 设 A、B、C 为任意三个集合，则下列结合律成立。

1）$(A \cup B) \cup C = A \cup (B \cup C)$

2）$(A \cap B) \cap C = A \cap (B \cap C)$

证明 1）设 $\forall x \in (A \cup B) \cup C$，根据并运算的定义可知 $x \in (A \cup B)$ 或 $x \in C$，由 $x \in (A \cup B)$ 可知 $x \in A$ 或 $x \in B$。因此有 $x \in A$ 或 $x \in B$ 或 $x \in C$，即 $x \in A$ 或 $x \in B \cup C$，从而有 $x \in A \cup (B \cup C)$，所以

$$(A \cup B) \cup C \subseteq A \cup (B \cup C)$$

同理可证，$A \cup (B \cup C) \subseteq (A \cup B) \cup C$。

所以 $(A \cup B) \cup C = A \cup (B \cup C)$ 成立，即集合的并运算满足结合律。

2）可以用逻辑等价的方法证明这个等式。设

$$\forall x \in (A \cap B) \cap C$$
$$\Leftrightarrow x \in (A \cap B) \land x \in C$$
$$\Leftrightarrow x \in A \land x \in B \land x \in C$$
$$\Leftrightarrow x \in A \land x \in (B \cap C)$$
$$\Leftrightarrow x \in A \cap (B \cap C)$$

所以 $(A \cap B) \cap C = A \cap (B \cap C)$ 成立。◄

定理 3.3.3 设 A、B、C 为任意三个集合，则下列分配律成立。

1）$A \cup (B \cap C) = (A \cup B) \cap (A \cup C)$

2）$A \cap (B \cup C) = (A \cap B) \cup (A \cap C)$

证明 用逻辑等价的方法证明。

1）设

$$\forall x \in A \cup (B \cap C)$$
$$\Leftrightarrow x \in A \lor x \in B \cap C$$
$$\Leftrightarrow x \in A \lor (x \in B \land x \in C)$$
$$\Leftrightarrow (x \in A \lor x \in B) \land (x \in A \lor x \in C)$$
$$\Leftrightarrow x \in A \cup B \land x \in A \cup C$$
$$\Leftrightarrow x \in (A \cup B) \cap (A \cup C)$$

所以 $A \cup (B \cap C) = (A \cup B) \cap (A \cup C)$ 成立。

2）证明同 1）。◄

用逻辑等价的方法证明集合等式时，先用谓词公式描述集合元素的特征，然后用命题演算方法证明集合等式。

定理 3.3.4 设 A、B 为任意两个集合，则下列吸收律成立。

1)$A\cup(A\cap B)=A$

2)$A\cap(A\cup B)=A$

证明 集合等式的证明还可以利用一些集合恒等式证明。

1) $A\cup(A\cap B)$

$=(A\cap E)\cup(A\cap B)$

$=A\cap(E\cup B)$

$=A\cap E$

$=A$

2) $A\cap(A\cup B)$

$=(A\cup\varnothing)\cap(A\cup B)$

$=A\cup(\varnothing\cap B)$

$=A\cup\varnothing$

$=A$ ◄

定义 3.3.3 设 A、B 为任意两个集合，由属于 A 但不属于 B 的元素构成的集合称为 A 和 B 的**差**，又称为集合 B 对于 A 的补集或**相对补集**，记为 $A-B$。可符号化表示为

$$A-B=\{x\mid x\in A\wedge x\notin B\}$$

用文氏图表示如图 3.3.4 所示。

例 3.3.3 设集合 $A=\{1,2,3,4,5\}$，$B=\{2,4,6\}$，则 $A-A=\varnothing$，$A-B=\{1,3,5\}$，$B-A=\{6\}$。   ◄

定义 3.3.4 设 E 为全集，$A\subseteq E$，则称 E 和 A 的差集为 A 的**补集**或**绝对补集**，记作 $\sim A$，可符号化表示为

$$\sim A=E-A=\{x\mid x\in U\wedge x\notin A\}$$

$\sim A$ 的文氏图如图 3.3.5 所示。

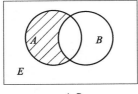

图 3.3.4 用文氏图表示 $A-B$

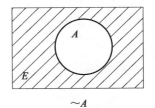

图 3.3.5 用文氏图表示 $\sim A$

对补集有下述性质成立。

1)$\sim E=\varnothing$

2)$\sim\varnothing=E$

3)$\sim(\sim A)=A$

4)$A\cap\sim A=\varnothing$

5)$A\cup\sim A=E$

定理 3.3.5 设 A、B 为任意两个集合，则有：

1) $\sim(A\cap B)=\sim A\cup\sim B$

2) $\sim(A\cup B)=\sim A\cap\sim B$

称该定理为**德·摩根律**。

证明 设 E 为全集，显然有 $A\cap E=A$，$A\cup E=E$ 成立。

1) $\sim(A\cap B)$

$=\{x\,|\,x\in E\wedge x\notin(A\cap B)\}$

$=\{x\,|\,x\in E\wedge\neg(x\in(A\cap B))\}$

$=\{x\,|\,x\in E\wedge(\neg(x\in A)\vee\neg(x\in B))\}$

$=\{x\,|\,x\in E\wedge(x\notin A\vee x\notin B)\}$

$=\{x\,|\,(x\in E\wedge x\notin A)\vee(x\in E\wedge x\notin B)\}$

$=\sim A\cup\sim B$

2) 证明同 1)。

这个定理的证明是用描述法表示集合，对集合中描述集合元素特征的谓词公式进行等价变换，从而证明集合等式。

定义 3.3.5 设 A、B 为集合，由属于 A 而不属于 B 的所有元素和属于 B 而不属于 A 的所有元素组成的集合，称为集合 A 与 B 的**对称差**，记为 $A\oplus B$。可符号化表示为

$$A\oplus B=\{x\,|\,(x\in A\wedge x\notin B)\vee(x\in B\wedge x\notin A)\}$$

根据定义 3.3.5，集合 A 与 B 的对称差还可表示为

$$A\oplus B=(A-B)\cup(B-A)$$

用文氏图表示如图 3.3.6 所示。

例 3.3.4 设集合 $A=\{1,2,3,4,5\}$，$B=\{2,4,6\}$ 则 $A\oplus B=\{1,3,5,6\}$。

对称差运算满足如下性质：

1) $A\oplus A=\varnothing$

2) $A\oplus\varnothing=A$

定理 3.3.6 设 A、B、C 为任意三个集合，则有：

1) $A\oplus B=B\oplus A$

2) $(A\oplus B)\oplus C=A\oplus(B\oplus C)$

证明 留作读者练习。

表 3.3.1 列出了集合运算的重要恒等式。

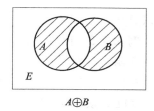

图 3.3.6 用文氏图表示 $A\oplus B$

表 3.3.1 **集合运算的恒等式**

名称	等式
恒等律	$A\cup\varnothing=A$，$A\cap E=A$
支配律	$A\cup E=E$，$A\cap\varnothing=\varnothing$
幂等律	$A\cup A=A$，$A\cap A=A$
双重否定律	$\sim(\sim A)=A$
交换律	$A\cup B=B\cup A$，$A\cap B=B\cap A$
结合律	$A\cup(B\cup C)=(A\cup B)\cup C$，$A\cap(B\cap C)=(A\cap B)\cap C$

（续）

名称	等式
分配率	$A\bigcap(B\bigcup C)=(A\bigcap B)\bigcup(A\bigcap C)$，$A\bigcup(B\bigcap C)=(A\bigcup B)\bigcap(A\bigcup C)$
德·摩根律	$\sim(A\bigcup B)=\sim B\bigcap\sim A$，$\sim(A\bigcap B)=\sim A\bigcup\sim B$
吸收律	$A\bigcup(A\bigcap B)=A$，$A\bigcap(A\bigcup B)=A$
补律	$A\bigcap\sim A=\varnothing$，$A\bigcup\sim A=E$

比较这里的集合恒等式和第 1 章的命题等价式，不难看出，集合运算的规律和命题运算的某些规律是一致的，所以命题演算的方法是证明集合等式的基本方法。

例 3.3.5　证明 $A-(B\bigcup C)=(A-B)\bigcap(A-C)$。

证明　对任意 x，有

$$x\in A-(B\bigcup C)$$
$$\Leftrightarrow x\in A\wedge x\notin B\bigcup C$$
$$\Leftrightarrow x\in A\wedge\neg(x\in B\vee x\in C)$$
$$\Leftrightarrow x\in A\wedge\neg x\in B\wedge\neg x\in C$$
$$\Leftrightarrow x\in A\wedge x\notin B\wedge x\notin C$$
$$\Leftrightarrow(x\in A\wedge x\notin B)\wedge(x\in A\wedge x\notin C)$$
$$\Leftrightarrow x\in A-B\wedge x\in A-C$$
$$\Leftrightarrow x\in(A-B)\bigcap(A-C)$$

所以 $A-(B\bigcup C)=(A-B)\bigcap(A-C)$。　◀

例 3.3.6　证明 $A\subseteq B$ 当且仅当 $(A\bigcup B)=B$ 或 $(A\bigcap B)=A$。

证明　首先证明当 $(A\bigcup B)=B$ 或 $(A\bigcap B)=A$ 时，$A\subseteq B$。

对任一 $x\in A$，有 $x\in A\bigcup B$，当 $(A\bigcup B)=B$ 时，则有 $x\in B$；当 $(A\bigcap B)=A$ 时，有 $x\in A\bigcap B$，从而 $x\in B$。因而 $A\subseteq B$。

其次证明若 $A\subseteq B$ 则有 $(A\bigcup B)=B$ 或 $(A\bigcap B)=A$。

对任一 $x\in A\bigcup B$，有 $x\in A$ 或 $x\in B$。若 $x\in A$，因为 $A\subseteq B$，则 $x\in B$，所以对任一 $x\in A\bigcup B$ 均有 $x\in B$。因而 $A\bigcup B\subseteq B$。又因为 $B\subseteq A\bigcup B$，所以 $(A\bigcup B)=B$。

对任一 $x\in A$，若 $A\subseteq B$，则 $x\in B$，因而有 $x\in A\bigcap B$。所以 $A\subseteq A\bigcap B$。又因为 $A\bigcap B\subseteq A$，所以 $(A\bigcap B)=A$。　◀

3.4　自然数

自然数集合包含无限多元素，用空集和后继集可以把所有自然数定义为集合。

定义 3.4.1　设 A 是一集合，A 的**后继集** A^+ 为

$$A^+=A\bigcup\{A\}$$

例 3.4.1　已知集合 $A=\{1,2,3\}$，求 A 的后继集 A^+。

解　A 的后继集 $A^+=A\bigcup\{A\}$
$$=\{1,2,3\}\bigcup\{\{1,2,3\}\}$$
$$=\{1,2,3,\{1,2,3\}\}$$　◀

例 3.4.2　对于空集 $\varnothing$，求：1) $\varnothing^+$，2) $(\varnothing^+)^+$，3) $((\varnothing^+)^+)^+$。

解 1)$\varnothing^+=\varnothing\cup\{\varnothing\}=\{\varnothing\}$

2)$(\varnothing^+)^+=\{\varnothing\}^+=\{\varnothing\}\cup\{\{\varnothing\}\}=\{\varnothing,\{\varnothing\}\}$

3)$((\varnothing^+)^+)^+=\{\varnothing,\{\varnothing\}\}^+=\{\varnothing,\{\varnothing\}\}\cup\{\{\varnothing,\{\varnothing\}\}\}=\{\varnothing,\{\varnothing\},\{\varnothing,\{\varnothing\}\}\}$ ◀

显然，若集合 A 有 n 个元素，则 A 的后继集 A^+ 有 $n+1$ 个元素。

对于例 3.4.2 还可以构造越来越多的后继集，给这些集合命名如下

$$0=\varnothing$$
$$1=\varnothing^+=\{\varnothing\}$$
$$2=(\varnothing^+)^+=\{\varnothing,\{\varnothing\}\}$$
$$3=((\varnothing^+)^+)^+=\{\varnothing,\{\varnothing\},\{\varnothing,\{\varnothing\}\}\}$$
$$\vdots$$

因此有：$1=0^+$，$2=1^+$，$3=2^+$，…，以这些集合为元素构成的集合 $\{0,1,2,3,\cdots\}$ 是自然数集合。

定义 3.4.2 用空集和后继集 n^+（紧跟在 n 后面的自然数）可以把所有自然数定义为集合，即

$$0=\varnothing$$
$$n^+=n\cup\{n\}，\ \forall n\in\mathbf{N}$$

由此可见，任一个自然数都是一个集合的名称。在日常生活中，用来判断一个集合中元素个数的办法是数出集合中元素的个数，实际上是在这个集合和某个自然数所表示的集合之间建立一一对应关系。

3.5 集合的特征函数

定义 3.5.1 设 E 是全集，集合 A 是 E 的子集，定义集合 A 的特征函数为

$$f_A：E\rightarrow\{0,1\}，f_A(x)=\begin{cases}1，& x\in A\\ 0，& x\in E\text{ 且 }x\notin A\end{cases}$$

根据特征函数的定义，若集合 E 为包含 n 个元素的有限集，则可用一个长为 n 的 $0-1$ 串表示集合 A。

例 3.5.1 设 $E=\{1,2,3,4,5,6,7,8,9,10\}$，集合 $A=\{1,2,3,4,5\}$，集合 $B=\{2,4,6,8,10\}$，利用特征函数表示集合 A 和 B。

解 集合 A 的元素是 1～5 的整数，6～10 的整数不属于集合 A，用特征函数表示集合 A 为 1111100000；集合 B 的元素是大于 1 且小于等于 10 的偶数，用特征函数表示集合 B 为 0101010101。 ◀

用长为 n 的 $0-1$ 串表示集合便于计算集合的交集、并集、补集和差集，是计算机中表示集合的方法之一。计算集合的补集就是对表示该集合的 $0-1$ 符号串的每一位取反，即把 0 改为 1，1 改为 0。要计算两个集合的交集和并集，可以对表示集合的 $0-1$ 符号串按位做布尔运算。只要两个符号串的第 i 位有一个是 1，则并集的符号串的第 i 位是 1，当两个符号串的位都是 0 时才是 0。因此，并集的符号串由两个集合的符号串按位进行或运算求得。只要两个符号串的第 i 位都是 1，则交集的符号串的第 i 位是 1，否则是 0。因此，交集的符号串由两个集合的符号串按位进行交运算求得。

例 3.5.2   设 $E=\{1,2,3,4,5,6,7,8,9,10\}$，集合 $A=\{1,2,3,4,5\}$，集合 $B=\{2,4,6,8,10\}$，计算 $\sim A$、$A\cup B$、$A\cap B$、$A-B$。

解   根据例 3.5.1，集合 A 可表示为 1111100000，集合 B 可表示为 0101010101。

因此，把 1111100000 的每一位取反得 0000011111，即 $\sim A=\{6,7,8,9,10\}$。

$A\cup B$ 的 $0-1$ 串表示为 1111100000 $\vee$ 0101010101 = 1111110101，即 $A\cup B=\{1,2,3,4,5,6,8,10\}$。

$A\cap B$ 的 $0-1$ 串表示为 1111100000 $\wedge$ 0101010101 = 0101000000，即 $A\cap B=\{2,4\}$。

$A-B=A\cap\sim B$，$\sim B$ 的 $0-1$ 串表示为 1010101010，$A\cap\sim B$ 的 $0-1$ 串表示为

$$1111100000\wedge1010101010=1010100000$$

所以，$A-B=A\cap\sim B=\{1,3,5\}$。   ◀

习题

1. 列出下列集合的元素。

(1)$\{x\,|\,x$ 是小于 5 的非负整数$\}$

(2)$\{x\,|\,x$ 是大于 0 的偶数$\}$

(3)$\{x\,|\,(x$ 是整数$)\wedge(2<x<10)\}$

(4)$\{x\,|\,x\in\mathbf{N}\wedge\exists t(t\in\{2,3\}\wedge x=2t)\}$

(5)$\{x\,|\,x\in\mathbf{R}\wedge x^2-1=0\wedge x>3\}$

2. 判断下列集合是否相等。

(1)$\{1,2,1,3,1,2\}$，$\{2,3,1\}$

(2)$\{\{1\}\}$，$\{1,\{1\}\}$

(3)$\varnothing$，$\{\varnothing\}$

3. 假定 A、B 和 C 是集合，若 $A\subseteq B$ 且 $B\subseteq C$，证明 $A\subseteq C$。

4. 判定下列各题的正误。

(1)$a\in\{\{a\}\}$

(2)$\{a\}\subseteq\{a,b,c\}$

(3)$\varnothing\in\{\varnothing\}$

(4)$\varnothing\subseteq\{a,b,c\}$

(5)$\varnothing\in\varnothing$

(6)$\varnothing\subseteq\varnothing$

(7)$\{\{a\},1,3,4\}\subset\{\{a\},3,4,1\}$

(8)$\{a,b\}\subseteq\{a,b,c,\{a,b\}\}$

(9)$\{a,b\}\in\{a,b,\{a,b\}\}$

(10)$\{a,b\}\in\{a,b,\{\{a,b\}\}\}$

5. 设 $E=\{a,b,c,d,e\}$，$A=\{a,d\}$，$B=\{a,b,e\}$ 和 $C=\{b,d\}$。试求出下列集合。

(1)$A\cap\sim B$

(2)$(A\cup B)\cap\sim C$

(3) $\sim(A \cap B)$

(4) $(A \cup C) - B$

(5) $A \oplus B \oplus C$

6. 给定自然数集合 **N** 的下列子集：

$A = \{1, 2, 7, 8\}$

$B = \{i \mid i \times i < 50\}$

$C = \{i \mid i$ 可被 3 整除且 $0 \leqslant i \leqslant 30\}$

$D = \{i \mid i = 2k, k \in \mathbf{Z}, 0 < k < 6\}$

试求出下列集合：

(1) $A \cup (B \cup (C \cup D))$

(2) $A \cap (B \cap (C \cap D))$

(3) $B - (A \cup C)$

(4) $(\sim A \cap B) \cup D$

(5) $A \oplus B$

7. 给定正整数集合 **Z**$^+$ 的下列子集：

$A = \{n \mid n < 12\}$

$B = \{n \mid n \leqslant 8\}$

$C = \{n \mid n = 2k, k \in \mathbf{Z}^+\}$

$D = \{n \mid n = 3k, k \in \mathbf{Z}^+\}$

$F = \{n \mid n = 2k - 1, k \in \mathbf{Z}^+\}$

试用集合 A、B、C、D 和 F 表达下列集合：

(1) $\{2, 4, 6, 8\}$

(2) $\{3, 6, 9\}$

(3) $\{10\}$

(4) $\{n \mid n$ 是偶数，$n > 10\}$

(5) $\{n \mid n$ 是正偶数且 $n \leqslant 10$，或 n 是正奇数且 $n \geqslant 9\}$

8. 设 A、B 和 C 是全集 E 的子集，下列关系是否成立？

$$(A \cup B) \cap \sim (B \cup C) \subseteq A \cap \sim B$$

9. 设 A、B 是全集 E 的子集，证明下列恒等式：

(1) $(A \cap B) \cup (A \cap \sim B) = A$

(2) $B \cup \sim ((\sim A \cup B) \cap A) = E$

(3) $(A \cup \sim B) \cap (\sim A \cup B) = (A \cap B) \cup (\sim A \cap \sim B)$

10. 求下列集合的幂集：

(1) $\{a, b, c\}$

(2) $\{1, \{2, 3\}\}$

(3) $\{\{1, \{2, 3\}\}\}$

(4) $\{\varnothing, \{\varnothing\}\}$

(5) $\{\{1, 2\{2, 1, 1\}, \{2, 1, 1, 2\}\}$

11. 分别用空集 $\varnothing$ 构成集合 A 和 B，使得 $A \in B$ 和 $A \subseteq B$。

12. 设 A、B 是两个集合，$A = \{1, 2, 3\}$，$B = \{1, 2\}$，请计算 $P(A) - P(B)$。

13. 化简下列集合表达式：

　　(1) $((A \cup B) \cap B) - (A \cup B)$

　　(2) $(A \cap B) \cup (A - B)$

　　(3) $((A \cup B \cup C) - (B \cup C)) \cup A$

　　(4) $(A \cap B \cap C) \cup (\sim A \cap B \cap C) \cup (A \cap B \cap \sim C)$

14. 设 A、B、C、D 是任意集合，判断下列命题的真假。如果为真，给出证明；如果为假，请举出一个反例。

　　(1) $A \subset B \wedge B \subseteq C \Rightarrow A \subset C$

　　(2) $A \neq B \wedge B \neq C \Rightarrow A \neq C$

　　(3) $A \subseteq B \wedge C \subseteq D \Rightarrow A \cup C \subseteq B \cup D$

　　(4) $A \subset B \wedge C \subset D \Rightarrow A \cup C \subset B \cup D$

　　(5) $A \in B \wedge B \not\subset C \Rightarrow A \notin C$

15. 设 A、B 是任意集合，证明：

　　(1) $(A - B) \cup (B - A) = (A \cup B) - (A \cap B)$

　　(2) $A \cap (B \cup \sim A) = B \cap A$

16. 设 A、B、C 是任意集合，证明：$C \subseteq A \wedge C \subseteq B \Leftrightarrow C \subseteq A \cap B$。

17. 设 A、B 是任意集合，证明：

　　(1) $A \subseteq B \Rightarrow P(A) \subseteq P(B)$

　　(2) $P(A) \cap P(B) = P(A \cap B)$

　　(3) $P(A) \cup P(B) \subseteq P(A \cup B)$

第4章 关系和函数

离散数学中的关系理论广泛应用于计算机科学的很多方面，如数据结构、数据库、算法分析等，是一个非常重要的数学概念。本章介绍关系和函数的基本概念、性质、判定方法及各种运算等。

4.1 关系的概念

4.1.1 有序对和有序 n 元组

定义 4.1.1 由两个元素 a 和 b 按一定的顺序排列成的二元组叫做**有序对**（或**有序偶**），记作 (a, b)，其中 a 称为**第一元素**，b 称为**第二元素**。

有序对可以表示有一定次序关系成对出现的事物，如平面直角坐标系中点的坐标就是有序对，$(1, 2)$、$(2, 1)$、$(3, 3)$、$(0, -1)$ 都代表平面直角坐标系中不同的点。在有序对中两个元素的次序是十分重要的。

一般说来有序对具有以下特点：

1) 当 $a \neq b$ 时，(a, b) 和 (b, a) 是两个不同的有序对。

2) 两个有序对相等，即 $(a, b) = (c, d)$ 的充分必要条件是 $a = c$ 且 $b = d$。

注意，(a, b) 和 (b, a) 是不同的。除非 $a = b$，否则 (a, b) 和 (b, a) 是不等的。但是集合 $\{a, b\}$ 和集合 $\{b, a\}$ 是相等的，即 $\{a, b\} = \{b, a\}$，因为集合中的元素是无顺序的。

定义 4.1.2 由 n 个元素 a_1, a_2, $\cdots$, a_n 按一定的顺序排列成的一个序列 $(a_1, a_2, \cdots, a_n)$，称为**有序 n 元组**，其中 a_1 为第一元素，a_2 为第二元素，$\cdots$，a_n 为第 n 元素。

例如，n 维空间中点的坐标或 n 维向量都是有序 n 元组，$(1, 2, 5)$、$(-1, -2, 3)$ 等是三维空间直角坐标系中点的坐标。

当且仅当两个有序 n 元组的每一对对应的元素都相等时，它们才相等。也就是说

$$(a_1, a_2, \cdots, a_n) = (b_1, b_2, \cdots, b_n)，当且仅当 a_i = b_i, i = 1, 2, \cdots, n$$

4.1.2 笛卡儿积

定义 4.1.3 设 A、B 为集合，取 A 中的元素作为第一元素，取 B 中的元素作为第二元素，构成有序对，所有这样的有序对组成的集合，称为 A 和 B 的**笛卡儿积**（**直积**），表示为 $A \times B$。于是

$$A \times B = \{(x, y) \mid x \in A \land y \in B\}$$

例 4.1.1 已知 $A = \{a, b, c\}$，$B = \{1, 3\}$。求 $A \times B$，$B \times A$，$A \times \varnothing$，$\varnothing \times B$。

解 $A \times B = \{(a, 1), (a, 3), (b, 1), (b, 3), (c, 1), (c, 3)\}$

$B \times A = \{(1, a), (1, b), (1, c), (3, a), (3, b), (3, c)\}$

$A \times \varnothing = \varnothing$

$\varnothing \times B = \varnothing$ ◀

例 4.1.2 已知 $A = \{a, b, c\}$，$B = \{1, 3\}$，$C = \{x\}$。求 $(A \times B) \times C$，$A \times (B \times C)$。

解 $(A \times B) \times C = \{((a, 1), x), ((a, 3), x), ((b, 1), x), ((b, 3), x), ((c, 1), x), ((c, 3), x)\}$

$A \times (B \times C) = \{(a, (1, x)), (a, (3, x)), (b, (1, x)), (b, (3, x)), (c, (1, x)), (c, (3, x))\}$ ◀

根据上面的两个例题，可以看出：

1) 当 A、B 为非空集合且 $A \neq B$ 时，笛卡儿积运算不满足交换律，即

$$A \times B \neq B \times A$$

2) $A \times B = \varnothing$，当且仅当 $A = \varnothing$ 或 $B = \varnothing$。

3) 当 A、B、C 均为非空集合时，笛卡儿积运算不满足结合律，即

$$(A \times B) \times C \neq A \times (B \times C)$$

4) 当集合 A 和 B 都是有限集时，根据乘法原理，有 $|A \times B| = |A| \times |B|$。

例 4.1.3 设 A、B、C 为任意集合，证明 $A \times (B \cup C) = (A \times B) \cup (A \times C)$。

证明 对于任意有序对 (x, y)，有

$$(x, y) \in A \times (B \cup C)$$

$$\Leftrightarrow x \in A \wedge y \in (B \cup C)$$

$$\Leftrightarrow x \in A \wedge (y \in B \vee y \in C)$$

$$\Leftrightarrow (x \in A \wedge y \in B) \vee (x \in A \wedge y \in C)$$

$$\Leftrightarrow (x, y) \in (A \times B) \vee (x, y) \in (A \times C)$$

$$\Leftrightarrow (x, y) \in (A \times B) \cup (A \times C)$$

所以有 $A \times (B \cup C) = (A \times B) \cup (A \times C)$。 ◀

由此可见，集合的笛卡儿积对并运算满足分配律。同理可以证明，集合的笛卡儿积对交运算，以及交、并运算均满足分配律，即有如下定理。

定理 4.1.1 设 A，B，C 为任意集合，则

$$A \times (B \cup C) = (A \times B) \cup (A \times C)$$

$$A \times (B \cap C) = (A \times B) \cap (A \times C)$$

$$(A \cup B) \times C = (A \times C) \cup (B \times C)$$

$$(A \cap B) \times C = (A \times C) \cap (B \times C)$$

对两个以上的集合也可以定义笛卡儿积，n 个集合的笛卡儿积的定义如下。

定义 4.1.4 设 A_1，A_2，$\cdots$，A_n 为任意 n 个集合，它们的笛卡儿积（又称 n 阶直积）为

$$A_1 \times A_2 \times \cdots \times A_n = \{(a_1, a_2, \cdots, a_n) \mid a_i \in A_i, i = 1, 2, \cdots, n\}$$

当 $A_1 = A_2 = \cdots = A_n = A$ 时，$A_1 \times A_2 \times \cdots \times A_n = A^n$。

若 $|A_1| = n_1$，$|A_2| = n_2$，$\cdots$，$|A_n| = n_n$，则 n 个集合的笛卡儿积中的元素个数为

$$|A_1 \times A_2 \times \cdots \times A_n| = |A_1| \times |A_2| \times \cdots \times |A_n| = n_1 \times n_2 \times \cdots \times n_n$$

例 4.1.4 证明 $A \times (B - C) = (A \times B) - (A \times C)$。

证明 对于任意有序对 (x, y)，有

$$(x, y) \in A \times (B - C)$$
$$\Leftrightarrow x \in A \land y \in (B - C)$$
$$\Leftrightarrow x \in A \land (y \in B \land y \notin C)$$
$$\Leftrightarrow x \in A \land y \in B \land (x \in A \land y \notin C)$$
$$\Leftrightarrow (x, y) \in A \times B \land (x, y) \notin A \times C$$
$$\Leftrightarrow (x, y) \in A \times B - A \times C$$

◀

例 4.1.5 设 A、B、C、D 是任意集合，判断下列命题是否为真。

1) $A \subseteq C \land B \subseteq D \Leftrightarrow A \times B \subseteq C \times D$

2) $(A \cap B) \times (C \cap D) = (A \times C) \cap (B \times D)$

3) $(A \cup B) \times (C \cup D) = (A \times C) \cup (B \times D)$

解 1) 不一定为真。当 $A = B = \varnothing$ 时，或 $A \neq \varnothing$ 且 $B \neq \varnothing$ 时，命题成立。但当 A 和 B 之一为 $\varnothing$ 时，命题不成立。例如，令 $A = \varnothing$、$B = \{1\}$、$C = \{2\}$、$D = \{3\}$，则 $A \times B \subseteq C \times D$ 为真，而 $A \subseteq C \land B \subseteq D$ 为假。

2) 为真。证明方法类似于例 4.1.4。

3) 不一定为真。例如，令 $A = D = \varnothing$、$B = C = \{1\}$，则 $(A \cup B) \times (C \cup D) = \{1\} \times \{1\} = \{(1, 1)\}$，而 $(A \times C) \cup (B \times D) = \varnothing$，这时 $(A \cup B) \times (C \cup D) \neq (A \times C) \cup (B \times D)$。

◀

4.1.3 关系的概念

无论在日常生活中还是在数学上，关系都是一个基本的概念。如日常生活中的父子关系、朋友关系、同学关系、上下级关系，数学中的相等关系、大小关系和整除关系等。

可以看出，关系描述的是集合的元素间的相关性。实际上，集合的元素间的相关性是指在一定规则下的相关性，如 3 和 2 有大小关系，10 和 5 有整除关系和大小关系等。描述两个元素间的相关性称为二元关系，描述多个元素间的相关性称为多元关系。

集合的元素间的相关性也可以用集合来表示。如有三个学生：小王、小张、小李。小王选修英语，小张选修法语，小李选修德语。三个学生的选课情况可以表示为 {(小王，英语)，(小张，法语)，(小李，德语)}，其中 (x, y) 表示 x 选修 y。集合 {(小王，英语)，(小张，法语)，(小李，德语)} 表示了学生的集合 {小王，小张，小李} 和课程的集合 {英语，法语，德语} 的元素间的关系。因此，可以定义关系为有序对的集合，其中有序对中的第一元素和第二元素相关。下面给出关系的定义。

定义 4.1.5 如果一个集合非空且它的元素都是有序对，或集合为空，则称该集合为一个**二元关系**，记作 R。二元关系也可简称为**关系**。对于二元关系 R，如果有序对 $(a, b) \in R$，称 a 与 b 有 R 关系，记作 aRb；当 $(a, b) \notin R$ 时，称 a 与 b 没有 R 关系，记作 $a\not\!Rb$。

例如，$R = \{(0, a), (0, b), (1, a), (2, b)\}$ 是一个二元关系，其中，$0Ra$、$1Ra$、$0Rb$、$2Rb$，而 $1\not\!Rb$、$2\not\!Ra$。而 $R = \{(1, 2), (1, 3), 2, 3\}$ 不是一个二元关系。

对任意两个集合 A、B，A 和 B 的笛卡儿积 $A \times B$ 的元素是有序对，因而关系还有如下的定义。

定义 4.1.6 设 A、B 为集合，$A \times B$ 的任意一个子集是集合 A 到 B 的一个二元关系。当 $A = B$ 时称为 A 上的二元关系。

例如，集合 $A = \{0, 1, 2\}$，$B = \{a, b\}$，则 $R_1 = \{(0, a), (1, b), (1, a), (2, b)\}$ 是从 A 到 B 的一个二元关系；$R_2 = \{(0, 1), (1, 2), (0, 2)\}$ 是 A 上的一个二元关系。空集 $\varnothing$ 是 $A \times B$ 的子集，称 $\varnothing$ 为集合 A 到集合 B 的**空关系**，表示集合 A 到 B 不存在某种关系；$A \times B$ 称为集合 A 到 B 的**全域关系**，即集合 A 的每个元素和集合 B 的每个元素之间均具有某种关系。在集合 A 上，$E_A = A \times A$ 称为 A 上的**全域关系**，$I_A = \{(x, x) \mid x \in A\}$ 称为 A 上的**恒等关系**。

对于集合 A、B，如果 $|A| = n$，$|B| = m$，则 $|A \times B| = nm$，$A \times B$ 的子集有 2^{nm} 个，所以集合 A 到集合 B 有 2^{nm} 个不同的二元关系。如果 $B = A$，则 $|A \times A| = n^2$，$A \times A$ 的子集有 2^{n^2} 个，所以 A 上有 2^{n^2} 个不同的二元关系。

例 4.1.6 设集合 $A = \{0, 1\}$，$B = \{a, b\}$，写出集合 A 到集合 B 的所有二元关系。

解 因为 $A = \{0, 1\}$，$B = \{a, b\}$，所以 $A \times B = \{(0, a), (0, b), (1, a), (1, b)\}$。$A \times B$ 的所有不同子集如下。

0 元子集：$\varnothing$；

1 元子集：$\{(0, a)\}$，$\{(0, b)\}$，$\{(1, a)\}$，$\{(1, b)\}$；

2 元子集：$\{(0, a), (0, b)\}$，$\{(0, a), (1, a)\}$，$\{(0, a), (1, b)\}$，$\{(0, b), (1, a)\}$，$\{(0, b), (1, b)\}$，$\{(1, a), (1, b)\}$；

3 元子集：$\{(0, a), (0, b), (1, a)\}$，$\{(0, a), (0, b), (1, b)\}$，$\{(0, a), (1, a), (1, b)\}$，$\{(0, b), (1, a), (1, b)\}$；

4 元子集：$\{(0, a), (0, b), (1, a), (1, b)\}$。

由定义 4.1.6 知，上面的 16 个不同子集就是集合 A 到集合 B 的所有二元关系。 ◄

例 4.1.7 设 $A = \{a, b\}$，写出集合 A 上的全域关系 E_A 和恒等关系 I_A。

解 A 上的全域关系

$$E_A = \{(a, a), (a, b), (b, a), (b, b)\}$$

A 上的恒等关系

$$I_A = \{(a, a), (b, b)\}$$ ◄

对于任何集合 A，A 上有空关系、全域关系和恒等关系，除了这三种特殊关系以外，还有一些常用的关系。如在实数集上的大于关系、小于关系、整除关系等。

例 4.1.8 已知集合 $A = \{0, 1, 2\}$，写出集合 A 上的整除关系 D_A 和小于或等于关系 L_A。

解 集合 A 上的整除关系

$$D_A = \{(1, 1), (1, 2), (2, 2)\}$$

集合 A 上的小于或等于关系

$$L_A = \{(0, 0), (0, 1), (0, 2), (1, 1), (1, 2), (2, 2)\}$$ ◄

定义 4.1.7 设 A、B 是两个集合，R 是从 A 到 B 的二元关系，R 的所有有序对的第一个元素构成的集合称为 R 的**定义域**（或**前域**），记为 $\mathrm{dom}R$；R 的所有有序对的第二个元素构成的集合称为 R 的**值域**（或**后域**），记为 $\mathrm{ran}R$；R 的定义域和值域的并集称为 R 的**域**，记为 $f\mathrm{ld}R$。

二元关系 R 的定义域 $\mathrm{dom}R$ 和值域 $\mathrm{ran}R$ 又可表示为

$$\mathrm{dom}R=\{x\mid \exists y(x, y)\in R)\}$$
$$\mathrm{ran}R=\{y\mid \exists x(x, y)\in R)\}$$
$$f\mathrm{ld}R=\mathrm{dom}R\bigcup \mathrm{ran}R$$

例 4.1.9 $A=\{甲，乙，丙，丁\}$，$B=\{a, b, c\}$。$R=\{(甲，a)，(乙，b)，(丁，c)\}$ 是从 A 到 B 的二元关系，写出 R 的定义域和值域。

解 R 的定义域 $\mathrm{dom}R=\{甲，乙，丁\}$，值域 $\mathrm{ran}R=\{a, b, c\}$。 ◄

例 4.1.10 设 $\mathbf{Z}$ 是整数集合。$\mathbf{Z}$ 上的关系 $R=\{(x, y)\mid x, y\in \mathbf{Z}\wedge(y=x^2)\}$。写出 R 的定义域和值域。

解 R 的定义域 $\mathrm{dom}R=\mathbf{Z}$，值域 $\mathrm{ran}R=\{y\mid x, y\in \mathbf{Z}\wedge(y=x^2)\}$。 ◄

可以看出，集合 A 到 B 的二元关系 R 的定义域 $\mathrm{dom}R\subseteq A$，值域 $\mathrm{ran}R\subseteq B$。

上述概念可以推广到 n 个集合的笛卡儿积的子集，即 n 元关系。

定义 4.1.8 设 A_1，A_2，…，A_n 是 n 个集合。$A_1\times A_2\times \cdots \times A_n$ 的任一子集，称为 A_1，A_2，…，A_n 间的一个 **n 元关系**。

在计算机领域，关系的概念随处可见，如数据结构中的线性关系和非线性关系；在关系数据库中数据按二维表的形式存放，这种二维表称为关系，如表 4.1.1 所示。

表 4.1.1 二维表

学号	姓名	课程	成绩
02001	张明	物理学	优秀
02002	李强	数学	良好
02008	王华	英语	优秀
02010	李力	数学	良好

一个二维表可有 m 行 n 列，二维表的每一行叫元组，代表一个完整的数据。一个元组有 n 个分量，因此这个元组又叫 n 元元组。二维表的每一列表示数据的分量。这种二维表叫 n 元关系。表 4.1.1 表示学号、姓名、课程、成绩间的关系。这个表还可以用如下的有序 4 元组的集合来表示：$\{(02001，张明，物理学，优秀)，(02002，李强，数学，良好)，(02008，王华，英语，优秀)，(02010，李力，数学，良好)\}$。

4.2 关系的表示法

4.2.1 用集合表示关系

由定义 4.1.5 可知，关系是一个集合，因此可用列出集合所有元素的列举法或描述集合元素特性的描述法表示关系。

例 4.2.1 已知关系 $R=\{(a,\ b,\ c)\,|\,a$、b 和 c 是整数且 $0<a<b<c<5\}$，用列举法表示这个关系。

解 题目中用描述法表示关系，而用列举法表示该关系要列出它的所有有序三元组，即

$$R=\{(1,\ 2,\ 3),\ (1,\ 2,\ 4),\ (1,\ 3,\ 4),\ (2,\ 3,\ 4)\}\qquad\blacktriangleleft$$

例 4.2.2 用描述法写出定义在实数集 **R** 上的"$>$"关系。

解 实数集 **R** 上的"$>$"关系

$$>=\{(x,\ y)\,|\,x,\ y\in\mathbf{R}\wedge x>y\}\qquad\blacktriangleleft$$

4.2.2 用关系图表示关系

由于关系的元素是有序对，可以用有向图来表示关系。

定义 4.2.1 设集合 $A=\{a_1,\ a_2,\ a_3,\ \cdots,\ a_m\}$，$B=\{b_1,\ b_2,\ b_3,\ \cdots,\ b_n\}$，$R$ 是从 A 到 B 上的一个二元关系。把集合 A 和 B 的每个元素表示成一个结点，关系 R 的每一个有序对表示成一条有向边，有向边的方向由有序对的第一元素指向第二元素。这样得到的图就是表示关系 R 的**关系图**。

例 4.2.3 设集合 $X=\{x_1,\ x_2,\ x_3,\ x_4\}$，$Y=\{y_1,\ y_2,\ y_3\}$，$R$ 是从 X 到 Y 上的二元关系，$R=\{(x_1,\ y_2),\ (x_2,\ y_3),\ (x_3,\ y_3),\ (x_4,\ y_1)\}$，画出 R 的关系图。

解 R 的关系图如图 4.2.1 所示。

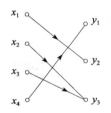

图 4.2.1 R 的关系图 $\qquad\blacktriangleleft$

用关系图表示集合 A 上的关系 R 时，把 A 中的每个元素表示成一个结点，若 $(a_i,\ a_j)\in R$，则用一条有向边连接结点 a_i 和 a_j。

例 4.2.4 设集合 $A=\{1,\ 2,\ 3,\ 4\}$，$R=\{(1,\ 1),\ (1,\ 4),\ (2,\ 1),\ (2,\ 3),\ (2,\ 4),\ (3,\ 1),\ (4,\ 1),\ (4,\ 2)\}$，画出 R 的关系图。

解 R 的关系图如图 4.2.2 所示。

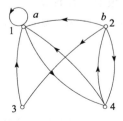

图 4.2.2 R 的关系图 $\qquad\blacktriangleleft$

在关系图中，结点 a 是有向边$(a，b)$的起点，结点 b 是终点。若 aRa，则从 a 到自身有一条有向边，称为**环**。

关系图主要表达了结点之间的邻接关系，对结点的位置、有向边的长度等均无特别要求，是一种简单直观的关系表示方法。

4.2.3 用矩阵表示关系

定义 4.2.2 设集合 $A=\{a_1，a_2，a_3，\cdots，a_m\}$，$B=\{b_1，b_2，b_3，\cdots，b_n\}$，$R$ 是从 A 到 B 上的一个二元关系。关系 R 可以用一个 m 行 n 列的矩阵 $\boldsymbol{M}_R=[m_{ij}]$ 来表示，其中

$$m_{ij}=\begin{cases}1，&\text{若}(a_i,b_j)\in R\\0，&\text{若}(a_i,b_j)\notin R\end{cases}$$

又称 $\boldsymbol{M}_R$ 为关系 R 的**邻接矩阵**。

显然，关系矩阵是 $0-1$ 矩阵，称为**布尔矩阵**。集合 $A=\{a_1，a_2，a_3，\cdots，a_m\}$ 上的关系 R 的邻接矩阵是一个 m 行 m 列的矩阵。

例 4.2.5 设集合 $A=\{1，2，3\}$，$B=\{1，2\}$。R 是 A 到 B 上的大于关系，试求出 R 的关系矩阵。

解 由题意可知，关系 $R=\{(a，b)\mid a\in A\wedge b\in B\wedge a>b\}$。$R$ 的关系矩阵为

$$\boldsymbol{M}_R=\begin{bmatrix}0&0\\1&0\\1&1\end{bmatrix}\qquad\qquad\triangleleft$$

注意，关系矩阵和给出集合的元素的排列顺序有关。如果元素排列顺序不同，所得到的关系矩阵也不同，但都是表示同一关系。当给定关系 R 后，可以写出 R 的关系矩阵。当给出 R 的关系矩阵时，同样可以写出关系 R。

例 4.2.6 已知集合 $A=\{a，b，c\}$ 上的关系 R 的关系矩阵

$$\boldsymbol{M}_R=\begin{bmatrix}1&1&0\\1&0&1\\1&1&0\end{bmatrix}$$

写出关系 R 的集合表达式。

解 因为 $m_{ij}=1$ 对应的$(a_i，b_j)\in R$，所以

$$R=\{(a，a)，(a，b)，(b，a)，(b，c)，(c，a)，(c，b)\}\qquad\triangleleft$$

用矩阵表示关系，为在计算机中表示关系和研究关系的特性提供了有效的方法。

4.3 关系的运算

二元关系是集合，因此，二元关系可以进行集合中的各种运算。两个关系运算的结果还是关系。如 R 和 S 是集合 A 到 B 的两个二元关系，则 $R\cup S$、$R\cap S$、$R-S$、$S\oplus R$、$\sim R$、$\sim S$ 等也是 A 到 B 的二元关系。计算$\sim R$ 和$\sim S$ 时的全集是 $A\times B$，即

$$\sim R=A\times B-R，\quad\sim S=A\times B-S$$

例 4.3.1 设整数集合 $A=\{3，6，9\}$，R 是 A 上的整除关系，S 是 A 上的小于关系，

试求 $R \cup S$，$R \cap S$，$R-S$，$S \oplus R$，$\sim R$，$\sim S$。

解 根据题意，$R=\{(3,3),(3,6),(3,9),(6,6),(9,9)\}$，$S=\{(3,6),(3,9),(6,9)\}$。

$R \cup S=\{(3,3),(3,6),(3,9),(6,6),(9,9),(6,9)\}$；

$R \cap S=\{(3,6),(3,9)\}$；

$R-S=\{(3,3),(6,6),(9,9)\}$；

$S \oplus R=\{(3,3),(6,6),(9,9),(6,9)\}$；

$\sim R=A \times A-R=\{(6,3),(6,9),(9,3),(9,6)\}$；

$\sim S=A \times A-S=\{(3,3),(6,3),(6,6),(9,3),(9,6),(9,9)\}$。◄

在关系中，还可以进行其他运算，如关系的逆运算、关系的复合运算等。

4.3.1 关系的逆运算

定义 4.3.1 R 是从集合 A 到 B 的关系，R 的所有有序对的元素顺序交换得到的有序对的集合是从 B 到 A 的关系，该关系称为 R 的**逆关系**，记为 R^{-1}，即

$$R^{-1}=\{(x,y) \mid yRx\}$$

例 4.3.2 设关系 $R=\{(1,a),(2,c),(3,d),(4,a),(4,b)\}$。1)计算 R^{-1}，并画出 R 和 R^{-1} 的关系图。2)写出 R 和 R^{-1} 的关系矩阵。

解 1)R 的逆关系 $R^{-1}=\{(a,1),(c,2),(d,3),(a,4),(b,4)\}$。

R 和 R^{-1} 的关系图见图 4.3.1 和图 4.3.2。

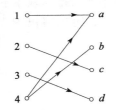 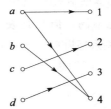

图 4.3.1 R 的关系图   图 4.3.2 R^{-1} 的关系图

2)R 和 R^{-1} 的关系矩阵为

$$\boldsymbol{M}_R=\begin{bmatrix} 1 & 0 & 0 & 0 \\ 0 & 0 & 1 & 0 \\ 0 & 0 & 0 & 1 \\ 1 & 1 & 0 & 0 \end{bmatrix}, \qquad \boldsymbol{M}_{R^{-1}}=\begin{bmatrix} 1 & 0 & 0 & 1 \\ 0 & 0 & 0 & 1 \\ 0 & 1 & 0 & 0 \\ 0 & 0 & 1 & 0 \end{bmatrix}$$
◄

可以看出：

1)将 R 的关系图中有向边的方向变成相反方向即得 R^{-1} 的关系图，反之亦然。

2)R 和 R^{-1} 的关系矩阵互为转置矩阵。

3)$\text{dom}R^{-1}=\text{ran}R$，$\text{ran}R^{-1}=\text{dom}R$。

4)$|R|=|R^{-1}|$。

逆关系有如下性质。

定理 4.3.1 设 R 和 S 是任意关系。则有：

1) $(R^{-1})^{-1} = R$

2) $(R \cup S)^{-1} = R^{-1} \cup S^{-1}$

3) $(R \cap S)^{-1} = R^{-1} \cap S^{-1}$

4) $(\sim R)^{-1} = \sim(R^{-1})$

5) $(R - S)^{-1} = R^{-1} - S^{-1}$

6) $R \subseteq S \Leftrightarrow R^{-1} \subseteq S^{-1}$

证明 1) 对任意的 $(x, y) \in (R^{-1})^{-1} \Leftrightarrow (y, x) \in R^{-1}$
$$\Leftrightarrow (x, y) \in R$$

所以，$(R^{-1})^{-1} = R$。

2) 对任意的 $(x, y) \in (R \cup S)^{-1} \Leftrightarrow (y, x) \in R \cup S$
$$\Leftrightarrow (y, x) \in R \vee (y, x) \in S$$
$$\Leftrightarrow (x, y) \in R^{-1} \vee (x, y) \in S^{-1}$$
$$\Leftrightarrow (x, y) \in R^{-1} \cup S^{-1}$$

所以，$(R \cup S)^{-1} = R^{-1} \cup S^{-1}$。

3) 证明同 2)。

4) 对任意的 $(x, y) \in (\sim R)^{-1} \Leftrightarrow (y, x) \in \sim R$
$$\Leftrightarrow (y, x) \notin R$$
$$\Leftrightarrow (x, y) \notin R^{-1}$$
$$\Leftrightarrow (x, y) \in \sim R^{-1}$$

所以，$(\sim R)^{-1} = \sim R^{-1}$。

5) $(R - S)^{-1} = (R \cap \sim S)^{-1}$
$$= R^{-1} \cap (\sim S)^{-1}$$
$$= R^{-1} \cap \sim S^{-1}$$
$$= R^{-1} - S^{-1}$$

所以，$(R - S)^{-1} = R^{-1} - S^{-1}$。

6) 任取 $(y, x) \in R^{-1}$，则 $(x, y) \in R$。若 $R \subseteq S$，根据集合包含的定义，则有 $(x, y) \in S$，那么 $(y, x) \in S^{-1}$，因而有 $R^{-1} \subseteq S^{-1}$。

任取 $(x, y) \in R$，则 $(y, x) \in R^{-1}$。若 $R^{-1} \subseteq S^{-1}$，根据集合包含的定义，则有 $(y, x) \in S^{-1}$，那么 $(x, y) \in S$，因而有 $R \subseteq S$。

所以，$R \subseteq S \Leftrightarrow R^{-1} \subseteq S^{-1}$。 ◀

4.3.2 关系的复合运算

定义 4.3.2 设 R 是集合 A 到集合 B 上的一个二元关系，S 是集合 B 到集合 C 上的一个二元关系，则 R 和 S 的复合关系 $S \circ R$ 为集合 A 到集合 C 上的一个二元关系，定义如下
$$S \circ R = \{(x, z) \mid x \in A \wedge z \in C \wedge \exists y (y \in B \wedge (x, y) \in R \wedge (y, z) \in S)\}$$
从 R 和 S 求 $S \circ R$ 的运算，称为关系的**复合运算**，又称关系的**合成运算**。

在有些书中表示的方法可能相反，将 R 和 S 的复合关系写成 $R \circ S$。

例 4.3.3 设集合 $X = \{x_1, x_2, x_3\}$，$Y = \{y_1, y_2, y_3, y_4\}$，$Z = \{z_1, z_2, z_3\}$。集合 X 到 Y 上的关系 $R = \{(x_1, y_2), (x_1, y_3), (x_2, y_1), (x_2, y_4), (x_3, y_2)\}$，集合 Y 到 Z 上的关系 $S = \{(y_1, z_2), (y_2, z_3), (y_3, z_1), (y_4, z_3)\}$，求 R 和 S 的复合关系 $S \circ R$。

解 根据复合运算的定义，当存在 $y_2 \in Y$ 时，有 $(x_1, y_2) \in R \wedge (y_2, z_3) \in S$，所以 $(x_1, z_3) \in S \circ R$。依此考查所有元素，可求得

$$S \circ R = \{(x_1, z_3), (x_1, z_1), (x_2, z_2), (x_2, z_3), (x_3, z_3)\}$$

图 4.3.3 说明了 R 和 S 的复合过程。

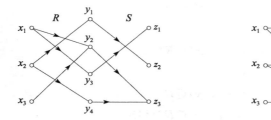

图 4.3.3 关系 R 和 S 的复合过程

求两个关系 R 和 S 的复合关系时，若 $\operatorname{ran}R \cap \operatorname{dom}S = \varnothing$，则复合关系 $S \circ R = \varnothing$。

例 4.3.4 集合 $X = \{0, 1, 2, 3, 4\}$ 上的关系为 $R = \{(1, 1), (1, 4), (2, 3), (3, 1), (3, 4)\}$ 和 $S = \{(1, 0), (2, 0), (3, 1), (3, 2), (4, 1)\}$，求复合关系 $S \circ R$ 和 $R \circ S$。

解 $S \circ R = \{(1, 0), (1, 1), (2, 1), (2, 2), (3, 0), (3, 1)\}$

$\quad R \circ S = \{(3, 1), (3, 4), (3, 3), (4, 1), (4, 4)\}$

显然，$S \circ R \neq R \circ S$，关系的复合运算不满足交换律。

关系的复合运算满足结合律，有如下定理。

定理 4.3.2 设 R、S、P 是任意二元关系，则

$$P \circ (S \circ R) = (P \circ S) \circ R$$

证明 对任意 $(x, w) \in P \circ (S \circ R)$

$\qquad \Leftrightarrow \exists z((x, z) \in (S \circ R) \wedge (z, w) \in P)$

$\qquad \Leftrightarrow \exists z \exists y((x, y) \in R \wedge (y, z) \in S \wedge (z, w) \in P)$

$\qquad \Leftrightarrow \exists y((x, y) \in R \wedge (y, w) \in P \circ S)$

$\qquad \Leftrightarrow (x, w) \in (P \circ S) \circ R$

所以，$P \circ (S \circ R) = (P \circ S) \circ R$。

关系的复合运算和关系的交、并运算之间满足如下定理。

定理 4.3.3 设 R、S、P 为任意二元关系，则有：

1) $(S \cup P) \circ R = (S \circ R) \cup (P \circ R)$

2) $R \circ (S \cup P) = R \circ S \cup R \circ P$

3) $(S \cap P) \circ R \subseteq S \circ R \cap P \circ R$

4) $R \circ (S \cap P) \subseteq R \circ S \cap R \circ P$

证明 1) 对任意 $(x, y) \in (S \cup P) \circ R$

$$\Leftrightarrow \exists z((x, z)\in R \wedge (z, y)\in (S\cup P))$$

$$\Leftrightarrow \exists z((x, z)\in R \wedge ((z, y)\in S \vee (z, y)\in P))$$

$$\Leftrightarrow \exists z(((x, z)\in R \wedge (z, y)\in S) \vee ((x, z)\in R \wedge (z, y)\in P))$$

$$\Leftrightarrow \exists z((x, z)\in R \wedge (z, y)\in S) \vee \exists z((x, z)\in R \wedge (z, y)\in P)$$

$$\Leftrightarrow (x, y)\in S \circ R \vee (x, y)\in P \circ R$$

$$\Leftrightarrow (x, y)\in (S \circ R)\cup (P \circ R)$$

所以，$(S\cup P)\circ R=(S\circ R)\cup (P\circ R)$。

　　3) 对任意 $(x, y)\in (S\cap P)\circ R$

$$\Leftrightarrow \exists z((x, z)\in R \wedge (z, y)\in (S\cap P))$$

$$\Leftrightarrow \exists z((x, z)\in R \wedge ((z, y)\in S \wedge (z, y)\in P))$$

$$\Leftrightarrow \exists z(((x, z)\in R \wedge (z, y)\in S) \wedge ((x, z)\in R \wedge (z, y)\in P))$$

$$\Rightarrow \exists z(((x, z)\in R \wedge (z, y)\in S) \wedge \exists z((x, z)\in R \wedge (z, y)\in P))$$

$$\Leftrightarrow (x, y)\in S \circ R \wedge (x, y)\in P \circ R$$

$$\Leftrightarrow (x, y)\in (S \circ R)\cap (P \circ R)$$

所以，$(S\cap P)\circ R\subseteq (S\circ R)\cap (P\circ R)$。

2) 和 4) 的证明留作读者练习。

注意，复合运算对并运算是可分配的，对交运算分配后是包含关系式。

定理 4.3.4　设 R 和 S 是任意关系，则有

$$(S\circ R)^{-1}=R^{-1}\circ S^{-1}$$

证明　留给读者练习。

定理 4.3.5　设 R 是 A 上的关系，则

$$R\circ I_A=I_A\circ R=R$$

证明　任取 (x, y)，则

$$(x, y)\in R\circ I_A$$

$$\Leftrightarrow \exists t((x, t)\in I_A \wedge (t, y)\in R)$$

$$\Leftrightarrow \exists t(x=t \wedge (t, y)\in R)$$

$$\Rightarrow (x, y)\in R$$

因而 $R\circ I_A\subseteq R$

$$(x, y)\in R$$

$$\Rightarrow x\in A \wedge (x, y)\in R$$

$$\Rightarrow (x, x)\in I_A \wedge (x, y)\in R$$

$$\Rightarrow (x, y)\in R\circ I_A$$

因而 $R\subseteq R\circ I_A$

所以，$R\circ I_A=R$。

同理可证 $I_A\circ R=R$。

集合 A 上的复合关系 $S\circ R$，当 $S=R$ 时，可写作 R^2，即 R 的 2 次幂。关系 R 的幂运算定义如下。

定义 4.3.3 设 R 为 A 上的关系，n 为非负整数，则 R 的 n 次幂定义如下：

1）$R^0 = \{(x, x) \mid x \in A\} = I_A$

2）$R^n = R^{n-1} \circ R$，$n \geq 1$

这个定义说明 $R^2 = R \circ R$，$R^3 = R^2 \circ R = (R \circ R) \circ R$ 等。

定理 4.3.6 R 为 A 上的关系，m、n 为非负整数，有：

1）$R^m \circ R^n = R^{m+n}$

2）$(R^m)^n = R^{mn}$

证明 对任意的非负整数 m，对 n 用数学归纳法可以证明。

1）若 $n = 0$，则有

$$R^m \circ R^n = R^m \circ R^0 = R^m \circ I_A = R^m = R^{m+0}$$

假设 $R^m \circ R^n = R^{m+n}$，则有

$$R^m \circ R^{n+1} = R^m \circ (R^n \circ R) = (R^m \circ R^n) \circ R = R^{m+n} \circ R = R^{m+n+1}$$

2）若 $n = 0$，则有

$$(R^m)^0 = I_A = R^{m \times 0}$$

假设 $(R^m)^n = R^{mn}$，则有

$$(R^m)^{n+1} = (R^m)^n \circ R^m = R^{mn} \circ R^m = R^{mn+m} = R^{m(n+1)}$$ ◀

例 4.3.5 设 $A = \{1, 2, 3, 4\}$，$R = \{(1, 1), (2, 1), (3, 2), (4, 3)\}$。求：$R^n$，$n = 2, 3, \cdots$。

解 $R^2 = R \circ R = \{(1, 1), (2, 1), (3, 1), (4, 2)\}$

$R^3 = R^2 \circ R = \{(1, 1), (2, 1), (3, 1), (4, 1)\}$

$R^4 = R^3 \circ R = R^3$

$R^n = R^3$，$n = 5, 6, \cdots$

实际上，对于有限集 A 和 A 上的关系 R，R 的不同的幂只有有限个。 ◀

定理 4.3.7 R 为 A 上的关系，$|A| = n$，则存在自然数数 s、t，使：

1）$R^s = R^t$，$0 \leq s < t \leq 2^{n^2}$（$T = t - s$ 为周期）；

2）对任何 $k \in \mathbf{N}$ 有 $R^{s+k} = R^{t+k}$。

证明 1）由于 $|A| = n$，故 $|A \times A| = n^2$，$A \times A$ 的子集有 2^{n^2} 个，即 A 上有 2^{n^2} 个二元关系。R 为 A 上的关系，对任何自然数 k，R^k 都是 $A \times A$ 的子集，当列出 R 的各次幂 R^0，R^1，R^2，$\cdots$，$R^{2^{n^2}}$ 时，共有 $2^{n^2} + 1$ 个，根据鸽巢原理（见 5.4 节），其中至少有两个是相同的，即有 s、$t (0 \leq s < t \leq 2^{n^2})$，使得 $R^s = R^t$。

2）若 $R^s = R^t$，则 $R^{s+k} = R^s \circ R^k = R^t \circ R^k = R^{t+k}$。 ◀

关系可以用矩阵表示，两个关系的复合运算也可以用矩阵来运算。

设集合 $X = \{x_1, x_2, \cdots, x_m\}$，$Y = \{y_1, y_2, \cdots, y_n\}$，$Z = \{z_1, z_2, \cdots, z_p\}$，$R$ 是集合 X 到 Y 上的关系，S 是集合 Y 到 Z 上的关系。

R 的关系矩阵 $\mathbf{M}_R = [r_{ij}]$ 是 $m \times n$ 阶矩阵，表示为

$$\boldsymbol{M}_R = \begin{bmatrix} r_{11} & r_{12} & \cdots & r_{1n} \\ r_{21} & r_{22} & \cdots & r_{2n} \\ \vdots & \vdots & & \vdots \\ r_{m1} & r_{m2} & \cdots & r_{mn} \end{bmatrix}$$

S 的关系矩阵 $\boldsymbol{M}_S = [s_{ij}]$ 是 $n \times p$ 阶矩阵，表示为

$$\boldsymbol{M}_S = \begin{bmatrix} s_{11} & s_{12} & \cdots & s_{1p} \\ s_{21} & s_{22} & \cdots & s_{2p} \\ \vdots & \vdots & & \vdots \\ s_{n1} & s_{n2} & \cdots & s_{np} \end{bmatrix}$$

设复合关系 $S \circ R$ 的关系矩阵为 $\boldsymbol{M}_{S \cdot R} = [t_{ij}]$，则 $\boldsymbol{M}_{S \cdot R}$ 可以由 R 和 S 的关系矩阵相乘来求得。这里的矩阵相乘为布尔乘，与普通矩阵乘法不同；其中的相加是逻辑加。$\boldsymbol{M}_{S \cdot R}$ 是一个 m 行 p 列的矩阵，即

$$\boldsymbol{M}_{S \cdot R} = \boldsymbol{M}_R \times \boldsymbol{M}_S = \begin{bmatrix} t_{11} & t_{12} & \cdots & t_{1p} \\ t_{21} & t_{22} & \cdots & t_{2p} \\ \vdots & \vdots & & \vdots \\ t_{m1} & t_{m2} & \cdots & t_{mp} \end{bmatrix}$$

其中 $t_{ij} = \bigvee_{k=1}^{n} (r_{ik} \wedge s_{kj})$。

例如，若 $(x_i, z_j) \in S \circ R$，则存在 y_k，使得 $(x_i, y_k) \in R$，且 $(y_k, z_j) \in S$，即存在 k，使 $r_{ik} = 1$ 且 $s_{kj} = 1$，则 $t_{ij} = \bigvee_{k=1}^{n} (r_{ik} \wedge s_{kj}) = 1$，因而在关系矩阵 $\boldsymbol{M}_{S \cdot R}$ 中为 $t_{ij} = 1$。

例 4.3.6　设 $R = \{(1, 2), (3, 4), (2, 2)\}$ 和 $S = \{(4, 2), (2, 5), (3, 1), (1, 3)\}$ 是集合 $A = \{1, 2, 3, 4, 5\}$ 上的关系，求 $S \circ R$ 的关系矩阵。

解　R 和 S 的关系矩阵为

$$\boldsymbol{M}_R = \begin{bmatrix} 0 & 1 & 0 & 0 & 0 \\ 0 & 1 & 0 & 0 & 0 \\ 0 & 0 & 0 & 1 & 0 \\ 0 & 0 & 0 & 0 & 0 \\ 0 & 0 & 0 & 0 & 0 \end{bmatrix}, \quad \boldsymbol{M}_S = \begin{bmatrix} 0 & 0 & 1 & 0 & 0 \\ 0 & 0 & 0 & 0 & 1 \\ 1 & 0 & 0 & 0 & 0 \\ 0 & 1 & 0 & 0 & 0 \\ 0 & 0 & 0 & 0 & 0 \end{bmatrix}$$

$S \circ R$ 的关系矩阵为

$$\boldsymbol{M}_{S \cdot R} = \boldsymbol{M}_R \times \boldsymbol{M}_S = \begin{bmatrix} 0 & 1 & 0 & 0 & 0 \\ 0 & 1 & 0 & 0 & 0 \\ 0 & 0 & 0 & 1 & 0 \\ 0 & 0 & 0 & 0 & 0 \\ 0 & 0 & 0 & 0 & 0 \end{bmatrix} \times \begin{bmatrix} 0 & 0 & 1 & 0 & 0 \\ 0 & 0 & 0 & 0 & 1 \\ 1 & 0 & 0 & 0 & 0 \\ 0 & 1 & 0 & 0 & 0 \\ 0 & 0 & 0 & 0 & 0 \end{bmatrix} = \begin{bmatrix} 0 & 0 & 0 & 0 & 1 \\ 0 & 0 & 0 & 0 & 1 \\ 0 & 1 & 0 & 0 & 0 \\ 0 & 0 & 0 & 0 & 0 \\ 0 & 0 & 0 & 0 & 0 \end{bmatrix} \quad ◀$$

4.4　关系的性质

一个集合上可以定义很多不同的关系，其中一些关系具有某些性质。这里介绍关系的

几种主要性质。

定义 4.4.1 设 R 是集合 A 上的一个关系，如果对 A 中的每一个元素 x，均有 $(x, x) \in R$，则称 R 是**自反关系**，即

$$R \text{ 是自反的} \Leftrightarrow \forall x(x \in A \rightarrow (x, x) \in R)$$

例如，整数集合上的整除关系、相等关系等都是自反的关系，而整数集合上的大于关系、小于关系等都不是自反的关系。

例 4.4.1 集合 $A = \{1, 2, 3, 4\}$ 上的关系 $R = \{(1, 1), (1, 2), (1, 4), (2, 1), (2, 2), (3, 3), (4, 1), (4, 4)\}$，$R$ 是否为自反关系？写出 R 的关系矩阵并画出 R 的关系图。

解 因为 A 中的每个元素都和自身有关系 R，所以 R 是自反的关系。

关系 R 的关系矩阵为

$$M_R = \begin{bmatrix} 1 & 1 & 0 & 1 \\ 1 & 1 & 0 & 0 \\ 0 & 0 & 1 & 0 \\ 1 & 0 & 0 & 1 \end{bmatrix}$$

关系 R 的关系图如图 4.4.1 所示。

定义 4.4.2 设 R 是集合 A 上的一个关系，如果对 A 中的每一个元素 x，均有 $(x, x) \notin R$，则称 R 是**反自反关系**，即

$$R \text{ 是反自反的} \Leftrightarrow \forall x(x \in A \rightarrow (x, x) \notin R)$$

例如，整数集合上的大于关系、小于关系等都是反自反的关系，而整数集合上的整除关系、大于等于关系等都不是反自反的关系。

例 4.4.2 集合 $A = \{1, 2, 3, 4\}$ 上的关系 $R = \{(1, 2), (1, 4), (2, 1), (2, 3), (3, 2), (4, 1), (4, 2)\}$ 和 $S = \{(1, 2), (1, 3), (2, 2), (3, 1), (4, 3)\}$，$R$ 和 S 是否为反自反关系，是否为自反关系？写出 R 和 S 的关系矩阵并画出 R 和 S 的关系图。

解 因为在 R 中没有形如 (x, x) 的有序偶，所以 R 是反自反的关系，不是自反关系。而因为有 $(2, 2) \in S$，所以 S 不是反自反关系，也不是自反关系。

关系 R 和 S 的关系矩阵为

$$M_R = \begin{bmatrix} 0 & 1 & 0 & 1 \\ 1 & 0 & 1 & 0 \\ 0 & 1 & 0 & 0 \\ 1 & 1 & 0 & 0 \end{bmatrix}, \qquad M_S = \begin{bmatrix} 0 & 1 & 1 & 0 \\ 0 & 1 & 0 & 0 \\ 1 & 0 & 0 & 0 \\ 0 & 0 & 1 & 0 \end{bmatrix}$$

R 和 S 的关系图如图 4.4.2 所示。

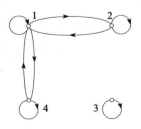

图 4.4.1 R 的关系图

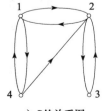

a) R 的关系图

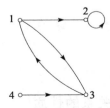

b) S 的关系图

图 4.4.2 R 和 S 的关系图

根据上面的例题可以看出，对于非空集合上的关系 R：

1）如果关系 R 是自反的，则关系 R 一定不是反自反的，反之亦然。

2）如果关系 R 不是自反的，则关系 R 不一定就是反自反的，反之亦然，即存在既不是自反也不是反自反的关系。

3）关系 R 是自反的，当且仅当 R 的关系图中每个结点都有环；关系 R 是反自反的，当且仅当 R 的关系图中每个结点都没有环。

4）关系 R 是自反的，当且仅当 R 的关系矩阵中主对角线上都为 1；关系 R 是反自反的，当且仅当 R 的关系矩阵中主对角线上都为 0。

定义 4.4.3 设 R 是 A 上的一个关系，对 A 中的元素 x 和 y，如有 $(x, y) \in R$，必有 $(y, x) \in R$，则称 R 是**对称关系**，即

$$R \text{ 是对称的} \Leftrightarrow \forall x \forall y (x \in A \land y \in A \land (x, y) \in R \rightarrow (y, x) \in R)$$

例如，整数集合上的等于关系、任意集合上的全域关系、同学关系、朋友关系等都是对称的，而整数集合上的整除关系、大于关系等都不是对称的。

例 4.4.3 集合 $A = \{1, 2, 3, 4\}$ 上的关系 $R = \{(1, 2), (1, 4), (2, 1), (2, 2), (2, 3), (3, 2), (4, 1)\}$，判断 R 是否为对称关系。写出 R 的关系矩阵并画出 R 的关系图。

解 因为在 R 中有 $(x, y) \in R$，则有 $(y, x) \in R$。如 $(1, 2)$、$(1, 4)$、$(2, 2)$、$(2, 3) \in R$，则有 $(2, 1)$、$(4, 1)$、$(2, 2)$、$(3, 2) \in R$，所以 R 是对称的关系。

R 的关系矩阵为

$$\boldsymbol{M}_R = \begin{bmatrix} 0 & 1 & 0 & 1 \\ 1 & 1 & 1 & 0 \\ 0 & 1 & 0 & 0 \\ 1 & 0 & 0 & 0 \end{bmatrix}$$

R 的关系图如图 4.4.3 所示。 ◀

定义 4.4.4 设 R 是 A 上的一个关系，对 A 中的元素 x 和 y，若 $(x, y) \in R$ 和 $(y, x) \in R$，则必有 $x = y$，称 R 是**反对称关系**，即

$$R \text{ 是反对称的} \Leftrightarrow \forall x \forall y (x \in A \land y \in A \land (x, y) \in R \land (y, x) \in R \rightarrow x = y)$$

若关系 R 是反对称的，当 $x \neq y$ 时，$(x, y) \in R$，则 $(y, x) \notin R$。

实数集合上的大于等于关系、大于关系，集合的幂集上的包含关系等都是反对称的。

例 4.4.4 集合 $A = \{1, 2, 3, 4\}$ 上的关系 $R = \{(1, 2), (1, 4), (2, 2), (2, 3), (3, 1), (4, 3)\}$，判断 R 是否为反对称关系。写出 R 的关系矩阵并画出 R 的关系图。

解 因为在 R 中，当 $x \neq y$ 时，有 $(x, y) \in R$，就没有 $(y, x) \in R$。如 $(1, 2)$、$(1, 4)$、$(2, 3)$、$(3, 1)$、$(4, 3) \in R$，则有 $(2, 1)$、$(4, 1)$、$(3, 2)$、$(1, 3)$、$(3, 4) \notin R$，所以 R 是反对称的关系。

R 的关系矩阵为

$$\boldsymbol{M}_R = \begin{bmatrix} 0 & 1 & 0 & 1 \\ 0 & 1 & 1 & 0 \\ 1 & 0 & 0 & 0 \\ 0 & 0 & 1 & 0 \end{bmatrix}$$

R 的关系图如图 4.4.4 所示。

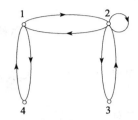

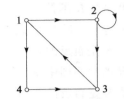

图 4.4.3　对称关系图　　　　　　　图 4.4.4　反对称关系图　　◄

例 4.4.5　集合 $A=\{1, 2, 3, 4\}$ 上的关系 $S=\{(1, 2), (1, 4), (2, 1), (2, 2), (3, 1), (4, 3)\}$，$S$ 是否为反对称关系，是否为对称关系？

解　因为在 S 中有 $(1, 2)\in S$，也有 $(2, 1)\in S$，所以 S 不是反对称关系，又因为 $(1, 4)\in S$ 而 $(4, 1)\notin S$，所以 S 也不是对称关系。　　◄

可以看出：

1)关系的对称性和反对称性的概念不是对立的，一个关系可以不具有对称性的同时也不具有反对称性，而且存在既是对称也是反对称的关系。

2)关系 R 是对称的，当且仅当在其关系图上，若两点之间有边，则必定是成对出现的方向相反的两条边；关系 R 是反对称关系，当且仅当在其关系图上，若两点之间有边，一定只有一条边。

3)对称关系 R 的关系矩阵是对称矩阵，即 $m_{ij}=m_{ji}$，$i, j=1, 2, \cdots, n$；反对称关系 R 的关系矩阵中，不在主对角线上的关于主对角线对称的元素不能同时为 1，即若 $m_{ij}=1$，$i, j=1, 2, \cdots, n$，$i\neq j$，则 $m_{ji}=0$。

定义 4.4.5　设 R 是 A 上的一个关系，x、y、z 是 A 中的元素，若 $(x, y)\in R$，$(y, z)\in R$，则必有 $(x, z)\in R$，称 R 是**传递关系**，即

R 是传递的 $\Leftrightarrow \forall x \forall y \forall z(x\in A \land y\in A \land z\in A \land (x, y)\in R \land (y, z)\in R \rightarrow (x, z)\in R)$

例如，实数集上的大于关系、小于关系等是传递关系，而同学关系、朋友关系等不一定是传递关系。

传递关系目前广泛应用于 GPS 导航系统、P2P 网络、无线传感器网络等领域。

例 4.4.6　判断集合 $A=\{1, 2, 3, 4\}$ 上的关系 $R=\{(2, 1), (3, 1), (3, 2), (4, 1), (4, 2), (4, 3)\}$ 是否是传递关系。写出 R 的关系矩阵并画出 R 的关系图。

解　根据传递性的定义，如有 $(a, b)\in R$，$(b, c)\in R$，必有 $(a, c)\in R$。因此，需要逐对检查形如 (a, b)、(b, c) 的有序偶以判定 R 是否是传递的。R 中的有序偶有 $(3, 2)$ 和 $(2, 1)$、$(4, 2)$ 和 $(2, 1)$、$(4, 3)$ 和 $(3, 1)$、$(4, 3)$ 和 $(3, 2)$，而 $(3, 1)$、$(4, 1)$、$(4, 2)$ 属于 R，所以 R 是传递的。

R 的关系矩阵为

$$\boldsymbol{M}_R = \begin{bmatrix} 0 & 0 & 0 & 0 \\ 1 & 0 & 0 & 0 \\ 1 & 1 & 0 & 0 \\ 1 & 1 & 1 & 0 \end{bmatrix}$$

R 的关系图如图 4.4.5 所示。

可以看出：

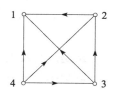

图 4.4.5　传递关系图

1)关系 R 是传递关系，当且仅当在关系图中，若存在从结点 a 到结点 b 的有向边和从结点 b 到结点 c 的有向边，则一定有从结点 a 到结点 c 的有向边。

2)关系 R 是传递关系，当且仅当在关系矩阵中，若 $m_{ij}=1$ 且 $m_{jk}=1$，则 $m_{ik}=1$，i，j，$k=1$，2，$\cdots$，n。

根据关系的性质的定义不难判断一个关系具有的性质。

例 4.4.7　若集合 A 非空且非单元集，判断下列关系具有哪些性质。

1)A 上的全域关系；

2)A 上的恒等关系；

3)A 上的空关系。

解　1)A 上的全域关系是自反的、对称的和传递的；

2)A 上的恒等关系是自反的、对称的、反对称的和传递的；

3)A 上的空关系是反自反的、对称的、反对称的和传递的。

需要注意的是，空集上的空关系还具有自反性，单元集上的全域关系还具有反对称性。

例 4.4.8　设集合 $A=\{1, 2\}$，$B=\{1, 2, 3\}$，R 是集合 A 和 B 上的关系，$R=\{(1, 1)，(2, 2)，(1, 2)\}$，说明 R 在集合 A 和 B 上具有的性质。

解　当 R 是集合 A 上的关系时，R 是自反的、反对称的和传递的。用关系图表示 R 时，两个结点都有环，所以 R 是自反的；两个结点间只有一条边，因而 R 是反对称的；R 是传递的，因为不存在 x、y、z，使得 x 到 y 有边，y 到 z 有边，而 x 到 z 没有边，其中 x，y，$z\in\{1, 2\}$。

当 R 是集合 B 上的关系时，R 是反对称的和传递的，原因同前。但是在集合 B 中，存在一个元素 3，$(3, 3)\notin R$，所以 R 不是自反的。

用集合表示关系时，可以用下面的定理判断或证明关系的性质。

定理 4.4.1　设 R 是集合 A 上的关系，则：

1)R 是自反的当且仅当 $I_A\subseteq R$；

2)R 是反自反的当且仅当 $R\cap I_A=\varnothing$；

3)R 是对称的当且仅当 $R=R^{-1}$；

4)R 是反对称的当且仅当 $R\cap R^{-1}\subseteq I_A$；

5)R 是传递的当且仅当 $R\circ R\subseteq R$。

证明　1)必要性：对任意的 $(x, x)\in I_A$，因为 R 是自反的，所以 $(x, x)\in R$，即 $I_A\subseteq R$；

充分性：对任意 $x\in A$，有 $(x, x)\in I_A$。因为 $I_A\subseteq R$，所以 $(x, x)\in R$。根据自反性的定义可知，R 是自反的。

2)必要性：用反证法。假设 $R\cap I_A\neq\varnothing$，则存在

$(x, y)\in R\cap I_A\Rightarrow(x, y)\in R\wedge(x, y)\in I_A\Rightarrow(x, y)\in R\wedge(x=y)\Rightarrow(x, x)\in R$

这与 R 是反自反的矛盾。

充分性：任取 $x \in A$，则有

$$x \in A \Rightarrow (x, x) \in I_A \Rightarrow (x, x) \notin R (由于 R \cap I_A = \varnothing)$$

所以，R 是反自反的。

3）必要性：对任意 $(x, y) \in R$，因为 R 是对称的，有 $(y, x) \in R$，即 $(x, y) \in R^{-1}$，因而 $R \subseteq R^{-1}$；对任意 $(x, y) \in R^{-1}$，有 $(y, x) \in R$，因为 R 是对称的，则 $(x, y) \in R$，因而 $R^{-1} \subseteq R$。于是有 $R = R^{-1}$。

充分性：任取 x、$y \in A$，若 $(x, y) \in R$，因为 $R = R^{-1}$，则 $(x, y) \in R^{-1}$，即 $(y, x) \in R$，因此 R 是对称的。

4）必要性：对任意 $(x, y) \in R \cap R^{-1}$，有

$$(x, y) \in R \cap R^{-1} \Rightarrow (x, y) \in R \wedge (x, y) \in R^{-1} \Rightarrow (x, y) \in R \wedge (y, x) \in R$$

$$\Rightarrow (x, y) \in R \wedge x = y (由于 R 是反对称的)$$

$$\Rightarrow (x, y) \in I_A$$

所以，$R \cap R^{-1} \subseteq I_A$。

充分性：对任意 (x, y)，有

$$(x, y) \in R \wedge (y, x) \in R \Rightarrow (x, y) \in R \wedge (x, y) \in R^{-1} \Rightarrow (x, y) \in R \cap R^{-1}$$

$$\Rightarrow (x, y) \in I_A (由于 R \cap R^{-1} \subseteq I_A)$$

$$\Rightarrow x = y$$

从而证明了 R 是反对称的。

5）必要性：对任意 $(x, z) \in R \circ R$，根据关系复合运算的定义，则存在 $y \in A$，使得 $(x, y) \in R$ 并且 $(y, z) \in R$。由于 R 是传递的，有 $(x, z) \in R$。因此 $R \circ R \subseteq R$。

充分性：对任意 x、y、$z \in A$，若 $(x, y) \in R$ 并且 $(y, z) \in R$，则 $(x, z) \in R \circ R$。因为 $R \circ R \subseteq R$，所以 $(x, z) \in R$，因而 R 是传递的。   ◄

关系可以进行各种运算。具有某些性质的关系通过各种运算后产生的新关系可能保持原有的性质，也可能不保持原有的性质。

定理 4.4.2   设 R、S 是集合 A 上的二元关系，则：

1）若 R、S 是自反的，则 R^{-1}、S^{-1}、$R \cup S$、$R \cap S$、$R \circ S$ 也是自反的；

2）若 R、S 是反自反的，则 R^{-1}、S^{-1}、$R \cup S$、$R \cap S$、$R - S$ 也是反自反的；

3）若 R、S 是对称的，则 R^{-1}、S^{-1}、$R \cup S$、$R \cap S$、$R - S$ 也是对称的；

4）若 R、S 是反对称的，则 R^{-1}、S^{-1}、$R \cap S$、$R - S$ 也是反对称的；

5）若 R、S 是传递的，则 R^{-1}、S^{-1}、$R \cap S$ 也是传递的。

证明略。请读者自证。

例 4.4.9   设 A 是集合，R_1 和 R_2 是 A 上的关系，若 R_1 和 R_2 是自反的、对称的和传递的，那么，$R_1 \cup R_2$ 也是自反的、对称的和传递的吗？

解   由于 R_1 和 R_2 是 A 上的自反关系，则有

$$I_A \subseteq R_1 \quad 和 \quad I_A \subseteq R_2$$

从而有 $I_A \subseteq R_1 \cup R_2$。根据定理 4.4.1 可知，$R_1 \cup R_2$ 是自反的。

由 R_1 和 R_2 的对称性，有

$$R_1 = R_1^{-1} \text{ 和 } R_2 = R_2^{-1}$$

根据定理 4.3.1，有

$$(R_1 \bigcup R_2)^{-1} = R_1^{-1} \bigcup R_2^{-1} = R_1 \bigcup R_2$$

从而证明 $R_1 \bigcup R_2$ 是 A 上的对称关系。

当 R_1 和 R_2 是传递关系时，$R_1 \bigcup R_2$ 不一定是传递的。例如，假设 $R_1 = \{(1, 2)\}$，$R_2 = \{(2, 3)\}$ 是集合 $A = \{1, 2, 3\}$ 上的关系，R_1 和 R_2 是传递关系，但 $R_1 \bigcup R_2 = \{(1, 2), (2, 3)\}$ 不是传递的。◀

4.5 关系的闭包

设 R 是非空集合 A 上的关系，R 可能不具有某种性质，如自反性、对称性或传递性。有时需要 R 具有某种性质，因此，可以通过关系的闭包运算，在 R 中添加最少的有序对构成新关系 R'，使 R' 具有所需的性质。

关系的闭包运算定义如下。

定义 4.5.1 设 R 是非空集合 A 上的二元关系，如果 A 上的关系 R' 满足：

1) R' 是自反的(对称的或传递的)；

2) $R' \supseteq R$；

3) 对 A 上的任何包含 R 的自反(对称或传递)关系 R''，都有 $R'' \supseteq R'$。

则称 R' 是 R 的**自反**(**对称**或**传递**)**闭包**。

一般将 R 的自反闭包记作 $r(R)$，对称闭包记作 $s(R)$，传递闭包记作 $t(R)$。

例 4.5.1 集合 $A = \{1, 2, 3\}$ 上的关系 $R = \{(1, 1), (1, 2), (2, 1), (3, 2)\}$，求 R 的自反闭包、对称闭包和传递闭包。

解 R 不是自反的，也不是对称和传递的。当把 $(2, 2)$、$(3, 3)$ 添加到 R 中时，得到的新关系包含 R，且具有自反性，并且包含在所有其他包含 R 的自反关系中，因此 R 的自反闭包为

$$r(R) = \{(1, 1), (1, 2), (2, 1), (3, 2), (2, 2), (3, 3)\}$$

当把 $(2, 3)$ 添加到 R 中时，得到 R 的对称闭包

$$s(R) = \{(1, 1), (1, 2), (2, 1), (3, 2), (2, 3)\}$$

把 $(2, 2)$ 和 $(3, 1)$ 添加到 R 中得到 R 的传递闭包

$$t(R) = \{(1, 1), (1, 2), (2, 1), (3, 2), (2, 2), (3, 1)\}$$ ◀

定理 4.5.1 设 R 是非空集合 A 上的二元关系，有：

1) R 是自反的，当且仅当 $r(R) = R$；

2) R 是对称的，当且仅当 $s(R) = R$；

3) R 是传递的，当且仅当 $t(R) = R$。

证明 1) 显然有 $R \subseteq r(R)$。若 R 是自反的，由于 R 包含 R，根据自反闭包的定义有 $r(R) \subseteq R$。因此 $r(R) = R$。◀

2) 和 3) 的证明留给读者。

求关系 R 的自反闭包、对称闭包和传递闭包的方法，由下面定理给出。

定理 4.5.2 设 R 为非空集合 A 上的二元关系，则有：

1）$r(R)=R\cup I_A$

2）$s(R)=R\cup R^{-1}$

3）$t(R)=\bigcup\limits_{i=1}^{\infty}R^i=R\cup R^2\cup R^3\cup\cdots$

证明 1）设 $R'=R\cup I_A$。对任意的 $x\in A$，$(x,x)\in R\cup I_A$，所以 $R'=R\cup I_A$ 是自反的，且 $R\cup I_A\supseteq R$。设 R'' 是 A 中包含 R 的任一自反关系，即 $R''\supseteq R$，且 $R''\supseteq I_A$，所以有 $R''\supseteq R'=R\cup I_A$，因此，$R\cup I_A$ 是 R 的自反闭包，即 $r(R)=R\cup I_A$。

2）对任意的 $(x,y)\in R\cup R^{-1}$，即 $(x,y)\in R$ 或 $(x,y)\in R^{-1}$，有 $(y,x)\in R^{-1}$ 或 $(y,x)\in R$，因而 $(y,x)\in R\cup R^{-1}$，所以 $R\cup R^{-1}$ 是对称的，且 $R\cup R^{-1}\supseteq R$ 显然成立。设 R'' 是 A 中包含 R 的任一对称关系，对任一 $(x,y)\in R^{-1}$，必有 $(y,x)\in R$，从而有 $(y,x)\in R''$。由于 R'' 是对称关系，因而 $(x,y)\in R''$，所以 $R''\supseteq R^{-1}$。因此有 $R''\supseteq R\cup R^{-1}$。综上所述，$R$ 的对称闭包 $s(R)=R\cup R^{-1}$。

3）先证 $\bigcup\limits_{i=1}^{\infty}R^i\subseteq t(R)$。

以下对 n 进行归纳证明。

根据传递闭包的定义有 $R\subseteq t(R)$。假设 $n>1$ 时，$R^n\subseteq t(R)$。设 $(x,y)\in R^{n+1}$，因为 $R^{n+1}=R\circ R^n$，故有某个 $z\in A$，使 $(x,z)\in R^n$、$(z,y)\in R$，所以有 $(x,z)\in t(R)$、$(z,y)\in t(R)$，即 $(x,y)\in t(R)$。所以 $R^{n+1}\subseteq t(R)$，因而有

$$\bigcup\limits_{i=1}^{\infty}R^i\subseteq t(R)$$

再证 $t(R)\subseteq\bigcup\limits_{i=1}^{\infty}R^i$。

设 $(x,y)\in\bigcup\limits_{i=1}^{\infty}R^i$、$(y,z)\in\bigcup\limits_{i=1}^{\infty}R^i$，则必存在整数 s 和 t，使得 $(x,y)\in R^s$、$(y,z)\in R^t$，从而有 $(x,z)\in R^t\circ R^s=R^{s+t}$，即 $(x,z)\in\bigcup\limits_{i=1}^{\infty}R^i$。所以 $\bigcup\limits_{i=1}^{\infty}R^i$ 是传递的。

由于包含 R 的传递关系都包含 $t(R)$，所以有

$$t(R)\subseteq\bigcup\limits_{i=1}^{\infty}R^i$$

因而

$$t(R)=\bigcup\limits_{i=1}^{\infty}R^i=R\cup R^2\cup R^3\cup\cdots$$

可以直接使用这 3 个公式来计算 R 的闭包。对于有限集合 A 来说，R 的不同的幂只有有限个。可以证明

$$t(R)=\bigcup\limits_{i=1}^{n}R^i=R\cup R^2\cup\cdots\cup R^n$$ ◀

例 4.5.2 求整数集 **Z** 上的关系 $R=\{(a,b)\mid a<b\}$ 的自反闭包、对称闭包和传递

闭包。

解 R 的自反闭包 $r(R) = R \cup I_Z = \{(a, b) \mid a < b\} \cup (a, a) \mid a \in \mathbf{Z}\} = \{(a, b) \mid a \leqslant b\}$。

R 的对称闭包 $s(R) = R \cup R^{-1} = \{(a, b) \mid a < b\} \cup \{(b, a) \mid a < b\} = \{(a, b) \mid a \neq b\}$。

R 的传递闭包 $t(R) = R = \{(a, b) \mid a < b\}$，因为 R 是传递的。◀

例 4.5.3 设集合 $A = \{a, b, c\}$，R 是 A 上的二元关系，$R = \{(a, b), (b, c), (c, a)\}$，求 $r(R)$、$s(R)$ 和 $t(R)$。

解 $r(R) = R \cup I_A = \{(a, b), (b, c), (c, a), (a, a), (b, b), (c, c)\}$

$s(R) = R \cup R^{-1} = \{(a, b), (b, c), (c, a), (b, a), (c, b), (a, c)\}$

$R^2 = \{(a, c), (b, a), (c, b)\}$

$R^3 = \{(a, a), (b, b), (c, c)\}$

$R^4 = \{(a, b), (b, c), (c, a)\} = R$

$t(R) = R \cup R^2 \cup R^3 \cup R^4$

$\quad = \{(a, b), (b, c), (c, a), (a, c), (b, a), (c, b), (a, a), (b, b), (c, c)\}$。◀

定理 4.5.3 设 R_1 和 R_2 为非空集合 A 上的二元关系，且 $R_1 \subseteq R_2$，则有：

1）$r(R_1) \subseteq r(R_2)$

2）$s(R_1) \subseteq s(R_2)$

3）$t(R_1) \subseteq t(R_2)$

证明 3）先用数学归纳法证明，对任意正整数 n，有 $R_1^n \subseteq R_2^n$，当 $n = 1$ 时，结论显然成立。

假设 $n = k$ 时，$R_1^k \subseteq R_2^k$。

当 $n = k+1$ 时，有

$$(x, y) \in R_1^{k+1} \Rightarrow \exists z(x R_1^k z \wedge z R_1 y) \Rightarrow \exists z(x R_2^k z \wedge z R_2 y) \Rightarrow (x, y) \in R_2^{k+1}$$

所以，$R_1^{k+1} \subseteq R_2^{k+1}$。

因此对任意正整数 n，有 $R_1^n \subseteq R_2^n$。

于是，有 $t(R_1) = \bigcup_{i=1}^{n} R_1^i \subseteq \bigcup_{i=1}^{n} R_2^i = t(R_2)$。◀

其余部分留给读者证明。

定理 4.5.4 设 R_1 和 R_2 为非空集合 A 上的二元关系，则有：

1）$r(R_1) \cup r(R_2) = r(R_1 \cup R_2)$

2）$s(R_1) \cup s(R_2) = s(R_1 \cup R_2)$

3）$t(R_1) \cup t(R_2) \subseteq t(R_1 \cup R_2)$

定理 4.5.5 设 R 是非空集合 A 上的二元关系，有：

1）若 R 是自反的，则 $s(R)$ 和 $t(R)$ 也是自反的；

2）若 R 是对称的，则 $r(R)$ 和 $t(R)$ 也是对称的；

3）若 R 是传递的，则 $r(R)$ 是传递的。

证明 2）由于 R 是对称关系，所以 $R = R^{-1}$，而 $I_A = I_A^{-1}$，则有

$$r(R) = R \bigcup I_A = R^{-1} \bigcup I_A^{-1} = (R \bigcup I_A)^{-1} = r(R)^{-1}$$

所以，$r(R)$ 是对称的。

先用归纳法证明，对任意正整数 n，R^n 是对称的。

当 $n=1$ 时，结论显然成立。

假设 $n=k$ 时，R^k 是对称的。

当 $n=k+1$ 时，有

$$(x, y) \in R^{k+1} \Leftrightarrow \exists z(xR^k z \wedge zRy) \Leftrightarrow \exists z(zR^k x \wedge yRz) \Leftrightarrow (y, x) \in R^{k+1}$$

所以，R^{k+1} 是对称的。因此，对任意正整数 n，R^n 是对称的。

对任意 $x, y \in A$，有

$$(x, y) \in t(R) \Rightarrow \exists m((x, y) \in R^m) \Rightarrow \exists m((y, x) \in R^m) \Rightarrow (y, x) \in t(R)$$

所以，$t(R)$ 是对称的。

1) 和 3) 留给读者证明。

当 R 是传递关系时，R 的对称闭包 $s(R)$ 不一定是传递的。如集合 $A=\{1, 2, 3\}$ 上的关系 $R=\{(1, 2), (3, 2)\}$ 是传递的，R 的对称闭包 $s(R)=\{(1, 2), (2, 1), (3, 2),$ $(2, 3)\}$ 不是传递的。◀

令 $tsr(R)=t(s(r(R)))$，则有下面的定理。

定理 4.5.6 设 R 是非空集合 A 上的二元关系，则 $tsr(R)$ 是 R 的自反、对称、传递的闭包。

可以通过关系矩阵运算求一个关系的闭包。

设关系 R、$r(R)$、$s(R)$、$t(R)$ 的关系矩阵分别为 $\boldsymbol{M}_R$、$\boldsymbol{M}_{r(R)}$、$\boldsymbol{M}_{s(R)}$、$\boldsymbol{M}_{t(R)}$，则

$$\boldsymbol{M}_{r(R)} = \boldsymbol{M}_R \vee \boldsymbol{E}$$

$$\boldsymbol{M}_{s(R)} = \boldsymbol{M}_R \vee \boldsymbol{M}_R^t$$

$$\boldsymbol{M}_{t(R)} = \boldsymbol{M}_R \vee \boldsymbol{M}_{R^2} \vee \boldsymbol{M}_{R^3} \vee \cdots$$

其中，$\boldsymbol{E}$ 是和 $\boldsymbol{M}$ 同阶的单位矩阵，$\boldsymbol{M}_R^t$ 是 $\boldsymbol{M}_R$ 的转置矩阵。

例 4.5.4 已知集合 $A=\{1, 2, 3\}$ 上的关系 $R=\{(1, 1), (1, 3), (2, 2), (3, 1),$ $(3, 2)\}$，利用关系矩阵求 R 的 $r(R)$、$s(R)$、$t(R)$。

解 关系 R 的关系矩阵为

$$\boldsymbol{M}_R = \begin{bmatrix} 1 & 0 & 1 \\ 0 & 1 & 0 \\ 1 & 1 & 0 \end{bmatrix}$$

$$\boldsymbol{M}_{r(R)} = \boldsymbol{M}_R \vee \boldsymbol{E} = \begin{bmatrix} 1 & 0 & 1 \\ 0 & 1 & 0 \\ 1 & 1 & 0 \end{bmatrix} \vee \begin{bmatrix} 1 & 0 & 0 \\ 0 & 1 & 0 \\ 0 & 0 & 1 \end{bmatrix} = \begin{bmatrix} 1 & 0 & 1 \\ 0 & 1 & 0 \\ 1 & 1 & 1 \end{bmatrix}$$

于是

$$r(R) = \{(1, 1), (1, 3), (2, 2), (3, 1), (3, 2), (3, 3)\}$$

$$\boldsymbol{M}_{s(R)} = \boldsymbol{M}_R \vee \boldsymbol{M}_R^t = \begin{bmatrix} 1 & 0 & 1 \\ 0 & 1 & 0 \\ 1 & 1 & 0 \end{bmatrix} \vee \begin{bmatrix} 1 & 0 & 1 \\ 0 & 1 & 1 \\ 1 & 0 & 0 \end{bmatrix} = \begin{bmatrix} 1 & 0 & 1 \\ 0 & 1 & 1 \\ 1 & 1 & 0 \end{bmatrix}$$

于是

$$s(R) = \{(1, 1), (1, 3), (2, 2), (3, 1), (3, 2), (2, 3)\}$$

由于 $\boldsymbol{M}_{t(R)} = \boldsymbol{M}_R \vee \boldsymbol{M}_{R^2} \vee \boldsymbol{M}_{R^3}$，且有

$$\boldsymbol{M}_{R^2} = \begin{bmatrix} 1 & 1 & 1 \\ 0 & 1 & 0 \\ 1 & 1 & 1 \end{bmatrix}, \qquad \boldsymbol{M}_{R^3} = \begin{bmatrix} 1 & 1 & 1 \\ 0 & 1 & 0 \\ 1 & 1 & 1 \end{bmatrix}$$

所以

$$\boldsymbol{M}_{t(R)} = \begin{bmatrix} 1 & 0 & 1 \\ 0 & 1 & 0 \\ 1 & 1 & 0 \end{bmatrix} \vee \begin{bmatrix} 1 & 1 & 1 \\ 0 & 1 & 0 \\ 1 & 1 & 1 \end{bmatrix} \vee \begin{bmatrix} 1 & 1 & 1 \\ 0 & 1 & 0 \\ 1 & 1 & 1 \end{bmatrix} = \begin{bmatrix} 1 & 1 & 1 \\ 0 & 1 & 0 \\ 1 & 1 & 1 \end{bmatrix}$$

因而

$$t(R) = \{(1, 1), (1, 2), (1, 3), (2, 2), (3, 1), (3, 2), (3, 3)\} \qquad \blacktriangleleft$$

求二元关系的传递闭包 $t(R)$ 还可以使用 Warshall 算法，Warshall 算法的计算量比上例的算法少得多。

假设 R 是 n 元集合 $\{v_1, v_2, \cdots, v_n\}$ 上的关系，设 $v_1, v_2, \cdots, v_n$ 是这 n 个元素的任意排列。如果 $a, x_1, x_2, \cdots, x_n, b$ 是一条路径，则除了第一个结点 a 和最后一个结点 b 的所有结点 $x_1, x_2, \cdots, x_n$ 是这条路径的内点。对任意两个结点 v_i 和 v_j，在 R 的关系图上，如果存在从 v_i 到 v_j 的路径 $v_i v_j$，或路径的内点一定在集合 $\{v_1, v_2, \cdots, v_n\}$ 中，则在 R 的传递闭包 $t(R)$ 的矩阵中，第 (i, j) 项为 1。

Warshall 算法是构造一系列 0—1 矩阵，这些矩阵是 $\boldsymbol{M}_0, \boldsymbol{M}_1, \cdots, \boldsymbol{M}_n$，其中 $\boldsymbol{M}_0 = \boldsymbol{M}_R$ 是 R 的关系矩阵，$\boldsymbol{M}_k = [m_{ij}^{[k]}]$。如果存在一条从 v_i 到 v_j 的路径使得这条路径的所有内点都在前 k 个结点的集合 $\{v_1, v_2, \cdots, v_k\}$ 中，那么 $m_{ij}^{[k]} = 1$，否则 $m_{ij}^{[k]} = 0$。如矩阵 $\boldsymbol{M}_1$ 中的元素 $m_{ij}^{[1]} = 1$，则存在从 v_i 到 v_j 的路径，这条路径是 $v_i v_j$，或内点是 v_1 的路径 $v_i v_1 v_j$。如矩阵 $\boldsymbol{M}_2$ 中的元素 $m_{ij}^{[2]} = 1$，则存在从 v_i 到 v_j 的路径，路径的内点在集合 $\{v_1, v_2\}$ 中。当 $k = n$ 时，$\boldsymbol{M}_n$ 中的元素 $m_{ij}^{[n]} = 1$，则存在从 v_i 到 v_j 的路径，或直接到达，或路径的内点在集合 $\{v_1, v_2, \cdots, v_n\}$ 中。因此，$\boldsymbol{M}_n$ 中的元素 $m_{ij}^{[n]} = 1$，则存在从 v_i 到 v_j 的路径，$m_{ij}^{[n]} = 0$，则不存在从 v_i 到 v_j 的路径，因而 $\boldsymbol{M}_n$ 就是 R 的传递闭包的矩阵。

可以从 $\boldsymbol{M}_{k-1}$ 计算 $\boldsymbol{M}_k$。存在一条从 v_i 到 v_j 的路径且该路径的内点都在前 k 个结点的集合 $\{v_1, v_2, \cdots, v_k\}$ 中，有两种情况：第一种情况是存在一条从 v_i 到 v_j 的内点都在前 $k-1$ 个结点的集合 $\{v_1, v_2, \cdots, v_{k-1}\}$ 中的路径；第二种情况是存在一条从 v_i 到 v_k 的路径和从 v_k 到 v_j 的路径，这两条路径的内点都在前 $k-1$ 个结点的集合 $\{v_1, v_2, \cdots, v_{k-1}\}$ 中。因此

$$m_{ij}^{[k]} = m_{ij}^{[k-1]} \vee (m_{ik}^{[k-1]} \wedge m_{kj}^{[k-1]})$$

设 R 是非空集合 A 上的二元关系，R 的关系矩阵为 $\boldsymbol{M}_R$，Warshall 算法的过程如下：

1）$\boldsymbol{M}_0 = \boldsymbol{M}_R$；

2)for $k := 1$ to n do

3)　　 for $i := 1$ to n do

4)　　　　 for $j := 1$ to n do

5)　　　　　　 $m_{ij}^{[k]} = m_{ij}^{[k-1]} \bigvee (m_{ik}^{[k-1]} \bigwedge m_{kj}^{[k-1]})$

算法结束时得到的就是 R 的传递闭包的矩阵。

例 4.5.5 已知集合 $A = \{1, 2, 3, 4\}$ 上的关系 $R = \{(1, 4), (2, 1), (2, 3), (3, 1), (3, 4), (4, 3)\}$，利用 Warshall 算法求 R 的 $t(R)$ 的矩阵。

解 关系 R 的关系矩阵为

$$
\boldsymbol{M}_R = \begin{bmatrix} 0 & 0 & 0 & 1 \\ 1 & 0 & 1 & 0 \\ 1 & 0 & 0 & 1 \\ 0 & 0 & 1 & 0 \end{bmatrix} = \boldsymbol{M}_0
$$

于是

$$
\boldsymbol{M}_1 = \begin{bmatrix} 0 & 0 & 0 & 1 \\ 1 & 0 & 1 & 1 \\ 1 & 0 & 0 & 1 \\ 0 & 0 & 1 & 0 \end{bmatrix}, \quad \boldsymbol{M}_2 = \begin{bmatrix} 0 & 0 & 0 & 1 \\ 1 & 0 & 1 & 1 \\ 1 & 0 & 0 & 1 \\ 0 & 0 & 1 & 0 \end{bmatrix}, \quad \boldsymbol{M}_3 = \begin{bmatrix} 0 & 0 & 0 & 1 \\ 1 & 0 & 1 & 1 \\ 1 & 0 & 0 & 1 \\ 1 & 0 & 1 & 1 \end{bmatrix}, \quad \boldsymbol{M}_4 = \begin{bmatrix} 1 & 0 & 1 & 1 \\ 1 & 0 & 1 & 1 \\ 1 & 0 & 1 & 1 \\ 1 & 0 & 1 & 1 \end{bmatrix}
$$

矩阵 $\boldsymbol{M}_4$ 就是 R 的 $t(R)$ 的矩阵。　　　　◀

通过 $\boldsymbol{M}_R$ 的布尔幂 $\boldsymbol{M}_{R^2}, \cdots, \boldsymbol{M}_{R^n}$，计算传递闭包的矩阵 $\boldsymbol{M}_{t(R)} = \boldsymbol{M}_R \bigvee \boldsymbol{M}_{R^2} \bigvee \boldsymbol{M}_{R^3}$，需要进行 $2n^3(n-1)$ 次位运算，Warshall 算法的位运算的总次数为 $2n^3$，因此 Warshall 算法的计算量较小。

传递闭包在语法分析中有很多应用，如下面的例题。

例 4.5.6 设有一字母表 $V = \{A, B, C, D, e, d, f\}$，并给定下面六条规则

$$A \rightarrow Af, \quad B \rightarrow Dde, \quad C \rightarrow e$$
$$A \rightarrow B, \quad B \rightarrow De, \quad D \rightarrow Bf$$

R 为定义在 V 上的二元关系，从 x_i 出发用一条规则推出一串字符，使其第一个字符恰为 x_j，则 $(x_i, x_j) \in R$，说明每个字母连续运用上述规则可能推出的头字符。

解 关系 R 的关系矩阵为

$$
\boldsymbol{M}_R = \begin{bmatrix} 1 & 1 & 0 & 0 & 0 & 0 & 0 \\ 0 & 0 & 0 & 1 & 1 & 0 & 0 \\ 0 & 0 & 0 & 0 & 1 & 0 & 0 \\ 0 & 1 & 0 & 0 & 0 & 0 & 0 \\ 0 & 0 & 0 & 0 & 0 & 0 & 0 \\ 0 & 0 & 0 & 0 & 0 & 0 & 0 \\ 0 & 0 & 0 & 0 & 0 & 0 & 0 \end{bmatrix}
$$

若 $(x_i, x_j) \in t(R)$，则从 x_i 出发多次应用上述规则推出的字符的第一个字符为 x_j。

用 Warshall 算法求 $t(R)$ 的矩阵，有

$$M_{t(R)} = \begin{bmatrix} 1 & 1 & 0 & 1 & 0 & 0 & 0 \\ 0 & 1 & 0 & 1 & 0 & 0 & 0 \\ 0 & 0 & 0 & 0 & 1 & 0 & 0 \\ 0 & 1 & 0 & 1 & 0 & 0 & 0 \\ 0 & 0 & 0 & 0 & 0 & 0 & 0 \\ 0 & 0 & 0 & 0 & 0 & 0 & 0 \\ 0 & 0 & 0 & 0 & 0 & 0 & 0 \end{bmatrix}$$

因此，$t(R) = \{(A, A), (A, B), (A, D), (B, B), (B, D), (C, e), (D, B), (D, D)\}$。 ◀

由此说明，应用给定的六条规则，从 A 出发推导的头字符有 A、B、D 三种可能，而从 B 出发推导的头字符有 B、D 两种可能，而从 C 出发推导的头字符只有 e，从 D 出发推导的头字符有 B、D 两种可能。

4.6 等价关系和等价类

4.6.1 等价关系

等价关系是一类重要的二元关系，利用等价关系可以对一些对象进行分类。

定义 4.6.1 设 R 为非空集合 A 上的关系，若 R 是自反的、对称的和传递的，则称 R 为 A 上的**等价关系**。若 $(x, y) \in R$，称 x 等价于 y，记作 $x \sim y$。

例如，集合上的恒等关系和全域关系都是等价关系。

例 4.6.1 在某班同学的集合上，判断下列关系中哪些是等价关系。

$R_1 = \{(a, b) \mid a$ 和 b 选修同一门课$\}$

$R_2 = \{(a, b) \mid a$ 和 b 毕业于同一所中学$\}$

$R_3 = \{(a, b) \mid a$ 和 b 年龄相同$\}$

解 R_1 不是等价关系。因为这个关系不是传递的。

R_2 和 R_3 都是自反的、对称的和传递的，所以都是等价关系。 ◀

例 4.6.2 设 x 和 y 为整数，n 为正整数。如果 x 除以 n 的余数和 y 除以 n 的余数相等，则称 x 与 y 模 n 同余，用 $x \equiv y \pmod{n}$ 表示。若 R 是整数集 $\mathbf{Z}$ 上的模 n 同余关系，$R = \{(x, y) \mid x \equiv y \pmod{n}\}$，证明 R 是等价关系。

证明 1）对 $\forall x \in \mathbf{Z}$，有 $x \equiv x \pmod{n}$，即 xRx，所以 R 是自反的。

2）假设 xRy，即 $x \equiv y \pmod{n}$ 成立，则有 $x - y = kn$，其中 k 是整数，从而有 $y - x = -kn$，即 $y \equiv x \pmod{n}$，因此 yRx，R 是对称的。

3）设 xRy、yRz，即 $x \equiv y \pmod{n}$、$y \equiv z \pmod{n}$，也就是 $x - y = kn$、$y - z = ln$，即 $x - z = (k + l)n$，于是有 $x \equiv z \pmod{n}$，即 xRz，所以 R 是传递的。

综上所述，关系 R 是等价关系。 ◀

4.6.2　等价类

定义 4.6.2　设 R 是非空集合 A 上的等价关系，x 是集合 A 中的一个元素，所有与 x 有 R 关系的元素组成的集合称为 x 的**等价类**，记作 $[x]_R$，则有

$$[x]_R = \{y \mid y \in A \wedge xRy\}$$

例 4.6.3　设 $A = \{1, 2, \cdots, 8\}$，R 是 A 上的模 3 同余关系。画出 R 的关系图，求 A 中各元素的等价类。

解　根据例 4.6.2 可知，R 是等价关系。列出关系 R 的所有元素

$R = \{(1, 4), (1, 7), (2, 5), (2, 8), (3, 6), (4, 7), (5, 8), (4, 1), (7, 1), (5, 2), (8, 2), (6, 3), (7, 4), (8, 5), (1, 1), (2, 2), (3, 3), (4, 4), (5, 5), (6, 6), (7, 7), (8, 8)\}$

R 的关系图如图 4.6.1 所示。

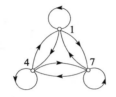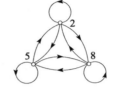

图 4.6.1　R 的关系图

A 中各元素的等价类

$$[1]_R = [4]_R = [7]_R = \{1, 4, 7\}$$
$$[2]_R = [5]_R = [8]_R = \{2, 5, 8\}$$
$$[3]_R = [6]_R = \{3, 6\}$$

可以看出，集合 $A = \{1, 2, \cdots, 8\}$ 由等价关系 R 分成三个子集合 $\{1, 4, 7\}$、$\{2, 5, 8\}$ 和 $\{3, 6\}$，它们是不相交的非空子集合，并集为集合 A。A 中任何一个元素一定在它自身的等价类中。集合 A 中的两个元素有 R 关系，则这两个元素的等价类相等，如 1 和 4 有 R 关系，所以 $[1]_R = [4]_R$。集合中的两个元素 x 和 y 没有关系 R，则这两个元素的等价类不交，如 2 和 3 没有关系 R，$[2]_R \cap [3]_R = \{2, 5, 8\} \cap \{3, 6\} = \varnothing$。因而，可以总结出关于等价类的如下性质。

定理 4.6.1　设 R 是非空集合 A 上的等价关系，对任意的 x、$y \in A$，下面的结论成立：

1）$\forall x \in A$，$[x]_R \neq \varnothing$ 且 $[x]_R \subseteq A$；

2）$\forall x, y \in A$，若 $(x, y) \in R$，则 $[x]_R = [y]_R$；

3）$\forall x, y \in A$，若 $(x, y) \notin R$，则 $[x]_R \cap [y]_R = \varnothing$；

4）$\bigcup\limits_{x \in A} [x]_R = A$。

证明　1）因为对 $\forall x \in A$，有 xRx，所以 $x \in [x]_R$，即 $[x]_R \neq \varnothing$。由等价类的定义可知，$\forall x \in A$，有 $[x]_R \subseteq A$。

2)任取 $z \in [x]_R$，则有 $(x,z) \in R$，因为 R 是对称的，有 $(z,x) \in R$，由 R 的传递性，有 $(z,y) \in R$，因而 $(y,z) \in R$，从而 $z \in [y]_R$，即 $[x]_R \subseteq [y]_R$。

同理可证 $[y]_R \subseteq [x]_R$。因而可得 $[x]_R = [y]_R$。

3)假设 $[x]_R \cap [y]_R \neq \varnothing$，则存在 $z \in [x]_R \cap [y]_R$，从而有 $z \in [x]_R \wedge z \in [y]_R$，即 $(x,z) \in R \wedge (y,z) \in R$，根据 R 的对称性和传递性，必有 $(x,y) \in R$，与 $(x,y) \notin R$ 矛盾，所以假设不成立，原命题成立。

4)先证 $\bigcup\limits_{x \in A} [x]_R \subseteq A$。

任取 $y \in \bigcup\limits_{x \in A} [x]_R$，则 $\exists x (y \in [x]_R)$，而 $[x]_R \subseteq A$，则 $y \in A$，从而有 $\bigcup\limits_{x \in A} [x]_R \subseteq A$。

再证 $A \subseteq \bigcup\limits_{x \in A} [x]_R$。

任取 $y \in A$，则 $y \in [y]_R$，而 $[y]_R \subseteq \bigcup\limits_{x \in A} [x]_R$，则 $y \in \bigcup\limits_{x \in A} [x]_R$，从而有 $A \subseteq \bigcup\limits_{x \in A} [x]_R$。

综上所述，得 $\bigcup\limits_{x \in A} [x]_R = A$。 ◀

定义 4.6.3 设 R 为非空集合 A 上的等价关系，以 R 的所有等价类为元素构成的集合，称为 A 在 R 下的**商集**，记作 A/R，即

$$A/R = \{[x]_R \mid x \in A\}$$

在上例中，集合 A 在 R 下的商集 $A/R = \{\{1,4,7\}, \{2,5,8\}, \{3,6\}\}$。

例 4.6.4 整数集 $\mathbf{Z}$ 上的模 n 同余关系 $R = \{(a,b) \mid a \equiv b (\bmod n)\}$ 是等价关系，求 $\mathbf{Z}$ 在 R 下的商集 $\mathbf{Z}/R$。

解 整数集 $\mathbf{Z}$ 上的模 n 同余关系的等价类为

$$[0]_R = \{\cdots, -3n, -2n, -n, 0, n, 2n, 3n, \cdots\}$$
$$[1]_R = \{\cdots, -2n+1, -n+1, 1, n+1, 2n+1, 3n+1, \cdots\}$$
$$[2]_R = \{\cdots, -2n+2, -n+2, 2, n+2, 2n+2, 3n+2, \cdots\}$$
$$\vdots$$
$$[n-1]_R = \{\cdots, -2n+n-1, -n+n-1, n-1, n+n-1, 2n+n-1, \cdots\}$$
$$= \{\cdots, -n-1, -1, n-1, 2n-1, 3n-1, \cdots\}$$

所以，商集 $\mathbf{Z}/R = \{[0]_R, [1]_R, [2]_R, \cdots, [n-1]_R\}$。 ◀

定义 4.6.4 设 A 是非空集合，A 的一簇子集 $A_1, A_2, \cdots, A_m$，满足以下条件：

1) $A_i \neq \varnothing \, (i = 1,2,3\cdots)$

2) $\bigcup\limits_{i=1}^{m} A_i = A$

3) $A_i \cap A_j = \varnothing \, (i \neq j)$

若满足条件 1)、2)，称 $\{A_1, A_2, \cdots, A_m\}$ 是 A 的**覆盖**。

若满足条件 1)、2)、3)，称 $\{A_1, A_2, \cdots, A_m\}$ 是 A 的一个**划分**，且称 $\{A_1, A_2, \cdots, A_m\}$ 中的任一元素为 A 的一个**类**或划分的一个**块**。

例如，例 4.6.4 中整数集 $\mathbf{Z}$ 上的模 n 同余关系 $R = \{(a,b) \mid a \equiv b (\bmod n)\}$ 的各个等价类都是整数集 $\mathbf{Z}$ 的非空子集，不同的等价类之间不交，并且所有等价类的并集就是整数集

Z。因此，以整数集 **Z** 上的模 n 同余关系 R 的所有等价类为元素的集合就是整数集 **Z** 的一个划分，也就是说，整数集在模 n 同余关系 R 下的商集就是整数集 **Z** 的一个划分。所以可以得出结论：对于非空集合 A 上的等价关系 R 的商集就是 A 的一个划分。

例 4.6.5 设 $A=\{a, b, c, d, e, f\}$，判断下列集合是否是 A 的划分。

1)$\{\{a\}, \{b, c\}, \{d, e, f\}\}$

2)$\{\{a\}, \{b, c, d\}, \{d, e, f\}\}$

3)$\{\varnothing, \{a\}, \{b, c\}, \{d, e, f\}\}$

解 1)$\{\{a\}, \{b, c\}, \{d, e, f\}\}$是 A 的划分；

2)$\{\{a\}, \{b, c, d\}, \{d, e, f\}\}$不是 A 的划分，因为其中的$\{b, c, d\}$和$\{d, e, f\}$有交，这是 A 的覆盖；

3)$\{\varnothing, \{a\}, \{b, c\}, \{d, e, f\}\}$不是 A 的划分，因为有$\varnothing$，也不是 A 的覆盖。 ◀

例 4.6.6 假设$\{A_1, A_2, \cdots, A_m\}$是 A 的一个划分，R 是 A 上的关系，$R=\{(x, y) \mid x$ 和 y 属于这个划分的同一子集 $A_i(i=1, 2, \cdots, m)\}$。证明 R 是等价关系。

证明 1)对于每一个 $x \in A$，有$(x, x) \in R$，因此 R 是自反的。

2)假设$(x, y) \in R$，那么 x 和 y 属于这个划分的同一子集，则有$(y, x) \in R$。因此，R 是对称的。

3)如果$(x, y) \in R$，$(y, z) \in R$，假设 x 和 y 属于这个划分的一个子集 A_i，y 和 z 属于这个划分的一个子集 A_j，即 $y \in A_i \cap A_j$。由于划分的不同子集是不相交的，必有 $A_i = A_j$。所以 x 和 z 属于这个划分的同一子集，即$(x, z) \in R$。因而 R 是传递的。

综上所述，R 是等价关系。 ◀

A 的划分$\{A_1, A_2, \cdots, A_m\}$的每一个划分块 $A_i(i=1, 2, \cdots, m)$中的任两个元素都有 R 关系，因而每一个划分块都是 R 的一个等价类。

由此可见，集合 A 上的等价关系是对集合 A 中的元素做划分，使得同一划分块中的元素之间有等价关系。反之，由一个划分可以确定唯一的一个等价关系，这个等价关系的等价类就是划分的划分块。也就是说，集合 A 上的等价关系与集合 A 的划分是一一对应的。

在非空集合 A 上给定一个划分，可以找出由该划分所唯一确定的 A 上的等价关系。方法如下：把 A 的划分$\{A_1, A_2, \cdots, A_m\}$的每一个划分块 A_i，求笛卡儿积 $A_i \times A_i$，然后求这些笛卡儿积的并集$(A_1 \times A_1) \cup (A_2 \times A_2) \cup \cdots \cup (A_m \times A_m)$，即为所求等价关系。

例 4.6.7 设 $A=\{a, b, c, d, e\}$，A 上的划分 $\pi=\{\{a, b, c\}, \{d, e\}\}$，试求由此划分确定的等价关系 R。

解 根据划分和等价关系之间的联系可知，同一划分块中的任两个元素都有关系 R，所以

$$R = \{a, b, c\} \times \{a, b, c\} \cup \{d, e\} \times \{d, e\}$$
$$= \{(a, a), (a, b), (a, c), (b, a), (b, b), (b, c), (c, a),$$
$$(c, b), (c, c), (d, d), (d, e), (e, d), (e, e)\}$$

因此，R 是由划分 π 确定的等价关系。 ◀

例 4.6.8 设集合 $A=\{1,2,3\}$，求 A 上所有的等价关系及其对应的商集。

解 先找出对集合 A 的所有划分，如图 4.6.2 所示。

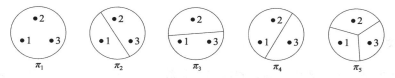

图 4.6.2 集合 A 的划分

对集合 A 共有 5 种划分：π_i，$i=1$，2，3，4，5，假设划分 π_i 对应的等价关系为 R_i，$i=1$、2、3、4、5，则

$R_1=\{(1,1),(1,2),(1,3),(2,1),(2,2),(2,3),(3,1),(3,2),(3,3)\}$

$A/R_1=\{\{1,2,3\}\}$

$R_2=\{(1,1),(2,2),(2,3),(3,2),(3,3)\}$

$A/R_2=\{\{1\},\{2,3\}\}$

$R_3=\{(1,1),(2,2),(1,3),(3,1),(3,3)\}$

$A/R_3=\{\{2\},\{1,3\}\}$

$R_4=\{(1,1),(2,2),(2,1),(1,2),(3,3)\}$

$A/R_4=\{\{3\},\{1,2\}\}$

$R_5=\{(1,1),(2,2),(3,3)\}$

$A/R_5=\{\{1\},\{2\},\{3\}\}$ ◄

例 4.6.9 设 n 是正整数，A 是字符串集合。假定 R_n 是 A 上的关系，xR_ny 当且仅当 $x=y$ 或 x 和 y 都至少含有 n 个字符，且 x 和 y 的前 n 个字符相同。证明 R_n 是 A 上的等价关系。

证明 对于 $\forall x\in A$，有 $x=x$，即 xR_nx，所以关系 R_n 是自反的。

对于 $\forall x,y\in A$，若 xR_ny，则 $x=y$ 或 x 和 y 都至少含有 n 个字符，且 x 和 y 的前 n 个字符相同。这意味着 yR_nx，因此关系 R_n 是对称的。

对于 $\forall x,y,z\in A$，若 xR_ny、yR_nz，则 $x=y$ 或 x 和 y 都至少含有 n 个字符，且 x 和 y 的前 n 个字符相同；以及 $y=z$ 或 y 和 z 都至少含有 n 个字符，且 y 和 z 的前 n 个字符相同。因而可以推出 $x=z$ 或 x 和 z 都至少含有 n 个字符，且 x 和 z 的前 n 个字符相同，即 xR_nz，因此关系 R_n 是传递的。因而证明关系 R_n 是 A 上的等价关系。 ◄

例如，设 $n=3$，$A=\{01,010,00111,00101,01011,01110\}$，对于 $\forall x,y\in A$，若 xR_3y，则 $x=y$ 或 x 和 y 都至少含有 3 个字符，且 x 和 y 的前 3 个字符相同。那么，$01R_301$，$00111R_300101$，$010R_301011$，$01\not{R}_3010$，$01011\not{R}_301110$。

在 C 语言中，标识符是变量、函数或者其他类型的实体的名字。每个标识符是一个非空字符串，串中的每个字符串可以是大写或小写的英文字母、数字或下划线，而第一个字符必须是大写或小写的英文字母。标识符的长度是任意的，开发人员可以随意使用一定数量的字符来命名一个变量或实体。然而，对于某些版本的 C 编译器，当比较两个字符串判断它们是否表示同一个事物时，实际检查的字符个数是有限制的。例如，当两个标识符的前 31 个字符相同时，C

编译器认为这两个标识符是相同的。因此，开发人员必须注意，不要使用前 31 个字符相同的标识符表示不同的事物。实际上，C 编译器判断两个标识符是相同的，就是判断这两个标识符有 R_n 关系，$n=31$。

4.7 偏序关系

偏序关系也是一种重要的关系。利用偏序关系可以给集合的元素排序，确定计算机程序的执行顺序等。

定义 4.7.1 设 R 为非空集合 A 上的二元关系，如果 R 具有自反性、反对称性和传递性，则称 R 为 A 上的**偏序关系**。集合 A 和 A 上的偏序关系 R 一起叫做**偏序集**，记作 $(A，R)$。

例如，整数集上的大于等于关系，小于等于关系，正整数集合上的整除关系，集合 A 的幂集 $P(A)$ 上的包含关系等都是偏序关系。

可以把偏序关系记为"$\leqslant$"，偏序集记为 $(A，\leqslant)$。如果 R 是集合 A 上的偏序关系，$(a，b)\in R$ 可以表示为 $a\leqslant b$。

例 4.7.1 设集合 $A=\{1，2，3，4，5，6，7，8，9\}$，R 是 A 上的整除关系，$R=\{(x，y)\mid x\in A \wedge y\in A \wedge x\mid y\}$，其中"$\mid$"为整除符号。试证明 R 是偏序关系。

证明 1)对 $\forall x\in A$，有 $x\mid x$，所以 $(x，x)\in R$，R 是自反的。

2)对 $\forall x、y\in A$，若 $(x，y)\in R$，即 $x\mid y$ 成立，如果 $x\neq y$ 则 $y\mid x$ 不成立，也就是 $(y，x)\notin R$，所以 R 是反对称的。

3)对 $\forall x、y、z\in A$，若 $(x，y)\in R$，$(y，z)\in R$，即 $x\mid y$，$y\mid z$ 成立，也就是存在整数 k 和 l 使得 $y=kx$、$z=ly$。因而有 $z=l(kx)=lkx$，即 $x\mid z$ 成立，所以 $(x，z)\in R$，R 是传递的。

综上所述，集合 A 上的整除关系是偏序关系。   ◀

例 4.7.2 证明集合 $A=\{1，2，3，4\}$ 上的"$\leqslant$"关系是偏序关系，并画出关系图。

证明 令集合 $A=\{1，2，3，4\}$ 上的"$\leqslant$"关系为 R。

1)$\forall x\in A$，有 $x\leqslant x$，所以 $(x，x)\in R$，R 是自反的。

2)$\forall x，y\in A$，若 $(x，y)\in R$，即 $x\leqslant y$ 成立，如果 $x\neq y$ 则 $y\leqslant x$ 不成立，也就是 $(y，x)\notin R$，所以 R 是反对称的。

3)$\forall x、y、z\in A$，若 $(x，y)\in R$、$(y，z)\in R$，即 $x\leqslant y$、$y\leqslant z$ 成立，所以 $x\leqslant z$，$(x，z)\in R$，R 是传递的。

所以，集合 A 上的"$\leqslant$"关系是偏序关系。关系图见图 4.7.1。   ◀

因为偏序集是自反的，在有限偏序集的关系图中，每个顶点都有环；又由于偏序集是传递的，所以有些边由于传递性而必须出现，如集合 $\{1，2，3，4\}$ 上的小于等于关系 R 中，$(1，2)\in R$，$(2，3)\in R$，由于传递性必须有 $(1，3)\in R$。考虑到一个偏序关系一定是自反的和传递的，经约定可以用简化的图表示偏序关系。

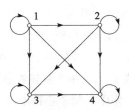

图 4.7.1   集合 $A=\{1，2，3，4\}$ 上的"$\leqslant$"关系图

下面给出有关的定义。

定义 4.7.2　设 $(A, \leqslant)$ 为偏序集，对于任意的 x、$y \in A$，如果 $x \leqslant y$ 或者 $y \leqslant x$ 成立，则称 x 与 y 是可比的；如果既没有 $x \leqslant y$ 成立，也没有 $y \leqslant x$ 成立，则称 x 与 y 是**不可比**的。如果 $x < y$(即 $x \leqslant y \wedge x \neq y$)，且不存在 $z \in A$ 使得 $x < z < y$，则称 y 覆盖 x。

例如，$(A, \leqslant)$ 为偏序集，其中 $A = \{1, 2, 3, 4, 5, 6\}$，$\leqslant$ 是整除关系，那么，1 能整除所有数，1 和 1、2、3、4、5、6 都是可比的，而 2 能整除 4 和 6，2 和 4、6 是可比的，但是 2 不能整除 3 和 5，3 和 5 也不能整除 2，所以，2 和 3、5 是不可比的。对于 2 和 4 来说，有 $2 < 4$，并且不存在 $z \in A$ 使得 1 整除 z 并且 z 整除 2，所以，4 覆盖 2。同理，有 2 覆盖 1，3 覆盖 1 等。而对于 1 和 4，有 $1 < 4$，并且有 $1 < 2 < 4$，所以 4 不覆盖 1。

对于一个偏序关系，如果按照以下规则画图：

1)集合 A 中的每个元素用一个结点表示。结点的位置按它们在偏序中的次序从底向上排列，如 $x \leqslant y$，则结点 x 在结点 y 的下面。

2)若 x 和 y 是 A 中的元素，y 覆盖 x，则在 x 和 y 之间连一条线，省略连线的箭头。

这样得到的表示偏序关系的关系图称为**哈斯图**。

哈斯图省略了各个顶点的环，按由下向上的方向，两个顶点间存在通路，说明这两个顶点表示的元素有偏序关系，传递性已得到显示，因而省略了所有由传递关系能表达的边；所有边的箭头方向都是向上的，因而也可以省略。

例 4.7.3　画出集合 $A = \{1, 2, 3, 4\}$ 上的"$\leqslant$"关系的哈斯图。

解　集合 $A = \{1, 2, 3, 4\}$ 上的"$\leqslant$"关系的哈斯图为图 4.7.2。　◄

例 4.7.4　已知偏序集 $(A, \leqslant)$ 的哈斯图如图 4.7.3 所示，试求集合 A 的偏序关系。

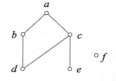

图 4.7.2　"$\leqslant$"关系的哈斯图　　　　　图 4.7.3　偏序集 $(A, \leqslant)$ 的哈斯图

解　集合 $A = \{a, b, c, d, e, f\}$。

由图 4.7.3 可知，集合 A 的偏序关系

"$\leqslant$"$= \{(d, b), (d, c), (e, c), (b, a), (c, a), (d, a), (e, a), (a, a), (b, b), (c, c), (d, d), (e, e), (f, f)\}$　◄

定义 4.7.3　设 $(A, \leqslant)$ 为偏序集，若对任意的 x、$y \in A$，都有 $x \leqslant y$ 或 $y \leqslant x$，即 x 和 y 都可比，则称"$\leqslant$"为 A 上的**全序关系**，且称 $(A, \leqslant)$ 为**全序集**。

例如，例 4.7.3 中，$\{1, 2, 3, 4\}$ 上的小于等于关系就是全序关系。表示全序关系的哈斯图是一条直线，所以，全序集又称为**线序集**。例 4.7.4 中，集合 A 的偏序关系不是全序关系，因为存在两个元素不可比，如 e 和 b 不可比。

例 4.7.5　判断下列关系是否是全序关系。

1)设集合 $A = \{a, b, c\}$，A 上的关系"$\leqslant$"$= \{(a, a,), (b, b), (c, c), (a, b),$

(b, c)，(a, c)}；

2）实数集 R 上的小于等于关系"$\leqslant$"；

3）实数集 R 上的小于关系"$<$"。

解　1）A 上的关系"$\leqslant$"是全序关系，因为 A 上的关系"$\leqslant$"是偏序关系，且任意两个元素都可比。

2）实数集 R 上的小于等于关系"$\leqslant$"是全序关系，因为实数集中任意两个元素都存在小于等于关系"$\leqslant$"。

3）实数集 R 上的小于关系"$<$"不是全序关系，因为小于关系"$<$"不是自反的，不是偏序关系。　◀

定义 4.7.4　设 $(A, \leqslant)$ 为偏序集，$B \subseteq A$。

1）若 $\exists y(y \in B)$，使得 $\forall x(x \in B \rightarrow y \leqslant x)$ 成立，则称 y 是 B 的**最小元**。

2）若 $\exists y(y \in B)$，使得 $\forall x(x \in B \rightarrow x \leqslant y)$ 成立，则称 y 是 B 的**最大元**。

3）若 $\exists y(y \in B)$，使得 $\neg \exists x(x \in B \land x < y)$ 成立，则称 y 是 B 的**极小元**。

4）若 $\exists y(y \in B)$，使得 $\neg \exists x(x \in B \land y < x)$ 成立，则称 y 是 B 的**极大元**。

由定义可知，如果 y 是 B 的最小元，则 y 和 B 中所有其他元素都有"$\leqslant$"关系；如果 y 是 B 的最大元，则 B 中所有其他元素和 y 都有"$\leqslant$"关系。

例 4.7.6　画出集合 $A = \{2, 3, 6, 12, 24, 36\}$ 上的整除关系的哈斯图。

1）指出 A 的最大元、最小元、极大元和极小元。

2）$B = \{12, 24, 36\}$，指出 B 的最大元、最小元、极大元和极小元。

解　集合 $A = \{2, 3, 6, 12, 24, 36\}$ 上的整除关系的哈斯图见图 4.7.4。

1）A 中没有最大元，也没有最小元；极大元是 24 和 36，极小元是 2 和 3。

2）B 中的最小元是 12，没有最大元；极大元是 24 和 36，极小元是 12。　◀

在例 4.7.6 中，集合 A 中不存在一个元素 y，使得所有其他元素和 y 都有偏序关系，所以没有最大元。同理集合 A 也没有最小元；在集合 B 中，12 和 B 中的所有元素都有整除关系，所以 12 是最小元。例 4.7.4 中，集合 A 的子集 $B = \{a, b, c, d, e\}$ 有最大元 a，因为 B 中的所有元素和 a 都有偏序关系，没有最小元，因为不存在一个元素和所有其他元素都有关系。

在例 4.7.6 中，集合 A 中没有元素使 24、36 和它有整除关系，因而 24 和 36 是极大元；集合 A 中没有元素和 2、3 有整除关系，因而 2 和 3 是极小元。同理，在例 4.7.4 中，集合 A 有极大元 a、f，有极小元 d、e、f；集合 A 的子集 $B = \{a, b, c, d, e\}$ 有极小元 d、e，而 a 是 B 的最大元，也是 B 的极大元。

从上面两个例题可以得出如下结论（设 $(A, \leqslant)$ 为偏序集，$B \subseteq A$，B 为有限集合）：

1）B 的最大元和最小元不一定存在，如果存在，一定唯一。

2）B 的极大元和极小元一定存在，可以不唯一。

3）B 的最大元也是极大元，B 的最小元也是极小元。

4）B 的极大元不一定是最大元，B 的极小元不一定是最小元。

当 B 是无限集时，B 的极大元和极小元不一定存在，如 B 是整数集，R 是 B 上的小于等于关系，这时 B 没有极大元，也没有极小元。

定义 4.7.5 设 $(A, \leqslant)$ 为偏序集，$B \subseteq A$ 且 $B \neq \varnothing$。

1）若 $\exists a (a \in A)$，使得 $\forall x (x \in B \to x \leqslant a)$ 成立，则称 a 是 B 的**上界**。

2）若 $\exists a (a \in A)$，使得 $\forall x (x \in B \to a \leqslant x)$ 成立，则称 a 是 B 的**下界**。

3）若 a 是 B 的上界，且对 B 的任意上界 b 均有 $a \leqslant b$，则称 a 为 B 的**最小上界**或**上确界**。

4）若 a 是 B 的下界，且对 B 的任意下界 b 均有 $b \leqslant a$，则称 a 为 B 的**最大下界**或**下确界**。

例 4.7.7 图 4.7.5 是偏序集 (A, R) 的哈斯图，这里 $A = \{a, b, c, d, e, f, g, h\}$。试问子集 $\{a, b, c\}$、$\{f, g, h\}$、$\{e, g\}$ 有无上界、最小上界、下界、最大下界？

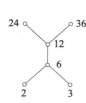

图 4.7.4 整除关系的哈斯图

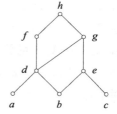

图 4.7.5 偏序集 (A, R) 的哈斯图

解 A 的子集 $\{a, b, c\}$ 的上界是 g 和 h，最小上界是 g；无下界和最大下界。

子集 $\{f, g, h\}$ 的上界是 h，最小上界也是 h；下界是 a、b、d，最大下界是 d。

子集 $\{e, g\}$ 的上界是 g、h，最小上界是 g；下界是 b、c、e，最大下界是 e。 ◀

从例 4.7.6 可以得出如下结论（$(A, \leqslant)$ 为偏序集，$B \subseteq A$ 且 $B \neq \varnothing$）：

1）B 的上、下界不一定存在，如果存在，可以不唯一。

2）B 的最小上界和最大下界不一定存在，如果存在，一定唯一。

定义 4.7.6 设 $(A, \leqslant)$ 为偏序集，若 A 的每一个非空子集都存在最小元，则称 $(A, \leqslant)$ 为**良序集**，"$\leqslant$" 为**良序关系**。

例如，自然数集合 $\mathbf{N} = \{1, 2, 3, \cdots\}$ 上的小于等于关系是良序关系，即 $(\mathbf{N}, \leqslant)$ 是良序集。

例 4.7.8 判断下列关系是否是良序关系。

1）设集合 $A = \{a, b, c\}$，A 上的关系 "$\leqslant$" $= \{(a, a,), (b, b), (c, c), (a, b), (b, c), (a, c)\}$；

2）实数集 R 上的小于等于关系 "$\leqslant$"。

解 1）由例 4.7.5 可知，$(A, \leqslant)$ 是偏序集，A 的非空子集及其最小元如下。

1 元子集：$\{a\}$，$\{b\}$，$\{c\}$，它们的最小元分别为 a，b，c；

2 元子集：$\{a, b\}$，$\{b, c\}$，$\{a, c\}$，它们的最小元分别为 a，b，a；

3 元子集：$\{a, b, c\}$，最小元为 a。

综上所述，A 的每一个非空子集都存在最小元，A 上的关系 "$\leqslant$" 是良序关系。

2）由例 4.7.5 可知，$(R, <)$ 是偏序集，但存在非空子集没有最小元，如实数集上没有最小元，$(0, 1)$ 开区间没有最小元等，所以不是良序关系。

由这个例子可以得到如下结论：

1）每一个良序集，一定是全序集；每一个全序集，不一定是良序集。

2）每一个有限全序集，一定是良序集。 ◄

序关系具有广泛的应用，如字典的字排序，项目中各个子任务的执行排序等。

例 4.7.9 设(A_1, R_1)和(A_2, R_2)是两个偏序集，R 是 $A_1 \times A_2$ 上的**字典顺序**，$(x_1,$ $y_1)R(x_2, y_2)$当且仅当 $x_1 R_1 x_2$，或 $x_1 = x_2$ 且 $y_1 R_2 y_2$。可以证明 R 是 $A_1 \times A_2$ 上的偏序关系。判断在$(\mathbf{Z} \times \mathbf{Z}, \leqslant)$上是否有$(3, 5) \leqslant (4, 8)$，$(3, 8) \leqslant (4, 5)$，$(4, 9) \leqslant (4, 12)$，$(5,$ $1) \leqslant (3, 8)$。关系"$\leqslant$"是通常的小于等于关系。

解 因为$3 < 4$，所以有$(3, 5) \leqslant (4, 8)$和$(3, 8) \leqslant (4, 5)$；在$(4, 9)$和$(4, 12)$中，$4 = 4$，$9 < 12$，所以$(4, 9) \leqslant (4, 12)$。 ◄

字典顺序可以推广到 n 个偏序集$(A_1, \leqslant_1)$，$(A_2, \leqslant_2)$，…，$(A_n, \leqslant_n)$的笛卡儿积上。"$\leqslant$"是 $A_1 A_2 A_3 \cdots A_n$ 上的偏序，如果 $a_1 <_1 b_1$，或者存在整数 $i > 0$ 使得 $a_1 = b_1$，…，$a_i = b_i$，$a_{i+1} <_{i+1} b_{i+1}$，那么$(a_1, a_2, \cdots, a_n) < (b_1, b_2, \cdots, b_n)$。

例如，对于通常的小于等于关系"$\leqslant$"，有$(3, 4, 5, 6) \leqslant (4, 3, 6, 2)$，$(3, 4, 5,$ $6) \leqslant (3, 4, 6, 2)$。

可以将字典顺序应用到字符串比较。考虑偏序集 A 上的两个字符串：$a_1 a_2 \cdots a_m$ 和 $b_1 b_2 \cdots b_n$。假设字符串不同，令 $t = \min(m, n)$，定义字符串的字典顺序为 $a_1 a_2 \cdots a_m$ 小于 $b_1 b_2 \cdots b_n$，当且仅当$(a_1, a_2, \cdots, a_t) < (b_1, b_2, \cdots, b_t)$或$(a_1, a_2, \cdots, a_t) = (b_1, b_2, \cdots, b_t)$，且 $m < n$。

例如，在小写英文字母构成的字符串的集合上，使用字母表中的字母顺序，可以构造在这个集合上的字典顺序。如果两个字符串在第 i 位第一次出现不同的字母，字母顺序在前的字符串较小。例如，discreet $<$ discrete，因为这两个字符串在第 7 位第一次出现不同字母，而且 e $<$ t。如果两个字符串的所有位都相同，但有一个包含较多的字母，则包含较多字母的字符串较大。例如，good $<$ goodness。

4.8 函数

4.8.1 函数的定义

函数是一种特殊的二元关系。

定义 4.8.1 设 f 是从集合 A 到 B 的一个二元关系，且对于任一 $x \in A$，都有唯一的 $y \in B$，使得$(x, y) \in f$，则称 f 为从 A 到 B 的**函数**或**映射**，记作 $f: A \to B$。

例 4.8.1 设集合 $A = \{a, b, c\}$，$B = \{1, 2, 3, 4, 5\}$，如果 $f = \{(a, 1), (b, 3),$ $(c, 5)\}$，判断 f 是否是 A 到 B 的函数。

解 对于 A 中的每一个元素，在 B 中仅有唯一的元素与之对应，所以 f 是 A 到 B 的函数。 ◄

定义 4.8.2 如果 f 是从 A 到 B 的函数，则称 A 是 f 的**定义域**，B 是 f 的**陪域**。如果$(x, y) \in f$，则可写成 $y = f(x)$，称 y 为 x 的**像**，x 为 y 的**原像**。A 中元素的所有像元

素构成的集合，称为 f 的**值域**。

可以用 $\mathrm{dom}f$ 表示 f 的定义域，$\mathrm{ran}f$ 表示 f 的值域，所以有 $\mathrm{dom}f=A$，$\mathrm{ran}f\subseteq B$。

例 4.8.2　设集合 $A=\{x_1,\ x_2\}$，$B=\{y_1,\ y_2\}$，$f=\{(x_1,\ y_1),\ (x_2,\ y_2),\ (x_2,\ y_1)\}$，$g=\{(x_1,\ y_1),\ (x_2,\ y_1)\}$，判断 f 和 g 是否是 A 到 B 的函数。

解　$f=\{(x_1,\ y_1),\ (x_2,\ y_2),\ (x_2,\ y_1)\}$ 不是从 A 到 B 的函数，$g=\{(x_1,\ y_1),\ (x_2,\ y_1)\}$ 是从 A 到 B 的函数。因为在 f 中，A 中的元素 x_2 在 B 中有两个像，与函数的定义不符。　◀

例 4.8.3　设 f 和 g 是实数集 $\mathbf{R}$ 上的二元关系，$f=\{(x,\ x^2)\,|\,x\in\mathbf{R}\}$，$g=\{(x^2,\ x)\,|\,x\in\mathbf{R}\}$，$f$ 和 g 是函数吗？

解　f 是函数。因为对任一 $x\in\mathbf{R}$，必有唯一的 $x^2\in\mathbf{R}$。

g 不是函数。因为存在元素的像不唯一。例如，对于整数 4，有 $2^2=4$ 和 $(-2)^2=4$，因而 $(4,\ 2)\in g$ 且 $(4,\ -2)\in g$，也就是说，对实数集中的数 4 在实数集中的像不唯一。　◀

从函数的定义可以看出，f 是从 A 到 B 的函数需满足下列条件的关系：

1）函数的定义域是 A，不能是 A 的任一真子集。

2）对集合 A 的任一元素，对应集合 B 中唯一的元素 y。

例如，用高级语言写的源程序，被编译程序编译为机器语言，编译程序可看作是一个函数。

定义 4.8.3　设 f、g 均为集合 A 到集合 B 的函数。若对 $\forall x\in A$，都有 $f(x)=g(x)$，则称函数 f 和 g **相等**，记作 $f=g$。

定义 4.8.4　设 A、B 为集合，所有从 A 到 B 的函数构成 B^A，读作"B 上 A"，即

$$B^A=\{f\,|\,f:\ A\rightarrow B\}$$

例 4.8.4　集合 $A=\{0,\ 1,\ 2\}$，$B=\{a,\ b\}$。写出所有从 A 到 B 的函数。

解　所有从 A 到 B 的函数为：

$f_1=\{(0,\ a),\ (1,\ a),\ (2,\ a)\}$　　　　$f_2=\{(0,\ a),\ (1,\ a),\ (2,\ b)\}$

$f_3=\{(0,\ a),\ (1,\ b),\ (2,\ a)\}$　　　　$f_4=\{(0,\ a),\ (1,\ b),\ (2,\ b)\}$

$f_5=\{(0,\ b),\ (1,\ a),\ (2,\ a)\}$　　　　$f_6=\{(0,\ b),\ (1,\ a),\ (2,\ b)\}$

$f_7=\{(0,\ b),\ (1,\ b),\ (2,\ a)\}$　　　　$f_8=\{(0,\ b),\ (1,\ b),\ (2,\ b)\}$

因而 $B^A=\{f_1,\ f_2,\ f_3,\ f_4,\ f_5,\ f_6,\ f_7,\ f_8\}$。　◀

如果 $|A|=m$，$|B|=n$，则 $|B^A|=n^m$。因为 $\forall x\in A$，$f(x)$ 有 n 种取法，$\underbrace{n\times n\times\cdots\times n}_{m\uparrow}=n^m$。

4.8.2　特殊函数

定义 4.8.5　给定函数 $f:\ A\rightarrow B$，有：

1）若对于 $\forall x_1$、$x_2\in A$，$x_1\neq x_2$，都有 $f(x_1)\neq f(x_2)$，则称 f 是**单射函数**（或**一对一映射**）。

2）若对 $\forall y\in B$，都有 $x\in A$，使得 $f(x)=y$，则称 f 是**满射函数**（或**从 A 到 B 上的映射**）。

3)若 f 既是满射又是单射，则称 f 是**双射函数**（或**——对应映射**）。

由定义可以看出，单射函数要求 A 中不同的元素在 B 中有不同的像，而 B 中的每一个元素在 A 中不一定有原像，即 $\operatorname{ran}f \subseteq B$。满射函数则要求 B 中的每一个元素在 A 中都有至少一个原像，即 $\operatorname{ran}f = B$。双射函数要求 A 中不同的元素在 B 中有不同的像，B 中的每一个元素在 A 中都有原像，因而 A 和 B 中的元素一一对应。

例 4.8.5   令 f 是从 $A = \{a, b, c, d\}$ 到 $B = \{1, 2, 3, 4, 5\}$ 的函数，$f(a) = 1$，$f(b) = 2$，$f(c) = 3$，$f(d) = 5$，f 是单射、满射还是双射函数？

解 f 是单射函数。因为 A 中的不同元素在 B 中有不同的象。   ◀

例 4.8.6   设 $A = B = R$，$f: A \rightarrow B$，判断下列函数的类型。

1）$f_1(x) = x^2$

2）$f_2(x) = x^3$

3）$f_3(x) = \sqrt{x}$

4）$f_3(x) = \dfrac{1}{x}$

解   1）f_1 是 A 到 B 的函数，不是单射，因为 $\pm x$ 都对应 x^2，也不是满射，因为 B 中负实数没有原像。

2）f_2 是 A 到 B 的双射函数，因为 $f_2(x) = x^3$ 是严格单调的，$\operatorname{ran}f_2 = R$。

3）f_3 不是 A 到 B 的函数，因为它的定义域不是整个实数集。

4）f_3 不是 A 到 B 的函数，因为它的定义域不是整个实数集，$0 \notin \operatorname{dom}f$。   ◀

例 4.8.7   图 4.8.1 定义了函数 f、g、h，指出 f、g、h 是单射、满射还是双射。

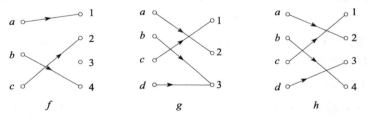

图 4.8.1   例 4.8.7 图

解   图 4.8.1 中，f 是单射函数，g 是满射函数，h 是双射函数。   ◀

在计算机科学中，有一些常用的函数，下面给出这些函数的定义。

定义 4.8.6   1）设 $f: A \rightarrow B$，如果存在 $b \in B$ 使得对所有的 $x \in A$ 都有 $f(x) = b$，则称 $f: A \rightarrow B$ 是**常函数**。

2）设 $f: A \rightarrow A$，如果对所有的 $x \in A$ 都有 $f(x) = x$，称 $f: A \rightarrow A$ 为 A 上的**恒等函数**。

3）设 A 为集合，对于任意的 $A' \subseteq A$，A' 的**特征函数** $f_{A'}: A \rightarrow \{0, 1\}$ 定义为

$$f_{A'}(a) = \begin{cases} 1, & a \in A' \\ 0, & a \notin A' \end{cases}$$

4）设 R 是 A 上的等价关系，令 $g: A \rightarrow A/R$，$g(a) = [a]_R$，$a \in A$，称 g 是从 A 到商集 A/R 的**自然映射**。

5)对有理数 x，$f(x)$ 为大于或等于 x 的最小整数，称 $f(x)$ 为**上取整函数**，记为 $f(x)=\lceil x \rceil$。

6)对有理数 x，$f(x)$ 为小于或等于 x 的最大整数，称 $f(x)$ 为**下取整函数**，记为 $f(x)=\lfloor x \rfloor$。

4.8.3　复合函数

函数是一种特殊的二元关系，下面讨论函数的复合关系。

定义 4.8.7　设 f 是从集合 A 到集合 B 的函数，g 是从集合 B 到集合 C 的函数，f 和 g 的复合用 $g \circ f$ 表示为

$$g \circ f = \{(x, z) \mid x \in A \wedge z \in C \wedge \exists y(y \in B \wedge (x, y) \in f \wedge (y, z) \in g)$$

$g \circ f$ 是从 A 到 C 的函数，称为 f 和 g 的**复合函数**。对任意 $x \in A$ 都有 $g \circ f(x) = g(f(x))$。

注意，如果 f 的值域不是 g 的定义域的子集，就无法定义 $g \circ f$。

例 4.8.8　令 f 和 g 为函数。f 是从 $\{a, b, c\}$ 到 $\{1, 2, 3\}$ 的函数，$f(a)=3$，$f(b)=2$，$f(c)=1$。g 是从 $\{a, b, c\}$ 到它自己的函数，$g(a)=b$，$g(b)=c$，$g(c)=a$。求 $f \circ g$ 和 $g \circ f$。

解　由函数的复合定义有：$f \circ g(a) = f(g(a)) = f(b) = 2$，$f \circ g(b) = f(g(b)) = f(c) = 1$，$f \circ g(c) = f(g(c)) = f(a) = 3$。

而 $g \circ f$ 没有定义。因为 f 的值域不是 g 的定义域的一部分。　　◀

定理 4.8.1　设函数 $f: A \to B$，$g: B \to C$，则：

1)$g \circ f$ 是 A 到 C 的函数。

2)对任意的 $x \in A$，有 $g \circ f(x) = g(f(x))$。

证明　1)对任意的 $x \in A$，因为 $f: A \to B$ 是函数，则存在 $y \in B$ 使 $(x, t) \in f$。对 $t \in B$，因为 $g: B \to C$ 是函数，则存在 $y \in C$ 使 $(t, y) \in g$。根据复合关系的定义，由 $(x, t) \in f$ 和 $(t, y) \in g$ 得 $(x, y) \in g \circ f$，所以 $\text{dom } g \circ f = A$。

对任意的 $x \in A$，若存在 y_1，$y_2 \in C$，使得 $xg \circ fy_1$ 和 $xg \circ fy_2$，则：

$$\langle x, y_1 \rangle \in g \circ f \wedge \langle x, y_2 \rangle \in g \circ f$$

$$\Rightarrow \exists t_1(\langle x, t_1 \rangle \in f \wedge \langle t_1, y_1 \rangle \in g) \wedge \exists t_2(\langle x, t_2 \rangle \in f \wedge \langle t_2, y_2 \rangle \in g)$$

$$\Rightarrow \exists t_1 \exists t_2(t_1 = t_2 \wedge \langle t_1, y_1 \rangle \in f \wedge \langle t_2, y_2 \rangle \in f) \quad (\text{因为 } f \text{ 为函数})$$

$$\Rightarrow y_1 = y_2 \quad (\text{因为 } g \text{ 为函数})$$

所以 A 中的每个元素对应 C 中唯一的元素。

综上所述，$g \circ f$ 为 A 到 C 的函数。

2)对任意的 $x \in A$，因为 $f: A \to B$ 是函数，有 $(x, f(x)) \in f$ 且 $f(x) \in B$，又由 $g: B \to C$ 是函数，得 $(f(x), g(f(x))) \in g$，于是 $(x, g(f(x))) \in g \circ f$。又因 $g \circ f$ 是 A 到 C 的函数，则可写成 $g \circ f(x) = g(f(x))$。　　◀

例 4.8.9　设 f 和 g 是从整数集到整数集的函数。$f(x)=x+2$，$g(x)=2x+1$。求 $f \circ g$ 和 $g \circ f$。

解　由函数的复合定义有

$$f \circ g(x) = f(g(x)) = f(2x+1) = (2x+1)+2 = 2x+3$$

$$g \circ f(x) = g(f(x)) = g(x+2) = 2(x+2)+1 = 2x+5$$

由此可见，$f \circ g(x) \neq g \circ f(x)$。即函数的复合不满足交换律。 ◀

函数的复合满足结合律，有如下定理。

定理 4.8.2 设 $f：A \to B$，$g：B \to C$，$h：C \to D$ 均为函数，则 $h \circ (g \circ f)=(h \circ g) \circ f$。

证明 因为 $f：A \to B$，$g：B \to C$，$h：C \to D$ 均为函数，由定理 4.8.1 知，$h \circ (g \circ f)$ 和 $(h \circ g) \circ f$ 都是 A 到 D 的函数。

对任意的 $x \in A$，有 $h \circ (g \circ f)(x)=h(g \circ f(x))=h(g(f(x)))=(h \circ g)(f(x))=(h \circ g) \circ f(x)$，所以 $h \circ (g \circ f)=(h \circ g) \circ f$。 ◀

关于函数的单射、满射和双射的特性，经过复合运算后仍能保持，见如下定理。

定理 4.8.3 设 f 和 g 是函数，$g \circ f$ 是 f 和 g 的复合函数，于是有：

1）如果 f 和 g 都是满射函数，则 $g \circ f$ 也是满射函数。

2）如果 f 和 g 都是单射函数，则 $g \circ f$ 也是单射函数。

3）如果 f 和 g 都是双射函数，则 $g \circ f$ 也是双射函数。

证明 1）若 $f：A \to B$，$g：B \to C$，f 和 g 都是满射函数，则对任一 $z \in C$，由 g 是满射函数，必存在 $y \in B$，使得 $g(y)=z$。又由于 f 是满射函数，必存在 $x \in A$，使得 $f(x)=y$。因此，$g \circ f(x)=g(f(x))=g(y)=z$。由 z 的任意性知 $g \circ f$ 的值域为 C。所以，$g \circ f$ 是满射函数。

2）由于 f 是单射函数，所以对任意的 x_1、$x_2 \in A$ 且 $x_1 \neq x_2$，有 $f(x_1) \neq f(x_2)$。又因为 g 是单射函数，则有 $g(f(x_1)) \neq g(f(x_2))$，即 $g \circ f(x_1) \neq g \circ f(x_2)$。所以，$g \circ f$ 是单射函数。

3）由 1）、2）可知，$g \circ f$ 既是单射又是满射，因而是双射函数。 ◀

定理 4.8.4 设 f 和 g 是函数，$g \circ f$ 是 f 和 g 的复合函数，于是有：

1）如果 $g \circ f$ 是满射函数，则 g 必定是满射函数。

2）如果 $g \circ f$ 是单射函数，则 f 必定是单射函数。

3）如果 $g \circ f$ 是双射函数，则 g 必定是满射函数，f 是单射函数。

证明 1）若 $f：A \to B$，$g：B \to C$，$g \circ f$ 是 $A \to C$ 的满射函数，则对任一 $z \in C$，都有 $g \circ f(x)=z$，即 $(x, z) \in g \circ f$。因而必存在 y 使得 $(x, y) \in f$ 且 $(y, z) \in g$。也就是说，对任意 $z \in C$ 都有 $g(y)=z$。因此，g 是满射函数。

2）$f：A \to B$，$g：B \to C$，$g \circ f$ 是 $A \to C$ 的是单射函数，则对任意的 x_1、$x_2 \in A$ 且 $x_1 \neq x_2$，有 $g \circ f(x_1) \neq g \circ f(x_2)$，即 $g(f(x_1)) \neq g(f(x_2))$。按照函数的定义，C 中的两个不同元素必定在 B 中有不同的原像，因而 $f(x_1) \neq f(x_2)$。所以，f 是单射函数。

3）$g \circ f$ 是双射函数，所以 $g \circ f$ 既是满射函数，又是单射函数。由 1）、2）可知，g 是满射函数，f 是单射函数。 ◀

图 4.8.2 可以直观地说明该定理。在 1）中，$g \circ f$ 是满射函数，g 是满射函数，而 f 既非单射函数，也非满射函数。实际上，f 可以是任何函数。在 2）中，$g \circ f$ 是单射函数，f 是单射函数，而 g 既非单射函数，也非满射函数。实际上，g 可以是任何函数。

定理 4.8.5 设函数 $f：A \to B$，则 $f=f \circ I_A=I_B \circ f$。

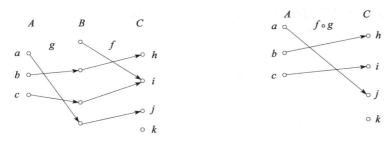

图 4.8.2　函数的复合运算

4.8.4　反函数

函数是特殊的二元关系，由逆运算可以求出二元关系的逆关系。若 f 是函数，对 f 进行逆运算求得 f 的逆关系如果满足函数的定义，则称这个逆关系是 f 的反函数。

例 4.8.10　设集合 $A=\{1,2,3\}$，$B=\{a,b,c\}$。函数 $f\colon A\to B$，$f=\{(1,a)$，$(2,b),(3,b)\}$，f 的逆关系为 $\sim f=\{(a,1),(b,2),(b,3)\}$，不满足函数的定义，不是函数。函数 $g\colon A\to B$，$g=\{(1,a),(2,b),(3,c)\}$，g 的逆关系为 $\sim g=\{(a,1)$，$(b,2),(c,3)\}$，满足函数的定义，是函数。　◀

上例中的函数 g 是双射函数。只有双射函数的逆关系才满足函数的定义，称此逆关系为反函数。

定义 4.8.8　设集合 A 和 B，函数 $f\colon A\to B$ 是一个双射函数，则称 f 的逆关系为 f 的**反函数（逆映射）**，记做 f^{-1}，称 f 是可逆的。

例如，$\mathbf{R}$ 是实数集合，$f\colon \mathbf{R}\to\mathbf{R}$，$f=\{(x,x+1)\mid x\in\mathbf{R}\}$。这是一个双射函数，它的反函数为 $f^{-1}=\{(x+1,x)\mid x\in\mathbf{R}\}$。

定理 4.8.6　如果函数 f 是从 A 到 B 的双射函数，则 f^{-1} 是从 B 到 A 的**双射函数**。

限于篇幅，不给出该定理的证明。实际上，f 是双射函数，即是从 A 到 B 的双射函数，因而是从 B 到 A 的双射函数。

定理 4.8.7　若 $f\colon A\to B$ 是双射函数，则 $(f^{-1})^{-1}=f$。

证明　对任意 $(x,y)\in f$，由于 f 是双射函数，所以 $(y,x)\in f^{-1}$。又由于 f^{-1} 是双射函数，所以 $(x,y)\in(f^{-1})^{-1}$。因而有 $f\subseteq(f^{-1})^{-1}$。同理可证 $(f^{-1})^{-1}\subseteq f$。所以，$(f^{-1})^{-1}=f$。　◀

类似于复合关系的逆关系等于它们的逆关系的相反次序的复合，有如下定理。

定理 4.8.8　若 $f\colon A\to B$，$g\colon B\to C$ 均为双射函数，则 $(g\circ f)^{-1}=f^{-1}\circ g^{-1}$。

证明　因为 $f\colon A\to B$，$g\colon B\to C$ 均为双射函数，由定理 4.8.1、定理 4.8.3、定理 4.8.6 可知，$(g\circ f)^{-1}$ 和 $f^{-1}\circ g^{-1}$ 都是 A 到 C 的函数。

因为 $(x,y)\in f^{-1}\circ g^{-1}\Leftrightarrow\exists z((x,z)\in g^{-1}\wedge(z,y)\in f^{-1})\Leftrightarrow\exists z((z,x)\in g\wedge(y,z)\in f)\Leftrightarrow(y,x)\in g\circ f\Leftrightarrow(x,y)\in(g\circ f)^{-1}$，所以 $(g\circ f)^{-1}=f^{-1}\circ g^{-1}$。　◀

例 4.8.11　设 R 是实数集合，对于 $x\in R$ 有双射函数 $f(x)=x+3$，$g(x)=2x+1$。试证明 $(g\circ f)^{-1}=f^{-1}\circ g^{-1}$。

解   由于 f 和 g 是双射函数，所以 $g \circ f$ 是双射函数且存在反函数。即

$$g \circ f(x) = g(f(x)) = g(x+3) = 2(x+3) + 1 = 2x + 7$$

因而有

$$(g \circ f)^{-1}(x) = (x-7)/2$$

而

$$f^{-1}(x) = x - 3, \quad g^{-1} = (x-1)/2$$

因而有

$$(f^{-1} \circ g^{-1})(x) = f^{-1}(g^{-1}(x)) = f^{-1}((x-1)/2) = ((x-1)/2) - 3 = (x-7)/2$$

所以有 $(g \circ f)^{-1} = f^{-1} \circ g^{-1}$。   ◀

4.8.5   集合的基数

定义 4.8.9   设 A 和 B 是两个集合，如果存在一个双射函数 $f：A \rightarrow B$，则称 A 与 B 是**等势**的，记作 $A \sim B$。

集合的势是度量集合所含元素多少的量，集合的势越大，所含元素越多。表示集合势的大小的量称作集合的基数。等势的两个集合的基数相等，所以集合 A 与 B 等势，又记为 $|A| = |B|$。

定义 4.8.10   设 A 和 B 是两个集合，如果存在一个单射函数 $f：A \rightarrow B$，则称 **A 的基数小于或等于 B 的基数**，记作 $|A| \leqslant |B|$。如果 $|A| \leqslant |B|$ 且 $|A| \neq |B|$，则称 **A 的基数小于 B 的基数**，记作 $|A| < |B|$。

定义 4.8.11   对于有限集合 A，称 A 的元素个数为 A 的基数。

定义 4.8.12   所有与自然数集合的子集等势的集合称为**可数集**或**可列集**。

定义 4.8.13   自然数集合的基数记为 $\aleph_0$（读作阿列夫零）。

例 4.8.12   验证非负偶数集 M 是可列集合。

证明   要验证非负偶数集是可列集合，也就是验证非负偶数集和自然数集是等势的。

在非负偶数集和自然数集之如下的对应关系：

$$
\begin{array}{ccccccccc}
\mathbf{N}: & 0 & 1 & 2 & 3 & 4 & \cdots & n & \cdots \\
& \updownarrow & \updownarrow & \updownarrow & \updownarrow & \updownarrow & & \updownarrow & \\
M: & 0 & 2 & 4 & 6 & 8 & \cdots & 2n & \cdots
\end{array}
$$

显然上述对应关系是一一对应，所以非负偶数集 M 是可列集合。   ◀

非负偶数集是自然数集的真子集，即 $M \subset \mathbf{N}$，但是 $M \sim \mathbf{N}$，也就是说自然数集合的元素并不比非负偶数集合的元素多。只有无限集才有这样的特性。因而有：一个集合若存在与其等势的真子集，则称为无限集，否则称为有限集。

定理 4.8.9   集合 S 可列的充分必要条件是它的全体元素可排成无穷序列形式。

证明   若 S 的所有元素可以排成一无穷系列

$$S = \{a_0, a_1, a_2, \cdots, a_n, \cdots\}$$

只要将 a_n 与其下标对应，就得到 S 与自然数集合之间的一一对应，所以 S 是可列集合。   ◀

若 S 是可数的，根据可数集的定义，S 与自然数集 $\mathbf{N}$ 等势，这样可将 S 中与自然数 n

对应的元素排在第 n 位，记为 a_n。所以，S 的元素可以排成无穷序列

$$a_0, a_1, a_2, \cdots, a_n, \cdots$$

定理 4.8.10 任意一个无限集必含有可数子集。

证明 设 A 为无限集，从 A 中取出一个元素 a_0，则 $A-\{a_0\}$ 不是空集，再从 $A-\{a_0\}$ 中取出一个元素 a_1，则 $A-\{a_0, a_1\}$ 也不是空集，再从 $A-\{a_0, a_1\}$ 中取出一个元素 a_2……如此继续下去，可以得到 A 的一个可数子集 $\{a_0, a_1, a_2, \cdots\}$。◀

定理 4.8.11 可数集的任意无限子集是可数集。

证明 设 A 是可数集，B 是 A 的任意一个无限子集。A 中的元素可以排成无穷序列 $a_0, a_1, a_2, \cdots, a_n, \cdots$。从 a_0 开始，依次检查，将不在 B 中的元素删去，剩下的元素为 $b_0, b_1, b_2, \cdots, b_n, \cdots$，这是一个可数集合。◀

定理 4.8.12 可数个的可数集的并集是可数集。

证明 设 $A_0, A_1, A_2, \cdots$ 是可数个可数集合，且有

$$A_0 = \{a_{00}, a_{01}, a_{02}, a_{03}, \cdots\}$$
$$A_1 = \{a_{10}, a_{11}, a_{12}, a_{13}, \cdots\}$$
$$A_2 = \{a_{20}, a_{21}, a_{22}, a_{23}, \cdots\}$$
$$\vdots$$
$$A_i = \{a_{i0}, a_{i1}, a_{i2}, a_{i3}, \cdots\}$$
$$\vdots$$

将 $\bigcup_{i=1}^{\infty} A_i$ 中的元素按下标的两位数之和 $p=i+j$ 从小到大，p 相同时按 i 从小到大的顺序排列，可得到如下序列

$$a_{00}, a_{01}, a_{10}, a_{02}, a_{11}, a_{20}, a_{03}, a_{12}a_{21}, a_{30}, a_{04}, a_{13}, a_{22}, \cdots$$

这是一个无穷序列，删除其中重复的元素，仍是一个无穷序列。所以 $\bigcup_{i=1}^{\infty} A_i$ 是可列的。◀

定理 4.8.13 开区间 $(0, 1)$ 是不可列的。

证明 在开区间 $(0, 1)$ 内的任一数 r 均可表示成

$$r = 0.a_0a_1a_2\cdots a_i\cdots \qquad a_i \in \{0, 1, 2, \cdots, 9\}$$

假设开区间 $(0, 1)$ 是可列的，则 $(0, 1) = \{r_0, r_1, r_2, \cdots\}$，可以将 $(0, 1)$ 中的数写成如下形式

$$r_0 = 0.a_{00}a_{01}a_{02}\cdots a_{0n}\cdots$$
$$r_1 = 0.a_{10}a_{11}a_{12}\cdots a_{1n}\cdots$$
$$r_2 = 0.a_{20}a_{21}a_{22}\cdots a_{2n}\cdots$$
$$\vdots$$
$$r_m = 0.a_{m0}a_{m1}a_{m2}\cdots a_{mn}\cdots$$
$$\vdots$$

构造 $(0, 1)$ 内的一个数：$r = 0.b_0b_1b_2\cdots b_m\cdots$，$r$ 中的 $b_i \neq a_{ii}$，$i=0, 1, 2, \cdots$。

按这种方法得到的 r 不等于任何一个 r_n，$n \in \mathbf{N}$。这和 $(0, 1) = \{r_0, r_1, r_2, \cdots\}$ 的假

设相矛盾，故开区间(0，1)是不可列的。 ◀

定理 4.8.14 实数集 **R** 是不可列的。

证明 令函数 $f:(0，1)\to\mathbf{R}$，$f(x)=\tan(\pi x-\pi/2)$，则 f 是双射函数，所以实数集 **R** 和开区间(0，1)等势。由定理 4.8.13 可知，实数集 **R** 是不可数集。

实数集的基数记为 $\aleph$（读作阿列夫）。

关于集合的基数之间的大小关系，有：

1)设 A 是有限集，则 $|A|<\aleph_0<\aleph$。

2)设 A 是无限集，那么 $\aleph_0\leqslant|A|$。 ◀

定理 4.8.15 设 M 是一个集合，$P(M)$ 是集合 M 的幂集，则 $|M|<|P(M)|$。

这个定理说明：没有最大的基数和最大的集合。

习题

1. 设集合 $A=\{0，1\}$ 和 $B=\{a，b\}$，试给出下列集合：

   (1)$A\times B$

   (2)$A\times\{2\}\times B$

   (3)$B\times A$

2. 设 $A=\{1，2\}$，试给出集合 $A\times P(A)$。

3. 设 A、B、C 和 D 是四个任意的集合，下列各式哪些成立，哪些不成立，为什么？请举例说明。

   (1)$(A\cap B)\times(C\cap D)=(A\times C)\cap(B\times D)$

   (2)$(A\cup B)\times(C\cup D)=(A\times C)\cup(B\times D)$

   (3)$(A-B)\times(C-D)=(A\times C)-(B\times D)$

   (4)$(A\oplus B)\times(C\oplus D)=(A\times C)\oplus(B\times D)$

   (5)$(A\oplus B)\times C=(A\times C)\oplus(B\times C)$

4. 设 A、B 为任意集合，证明：若 $A\times A=B\times B$，则 $A=B$。

5. 对于下列各种情况，试求出从集合 A 到 B 的关系 S 的各元素：

   (1)$A=\{0，1，2\}$，$B=\{0，2，4\}$，$S=\{\langle x，y\rangle\,|\,x，y\in A\cap B\}$；

   (2)$A=\{1，2，3，4，5\}$，$B=\{1，2，3\}$，$S=\{\langle x，y\rangle\,|\,x>y\}$。

6. 从 m 元集合到 n 元集合有多少个不同的二元关系？

7. 给定集合 $A=\{0，1，2，3\}$，并且有 A 上的关系 $R=\{\langle 0，1\rangle,\langle 1，0\rangle,\langle 1，2\rangle,\langle 1，3\rangle,\langle 2，1\rangle,\langle 2，2\rangle,\langle 2，3\rangle,\langle 3，1\rangle,\langle 3，2\rangle\}$。

   (1)画出 R 的关系图；

   (2)写出 R 的关系矩阵。

8. 设集合 $A=\{1，2，3，4，5\}$，试求 A 上的模 2 同余关系 R 的关系矩阵和关系图。

9. 已知 $A=\{1，2，3，4，5\}$，$B=\{1，2，3\}$，R 是 A 到 B 的二元关系，并且 $R=\{(x，y)\,|\,x\in A$ 且 $y\in B$ 且 $2\leqslant x+y\leqslant 4\}$，画出 R 的关系图，并写出关系矩阵。

10. 用 L 表示"小于或等于"关系；用 D 表示"整除"关系；xDy 意味着"x 整除 y"。L 和 D 都定义于集合 $S=\{1，2，3，6\}$。试把关系 L 和 D 表示成序偶集合，并且求出 $L\cap D$、$L\cup D$、$L-D$、$L\oplus D$。

11. 给定集合 $X=\{a，b，c，d\}$，且 X 中有二元关系
    $$R=\{\langle a，a\rangle，\langle a，b\rangle，\langle b，d\rangle\}$$
    $$S=\{\langle a，b\rangle，\langle b，c\rangle，\langle b，d\rangle，\langle c，d\rangle\}$$
    (1)求出复合关系 $R\circ S$。
    (2)表示关系 R、S 和 $R\circ S$ 的关系矩阵 $\boldsymbol{M}_R$、$\boldsymbol{M}_S$、$\boldsymbol{M}_{R\circ S}$。

12. 对以下整数集上的关系 R 和 S，确定 $R\circ S$。
    (1)$R=\{\langle x，y\rangle\,|\,y=x+1\}$，$S=\{\langle x，y\rangle\,|\,y=3x-2\}$；
    (2)$R=\{\langle x，y\rangle\,|\,y=x^2\}$，$S=\{\langle x，y\rangle\,|\,x=y^2\}$；
    (3)$R=\{\langle x，y\rangle\,|\,y=2^x\}$，$S=\{\langle x，y\rangle\,|\,y=\log_2 x\}$。

13. 设 R_1、R_2 和 R_3 是集合 X 中的二元关系。证明如果有 $R_1\subseteq R_2$，那么：
    (1)$R_1\circ R_3\subseteq R_2\circ R_3$
    (2)$R_3\circ R_1\subseteq R_3\circ R_2$

14. 给定关系 $R=\{\langle i，j\rangle\,|\,(i，j\in\mathbf{Z})\wedge(j-i=1)\}$。分别写出关系 R 和 R^n 的关系矩阵。

15. 设 R 是 A 上的关系，证明 $R\circ I_A=R=I_A\circ R$。

16. 整数集上的关系 $R=\{\langle x，y\rangle\,|\,x<y\}$ 和 $S=\{\langle x，y\rangle\,|\,x$ 整除 $y\}$，求 R^{-1}、S^{-1}。

17. 给定集合 $S=\{1，2，\cdots，10\}$ 和 S 中的关系 $R=\{\langle x，y\rangle\,|\,(x，y\in S)\wedge(x>y^2)\}$，试问关系 R 具有哪几种性质？

18. 是否存在既是对称的又是反对称的关系？若存在请举出一例。

19. 是否存在既不是对称的又不是反对称的关系？若存在请举出一例。

20. 如果关系 R 和 S 都是 A 上的自反关系，试证明或反驳下面的论断。
    (1)关系 $R\cup S$ 是自反的。
    (2)关系 $R\cap S$ 是自反的。
    (3)关系 $R\oplus S$ 是反自反的。
    (4)关系 $R-S$ 是自反的。

21. 下列关系是否是可传递的？试给出证明。
    (1)$R_1=\{\langle 1，1\rangle\}$
    (2)$R_2=\{\langle 1，2\rangle，\langle 2，2\rangle\}$
    (3)$R_3=\{\langle 1，2\rangle，\langle 2，3\rangle，\langle 1，3\rangle，\langle 2，1\rangle\}$
    (4)$R_4=\{\langle 1，2\rangle，\langle 3，4\rangle\}$

22. 给定集合 X，且 R 是 X 上的二元关系。证明 $R\circ R\subseteq R$，当且仅当关系 R 是可传递的。

23. 设 R_1 和 R_2 是集合 X 上的任意二元关系。证明或反驳下列命题。
    (1)如果 R_1 和 R_2 是自反的，则 $R_1\circ R_2$ 也是自反的。
    (2)如果 R_1 和 R_2 是反自反的，则 $R_1\circ R_2$ 也是反自反的。
    (3)如果 R_1 和 R_2 是对称的，则 $R_1\circ R_2$ 也是对称的。

(4)如果 R_1 和 R_2 是反对称的，则 $R_1 \circ R_2$ 也是反对称的。

(5)如果 R_1 和 R_2 是可传递的，则 $R_1 \circ R_2$ 也是可传递的。

24. 证明：

(1)如果关系 R 是自反的，则 R 的逆关系也是自反的。

(2)如果关系 R 是反自反的，则 R 的逆关系也是反自反的。

(3)如果关系 R 是对称的，则 R 的逆关系也是对称的。

(4)如果关系 R 是反对称的，则 R 的逆关系也是反对称的。

(5)如果关系 R 是可传递的，则 R 的逆关系也是可传递的。

25. 设集合 $A=\{a, b, c, d\}$，R_1、R_2 都是 A 上的二元关系，$R_1=\{(a, b), (b, c), (c, a)\}$，$R_2=\varnothing$，试求 R_1 和 R_2 的自反闭包、对称闭包和传递闭包。

26. 求正整数集合上的关系 $R=\{(a, b) \mid a<b\}$ 的自反闭包和对称闭包。

27. 求包含关系 $\{(1, 2), (1, 4), (3, 3), (4, 1)\}$ 的最小关系 R，使得：

(1)R 具有自反性和传递性；

(2)R 具有对称性和传递性；

(3)R 具有自反性、对称性和传递性。

28. 证明：R 是集合 A 上的二元关系，则 R 是反自反的，当且仅当 $R \cap I_A=\varnothing$。

29. 设 R 是集合 A 上的一个具有自反和传递性质的关系，T 是 A 上的关系，使得 $(a, b) \in T \Leftrightarrow (a, b) \in R$ 且 $(b, a) \in R$，证明 T 是一个等价关系。

30. 设 R 是集合 A 上的一个自反的关系，证明 R 是一个等价关系，当且仅当若 $(a, b) \in R$，$(a, c) \in R$ 则 $(b, c) \in R$。

31. 设 R_1 和 R_2 都是集合 X 上的等价关系。证明 $R_1 \cap R_2$ 也是集合 X 中的一种等价关系。再证明，$R_1 \cup R_2$ 不一定是集合 X 中的一种等价关系。

32. 给定一个集合 X，并且 R 是 X 中的一种关系。对于所有的 x_i、x_j、$x_k \in X$ 来说，如果 $x_i R x_j$ 和 $x_j R x_k$ 蕴涵 $x_k R x_i$，则称 R 是个循环关系。证明：R 是一种等价关系，当且仅当关系 R 是自反的和循环的。

33. 设 $A=\{a, b, c, d\}$，R_1、R_2 是 A 上的关系，其中 $R_1=\{(a, a), (a, b), (b, a), (b, b), (c, c), (c, d), (d, c), (d, d)\}$，$R_2=\{(a, b), (b, a), (a, c), (c, a), (b, c), (c, b), (a, a), (b, b), (c, c)\}$。

(1)画出 R_1 和 R_2 的关系图。

(2)判断它们是否为等价关系，若是等价关系，求 A 中各元素的等价类。

34. 设 R_1 和 R_2 都是集合 X 上的等价关系。证明：划分 C_1 中的每一个等价类都包含于划分 C_2 的某一个等价类之中，当且仅当 $R_1 \subseteq R_2$。

35. 设集合 $A=\{A_1, A_2, \cdots, A_n\}$ 是集合 S 的划分，B 是一个任意集合且 $A_i \cap B \neq \varnothing$。试证明集合 $\{A_1 \cap B, A_2 \cap B, \cdots, A_n \cap B\}$ 是集合 $S \cap B$ 的划分。

36. 把 n 个元素的集合划分成两个类，共有多少种不同的方法？

37. $A=\{1, 2, 3\} \times \{1, 2, 3, 4\}$，$A$ 中关系 R 定义为 $(x, y) R(u, v)$，当且仅当 $|x-y|=|u-v|$，证明 R 是等价关系，并确定由 R 对集合 A 的划分。

38. 已知集合 $A_1=\{1,2,3\}$、$A_2=\{4,5\}$、$A_3=\{6\}$ 是集合 $S=\{1,2,3,4,5,6\}$ 的一个划分，求由该划分产生的等价关系 R。

39. 设集合 $A=\{1,2,3\}$。求出 A 中的等价关系 R_1 和 R_2，使得复合关系 $R_1 \circ R_2$ 也是个等价关系。

40. 试给出一种关系，它既是集合中的偏序关系，又是等价关系。

41. $\mathbf{Z}$ 是整数集，下面哪些集合是偏序集？

(1)$(\mathbf{Z},=)$　(2)$(\mathbf{Z},\neq)$　(3)$(\mathbf{Z},\geqslant)$　(4)$(\mathbf{Z},|)$

42. 确定由下面的 $0-1$ 矩阵表示的关系是否为偏序。

$$(1)\begin{bmatrix}1&0&1\\1&1&0\\0&0&1\end{bmatrix}\quad(2)\begin{bmatrix}1&0&0\\0&1&0\\1&0&1\end{bmatrix}\quad(3)\begin{bmatrix}1&0&1&0\\0&1&1&0\\0&0&1&1\\1&1&0&1\end{bmatrix}$$

43. 画出集合 $A=\{3,5,9,15,24,45\}$ 的整除关系的哈斯图，回答下列问题。

(1)求出 A 的极大元素和极小元素。

(2)A 中存在最大元素和最小元素吗？

(3)找出 $\{3,5\}$ 的所有上界和最小上界。

(4)找出 $\{15,45\}$ 的所有下界和最大下界。

44. 设集合 $A=\{a,b,c,d,e\}$，A 上的二元关系 $R=\{(a,b),(a,c),(a,d),(a,e),(b,e),(c,e),(d,e)\}\bigcup I_A$。

(1)写出 R 的关系矩阵，画出 R 的关系图；

(2)证明 R 是 A 上的偏序关系，画出其哈斯图；

(3)指出 A 的最大元、最小元、极大元、极小元、最小上界和最大下界。

45. 下列关系中哪一些能构成函数？

(1)$R_1=\{\langle x,y\rangle\mid(x,y\in\mathbf{N})\wedge(x+y<10)\}$

(2)$R_2=\{\langle x,y\rangle\mid(x,y\in\mathbf{R})\wedge(y=x^2)\}$

(3)$R_3=\{\langle x,y\rangle\mid(x,y\in\mathbf{R})\wedge(y^2=x^2)\}$

46. 设 $\mathbf{Z}$ 是整数集合，$\mathbf{Z}^+$ 是正整数集合，函数 $f:\mathbf{Z}\to\mathbf{Z}^+$ 为 $f(x)=|2x|+1$。试求出函数 f 的值域。

47. 下列映射中哪些是满射，哪些是单射，哪些是双射？

(1)$f:\mathbf{N}\to\mathbf{N}$，$f(n)=\begin{cases}1,&n\text{ 是奇数}\\2,&n\text{ 是偶数}\end{cases}$

(2)$f:\mathbf{N}\to\{0,1\}$，$f(n)=\begin{cases}1,&n\text{ 是奇数}\\0,&n\text{ 是偶数}\end{cases}$

(3)$f:\mathbf{Z}\to\mathbf{N}$，$f(x)=|2x|+1$

(4)$f:\mathbf{R}\to\mathbf{R}$，$f(x)=2x+6$

(5)$f:\mathbf{R}\to\mathbf{R}$，$f(x)=x^2-2x-3$

(6)$f:\mathbf{N}\to\mathbf{N}$，$f(x)=x^2+3$

48. 设 $|A|=n$，$|B|=m$。

    (1)从 A 到 B 有多少个不同的函数？

    (2)当 m 和 n 满足什么条件时，存在单射函数？有多少不同的单射函数？

    (3)当 m 和 n 满足什么条件时，存在满射函数？有多少不同的满射函数？

    (4)当 m 和 n 满足什么条件时，存在双射函数？有多少不同的双射函数？

49. 设 $f:A \rightarrow B$，$g:B \rightarrow C$，f 和 g 都是函数，证明：

    (1)如果 $g \circ f$ 是满射且 g 是单射，则 f 是满射。

    (2)如果 $g \circ f$ 是单射且 f 是满射，则 g 是单射。

50. 设 $\mathbf{R}$ 是实数集合，并且对于 $x \in \mathbf{R}$ 有函数 $f(x)=x+3$、$g(x)=2x+1$ 和 $h(x)=x/2$。试求出复合函数 $g \circ f$、$f \circ g$、$f \circ f$、$g \circ g$、$f \circ h$、$h \circ g$、$h \circ f$、$f \circ (h \circ g)$、$(h \circ g) \circ f$。

51. 设函数 $f:\mathbf{R} \rightarrow \mathbf{R}$ 是 $f(x)=x^3-2$，试求出反函数 f^{-1}。

52. 设集合 $A=\{1,2,3,4\}$。试定义一个函数 $f:A \rightarrow A$，使得 $f \neq I_A$，并且是单射函数，求出 $f \circ f=f^2$、$f^3=f \circ f^2$、f^{-1} 和 $f \circ f^{-1}$。能否求出另外一个单射函数 $g:A \rightarrow A$，使得 $g \neq I_A$，但是 $g \circ g=I_A$？

53. 设 $f:A \rightarrow B$ 是从 A 到 B 的函数，并定义一个函数 $g:B \rightarrow P(A)$。对于任意 $b \in B$，有
$$g(b)=\{x \mid (x \in A) \wedge (f(x)=b)\}$$

    证明：若 f 是 A 到 B 的满射，则 g 是 B 到 $P(A)$ 的单射。

54. 给出三个不同的自然数集合 $\mathbf{N}$ 的真子集，使得它们都与 $\mathbf{N}$ 等势。

第三部分

组 合 数 学

第5章 计 数

组合数学主要研究满足一定条件的配置（或组合模型）的存在、计数以及构造等方面的问题。例如，可以使用计数技术分析博彩游戏，如扑克，也可以使用这些技术确定抽奖获胜的概率。这一部分讨论"组合数学"这一研究个体安排的学科，它是离散数学的重要组成部分，目前已经成为研究现代数学和科学技术的重要工具，特别是在计算机的算法设计与分析中，用于估计算法的复杂度函数。第 5、6 章将集中讨论组合计数问题。

下面介绍基本的计数规则和公式。

5.1 基本计数法则

首先介绍组合数学中的两个基本计数法则——加法法则与乘法法则，然后说明怎样用它们来解决许多不同的计数问题。

5.1.1 加法法则

加法法则：事件 A 有 m 种产生方式，事件 B 有 n 种产生方式，当 A 与 B 产生的方式不重叠时，"事件 A 或 B"有 $m+n$ 种产生方式。

加法法则使用的条件是事件 A 与 B 产生的方式不能重叠，即每一种产生的方式不能同时属于两种事件。例如，从一个班上选择兴趣小组的成员，要求成员不能兼项，有 7 个同学参加街舞组，6 个同学参加环保组，那么参加街舞组或者环保组的学生有 $7+6=13$ 人。

加法法则可以推广到多于两个事件的情况。设 A_1，A_2，$\cdots$，A_n 是 n 个事件，它们的产生方式分别有 P_1，P_2，$\cdots$，P_n，当其中任何两个事件产生的方式都不重叠时，事件"A_1 或 A_2 或$\cdots$或 A_n"有 $P_1+P_2+\cdots+P_n$ 种产生的方式。

例 5.1.1 在下面的程序代码段被执行后，k 的值是多少？

```
k: = 0
for i₁: = 1 to n₁
    k: = k+ 1
for i₂: = 1 to n₂
    k: = k+ 1
       ⋮
for iₘ: = 1 to nₘ
    k: = k+ 1
```

解 k 的初值是 0，这个代码块由 m 个不同的循环组成，循环每执行一次，k 就加 1。将每个循环看作是一个事件，每个事件产生的方式分别有 n_1，n_2，$\cdots$，n_m 种，运用加法法则，k 的值是 $n_1+n_2+\cdots+n_m$。 ◀

5.1.2　乘法法则

乘法法则：事件 A 有 m 种产生方式，事件 B 有 n 种产生方式，当 A 与 B 产生的方式彼此独立时，"事件 A 与 B"有 mn 种产生方式。

乘法法则使用的条件是事件 A 与 B 产生的方式彼此独立，即事件 A 对产生方式的选择不影响事件 B 对产生方式的选择，反之亦然。例如，某两位编号由一个字母和一个数字组成，那么有多少个不同的编号？第一位编号如果从 26 个英文字母中选择，可以有 26 种选择，而后一位编号从 0～9 的数字中选择共有 10 种选择，因此根据乘法法则共有 $26 \times 10 = 260$ 个不同的编号。

乘法法则也可以推广到 n 个事件的情况。设 A_1，A_2，$\cdots$，A_n 是 n 个事件，它们的产生方式分别有 P_1，P_2，$\cdots$，P_n 种，当其中任何两个事件产生的方式都彼此独立时，事件"A_1 与 A_2 与$\cdots$与 A_n"有 $P_1 P_2 \cdots P_n$ 种产生的方式。例如，有多少个不同的 7 位二进制串？每一位都可以是 0 也可以是 1，有两种选择方式，因此，运用乘法法则共有 $2 \times 2 \times 2 \times 2 \times 2 \times 2 \times 2 = 2^7 = 128$ 个不同的 7 位二进制串。

例 5.1.2　设 A 为 n 元集合，B 为 m 元集合，回答下列问题：

1)A 上的函数有多少个？其中双射函数有多少个？

2)A 到 B 的函数有多少个？其中有多少个一对一函数？

3)A 上的自反关系有多少个？

4)A 上的对称关系有多少个？

解　1)设集合 $A = \{x_1, x_2, \cdots, x_n\}$，根据函数的定义，集合 A 上的函数 $f: A \to A$，可以表示为 $f = \{<x_1, y_1>, <x_2, y_2>, \cdots, <x_n, y_n>\}$。

其中每个 y_i 可以取集合 A 中的任一元素，根据乘法法则，A 上有 n^n 个不同的函数。如果 f 是双射函数，首先确定 y_1，y_1 可以取集合 A 中的一个元素，共有 n 种可能的取值，当 y_1 确定后，y_2 只能在 A 中剩余的 $n-1$ 个元素中取一个，有 $n-1$ 种可能的取值，y_3 有 $n-2$ 种可能的取值，以此类推，y_n 有 1 种取值。根据乘法法则，可以构成 $n(n-1)(n-2)\cdots 1 = n!$ 个双射函数。

2)A 到 B 的函数是 A 中的每一个元素和 B 中的一个元素的对应，A 中的每一个元素可以选择 B 中 m 个元素中的任何一个，共有 m 种选择，根据乘法法则，有 $m \cdot m \cdot \cdots \cdot m = m^n$ 个 A 到 B 的函数。

当 $n > m$ 时，不存在 A 到 B 的一对一函数。当 $n \leqslant m$ 时，设集合 $A = \{x_1, x_2, \cdots, x_n\}$，对于 x_1，函数有 m 种可能取值。由于是一对一，函数在 x_2 的取值有 $m-1$ 种可能，以此类推，函数在 x_k 的取值有 $m-k+1$ 种可能取值，根据乘法法则，A 到 B 的一对一函数有 $m \cdot (m-1) \cdot (m-2) \cdot \cdots \cdot (m-n+1)$ 个。

3)集合 A 是自反关系，在它的关系矩阵中，主对角线的 n 个元素为 1，其他位置的元素为 1 或 0，可以有两种选择。这种位置有 $n^2 - n$ 个，根据乘法法则，自反关系有 2^{n^2-n} 种。

4)集合 A 是对称关系，则它的关系矩阵是对称的，关于对角线对称位置元素必须相同，即 i 行 j 列的元素 r_{ij} 必须和 j 行 i 列的元素 r_{ji} 相同。因此对于对角线上的每个元素可以选择 0 或 1，有 2 种选择方法；非对角线位置元素的选择，当矩阵的上三角元素（或下三角元素）的值确定后，另一半关于主对角线对称位置的元素的值就完全确定了。上三角位置有 $(n^2-n)/2$ 个，加上主对角线 n 个位置，它们的取值可以是 0 或 1 两种选择，根据乘法法则，可以构成 $2^{(n^2+n)/2}$ 个对称矩阵。 ◂

IP 地址是 TCP/IP 网络中用来唯一标识每台主机或设备的地址，IP 地址由 32 位（共四个八位组）的二进制数组成，IP 地址分为网络地址和主机地址两部分。在 IPv4 协议中，IP 地址分为 A、B、C、D、E 共 5 类，编码方案见表 5.1.1，A 类地址前 8 位为网络地址，后 24 位为主机地址，B 类地址前 16 位为网络地址，后 16 位为主机地址，C 类地址前 24 位为网络地址，后 8 位为主机地址。A、B、C 三类在全球范围内统一分配，D 类地址用于在 IP 网络中的组播，E 类地址保留作研究之用。

表 5.1.1 IP 地址编码方案

		0			8	16		24	32
A 类	0	网络地址(7 位)				主机地址(24 位)			
B 类	1	0		网络地址(14 位)			主机地址(16 位)			
C 类	1	1	0		网络地址(21 位)			主机地址(8 位)		
D 类	1	1	1	0		组播地址(28 位)				
E 类	1	1	1	1	0	保留地址				

例 5.1.3　TCP/IP 网络中，A 类地址中，全 0 和全 1 不作为网络地址，A、B、C 三类地址中，全 0 和全 1 都不作为主机地址。在 Internet 中有多少个可统一分配的有效的 IP 地址？

解　在 Internet 中，可统一分配的有效的 IP 地址为 A、B、C 三类地址，令这三类地址总数为 N，A 类、B 类、C 类的有效 IP 地址数分别为 N_A、N_B、N_C。由加法法则，$N=N_A+N_B+N_C$。令 W_i 和 $C_i(i\in\{A, B, C\})$ 表示每类地址的网络地址数和主机地址数，由乘法法则，$N_i=W_i\times C_i(i\in\{A, B, C\})$。

在 A 类地址中，全 0 和全 1 不作网络地址，故网络地址有 $2^7-2=126$ 个，对每个网络地址有 $2^{24}-2=16777214$ 个主机地址，因而，$N_A=126\times16777214=2113928964$。对于 B 类地址，有 $2^{14}=16384$ 个网络地址，对每个网络地址有 $2^{16}-2=65534$ 个主机地址，$N_B=1073759056$。对于 C 类地址，有 $2^{21}=2097152$ 个网络地址，对每个网络地址有 $2^8-2=254$ 个主机地址，$N_C=532676608$。在 A 类、B 类和 C 类地址中，全 0 和全 1 都不作为主机标识，主机标识数需减 2。因此 $N=N_A+N_B+N_C=3720364628$。 ◂

随着计算机的广泛使用，32 位的 IP 地址已经显得不够用了，采用 128 位地址的 IPv6 将提供更多有效的地址。

加法计数法则和乘法计数法则是处理计数问题的两种基本方法。一般地，面对一个复杂的计数问题时，人们往往通过分类或分步将它分解为若干个简单计数问题，在解决这些简单计数问题的基础上，将它们整合起来得到原问题的答案，这也是日常生活中经常使用的思想方法。在上面的例题中，首先分类，分别计算三类地址的地址数，根据加法法则，得到全部有效 IP 地址数；对每一类的计数采用分步处理，第一步计数网络地址的数目，第二步计数主机地址的数目，然后根据乘法法则，得到每类 IP 地址的计数。通过对复杂计数问题的分解，将综合问题化解为单一问题的组合，再对单一问题各个击破，可以达到以简驭繁、化难为易的效果。

5.2 排列与组合

对于集合的排列与组合问题，可以通过加法法则与乘法法则得到相应的计数公式。

5.2.1 排列

定义 5.2.1 从 n 元集 S 中有序、不重复选取的 r 个元素称为 S 的一个 r-排列，S 的所有 r-排列的个数记作 $P(n, r)$。显然要求 $n \geqslant r$，当 $n < r$ 时不存在满足条件的排列。定理 5.2.1 给出了 $P(n, r)$ 的值。

定理 5.2.1 设 n、r 为自然数，具有 n 个不同元素的集合 S 的 r-排列为

$$P(n,r) = n(n-1)(n-2)\cdots(n-r+1) = \frac{n!}{(n-r)!}$$

特别地，当 $r = n$ 时，称排列为 S 的全排列，有 $P(n, n) = n(n-1)(n-2)\cdots 2 \cdot 1 = n!$

证明 首先选择排列中的第一个元素，有 n 种选择的方式。然后选择排列的第二个元素，它只能取自剩下的 $n-1$ 个元素，有 $n-1$ 种选法。以此类推，选择第三个元素、第四个元素、$\cdots$、第 r 个元素的方式数依次为 $n-2$、$n-3$、$\cdots$、$n-r+1$。根据乘法法则，总的选法数为

$$n(n-1)(n-2)\cdots(n-r+1) = \frac{n!}{(n-r)!}$$

容易看出，全排列数 $P(n, n) = n!$。 ◀

例 5.2.1 假设有 10 个运动员参加长跑比赛，第一、二、三名分别得到金、银、铜牌（假设没有并列名次出现）。如果比赛可能出现所有可能的结果，那么获奖的组合有几种？

解 颁奖方式就是 10 元集的 3-排列数。因此存在 $P(10, 3) = 10 \times 9 \times 8 = 720$ 种可能的颁奖方式。 ◀

例 5.2.2 m 面红旗、n 面白旗排成一排，如果白旗不相邻，有多少种方法？

解 先排好红旗，这对应于 m 元集合的全排列问题，有 $m!$ 种方法。为使得白旗不相邻，将红旗看作格子分界，将白旗放入格子中间，m 个红旗构成了 $m+1$ 个格子（包含红旗的全排列之外的头尾两个位置在内），从中选出 n 个放入白旗，选法数是 $P(m+1, n)$。根据乘法法则所求的方法数是 $m! \, P(m+1, n)$。 ◀

例 5.2.3 有一个快递员要给 n 个学校派送快递。假设他必须从指定的某个学校开始，但对其他 $n-1$ 个学校的派送顺序可以按照他想要的任何次序进行。他派送完所有这些学校时，可以有多少种可能的次序？

解 由于第一个学校是确定的，所以他派送完所有学校的路径数是 $n-1$ 个元素的全排列数，因此，快递员有 $(n-1)!$ 种可能的派送次序。比如，当 $n=8$ 时，共有 $7! = 5040$

种派送次序，如果要从中找出具有最短距离的路径，并计算每一条可能路径的总距离，则要计算 5040 条路径。 ◄

5.2.2 组合

定义 5.2.2 从 n 元集 S 中无序、不重复选取的 r 个元素称为 S 的一个 r-组合，S 的所有 r-组合的个数记作 $C(n, r)$。

下面的定理是关于 $C(n, r)$ 的公式。

定理 5.2.2 设 n、r 为自然数，$n \geqslant r \geqslant 0$，则

$$C(n, r) = \frac{P(n, r)}{r!} = \frac{n!}{r!\,(n-r)!}$$

证明 首先无序地选出 r 个元素，然后再构造这 r 个元素的全排列。无序选择 r 个元素的方法数是 $C(n, r)$，针对每种选法，能构造 $P(r, r) = r!$ 个不同的全排列，根据乘法法则，不同的 r-排列数满足 $P(n, r) = C(n, r)P(r, r) = C(n, r)r!$，所以

$$C(n, r) = \frac{P(n, r)}{r!} = \frac{n!}{r!\,(n-r)!}$$

规定，当 $n < r$ 时，$C(n, r) = 0$。 ◄

推论 1 设 n，r 为正整数，$n \geqslant r \geqslant 0$，则 $C(n, r) = C(n, n-r)$。

证明 左边 $= C(n, r) = \dfrac{n!}{r!\,(n-r)!}$

右边 $= C(n, n-r) = \dfrac{n!}{(n-r)!\,(n-(n-r)!)} = \dfrac{n!}{(n-r)!\,r!}$

因此，左边 $=$ 右边，得证。

对于一个 n 元素集合的 r-组合数也有另一种常用的记号，即 $C(n, r)$ 可写为 $\begin{bmatrix} n \\ r \end{bmatrix}$。 ◄

这个数也称为二项式系数。使用"二项式系数"这个名字，是由于这些数作为系数出现在形如 $(a+b)^n$ 的二项式幂的展开式中。下一节将讨论二项式定理，即把一个二项式的幂表示成与二项式系数有关的项之和。

推论 2 帕斯卡恒等式。设 n、r 为正整数，$n \geqslant r \geqslant 0$，则

$$C(n, r) = C(n-1, r-1) + C(n-1, r)$$

证明 利用定理 5.2.2 得

$$C(n-1, r-1) + C(n-1, r) = \frac{(n-1)!}{(r-1)!(n-r)!} + \frac{(n-1)!}{r!(n-1-r)!}$$

$$= \frac{(n-1)!}{(r-1)!(n-r-1)!} \left[\frac{1}{n-r} + \frac{1}{r} \right]$$

$$= \frac{n}{r(n-r)} \cdot \frac{(n-1)!}{(r-1)!(n-r-1)!}$$

$$= \frac{n!}{r!(n-r)!}$$

$$= C(n, r)$$ ◄

以上结论可以看作是递推的公式，它可以把对应于较大的 n 或 r 的组合数 $C(n, r)$ 用对应于较小的 n' 或 r' 的组合数来表示。

帕斯卡恒等式是二项式系数以三角形表示的几何排列的基础，也称作杨辉三角形。利用这个公式可以由较小的组合数逐步求出所有的较大的组合数。图 5.2.1 给出了这种求法的示意图。

由帕斯卡恒等式得：

$$\binom{3}{1} + \binom{3}{2} = \binom{4}{2}$$

$$
\begin{array}{c}
\binom{0}{0} \\
\binom{1}{0} \quad \binom{1}{1} \\
\binom{2}{0} \quad \binom{2}{1} \quad \binom{2}{2} \\
\binom{3}{0} \quad \binom{3}{1} \quad \binom{3}{2} \quad \binom{3}{3} \\
\binom{4}{0} \quad \binom{4}{1} \quad \binom{4}{2} \quad \binom{4}{3} \quad \binom{4}{4} \\
\binom{5}{0} \quad \binom{5}{1} \quad \binom{5}{2} \quad \binom{5}{3} \quad \binom{5}{4} \quad \binom{5}{5}
\end{array}
$$

图 5.2.1 杨辉三角形

例 5.2.4 有多少种方式从网球队的 8 名选手中选出 4 名选手参加网球比赛？

解 根据定理 5.2.2，8 个元素集合的一个 4-组合是

$$C(8, 4) = \frac{8!}{4!(8-4)!} = 70$$ ◄

例 5.2.5 某校要选拔 3 名学生组成数学建模小组参加比赛，要求该组学生中 2 人来自数学学院，1 人来自计算机学院。如果数学学院有 6 人报名，计算机学院有 4 人报名，那么有多少种选择方式可组成该数学建模小组？

解 由乘法法则，此题是 6 个元素集合的 2-组合数与 4 个元素的 1-组合数之积，即

$$C(6, 2) \cdot C(4, 1) = \frac{6!}{2!(6-2)!} \cdot \frac{4!}{1!(4-1)!} = 60$$ ◄

5.2.3 多重集的排列与组合

前面讨论了只考虑每个项至多可以使用一次的排列和组合，这一节讨论怎样求解元素可以多次使用的计数问题。

定理 5.2.3 具有 n 个元素的集合允许重复的 r-排列数是 n^r。

证明 允许重复时，在 r-排列中对 r 个位置的每一个位置可以取 n 个元素中的任何一个，根据乘法法则，当允许重复时有 n^r 个 r-排列。 ◄

例 5.2.6 用英文字母可以构成多少个长度为 r 的字符串？

解 因为有 26 个英文字母，且每个字母可以被重复使用，由乘法法则可知，可以构成 26^r 个长度为 r 的字符串。

上例是集合中的元素允许重复时的排列问题。下面定理给出了允许重复时一个 n 元集合的 r-组合数。 ◄

定理 5.2.4 具有 n 个元素的集合允许重复的 r-组合数是 $C(n+r-1, r)$。

证明 允许重复时，n 个元素的集合的每个 r-组合可以用 r 个 1 和 $n-1$ 个 0 的序列来表示。这里的 0 用来分隔 r 个 1，$n-1$ 个 0 将 r 个 1 分隔成 n 段，每段对应集合的一个元素，每段中的 1 的个数表示这个元素在 r-组合中出现的次数。 ◄

例如，3 元集合的一个 4-组合用 2 个 0 和 4 个 1 的序列表示，如 101101 表示包含 1 个第一元素、2 个第二元素、1 个第三元素的组合，而 110101 表示包含 2 个第一元素、1

个第二元素、1 个第三元素的组合。

可以看出，包含 r 个 1 和 $n-1$ 个 0 的每一个不同的序列对应 n 个元素的集合的一个 r-组合。可以计算的序列数有 $C(n+r-1, r)$ 个。

例 5.2.7   从盛有苹果、梨子和橙子的果盆里取 4 个水果，如果取水果的顺序无关，且只关心水果的类型而不管取的是该类型的哪一个水果，且假设每种水果至少有 4 个，则取 4 个水果有多少种取法？

解   这是 3 个元素集合的允许重复的 4-组合问题。根据定理 5.2.4，有 $C(3+4-1, 4)=15$ 种取法。   ◄

从一个含有 n 个元素的集合中，不重复和允许重复地选择 r 个元素，其有序和无序的选择数的公式总结见表 5.2.1。

表 5.2.1   不允许重复和允许重复的排列与组合

类型	是否允许重复	公式
r-排列	不	$\dfrac{n!}{(n-r)!}$
r-组合	不	$\dfrac{n!}{r!\,(n-r)!}$
r-排列	是	n^r
r-组合	是	$\dfrac{(n+r-1)!}{r!\,(n-1)!}$

排列、组合是两类特殊而重要的计数问题，而解决它们的基本思想和工具就是两个计数原理，从简化运算的角度提出排列与组合，通过具体实例的概括得出排列、组合的概念；应用分步乘法计数原理得出排列数公式；应用分步计数原理和排列数公式推出组合数公式。对于排列与组合，有两个基本想法贯穿始终，一是根据一类问题的特点和规律寻找简便的计数方法，就像乘法作为加法的简便运算一样；二是注意应用两个计数原理思考和解决问题。

5.2.4　二项式定理

二项式定理给出了二项式幂的展开式的系数，下面先通过例子来说明为什么存在这个定理。

例如，$(x+y)^3$ 的展开式可以使用组合推理而不是用三个项的乘积直接展开来得到。当展开 $(x+y)^3=(x+y)(x+y)(x+y)$ 时，把所有由第一个和的一项、第二个和的一项与第三个和的一项产生的乘积加起来，从而出现了形如 x^3、x^2y、xy^2 和 y^3 的项。为了得到形如 x^3 的项，在每个 $(x+y)$ 里必须选择一个 x，只有一种方式可实现这一点。因此，x^3 项的系数是 1；为得到形如 x^2y 的项，必须从三个 $(x+y)$ 中选 2 个提供 x，另一个 $(x+y)$ 提供 y。因此，x^2y 的系数是三个个体的 2-组合数，即 $C(3, 2)=\begin{pmatrix}3\\2\end{pmatrix}=3$。类似的，$xy^2$ 的系数是 $C(3, 1)=\begin{pmatrix}3\\1\end{pmatrix}=3$，$y^3$ 的系数是 1，因此得到

$$(x+y)^3=x^3+3x^2y+3xy^2+y^3$$

定理 5.2.5(二项式定理)   设 n 是正整数，对一切 x 和 y，有

$$(x+y)^n = \sum_{k=0}^{n} \begin{bmatrix} n \\ k \end{bmatrix} x^k y^{n-k}$$

证明　采用组合证明方法。

当乘积被展开时，其中的项都是下述形式：$x^k y^{n-k}$，$k=0$、1、2、$\cdots$、n。而构成形如 $x^k y^{n-k}$ 的项，必须从 n 个 $(x+y)$ 中选 k 个提供 x，其他的 $n-k$ 个提供 y。因此，$x^k y^{n-k}$ 的系数是 $C(n, k) = C(n, n-k) = \begin{bmatrix} n \\ k \end{bmatrix}$，定理得证。　◀

利用二项式定理可以计算二项展开式中某些项的系数。

例 5.2.8　$(x+y)^4$ 的展开式是什么？

$$(x+y)^4 = \sum_{k=0}^{4} \begin{bmatrix} 4 \\ k \end{bmatrix} x^k y^{4-k} = \begin{bmatrix} 4 \\ 0 \end{bmatrix} y^4 + \begin{bmatrix} 4 \\ 1 \end{bmatrix} xy^3 + \begin{bmatrix} 4 \\ 2 \end{bmatrix} x^2 y^2 + \begin{bmatrix} 4 \\ 3 \end{bmatrix} x^3 y + \begin{bmatrix} 4 \\ 4 \end{bmatrix} x^4$$

$$= x^4 + 4x^3 y + 6x^2 y^2 + 4xy^3 + y^4$$

◀

例 5.2.9　求在 $(2x-3y)^{25}$ 的展开式中 $x^{12} y^{13}$ 的系数。

解　由二项式定理

$$(2x + (-3y))^{25} = \sum_{i=0}^{n} \begin{bmatrix} 25 \\ i \end{bmatrix} (2x)^{25-i} (-3y)^i$$

令 $i=13$，得到展开式中 $x^{12} y^{13}$ 的系数，即

$$\begin{bmatrix} 25 \\ 13 \end{bmatrix} 2^{12} (-3)^{13} = -\frac{25!}{13!12!} 2^{12} 3^{13}$$

◀

5.3　容斥原理

容斥原理是一个重要的组合计数定理，主要解决有穷集合中具有某些性质或者不具有某些性质的元素的计数问题。下面讨论容斥原理的基本形式及其应用。

例 5.3.1　一个离散数学班包含 40 个计算机专业的学生，23 个数学专业的学生和 8 个同时修数学和计算机专业的学生。问这个班有多少个学生？

解　设 A 是这个班里计算机专业的学生集合，B 是这个班里数学专业的学生集合。那么，$A \cap B$ 是班里同时修数学和计算机专业的学生集合。因为这个班的每个学生既可以修数学，也可以修计算机，还可以同时修两个专业，因此班级的学生总人数是

$$|A \cup B| = |A| + |B| - |A \cap B|$$
$$= 40 + 23 - 8 = 55$$

因此，这个班有 55 个学生，图 5.3.1 表示出了几个集合的关系。　◀

下面再举例说明如何求有穷集中在两个集合的并集之外的元素数。

例 5.3.2　设集合 $S=\{1, 2, 3\}$，求 S 上既不是对称也不是反对称的关系个数。

解　先计算 S 中的关系总数，等于 $2^{3^2} = 2^9 =$

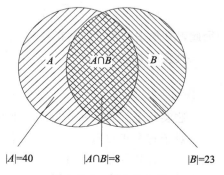

$|A|=40$　　$|A \cap B|=8$　　$|B|=23$

图 5.3.1　例 5.3.1 图

512。然后计算 S 中对称关系的个数，根据例 5.1.2，这个数应该等于 $2^{\frac{3^2+3}{2}}=2^6=64$。接着，计算反对称关系的个数。由于反对称关系矩阵在非主对角线对称位置的元素取值有 3 种情况，所以 n 元集上的反对称关系有 $2^n \cdot 3^{\frac{n^2-n}{2}}$ 个，因此，集合 S 上的反对称关系个数为 $2^3 \cdot 3^{\frac{3^2-3}{2}}=2^3 \cdot 3^3=216$。最后还需要知道既对称也反对称的关系的个数。恒等关系的每个子集都是既对称也反对称的关系，所以 n 元集上有 2^n 既对称也反对称的关系。因此集合 S 上有 $2^3=8$ 个既对称也反对称的关系。为了得到所求的结果，应该从关系总数中减去对称关系的个数、反对称关系的个数。但是，同时具有对称性和反对称性的关系就被减去了 2 次，因此需要在上述结果中再加上 1 次这种关系的个数，最终得到如下结果

$$512-(64+216)+8 = 240 \qquad \blacktriangleleft$$

下面给出容斥原理。

定理 5.3.1(容斥原理)   设 A_1，A_2，$\cdots$，A_n 是有穷集。那么

$$|A_1 \bigcup A_2 \bigcup \cdots \bigcup A_n| = \sum_{1 \leqslant i \leqslant n} |A_i| - \sum_{1 \leqslant i < j \leqslant n} |A_i \bigcap A_j|$$
$$+ \sum_{1 \leqslant i < j < k \leqslant n} |A_i \bigcap A_j \bigcap A_k| - \cdots + (-1)^{n+1} |A_1 \bigcap A_2 \bigcap \cdots \bigcap A_n|$$

证明   可以使用数学归纳法对 n 进行归纳，也可以使用组合分析的方法，这里给出的是组合分析的方法，通过证明并集中的每个元素在等式右边恰好被计数 1 次来证明这个公式。

假设 a 恰好是 $A_1, A_2, \cdots$ 中 r 个集合的成员，其中 $1 \leqslant r \leqslant n$。这个元素 a 被 $\sum_{1 \leqslant i \leqslant n} |A_i|$ 计数了 $\begin{bmatrix} r \\ 1 \end{bmatrix}$ 次，被 $\sum_{1 \leqslant i < j \leqslant n} |A_i \bigcap A_j|$ 计数了 $\begin{bmatrix} r \\ 2 \end{bmatrix}$ 次，被 $\sum_{1 \leqslant i < j < k \leqslant n} |A_i \bigcap A_j \bigcap A_k|$ 计数了 $\begin{bmatrix} r \\ 3 \end{bmatrix}$ 次。一般来说，它被涉及 m 个集合的求和计数了 $\begin{bmatrix} r \\ m \end{bmatrix}$ 次。于是，这个元素恰好被等式右边的表达式计数了 $\begin{bmatrix} r \\ 1 \end{bmatrix} - \begin{bmatrix} r \\ 2 \end{bmatrix} + \begin{bmatrix} r \\ 3 \end{bmatrix} - \cdots + (-1)^{r+1} \begin{bmatrix} r \\ r \end{bmatrix}$ 次。现在求解这个值，由组合恒等式的公式 5)，有

$$\sum_{k=0}^{r} (-1)^k \begin{bmatrix} r \\ k \end{bmatrix} = \begin{bmatrix} r \\ 0 \end{bmatrix} - \begin{bmatrix} r \\ 1 \end{bmatrix} + \begin{bmatrix} r \\ 2 \end{bmatrix} - \cdots + (-1)^r \begin{bmatrix} r \\ r \end{bmatrix} = 0$$

于是

$$1 = \begin{bmatrix} r \\ 0 \end{bmatrix} = \begin{bmatrix} r \\ 1 \end{bmatrix} - \begin{bmatrix} r \\ 2 \end{bmatrix} + \begin{bmatrix} r \\ 3 \end{bmatrix} - \cdots + (-1)^{r+1} \begin{bmatrix} r \\ r \end{bmatrix}$$

因此，并集中的每个元素在等式右边的表达式中恰好被计数 1 次，从而证明了容斥原理。 $\blacktriangleleft$

其实，在集合 A_1，A_2，$\cdots$，A_n 中，当集合两两不相交时，可以得到

$$|A_1 \bigcup A_2 \bigcup \cdots \bigcup A_n| = \sum_{i=1}^{n} |A_i|$$

这实际上就是加法法则，因此可以说容斥原理是加法法则的推广。

对于每个正整数 n，容斥原理对于 n 个集合并集的元素数给出了一个公式。对于 n 个集合的集合族的每一个非空子集，在这个公式中都存在一项计数了它的元素。因此在这个公式中有 2^n-1 项。

例 5.3.3 对于 4 个集合的并集中的元素数给出一个公式。

解 应用容斥原理

$$|A_1 \bigcup A_2 \bigcup A_3 \bigcup A_4| = |A_1| + |A_2| + |A_3| + |A_4|$$
$$- |A_1 \bigcap A_2| - |A_1 \bigcap A_3| - |A_1 \bigcap A_4| - |A_2 \bigcap A_3|$$
$$- |A_2 \bigcap A_4| - |A_3 \bigcap A_4| + |A_1 \bigcap A_2 \bigcap A_3|$$
$$+ |A_1 \bigcap A_2 \bigcap A_4| + |A_1 \bigcap A_3 \bigcap A_4| + |A_2 \bigcap A_3 \bigcap A_4|$$
$$- |A_1 \bigcap A_2 \bigcap A_3 \bigcap A_4|$$

这个公式包含 15 个不同的项，对于 $\{A_1, A_2, A_3, A_4\}$ 的每个非空子集都有一项。 ◀

下面讨论容斥原理的另一种表述形式，它在计数问题中是很有用的，特别是用于求解集合中不具有任何性质的元素数。

定理 5.3.2 设集合 S 是有穷集，其中的元素往往具有不同的性质，现在假设有 n 种性质 $P_1, P_2, \cdots, P_n$，它们组成一个性质集合，即

$$P = \{P_1, P_2, \cdots, P_n\}$$

令 A_i 表示 S 中具有性质 P_i 的元素所组成的子集合，其元素个数记为 $N(P_i)$。这样 $A_i \bigcap A_j$ 表示 S 中同时具有性质 P_i 和 P_j 的元素所组成的子集，其元素个数记为 $N(P_i, P_j)$，因此有

$$|A_1 \bigcap A_2 \bigcap \cdots \bigcap A_n| = N(P_1, P_2, \cdots, P_n)$$

$\overline{A_1} \bigcap \overline{A_2} \bigcap \cdots \bigcap \overline{A_n}$ 表示 S 中不具有任何性质（指集合 P 中的性质）的子集，其元素数为

$$N(\overline{P_1}, \overline{P_2}, \cdots, \overline{P_n}) = |\overline{A_1} \bigcap \overline{A_2} \bigcap \cdots \bigcap \overline{A_n}| = |S| - |A_1 \bigcup A_2 \bigcup \cdots \bigcup A_n|$$

由容斥原理得

$$N(\overline{P_1}, \overline{P_2}, \cdots, \overline{P_n}) = |\overline{A_1} \bigcap \overline{A_2} \bigcap \cdots \bigcap \overline{A_n}| = |S| - \sum_{1 \leqslant i \leqslant n} |A_i| + \sum_{1 \leqslant i < j \leqslant n} |A_i \bigcap A_j|$$
$$- \sum_{1 \leqslant i < j < k \leqslant n} |A_i \bigcap A_j \bigcap A_k| + \cdots + (-1)^n |A_1 \bigcap A_2 \bigcap \cdots \bigcap A_n|$$

这就是容斥原理的另一种形式，有时也称作**逐步淘汰原理**。

下面用例子来进一步说明容斥原理的应用。

例 5.3.4 求不超过 120 的素数个数。

解 因为 $11^2 = 121$，不超过 120 的合数至少含有 2、3、5 或 7 这几个素因子之一。先求在 1~120 之间不能被 2、3、5 或 7 整除的整数。由于 2、3、5、7 本身是素数，而 1 不是素数，因此需要在上述整数中加上 2、3、5、7，再去掉 1。设

$$S = \{x \mid x \in \mathbf{Z}, 1 \leqslant x \leqslant 120\}$$
$$A_1 = \{x \mid x \in S, x \text{ 是 2 的倍数}\}$$
$$A_2 = \{x \mid x \in S, x \text{ 是 3 的倍数}\}$$
$$A_3 = \{x \mid x \in S, x \text{ 是 5 的倍数}\}$$
$$A_4 = \{x \mid x \in S, x \text{ 是 7 的倍数}\}$$

那么，$|S| = 120$，$|A_1| = 60$，$|A_2| = 40$，$|A_3| = 24$，$|A_4| = 17$。

$|A_1 \bigcap A_2| = 20$，$|A_1 \bigcap A_3| = 12$，$|A_1 \bigcap A_4| = 8$，$|A_2 \bigcap A_3| = 8$，$|A_2 \bigcap A_4| = 5$，$|A_3 \bigcap A_4| = 3$，$|A_1 \bigcap A_2 \bigcap A_3| = 4$，$|A_1 \bigcap A_2 \bigcap A_4| = 2$，$|A_1 \bigcap A_3 \bigcap A_4| = 1$，$|A_2 \bigcap A_3 \bigcap$

$A_4 \mid = 1$，$\mid A_1 \bigcap A_2 \bigcap A_3 \bigcap A_4 \mid = 0$。

根据容斥原理

$$\mid \overline{A_1} \bigcap \overline{A_2} \bigcap \overline{A_3} \bigcap \overline{A_4} \mid$$

$$= 120 - (60 + 40 + 24 + 17) + (20 + 12 + 8 + 8 + 5 + 3) - (4 + 2 + 1 + 1) + 0$$

$$= 120 - 141 + 56 - 8$$

$$= 27$$

因此，不超过 120 的素数个数是 $27 + 3 = 30$。　　◀

例 5.3.5　求数字 1，2，3，…，9 组成的无重全排列中不出现数字串 123、248、369 的排列的个数。

解　设性质 P_1、P_2、P_3 分别表示在全排列中出现数字串 123、248、369。

出现数字串 123 的全排列，相当于把 123 看作一个整体和其余六个数字组成的全排列，所以 $N(P_1) = 7!$。同样，有 $N(P_2) = N(P_3) = 7!$。

因为数字串 123 和 248 不可能在同一个无重复排列中出现，所以

$$N(P_1, P_2) = N(P_1, P_2, P_3) = 0$$

因为数字串 123 和 369 只能作为数字串 12369 才能在全排列中同时出现，所以 $N(P_1, P_3) = 5!$。数字串 248 和 369 可以在同一全排列中的任意位置上出现，所以 $N(P_2, P_3) = 5!$。

这样由容斥原理可得所求的全排列个数为

$$N(\overline{P_1}, \overline{P_2}, \overline{P_3}) = 9! - (7! + 7! + 7!) + (0 + 5! + 5!) - 0 = 348000$$　　◀

例 5.3.6　数论中欧拉(Euler)函数 $\varphi(n)$ 定义为小于 n 且与 n 互素的数的个数。例如，$\varphi(12) = 4$，因为与 12 互素的数有 1、5、7、11。这里认为 $\varphi(1) = 1$。若 $n = p_1^{a_1} p_2^{a_2} \cdots p_k^{a_k}$ 为 n 的素因子分解式，这里 $p_1, p_2, \cdots, p_k$ 是全不相同的素数，$a_1, a_2, \cdots, a_k$ 正整数，求 $\varphi(n)$ 的计算公式。

解　设

$$A_i = \{x \mid 0 \leqslant x \leqslant n - 1 \text{ 且 } p_i \text{ 整除 } x\}$$

那么

$$\varphi(n) = \mid \overline{A_1} \bigcap \overline{A_2} \bigcap \cdots \bigcap \overline{A_k} \mid$$

等式右边的各项为

$$\mid A_i \mid = \frac{n}{p_i}, \quad i = 1, 2, \cdots, k$$

$$\mid A_i \bigcap A_j \mid = \frac{n}{p_i p_j}, \quad 1 \leqslant i < j \leqslant n$$

$$\vdots$$

$$\mid A_1 \bigcap A_2 \bigcap \cdots \bigcap A_k \mid = \frac{n}{p_1 p_2 \cdots p_k}$$

根据容斥原理

$$\varphi(n) = \mid \overline{A_1} \bigcap \overline{A_2} \bigcap \cdots \bigcap \overline{A_k} \mid$$

$$= n - \left(\frac{n}{p_1} + \frac{n}{p_2} + \cdots + \frac{n}{p_k} \right) + \left(\frac{n}{p_1 p_2} + \frac{n}{p_1 p_3} + \cdots + \frac{n}{p_{k-1} p_k} \right) - \cdots + (-1)^k \frac{n}{p_1 p_2 \cdots p_k}$$

$$= n\left(1-\frac{1}{p_1}\right)\left(1-\frac{1}{p_2}\right)\cdots\left(1-\frac{1}{p_k}\right)$$

例如，$\varphi(30)=30\left(1-\frac{1}{2}\right)\left(1-\frac{1}{3}\right)\left(1-\frac{1}{5}\right)=30\cdot\frac{1}{2}\cdot\frac{2}{3}\cdot\frac{4}{5}=8$，所以小于 30 且与 30 互素的正整数有 8 个，它们是 1、7、11、13、17、19、23、29。

最后给出另一种计算有限集计数的方法——结合文氏图设未知数解方程的方法。

例 5.3.7 对 24 名科技人员进行掌握外语情况的调查，统计如下：会讲英语、日语、德语、法语的人分别为 13、5、10、9。同时会讲英语、日语的有 2 人，同时会讲英语和德语，或者同时会讲英语和法语，或者同时会讲德语和法语的人数均为 4 人，会讲日语的人既不懂法语也不懂德语。求：1）只会讲一门外语的人数分别是多少？2）同时会讲英语、德语、法语的人有多少？

解 设 A、B、C、D 分别表示会英语、法语、德语、日语的人的集合，同时会讲英语、法语、德语三种语言的有 x 人；只会英语、法语、德语、日语四种语言的一种的分别为 y_1、y_2、y_3、y_4。画出文氏图 5.3.2。

分别按 A、B、C、D 及总人数列出方程组：会英、法的为 $4-x$；会英、德的为 $4-x$，会德、法的也为 $4-x$，因而

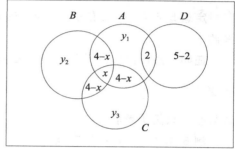

图 5.3.2 例 5.3.7 图

$$|A|: y_1+2(4-x)+x+2=13$$
$$|B|: y_2+2(4-x)+x=9$$
$$|C|: y_3+2(4-x)+x=10$$
$$|D|: y_4+2=5$$
$$y_1+y_2+y_3+3(4-x)+x+5=24$$

联立成方程组，解得 $x=1$，$y_1=4$，$y_2=2$，$y_3=3$，$y_4=3$。

所以，只会英语、法语、德语、日语中的一种的人数分别为 4、2、3、3，同时会讲英语、德语、法语的人数为 1。

通过以上例可以看出，容斥原理的两种形式，第一种比较直观；而在使用容斥原理的第二种形式时，往往先设定有穷集合 S，然后定义 S 中的若干条性质。这些性质应该与题目所要求元素具有的性质恰好相反，同时这些性质应该是彼此独立的。换句话说，在计数具有某种性质的元素时，与这些元素是否具有其他性质无关。

5.4 鸽巢原理

鸽巢原理在组合数学中占据着非常重要的地位，它常被用来证明一些关于存在性的数学问题，并且在数论和密码学中也有着广泛的应用。

定理 5.4.1(鸽巢原理) 如果有 $n+1$ 只鸽子住进 n 个鸽巢，则至少有一个鸽巢住进至少 2 只鸽子。

证明 假设每个鸽巢至多住进 1 只鸽子，则 n 个鸽巢至多住进 n 只鸽子，这与有 $n+1$ 只鸽子矛盾，所以存在一个鸽巢至少住进 2 只鸽子。

鸽巢原理又称为**抽屉原理**。

例 5.4.1 抽屉里有 10 只红色小球和 10 只蓝色小球，随机地取出小球，问必须取多少只小球才能保证至少有 2 只小球的颜色相同？

解 把颜色看作是鸽巢，两种颜色看成有两个鸽巢，小球看成鸽子。因为有两个鸽巢，根据鸽巢原理，取 3 只小球能保证至少有 2 只小球的颜色相同。 ◀

例 5.4.2 在边长为 2 的正三角形中任意放 5 个点，证明至少有两个点之间的距离不大于 1。

解 如图 5.4.1 所示，在三角形三条边的中点之间连线，把整个三角形划分成四个边长为 1 的小三角形。根据鸽巢原理，5 个点中至少有两个点落入同一个小三角形里，而这两个点之间的距离一定小于等于 1。 ◀

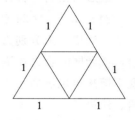

图 5.4.1 例 5.4.2 图

鸽巢原理指出，当鸽子数比鸽巢数大时，至少有 2 只鸽子住进同一个鸽巢。鸽巢原理的推广是关于鸽子数比鸽巢数的倍数大的情况。

定理 5.4.2 如果有 n 只鸽子住进 $m(n>m)$ 个鸽巢，则至少有一个鸽巢住进至少 $\lceil n/m \rceil$ 只鸽子。

证明 假设没有鸽巢住进多于 $\lceil n/m \rceil - 1$ 只鸽子，则鸽子的总数至多为

$$m\left(\left\lceil \frac{n}{m} \right\rceil - 1\right) < m\left(\left(\frac{n}{m}+1\right)-1\right) = n$$

这与有 n 只鸽子矛盾。 ◀

例 5.4.3 一个班有 50 名学生，至少有多少个人出生在同一个月？

解 至少有 $\lceil 50/12 \rceil = 5$ 个人出生在同一个月。 ◀

例 5.4.4 有一副标准的 52 张的扑克牌，回答下列问题：

1）必须选多少张才能保证选出的牌中至少有 3 张是同样的花色？

2）必须选多少张才能保证选出的牌中至少有 3 张是红心？

解 1）扑克牌有 4 种花色，用 4 个盒子存放 4 种花色的扑克牌，选中的同种花色的扑克牌放在一个盒子里，这里的盒子就是鸽巢，扑克牌是鸽子。根据定理 3.6.4，如果选了 n 张牌，则至少有一个盒子里有至少 $\lceil n/4 \rceil$ 张牌。如果选的牌至少有 3 张是同样的花色，则 $\lceil n/4 \rceil \geqslant 3$，即 $n = 2 \times 4 + 1 = 9$。所以选 9 张牌就可以了。

2）因为要保证选出的牌中至少有 3 张是红心，回答这个问题要考虑到最坏情况，就是在选到的牌是红心前，可能选了所有其他 3 种花色的牌，即选了 39 张牌后才选红心的牌，接下来选的都是红心。因此要选 42 张牌，才能有 3 张牌是红心。 ◀

习题

1. 设一个标识符由 3 个字符组成，第 1 个字符由 a、b、c 之一组成，第 2 个字符由 1、2 之一组成，第 3 个字符由 c、d 之一组成，问有多少产生方式？

2. 从去掉大小王的 52 张扑克牌中取出 5 张牌，若其中有 4 张点数一样，则有多少种取法？

3. 由 4 种颜色的圆形图案和 20 种不同的花排成如下的图案：两边各一个圆形图案，中间

是 3 朵花，问有多少不同的图案？

4. 排列 26 个字母，使得在 a 和 b 之间正好有 7 个字母，问有多少排法？

5. 在 5 天内安排 3 门课程的考试：

   (1)若每天只允许考 1 门，有多少种方法？

   (2)若不限制考试的门数，有多少种方法？

6. 8 位女士和 8 位男士围着一张圆桌就餐，要求女士和先生交替就坐，问有多少种可能的安排方案？

7. 从 1，2，$\cdots$，300 之中任取 3 个数，使得它们的和能被 3 整除，问有多少种方法？

8. 假设计算机系统的每个用户有一个 4～6 个字符的登录密码，每个字符是大写字母或者十进制数字，且每个密码必须至少包含一个数字。问有多少个可能的登录密码？

9. 有 4 只篮球、3 只红球、2 只黄球排成一列，若黄球不相邻，则有多少种方法？

10. 用数学归纳法证明二项式定理(定理 5.2.5)。

11. (1)求 $(x+y)^{25}$ 中 $x^{12}y^{13}$ 的系数；

   (2)求 $(x+2y-4z)^6$ 中 x^3y^2z 的系数。

12. 求 $\sum_{k=0}^{n}\binom{2n-k}{n-k}$。

13. 用二项式定理求 11^4。

14. 在 1～10000 之间(包括 1 和 10000 在内)不能被 4、5 和 6 整除的数有多少个？

15. 求小于 10000 的正整数中含有数字 0 的数的个数。

16. 有 120 名学生，其中 100 人至少会 C++、Java、Python 中的一种编程语言，65 人会 C++，45 人会 Java，42 人会 Python，20 人会 C++ 和 Java，25 人会 C++ 和 Python，15 人会 Java 和 Python。求：(1)会所有三种编程语言的学生人数；(2)只会一种编程语言的学生人数。

17. 求在 1～250 之间(包括 1 和 250 在内)能被 2、3 和 5 中任何一个数整除的整数个数。

18. 有 32 名学生，其中 30 人喜欢跳舞，14 人喜欢武术，每人至少喜欢跳舞和武术中的一种，则两种运动都喜欢的学生有多少？只喜欢一种的有多少？

19. 把 15 个人分到 3 个不同的房间，每个房间至少 1 个人，问有多少种分法？

20. 设由某项调查发现学生阅读杂志的情况如下：

   60%阅读甲类杂志，50%阅读乙类杂志，50%阅读丙类杂志；

   30%阅读甲类杂志与乙类杂志，30%阅读乙类杂志与丙类杂志；

   30%阅读甲类杂志与丙类杂志，10%阅读甲、乙、丙类杂志。

   试求：

   (1)同时阅读两类杂志的百分比；

   (2)不阅读任何杂志的百分比。

21. 证明：把 5 个点放到边长为 2 的正方形中，则其中至少有两个点的距离小于等于 $\sqrt{2}$。

22. 证明：在 3×4 的长方形内任意放置 7 个点，则至少有两个点的距离小于等于 $\sqrt{5}$。

23. 证明：如果任意选择 6 个整数，那么用 5 去除时，它们当中至少有两个数有相同的余数。

24. 证明：从 1～20 的整数中任选 11 个整数，那么它们当中必有一个数是另一个数的倍数。

第6章　高级计数技术

许多计数问题用第 5 章的方法是不容易求解的。比如有些计数问题往往与求一个数列的通项有关，但在一些复杂的特定条件下，直接求出数列的通项公式较为困难。而在同样条件下，写出该数列相邻项之间的关系，再利用一定的方法和技巧，却往往能很容易地得到所要的结论。另外，如果把要计数或研究的离散数列同多项式或幂级数的系数一一对应起来，就可以用数学分析方法去研究这一数列。因此，本章讨论高级计数技术，介绍几种重要的高级计数方法。首先讨论递推方程的求解及其在组合计数中的应用，然后讨论生成函数的概念与性质，并使用生成函数解决一些重要的组合计数问题。

6.1　递推方程

定义 6.1.1　设序列 a_0，a_1，$\cdots$，a_n，$\cdots$简记为 $\{a_n\}$。把 a_n 用序列中在 a_n 前面的一项或多项 $a_i(i<n)$ 表示，该等式称作关于序列 $\{a_n\}$ 的**递推方程**。

利用递推方程建立数学模型，就是针对要求解的问题建立递归关系式，下面从一个古老而典型的例子开始讨论。

例 6.1.1　13 世纪意大利数学家斐波那契（Fibonacci）提出了一个有趣的兔子繁殖问题：在一个岛上放了一对刚出生的兔子，其中一只公兔，一只母兔。经过两个月长成，长成后即可生育，假设每对兔子每个月都可以生出一对小兔，且新生的小兔也是一只公兔和一只母兔。如果兔子不会死去，也不会被运走，问 12 个月时岛上有多少对兔子？

解　用 f_n 表示第 n 个月初的兔子对数，n 是正整数。那么

$f_1 = 1$	最初的兔子对数，第 1 个月的兔子对数
$f_2 = 1$	第 2 个月的兔子对数
$f_3 = 1 + 1 = 2$	最初的一对加上它们的后代
$f_4 = 2 + 1 = 3$	第 3 个月的 2 对加上最初的一对的后代
$f_5 = 3 + 2 = 5$	第 4 个月的 3 对加上第 3 个月 2 对的后代
$f_6 = 5 + 3 = 8$	第 5 个月的 5 对加上第 4 个月 3 对的后代

$$\vdots$$

$f_{12} = 89 + 55 = 144$　　　第 11 个月的 89 对加上第 10 个月 55 对的后代

12 个月时岛上共有兔子 144 对。一般地，斐波那契数列满足下列递推方程

$$\begin{cases} f_1 = 1 \\ f_2 = 1 \\ f_n = f_{n-1} + f_{n-2} \end{cases}$$

数列 f_1，f_2，$\cdots$，f_n，$\cdots$称作**斐波那契数列**，其中的每一个数也称作斐波那契数。　◀

例 6.1.2　在股票投资中，复合利息的作用是强大的。据说"股神"沃伦·巴菲特 (Warren Buffett) 以年平均 30% 的复利战胜市场，从而成为举世瞩目的价值投资大师。假设他的初始投资为 10000 美元，年投资收益的复利是 30%，那么在 30 年后账上的总资产有多少钱？

解　令 P_n 表示 n 年后的总资产钱数。因为 n 年后账上的资产总额等于 $n-1$ 年账上的资产加上第 n 年的投资收益，容易知道序列 $\{P_n\}$ 满足递推关系

$$P_n = P_{n-1} + 0.3P_{n-1}$$

初始条件是 $P_0 = 10000$，可以知道

$$P_1 = P_0 + 0.3P_0 = 1.3P_0$$

$$P_2 = P_1 + 0.3P_1 = 1.3P_1 = 1.3^2 P_0$$

$$\vdots$$

$$P_n = P_{n-1} + 0.3P_{n-1} = 1.3P_{n-1} = 1.3^n P_0$$

代入初始条件，得

$$P_n = 1.3^n \times 10000$$

将 $n=30$ 代入，$P_{30} = 1.3^{30} \times 10000 \approx 26199956.44$ 美元。◀

例 6.1.3　对 n 个数的数组 A 进行排序，对下面的顺序插入排序算法，估计它在最坏情况下的时间复杂度 $W(n)$。

算法　insertsort(A, n)

1.　for $j \leftarrow 2$ to n
2.　　do $x \leftarrow A[j]$
3.　　　$i \leftarrow j-1$
4.　　　while $i>0$ and $A[i]>x$
5.　　　　do　$A[i+1] \leftarrow A[i]$
6.　　　　　$A[i] \leftarrow x$
7.　　　　$i = i-1$

解　对 n 个数的数组 A 进行排序，算法对 A 的第一个数不需做任何操作；对第二个数，和第一个数比较，如果大于第一个数则两数交换位置；算法将第三个数插入排好序的前两个数组成的子数组中，最多需要比较 2 次，将第 j 个数插入已排好的 $j-1$ 个数的子数组中，则最多需要比较 $j-1$ 次。因此对 n 个数的数组，最坏情况下的比较次数 $W(n)$ 满足如下递推方程

$$W(n) = W(n-1) + n-1$$

这个方程的初值 $W(1) = 0$。后面将证明这个方程的解是 $W(n) = n(n-1)/2$。◀

例 6.1.4　汉诺 (Hanoi) 塔。

19 世纪后期一个著名的游戏叫汉诺塔，图 6.1.1 中，有 A、B、C 三个柱子，在 A 柱上放着 n 个圆盘 (图中 $n=3$)，其中小圆盘放在大圆盘的上边。游戏的目标

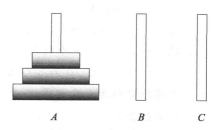

图 6.1.1　例 6.1.4 图

是从 A 柱将这些圆盘移到 C 柱上去。把一个圆盘从一个柱子移到另一个柱子称作一次移动，在移动和放置时允许使用 B 柱，但不允许大圆盘放到小圆盘的上面。问把所有的圆盘从 A 移到 C 总计需要多少次移动？

解　用递归方法求解，分三步解决这个问题。设使用上述方法移动 n 个盘子的总次数为 $T(n)$。第一步将 $n-1$ 个盘子从 A 柱移到 B 柱，移动次数为 $T(n-1)$；第二步利用 1 次移动将最下面的大盘子从 A 柱移到 C 柱；第三步还是用第一步的方法将 B 柱上的 $n-1$ 个盘子移到 C 柱，移动次数为 $T(n-1)$。因此得到递推方程

$$T(n) = 2T(n-1) + 1$$

这个方程的初值是 $T(1)=1$。后面将证明这个方程的解是 $T(n)=2^n-1$。　◄

据说古代在汉诺有一座塔，那里的僧侣按照这个游戏的规则从一个柱子到另外一个柱子移动 64 个金盘子，他们每秒钟移动 1 个盘子，当 64 个金盘子全部移完以后，世界末日就到了。那么这个世界将在僧侣们开始移动盘子多久以后终结？

需要移动的时间是 $2^{64}-1=18446744073709551615s$，因此，大约需 5000 亿年移动盘子。对于汉诺塔问题，盘子的个数 n 代表问题规模，$T(n)$ 代表求解规模为 n 的问题所做的基本运算次数，代表了这种算法的效率。上述算法的 $T(n)$ 是 n 的指数函数。不难看出，指数函数的值随着自变量 n 的增加呈爆炸性增长。正如上面的计算所显示的，即使 CPU 在 1s 可以计算 1 亿次移动，计算移动完 64 个盘子的时间也需要 5000 年。因此在处理实际问题时，设计算法通常不能选择指数时间的算法，为了对算法的效率做出估计，求解递推方程是经常使用的方法。

6.1.1　求解递推方程

以上给出的实例都需要求解递推方程。对于一类重要的递推方程可以用一种系统的方法明确求解，在这种递推方程中，序列的项由它的前项的线性组合来表示。下面分别讨论不同的求解方法。

6.1.2　常系数线性齐次递推方程的求解

常系数线性递推方程是一类常用的递推方程，可以使用公式法求解。先给出它的定义。

定义 6.1.2　设递推方程满足

$$\begin{cases} G(n) - a_1 G(n-1) - a_2 G(n-2) - \cdots - a_k G(n-k) = f(n) \\ G(0) = C_0, G(1) = C_1, G(2) = C_2, \cdots, G(k-1) = C_{k-1} \end{cases} \tag{6.1}$$

其中，a_1，a_2，$\cdots$，a_k 为常数，$a_k \neq 0$，这个方程称为 k 阶常系数线性递推方程。C_0，C_1，$\cdots$，C_{k-1} 为 k 个初值。当 $f(n)=0$ 时，即

$$G(n) = a_1 G(n-1) + a_2 G(n-2) + \cdots + a_k G(n-k)$$

称这个递推方程为**齐次方程**。

比如递推方程 $P_n = 1.3 P_{n-1}$ 是 1 阶的线性齐次递推方程；递推方程 $f_n = f_{n-1} + f_{n-2}$ 是 2 阶的线性齐次递推方程；递推方程 $a_n = a_{n-5}$ 是 5 阶的线性齐次递推方程。

而递推方程 $a_n = a_{n-1} + a_{n-2}^2$ 不是线性的，递推方程 $T(n) = 2T(n-1) + 1$ 不是齐次的，递推方程 $B_n = nB_{n-1}$ 不是常系数的。

为了说明常系数线性齐次递推方程的解的结构，需要引入特征根的概念。

定义 6.1.3 给定常系数线性齐次递推方程如下

$$G(n) - a_1 G(n-1) - a_2 G(n-2) - \cdots - a_k G(n-k) = 0 \qquad (6.2)$$

求解该方程的基本方法是找到形如 $G(n) = r^n$ 的解，其中 r 是常数，即 $r^n - a_1 r^{n-1} - a_2 r^{n-2} - \cdots - a_k r^{n-k} = 0$，等式两边同时除以 r^{n-k}，得 $r^k - a_1 r^{k-1} - a_2 r^{k-2} - \cdots - a_{k-1} r - a_k = 0$，因此将形如 $x^k - a_1 x^{k-1} - \cdots - a_k = 0$ 的方程称为该递推方程的**特征方程**，特征方程的根 r 称为递推方程的**特征根**。

定理 6.1.1 设 $g_1(n)$ 和 $g_2(n)$ 是递推方程 (6.2) 的两个解，c_1、c_2 为任意常数，则 $c_1 g_1(n) + c_2 g_2(n)$ 也是这个递推方程的解。

证明 将 $g_1(n)$、$g_2(n)$ 代入到方程 (6.2) 得

$$g_1(n) = a_1 g_1(n-1) + a_2 g_1(n-2) + \cdots + a_k g_1(n-k)$$

$$g_2(n) = a_1 g_2(n-1) + a_2 g_2(n-2) + \cdots + a_k g_2(n-k)$$

从而可得

$$c_1 g_1(n) + c_2 g_2(n) = \sum_{i=1}^{k} a_i (c_1 g_1(n-i) + c_2 g_2(n-i))$$

因此，$c_1 g_1(n) + c_2 g_2(n)$ 也是这个递推方程的解。 ◄

根据定理 6.1.1 不难得到以下推论。

推论 若 r_1，r_2，$\cdots$，r_k 是递推方程 (6.2) 的特征根，则 $c_1 r_1^n + c_2 r_2^n + \cdots + c_k r_k^n$ 也是该递推方程的解，其中 c_1，c_2，$\cdots$，c_k 是任意常数。

以上推论说明 $c_1 r_1^n + c_2 r_2^n + \cdots + c_k r_k^n$ 是递推方程的解。那么，除了这种形式的解以外，是否存在其他形式的解？为了解决这个问题，先定义通解。

定义 6.1.4 能够表示递推方程 (6.2) 的每个解 $g(n)$ 的表达式称为该递推方程的**通解**。

定理 6.1.2 设 r_1，r_2，$\cdots$，r_k 是递推方程 (6.2) 不等的特征根，则 $g(n) = c_1 r_1^n + c_2 r_2^n + \cdots + c_k r_k^n$ 为该递推方程的通解，其中 c_1，$c_2 \cdots$，c_k 是任意常数。

证明 此定理推广了定理 6.1.1，证明类似。 ◄

有了上述定理，就可以方便地求解一些递推方程的显式解。

例 6.1.5 求下面递推方程的解

$$a_n = a_{n-1} + 2a_{n-2}$$

其中，$a_0 = 2$，$a_1 = 7$。

解 递推方程的特征方程是 $x^2 - x - 2 = 0$，它的根是 2 和 -1。因此，递推方程的通解为

$$a_n = c_1 2^n + c_2 (-1)^n$$

c_1、c_2 是常数。将初值 $a_0 = 2$、$a_1 = 7$ 代入得

$$\begin{cases} c_1 + c_2 = 2 \\ c_1 \cdot 2 + c_2 (-1) = 7 \end{cases}$$

解得，$c_1 = 3$，$c_2 = -1$，从而得到递推方程的解为

$$a_n = 3 \cdot 2^n - (-1)^n$$

◀

例 6.1.6 求解斐波那契数列的显式公式。

解 递推方程是 $f_n = f_{n-1} + f_{n-2}$，初值是 $f_1 = 1$，$f_2 = 1$。

特征方程是 $x^2 - x - 1 = 0$，求解得到特征根为 $\dfrac{1+\sqrt{5}}{2}$，$\dfrac{1-\sqrt{5}}{2}$。因此，递推方程的通解为

$$f_n = c_1 \left(\frac{1+\sqrt{5}}{2}\right)^n + c_2 \left(\frac{1-\sqrt{5}}{2}\right)^n$$

代入初值 $f_1 = 1$，$f_2 = 1$ 得

$$\begin{cases} c_1 \left(\dfrac{1+\sqrt{5}}{2}\right) + c_2 \left(\dfrac{1-\sqrt{5}}{2}\right) = 1 \\ c_1 \left(\dfrac{1+\sqrt{5}}{2}\right)^2 + c_2 \left(\dfrac{1-\sqrt{5}}{2}\right)^2 = 1 \end{cases}$$

解得，$c_1 = \dfrac{1}{\sqrt{5}}$，$c_2 = \dfrac{-1}{\sqrt{5}}$，从而得到递推方程的解为

$$f_n = \frac{1}{\sqrt{5}} \left(\frac{1+\sqrt{5}}{2}\right)^n - \frac{1}{\sqrt{5}} \left(\frac{1-\sqrt{5}}{2}\right)^n$$

◀

递推方程(6.2)的特征根中如果存在重根，则以上定理不再适用。比如下面一个例子。

例 6.1.7 解下列递推方程

$$\begin{cases} G(n) - 6G(n-1) + 9G(n-2) = 0 \\ G(0) = 1, \ G(1) = 6 \end{cases}$$

解 递推方程的特征方程是

$$x^2 - 6x + 9 = 0$$

解得两个重根 $x_1 = x_2 = 3$，从而得到递推方程的通解

$$G(n) = c_1 3^n + c_2 3^n = (c_1 + c_2) 3^n = c 3^n$$

将初始条件 $G(0) = 1$、$G(1) = 6$ 代入，得

$$\begin{cases} c = 1 \\ 3c = 6 \end{cases}$$

此方程组无解。

◀

造成无解的原因是当把对应这些特征根的项 r_i^n 进行线性组合时，那些对应于同一个重根的项就归并成一项。于是，当把这个通解代入初值时，所得到的线性方程组中方程的个数将比未知数的个数多，这样的方程组可能无解。

因此，必须改进上述方法，从而有了下面的定理。

定理 6.1.3 设 r_1，r_2，$\cdots$，r_t 是递推方程(6.2)的不相等的特征根，且 r_i 的重数为 e_i，其中 $i = 1, 2, \cdots, t$。那么该递推方程的通解是

$$G(n) = G_1(n) + G_2(n) + \cdots + G_t(n)$$

其中

$$G_i(n) = (c_{i,1} + c_{i,2}n + \cdots + c_{i,e_i}n^{e_i-1})r_i^n, \quad i = 1,2,\cdots,t; c_{i,1},c_{i,2},\cdots,c_{i,e_i} \text{ 为常数}$$

继续解例 6.1.7。

因为 3 是特征方程的两重根，根据定理 6.1.3，有

$$G_1(n) = (c_{1,1} + c_{1,2}n)3^n = c_{1,1}3^n + c_{1,2}n3^n$$

于是递推方程的通解是

$$G(n) = G_1(n) = c_{1,1}3^n + c_{1,2}n3^n$$

将初始条件 $G(0)=1$、$G(1)=6$ 代入，得

$$\begin{cases} c_{1,1} = 1 \\ 3c_{1,1} + 3c_{1,2} = 6 \end{cases}$$

解得 $c_{1,1}=1$，$c_{1,2}=1$，所以通解是 $G(n)=3^n+n3^n$。 ◀

例 6.1.8 求解以下递推方程

$$\begin{cases} G(n) - 6G(n-1) + 12G(n-2) - 8G(n-3) = 0 \\ G(0) = -5, \ G(1) = 4, \ G(2) = 88 \end{cases}$$

解 特征方程 $x^3 - 6x^2 + 12x - 8 = 0$，即 $(x-2)^3 = 0$ 特征根是 2，其重数是 3，根据定理 6.1.3

$$G_1(n) = (c_{1,1} + c_{1,2}n + c_{1,3}n^2)2^n = c_{1,1}2^n + c_{1,2}n2^n + c_{1,3}n^22^n$$

通解为

$$G(n) = G_1(n) = c_{1,1}2^n + c_{1,2}n2^n + c_{1,3}n^22^n$$

代入初始条件，则有以下方程组

$$\begin{cases} c_{1,1} = -5 \\ 2c_{1,1} + 2c_{1,2} + 2c_{1,3} = 4 \\ 4c_{1,1} + 8c_{1,2} + 16c_{1,3} = 88 \end{cases}$$

解得，$c_{1,1}=-5$，$c_{1,2}=\dfrac{1}{2}$，$c_{1,3}=\dfrac{13}{2}$，原方程的解为

$$G(n) = (-5)2^n + \frac{1}{2}n2^n + \frac{13}{2}n^22^n = (-10 + n + 13n^2)2^{n-1}$$ ◀

6.1.3 常系数线性非齐次递推方程的求解

上一节讨论了求解常系数线性齐次递推方程的方法。那么如何求解形如 $G(n) = 3G(n-1)+2n$ 这样的常系数线性非齐次递推方程呢？这就需要新的方法来解决。

首先，**常系数线性非齐次递推方程的标准形**是

$$G(n) - a_1G(n-1) - \cdots - a_kG(n-k) = f(n) \tag{6.3}$$

其中，$n \geqslant k$，$a_k \neq 0$，$f(n) \neq 0$，$f(n)$ 是只依赖于 n 的函数。

将 $G(n) - a_1G(n-1) - \cdots - a_kG(n-k) = 0$ 称作**相伴的线性齐次递推方程**，它在线性非齐次递推方程的求解中起了重要的作用。

定理 6.1.4 设 $\overline{G(n)}$ 是对应的相伴的线性齐次递推方程的通解，$G^*(n)$ 是方程（6.3）的一个特解，则

$$G(n) = \overline{G(n)} + G^*(n)$$

上式为递推方程(6.3)的通解。

证明　首先证明 $G(n)$ 是递推方程(6.3)的解。将 $G(n)$ 代入该递推方程得

$$[\overline{G(n)} + G^*(n)] - a_1[\overline{G(n-1)} + G^*(n-1)] - \cdots - a_k[\overline{G(n-k)} + G^*(n-k)]$$

$$= [\overline{G(n)} - a_1\overline{G(n-1)} - a_k\overline{G(n-k)}] + [G^*(n) - a_1 G^*(n-1) - \cdots - a_k G^*(n-k)]$$

$$= 0 + f(n)$$

$$= f(n)$$

因此，$G(n)$ 是递推方程(6.3)的解，下面证明这个解是通解。　◀

设 $g(n)$ 是解，为证 $G(n)$ 为通解，只需证明 $g(n)$ 可以表示为对应相伴的线性齐次递推方程的一个解与特解 $G^*(n)$ 之和。因为 $g(n)$ 与 $G^*(n)$ 都是递推方程(6.3)的解，因此

$$g(n) - a_1 g(a-1) - \cdots - a_k g(n-k) = f(n)$$

$$G^*(n) - a_1 G^*(n-1) - \cdots - a_k G^*(n-k) = f(n)$$

将以上两个式子相减得

$$[g(n) - G^*(n)] - a_1[g(n-1) - G^*(n-1)] - \cdots - a_1[g(n-k) - G^*(n-k)] = 0$$

说明 $g(n) - G^*(n)$ 是对应相伴的线性齐次递推方程的一个解，比如 $\overline{G_1(n)}$，则 $\overline{G_1(n)} = g(n) - G^*(n)$，换句话说，$g(n)$ 是对应相伴的线性齐次递推方程的一个解与特解 $G^*(n)$ 之和，因此对所有的 n，$G(n) = \overline{G(n)} + G^*(n)$。

定理 6.1.4 说明递推方程(6.3)的通解结构是对应相伴的线性齐次递推方程的通解加上一个特解，而特解的形式依赖于 $f(n)$。求解的关键是确定常系数线性非齐次递推方程的一个特解。尽管不存在对每种函数形式 $f(n)$ 都有效的一般性方法来求这种解，但利用一些技术可以对 $f(n)$ 为某些特殊函数(多项式函数和幂函数)的形式进行求解。

1)如果 $f(n)$ 为 n 的 t 次多项式，那么特解一般也为 n 的 t 次多项式。如果递推方程的特征根是 1，就必须提高所设定特解的多项式的次数。

例 6.1.9　找出下述递推方程的通解

$$\begin{cases} a_n - 3a_{n-1} = 2n \\ a_1 = 3 \end{cases}$$

解　该方程对应相伴的线性齐次递推方程是 $a_n - 3a_{n-1} = 0$，它的通解是 $c3^n$，其中 c 是常数。

下面再找线性非齐次递推方程的一个特解。因为 $f(n) = 2n$ 是 n 的一次多项式，因此假设特解 $a_n^* = c_1 n + c_2$，其中 c_1、c_2 是常数。代入递推方程得

$$c_1 n + c_2 - 3[c_1(n-1) + c_2] = 2n$$

整理得

$$-2c_1 n + 3c_1 - 2c_2 = 2n$$

从而得线性方程组

$$\begin{cases} -2c_1 = 2 \\ 3c_1 - 2c_2 = 0 \end{cases}$$

解得，$c_1 = -1$，$c_2 = -\dfrac{3}{2}$，因此 $a_n^* = -n - \dfrac{3}{2}$ 是一个特解，根据定理 6.2.4，原方程的通解为

$$a_n = c3^n - n - \frac{3}{2}$$

又因为初始条件 $a_1 = 3$，代入通解得 $c = \dfrac{11}{6}$，因此得原方程的通解为

$$a_n = \frac{11}{6}3^n - n - \frac{3}{2}$$

◀

当函数 $f(n)$ 为多项式时，一般也设特解为同次多项式。但是如果递推方程的特征根为 1，则上述设定方法是存在问题的。

例 6.1.10 求解例 6.1.3 的递推方程

$$\begin{cases} W(n) = W(n-1) + n - 1 \\ W(1) = 0 \end{cases}$$

解 根据上面的分析，该方程对应相伴的线性齐次递推方程是 $W(n) - W(n-1) = 0$，它的特征根是 1，通解是 $c1^n = c$，其中 c 是常数。设特解为 $W^*(n) = c_1 n + c_2$，将它代入递推方程，得

$$c_1 n + c_2 - (c_1(n-1) + c_2) = n - 1$$

化简得 $c_1 = n - 1$，左边是 n 的 0 次多项式，右边是 n 的 1 次多项式。不存在常数 c_1 使其成立。原因在于，在等式左边所设特解的最高次项和常数项都被抵消了。为了保证等式两边的多项式的次数相等，必须将特解的次数提高。不妨设特解为 $W^*(n) = c_1 n^2 + c_2 n$，代入递推方程得

$$(c_1 n^2 + c_2 n) - (c_1(n-1)^2 + c_2(n-1)) = n - 1$$

化简得

$$(2c_1 - 1)n + (c_2 - c_1) = -1$$

得线性方程组

$$\begin{cases} 2c_1 - 1 = 0 \\ c_2 - c_1 = -1 \end{cases}$$

解得，$c_1 = 1/2$，$c_2 = -1/2$。因此 $W^*(n) = \dfrac{n^2}{2} - \dfrac{n}{2}$。因此原方程的通解为

$$W(n) = c + \frac{n^2}{2} - \frac{n}{2} = c + \frac{n(n-1)}{2}$$

代入初值 $W(1) = 0$，得 $c = 0$，$W(n) = \dfrac{n(n-1)}{2}$。

◀

例 6.1.11 求汉诺塔问题的递推方程 $T(n) = 2T(n-1) + 1$ 的解。

解 该相伴的线性齐次递推方程为 $T(n) - 2T(n-1) = 0$，它的通解是 $c2^n$。设特解为 $T^*(n) = c_1$，代入原方程得 $c_1 = 2c_1 + 1$，因此特解 $T^*(n) = -1$。从而得到原递推方程的通解是 $T(n) = c2^n - 1$，代入初值 $T(1) = 0$，得 $c = 1$，解为 $T(n) = 2^n - 1$。

◀

2) $f(n)$ 为指数函数 $A\beta^n$，这里的 A 代表某个常数，根据 β 是否为特征根，分为两种

情况。

情况 1 若 β 不是特征根，则特解为 $c\beta^n$，其中 c 为待定系数。

例 6.1.12 求解下列递推方程的解

$$a_n = 5a_{n-1} - 6a_{n-2} + 7^n$$

解 原方程对应相伴的线性齐次递推方程 $a_n = 5a_{n-1} - 6a_{n-2}$ 的通解为 $\overline{a_n} = c_1 3^n + c_2 2^n$，设特解为 $a_n^* = c7^n$，代入递推方程得

$$c7^n = 5c7^{n-1} - 6c7^{n-2} + 7^n$$

解得 $c = \dfrac{49}{20}$，所以特解是 $a_n^* = \dfrac{49}{20}7^n$，因此原递推方程的通解是

$$a_n = c_1 3^n + c_2 2^n + \frac{49}{20}7^n, \quad c_1、c_2 \text{ 是常数}$$

情况 2 若 β 是 e 重特征根，则特解为 $cn^e\beta^n$。   ◄

例 6.1.13 求递推方程 $\begin{cases} G(n) - 5G(n-1) + 6G(n-2) = 3 \cdot 2^n \\ G(0) = 0,\ G(1) = 1 \end{cases}$ 的特解。

解 原方程对应相伴的线性齐次递推方程 $G(n) - 5G(n-1) + 6G(n-2) = 0$，特征方程是 $x^2 - 5x + 6 = 0$，解得 $x_1 = 2$、$x_2 = 3$，则通解为 $\overline{G(n)} = c_1 3^n + c_2 2^n$。因为 2 为 1 重特征根，则令特解 $G^*(n) = cn2^n$，代入原方程得

$$cn2^n - 5c(n-1)2^{n-1} + 6c(n-2)2^{n-2} = 3 \cdot 2^n$$

化简并求解，得 $c = -6$，从而得到

$$G^*(n) = -6n2^n$$

而因此原递推方程的通解是

$$G(n) = c_1 3^n + c_2 2^n - 6n2^n, \quad c_1、c_2 \text{ 是常数}$$

代入初值 $G(0) = 0$，$G(1) = 1$，得 $\begin{cases} c_1 + c_2 = 0 \\ 2c_1 + 3c_2 - 12 = 1 \end{cases}$

解得，$c_1 = -13$，$c_2 = 13$，所以有

$$G(n) = -13 \cdot 3^n + 13 \cdot 2^n - 6n2^n$$ ◄

6.2 生成函数

生成函数是研究组合计数的一个重要工具，其基本思想是把要计数或研究的离散数列同多项式或幂级数的系数一一对应起来，从而可以用数学分析的方法研究这一数列，给出数列的一个显示解或渐近解。

在组合数学中讨论的生成函数是与序列相对应的形式幂级数，这和数学分析中讨论的具有收敛性的幂级数不同，这里讨论的级数不涉及收敛性问题。为了处理幂级数的需要，先引入牛顿二项式系数和牛顿二项式定理。

6.2.1 牛顿二项式系数与牛顿二项式定理

定义 6.2.1 设 r 为实数，n 为整数，引入形式符号

$$\left[\begin{matrix} r \\ n \end{matrix}\right] = \begin{cases} 0, & n < 0 \\ 1, & n = 0 \\ \dfrac{r(r-1)\cdots(r-n+1)}{n!}, & n > 0 \end{cases}$$

上式称为**牛顿二项式系数**。

例如

$$\left[\begin{matrix} -2 \\ 4 \end{matrix}\right] = \frac{(-2)(-3)(-4)(-5)}{4!} = 5$$

$$\left[\begin{matrix} \frac{1}{2} \\ 3 \end{matrix}\right] = \frac{(\frac{1}{2}) \cdot (\frac{1}{2}-1) \cdot (\frac{1}{2}-2)}{3!} = \frac{1}{16}$$

表面上看，这个符号与二项式系数的符号相同，但是在这里它只是一个形式符号，不具有任何组合意义。当 r 为自然数时，牛顿二项式系数就成为普通的二项式系数，这时才与集合的组合计数联系到一起。而当 r 为负整数时，牛顿二项式系数也可以通过转化用普通的二项式系数表示。若 $r = -m$，那么

$$\left[\begin{matrix} r \\ n \end{matrix}\right] = \left[\begin{matrix} -m \\ n \end{matrix}\right] = \frac{(-m)(-m-1)\cdots(-m-n+1)}{n!}$$

$$= \frac{(-1)^n m(m+1)\cdots(m+n-1)}{n!} = (-1)^n \left[\begin{matrix} m+n-1 \\ n \end{matrix}\right] = (-1)^n C(m+n-1, n)$$

为了用生成函数求解许多重要的计数问题，需要在指数不是正整数的情况下运用二项式定理，因此和二项式定理对应，有一个推广的二项式定理，称为牛顿二项式定理，它恰好表示了某些函数的幂级数。

定理 6.2.1 牛顿二项式定理。

设 r 为实数，则对一切实数 $x, y, |x/y| < 1$，有

$$(x+y)^r = \sum_{n=0}^{\infty} \left(\begin{matrix} r \\ n \end{matrix}\right) x^n y^{r-n}, \text{其中} \left[\begin{matrix} r \\ n \end{matrix}\right] = \frac{r(r-1)\cdots(r-n+1)}{n!}$$

这个定理的证明在一般的数学分析书中均可以找到，这里不再详述。若 m 为正整数，当 $r = m$ 时，这个定理就变成**二项式定理**。

当 $r = -m$ 时，如果令 $y = 1$，根据以上分析，那么牛顿二项式定理变为

$$(1+x)^{-m} = \frac{1}{(1+x)^m} = \sum_{n=0}^{\infty} (-1)^n \left[\begin{matrix} m+n-1 \\ n \end{matrix}\right] x^n, \qquad |x| < 1$$

特别地，有

$$m = 1, \quad \frac{1}{1+x} = \sum_{n=0}^{\infty} (-1)^n x^n$$

在上面式子中用 $-x$ 代替 x，则有

$$(1-x)^{-m} = \frac{1}{(1-x)^m} = \sum_{n=0}^{\infty} \left[\begin{matrix} m+n-1 \\ n \end{matrix}\right] x^n, \quad |x| < 1$$

特别地，有

$$m = 1, \quad \frac{1}{1-x} = 1 + x + x^2 + \cdots = \sum_{n=0}^{\infty} x^n$$

$$m = 2, \quad \frac{1}{(1-x)^2} = \sum_{n=0}^{\infty} (n+1) x^n$$

6.2.2 生成函数的定义及其性质

定义 6.2.2 设序列 $\{a_n\}$，构造形式幂级数

$$f(x) = a_0 + a_1 x + a_2 x^2 + \cdots + a_n x^n + \cdots = \sum_{k=0}^{\infty} a_k x^k$$

称 $f(x)$ 为序列 $\{a_n\}$ 的生成函数。

由定义 6.2.2 给出的生成函数有时称为 $\{a_n\}$ 的普通生成函数，以和这个序列的其他类型的生成函数相区别，序列 $\{a_n\}$ 称为 $f(x)$ 的生成序列。

例如序列 $\{a_n\}$，当 $a_k = 2$、$a_k = k+1$ 和 $a_k = 2^k$ 时的生成函数分别为 $\sum_{k=0}^{\infty} 2 x^k$、$\sum_{k=0}^{\infty} (k+1) x^k$ 和 $\sum_{k=0}^{\infty} 2^k x^k$。

通过设置 $a_{n+1} = 0$、$a_{n+2} = 0$，以此类推，把一个有限序列 a_0，a_1，$\cdots$，a_n 扩充成一个无限序列，就可以定义一个实数的有限序列的生成函数。这个无限序列 $\{a_n\}$ 的生成函数 $f(x)$ 是一个 n 次多项式，因为当 $j > n$ 时没有形如 $a_j x^j$ 的项出现，即

$$f(x) = a_0 + a_1 x + \cdots + a_n x^n$$

例 6.2.1 设 m 是正整数，令 $a_k = C(m, k)$，$k = 0, 1, 2, \cdots, m$。那么序列 $\{a_k\}$ 的生成函数是什么？

解 这个序列的生成函数是

$$f(x) = C(m,0) + C(m,1) + C(m,1) x + C(m,2) x^2 + \cdots + C(m,m) x^m$$

由二项式定理可得 $f(x) = (1+x)^m$。 ◀

用生成函数求解计数问题时，通常将其考虑成形式幂级数，即忽略这些级数的收敛问题。但在微积分中，幂级数的收敛有时是很重要的。读者要了解级数的收敛性问题可以参阅相关内容的教材。

下面给出生成函数的性质，设 $\{a_n\}$、$\{b_n\}$、$\{c_n\}$ 是已知序列，它们的生成函数分别为 $A(x)$、$B(x)$、$C(x)$。

1）若 $b_n = \alpha a_n$，α 为常数，则 $B(x) = \alpha A(x)$。

2）若 $c_n = a_n + b_n$，则 $C(x) = A(x) + B(x)$。

3）若 $c_n = \sum_{i=0}^{n} a_i b_{n-i}$，则 $C(x) = A(x) \cdot B(x)$。

4）若 $b_n = \begin{cases} 0, & n < l \\ a_{n-l}, & n \geq l \end{cases}$，则 $B(x) = x^l A(x)$。

5）若 $b_n = a_{n+l}$，则 $B(x) = \dfrac{A(x) - \sum_{n=0}^{l-1} a_n x^n}{x^l}$。

6）若 $b_n = \sum_{i=0}^{n} a_i$，则 $B(x) = \dfrac{A(x)}{1-x}$。

7）若 $b_n = \sum_{i=n}^{\infty} a_i$，且 $A(1) = \sum_{n=0}^{\infty} a_i$ 收敛，则 $B(x) = \dfrac{A(1) - xA(x)}{1-x}$。

8）若 $b_n = \alpha^n a_n$，α 为常数，则 $B(x) = A(\alpha x)$。

9）若 $b_n = n a_n$，则 $B(x) = x A'(x)$，其中 $A'(x)$ 为 $A(x)$ 的导数。

10）若 $b_n = \dfrac{a_n}{n+1}$，则 $B(x) = \dfrac{1}{x}\displaystyle\int_0^x A(x)\,\mathrm{d}x$。

生成函数与序列是一一对应的。下面讨论给定序列 $\{a_n\}$ 或关于 a_n 的递推方程时，求解生成函数 $f(x)$ 的方法。

例 6.2.2 求序列 $\{a_n\}$ 的生成函数 $a_n = 3 \cdot 2^n$。

解 $f(x) = 3 \displaystyle\sum_{n=0}^{\infty} 2^n x^n = 3 \sum_{n=0}^{\infty} (2x)^n = \dfrac{3}{1-2x}$ ◄

如果给定序列 $\{a_n\}$ 的生成函数，如何求 a_n？可将原来的函数化成基本生成函数的表达式之和，然后利用这些基本生成函数的展开式求出 a_n。

例 6.2.3 已知 $\{a_n\}$ 的生成函数为 $f(x) = \dfrac{2+4x-8x^2}{1-2x}$，求 a_n。

解 $f(x) = \dfrac{2+4x-8x^2}{1-2x} = \dfrac{2}{1-2x} + 4x = 2\displaystyle\sum_{n=0}^{\infty} (2x)^n + 4x = \sum_{n=0}^{\infty} 2^{n+1} x^n + 4x$

因此可以得到 $a_n = \begin{cases} 2^{n+1}, & n \neq 1 \\ 2^2 + 4 = 8, & n = 1 \end{cases}$。 ◄

6.2.3 生成函数的应用

生成函数在组合问题中有着广泛的应用。可以通过找相关的生成函数的显示公式来求解递推方程和初始条件的解。

例 6.2.4 求解递推方程 $a_n = 3a_{n-1}$，$n = 1, 2, 3, \cdots$，且初始条件 $a_0 = 2$。

解 设序列 $\{a_n\}$ 的生成函数为 $f(x)$，即 $f(x) = \displaystyle\sum_{n=0}^{\infty} a_n x^n$。首先注意到

$$x f(x) = \sum_{n=0}^{\infty} a_n x^{n+1} = \sum_{n=1}^{\infty} a_{n-1} x^n$$

因此有

$$f(x) - 3x f(x) = \sum_{n=0}^{\infty} a_n x^n - 3\sum_{n=1}^{\infty} a_{n-1} x^n$$

$$= a_0 + \sum_{n=1}^{\infty} (a_n - 3a_{n-1}) x^n$$

$$= 2$$

因为 $n \geqslant 1$ 时有 $a_n = 3a_{n-1}$，且 $a_0 = 2$，所以有

$$f(x) - 3x f(x) = (1-3x) f(x) = 2$$

即

$$f(x) = \frac{2}{1-3x} = 2\sum_{n=0}^{\infty} 3^n x^n = \sum_{n=0}^{\infty} 2 \cdot 3^n x^n$$

所以，$a_n = 2 \cdot 3^n$。　◀

例 6.2.5　应用生成函数的方法找出递推方程 $\begin{cases} a_n = a_{n-1} + 9a_{n-2} - 9a_{n-3}, & n \geqslant 3 \\ a_0 = 0, \ a_1 = 1, \ a_2 = 2 \end{cases}$ 关于 a_n 的显式公式。

解　设序列 $\{a_n\}$ 的生成函数为 $f(x)$，即 $f(x) = \sum_{n=0}^{\infty} a_n x^n$，则

$$-xf(x) = -\sum_{n=0}^{\infty} a_n x^{n+1}$$

$$-9x^2 f(x) = -9\sum_{n=0}^{\infty} a_n x^{n+2}$$

$$9x^3 f(x) = 9\sum_{n=0}^{\infty} a_n x^{n+3}$$

以上四式相加得

$$(1 - x - 9x^2 + 9x^3) f(x) = a_0 + (a_1 - a_0)x + (a_2 - a_1 - 9a_0)x^2$$
$$+ (a_3 - a_2 - 9a_1 + 9a_0)x^3$$
$$+ \cdots + (a_n - a_{n-1} - 9a_{n-2} + 9a_{n-3})x^n + \cdots$$

而由于 $\begin{cases} a_n = a_{n-1} + 9a_{n-2} - 9a_{n-3}, & n \geqslant 3 \\ a_0 = 0, \ a_1 = 1, \ a_2 = 2 \end{cases}$，所以有

$$(1 - x - 9x^2 + 9x^3) f(x) = x + x^2$$

$$f(x) = \frac{x + x^2}{1 - x - 9x^2 + 9x^3}$$

$$= \frac{x + x^2}{(x-1)(3x+1)(3x-1)}$$

$$= \frac{1}{4} \cdot \frac{1}{x-1} - \frac{1}{12} \cdot \frac{1}{3x+1} - \frac{1}{3} \cdot \frac{1}{3x-1}$$

$$= -\frac{1}{4} \cdot \frac{1}{1-x} - \frac{1}{12} \cdot \frac{1}{1+3x} + \frac{1}{3} \cdot \frac{1}{1-3x}$$

又因为

$$\frac{1}{1-x} = 1 + x + x^2 + \cdots = \sum_{n=0}^{\infty} x^n$$

$$\frac{1}{1+3x} = 1 - 3x + 3^2 x^2 + \cdots = \sum_{n=0}^{\infty} (-1)^n (3x)^n$$

$$\frac{1}{1-3x} = 1 + 3x + 3^2 x^2 + \cdots = \sum_{n=0}^{\infty} (3x)^n$$

从而有

$$a_n = -\frac{1}{4} - \frac{1}{12} \cdot (-1)^n 3^n + \frac{1}{3} \cdot 3^n$$

$$= -\frac{1}{4} - \frac{1}{4} \cdot (-1)^n 3^{n-1} + 3^{n-1}$$

$$= \begin{cases} -\dfrac{1}{4} + \dfrac{1}{4} \cdot 3^n, & n \text{ 为偶数} \\[2mm] -\dfrac{1}{4} + \dfrac{5}{4} \cdot 3^{n-1}, & n \text{ 为奇数} \end{cases}$$ ◀

生成函数还可以用于求解计数问题。第 5 章介绍了多重集的 r -组合数。利用生成函数可以计算多重集的 r -组合数。设 $S = \{n_1 \cdot e_1, n_2 \cdot e_2, \cdots, n_k \cdot e_k\}$ 是多重集，S 的 r -组合数就是下面不定方程的非负整数解的个数

$$e_1 + e_2 + \cdots + e_k = r, \quad 0 \leqslant e_i \leqslant n_i, \quad i = 1, 2, \cdots, k$$

具有上述限制的解的个数是函数 $f(x)$ 的展开式中的 x^r 的系数

$$f(x) = (1 + x + \cdots + x^{n_1})(1 + x + \cdots + x^{n_2}) \cdots (1 + x + \cdots + x^{n_k})$$

这是因为，在乘积中得到等于 x^r 的项是通过在第一个和中取项 x^{e_1}，在第二个和中取项 x^{e_2}，在第 k 个和中取项 x^{e_k}，其中 e_i 是非负整数，且 $e_1 + e_2 + \cdots + e_k = r$，$0 \leqslant e_i \leqslant n_i$，$i = 1$，$2$，$\cdots$，$k$。因此展开式中 x^r 的系数恰好是多重集 S 的 r -组合数。

现在来回顾定理 5.2.4，可以将计算具有 n 个元素的集合允许重复的 r -组合数，看作解不定方程 $e_1 + e_2 + \cdots + e_n = r$，$e_i$ 为自然数，它的解的个数是 $C(n+r-1, r)$。可以利用生成函数的方法求解这个问题，从而也给出利用生产函数证明定理 5.2.4 的方法。注意，此时 n 个元素集合中，对每个元素的选择不再有 $0 \leqslant e_i \leqslant n_i$ 的限制条件。此时设生成函数为

$$f(x) = (1 + x + x^2 + \cdots)^n = \frac{1}{(1-x)^n} = \sum_{r=0}^{\infty} \frac{(-n)(-n-1)\cdots(-n-r+1)}{r!}(-x)^r$$

$$= \sum_{r=0}^{\infty} \frac{(-1)^r n(n+1)\cdots(n+r-1)}{r!}(-1)^r x^r$$

$$= \sum_{r=0}^{\infty} \begin{bmatrix} n+r-1 \\ r \end{bmatrix} x^r$$

其中，x^r 的系数是 $N = C(n+r-1, r)$，与定理 5.2.4 的结论一致。

例 6.2.6 口袋中有 3 只红球、4 只白球、5 只黑球，每次从中取出 10 只球，有多少种不同的取法？

解 此问题等价于求多重集 $S = \{3 \cdot \text{红球}, 4 \cdot \text{白球}, 5 \cdot \text{黑球}\}$ 的 10 -组合数 N。

设生成函数

$$f(x) = (1 + x + x^2 + x^3)(1 + x + x^2 + x^3 + x^4)(1 + x + x^2 + x^3 + x^4 + x^5)$$

$$= (1 + 2x + 3x^2 + 4x^3 + 4x^4 + 3x^5 + 2x^6 + x^7)(1 + x + x^2 + x^3 + x^4 + x^5)$$

$$= (1 + \cdots + 3x^{10} + 2x^{10} + x^{10} + \cdots)$$

其中，x^{10} 的系数 6，因此 $N = 6$。 ◀

例 6.2.7 求 $e_1 + e_2 + e_3 = 17$ 的解的个数，其中 e_1、e_2、e_3 是非负整数，且满足 $2 \leqslant e_1 \leqslant 5$、$3 \leqslant e_2 \leqslant 6$、$4 \leqslant e_3 \leqslant 7$。

解 具有上述限制的解的个数是生成函数 $f(x)$ 的展开式中 x^{17} 的系数

$$f(x) = (x^2 + x^3 + x^4 + x^5)(x^3 + x^4 + x^5 + x^6)(x^4 + x^5 + x^6 + x^7)$$

不难看出，在这个乘积中的 y^{17} 的系数是 3。因此，存在 3 个解。

进一步推广，对于某些不定方程，变量的系数不全是 1，而用其他正整数作为系数，即

$$p_1 e_1 + p_2 e_2 + \cdots + p_k e_k = r, \quad e_i \in \mathbf{N}, \quad p_1, p_2, \cdots, p_k \text{ 为正整数}$$

那么也可以使用生成函数的方法求解，对应的生成函数是

$$f(x) = (1 + x^{p_1} + x^{2p_1} + \cdots)(1 + x^{p_2} + x^{2p_2} + \cdots) \cdots (1 + x^{p_k} + x^{2p_k} + \cdots)$$

$f(x)$ 的展开式中 x^r 的系数就是不定方程的解的个数。◄

例 6.2.8 有 1 克砝码 1 个、3 克砝码 3 个、7 克砝码 2 个，问用这 6 个砝码能称出哪些重量，方案有多少种？

解 设 1 克、3 克、7 克砝码分别取的个数为 e_1、e_2、e_3，根据题意列出不定方程如下

$$1e_1 + 3e_2 + 7e_3 = r, \quad 0 \leqslant e_1 \leqslant 1, 0 \leqslant e_2 \leqslant 3, 0 \leqslant e_3 \leqslant 2$$

对应的生成函数为

$$
\begin{aligned}
f(x) &= (1 + x)(1 + x^3 + x^6 + x^9)(1 + x^7 + x^{14}) \\
&= 1 + x + x^3 + x^4 + x^6 + 2x^7 + x^8 + x^9 + 2x^{10} + x^{11} + x^{13} \\
&\quad + 2x^{14} + x^{15} + x^{16} + 2x^{17} + x^{18} + x^{20} + x^{21} + x^{23} + x^{24}
\end{aligned}
$$

这个函数中每一项 x 的指数对应可以称的重量，每一项前面的系数对应每个给定重量可能的称重方案数。由此可知，在重量不超过 24 克的物体中，除了重量为 2 克、5 克、12 克、19 克、22 克的物体不能称之外，其他都能称。而且重量为 7 克、10 克、14 克和 17 克的物体都有两种不同的称重方案。◄

6.2.4 指数型生成函数

前面两节介绍了普通生成函数的定义及其在组合计数问题中的广泛应用，本节将进一步介绍指数型生成函数，可以利用它来解决多重集的排列问题。

定义 6.2.3 设 $\{a_n\}$ 为序列，构造形式幂级数

$$f_e(x) = a_0 + a_1 \frac{x}{1!} + a_2 \frac{x^2}{2!} + \cdots + a_n \frac{x^n}{n!} + \cdots = \sum_{n=0}^{\infty} a_n \frac{x^n}{n!}$$

称 $f_e(x)$ 为 $\{a_n\}$ 的**指数型生成函数**。

和生成函数一样，指数型生成函数也是形式幂级数，x^0、$\dfrac{x}{1!}$、$\cdots$、$\dfrac{x^n}{n!}$、$\cdots$ 只起指示作用。

例 6.2.9 设 $\{a_n\}$ 是序列，求下列数列的指数生成函数 $f_e(x)$。

1）$a_n = P(m, n)$，m 为正整数；

2）$a_n = 1$；

3）$a_n = b^n$。

解 1）$f_e(x) = \sum_{n=0}^{\infty} P(m, n) \dfrac{x^n}{n!} = \sum_{n=0}^{\infty} \dfrac{m!}{n!(m-n)!} x^n = \sum_{n=0}^{\infty} \begin{bmatrix} m \\ n \end{bmatrix} x^n = (1 + x)^m$，可以看出，$(1 + x)^m$ 既是集合组合数序列 $\{C(m, n)\}$ 的普通生成函数，也是集合排列数序列 $\{P(m, n)\}$ 的指数生成函数。

$$2) f_e(x) = \sum_{n=0}^{\infty} 1 \cdot \frac{x^n}{n!} = e^x$$

$$3) f_e(x) = \sum_{n=0}^{\infty} b^n \cdot \frac{x^n}{n!} = \sum_{n=0}^{\infty} \frac{(bx)^n}{n!} = e^{bx} \qquad \blacktriangleleft$$

在 6.3.2 节中介绍的生成函数的性质，其中只有 1)、2)和 8)三条适用于指数型生成函数，其余都不适用。

使用指数生成函数可以求解多重集的排列问题。

定理 6.2.2 设 $S = \{n_1 \cdot e_1, n_2 \cdot e_2, \cdots, n_k \cdot e_k\}$ 为多重集，则 S 的 r-排列数由指数生成函数 $f_e(x)$ 的展开式中 $\dfrac{x^r}{r!}$ 的系数给出

$$f_e(x) = \left(1 + \frac{x}{1!} + \frac{x^2}{2!} + \cdots + \frac{x^{n_1}}{n_1!}\right)\left(1 + \frac{x}{1!} + \frac{x^2}{2!} + \cdots + \frac{x^{n_2}}{n_2!}\right)\cdots\left(1 + \frac{x}{1!} + \frac{x^2}{2!} + \cdots + \frac{x^{n_k}}{n_k!}\right)$$

证明 考查上述指数生成函数展开式中 x^r 的项，它是由 k 个因式的乘积构成的，并具有下述形式

$$\frac{x^{m_1}}{m_1!} \frac{x^{m_2}}{m_2!} \cdots \frac{x^{m_k}}{m_k!}$$

注意，$m_1, m_2, \cdots, m_k$ 满足下述不定方程

$$m_1 + m_2 + \cdots + m_k = r, \qquad 0 \leqslant m_i \leqslant n_i, \ i = 1, 2, \cdots, k$$

即

$$\frac{x^{m_1 + m_2 + \cdots + m_k}}{m_1! \ m_2! \ \cdots m_k!} = \frac{x^r}{r!} \frac{r!}{m_1! \ m_2! \ \cdots m_k!}$$

因此

$$a_r = \sum \frac{r!}{m_1! \ m_2! \ \cdots m_k!}$$

其中，求和是针对满足上述不定方程的一切非负整数解，一个非负整数解对应了 S 的一个子多重集 $\{m_1 \cdot e_1, m_2 \cdot e_2, \cdots, m_k \cdot e_k\}$，即 S 的一个 r-组合，而该组合的全排列数是 $\dfrac{r!}{m_1! \ m_2! \ \cdots m_k!}$，因此 a_r 代表了 S 的所有 r-排列数。 $\blacktriangleleft$

例 6.2.10 由 1、2、3、4 组成的 5 位数中，要求 1 出现不超过 2 次，但不能不出现，2 出现不超过 1 次，3 出现至多 2 次，4 出现偶数次，求这样的 5 位数的个数。

解
$$f_e(x) = \left(\frac{x}{1!} + \frac{x^2}{2!}\right)(1 + x)\left(1 + x + \frac{x^2}{2!}\right)\left(1 + \frac{x^2}{2!} + \frac{x^4}{4!}\right)$$
$$= \left(x + 5\frac{x^2}{2!} + 18\frac{x^3}{3!} + 60\frac{x^4}{4!} + 185\frac{x^5}{5!} + \cdots\right)$$

展开后的 $\dfrac{x^5}{5!}$ 的系数为 185，所以这样的 5 位数有 185 个。 $\blacktriangleleft$

例 6.2.11 用 3 个 1、2 个 2、5 个 3 这 10 个数字能构成多少个偶 4 位数？

解 问题是求多重集 $S = \{3 \cdot 1, 2 \cdot 2, 5 \cdot 3\}$ 的 4-排列数，且要求排列的末尾为 2。因为根据已知条件，只能有 2 为末尾才为偶数，所以可把问题转换为求多重集 $S = \{3 \cdot 1, 1 \cdot 2, 5 \cdot 3\}$ 的 3-排列数。其指数生成函数为

$$f_e(x) = \left(1 + \frac{x}{1!} + \frac{x^2}{2!} + \frac{x^3}{3!}\right)(1+x)\left(1 + x + \frac{x^2}{2!} + \frac{x^3}{3!} + \frac{x^4}{4!} + \frac{x^5}{5!}\right)$$

展开后的 $\frac{x^3}{3!}$ 的系数为 20，所以能组成 20 个四位偶数。 ◀

习题

1. 一个楼梯有 n 级台阶，某人上楼梯时，如果每一步只能跨一级或两级台阶，那么他从地面走到第 n 级台阶共有多少种走法？

2. 一个 $1 \times n$ 的棋盘。若用红、蓝两种颜色之一对每个方格着色，且不允许两个红格相邻，问有多少种涂色方案？

3. 求解下列递推方程。

(1) $\begin{cases} G(n) = 4G(n-1) - 4G(n-2)，n \geqslant 2 \\ G(0) = 0，G(1) = 1 \end{cases}$

(2) $\begin{cases} G(n) = G(n-1) + 9G(n-2) - 9G(n-3)，n \geqslant 3 \\ G(0) = 0，G(1) = 1，G(2) = 2 \end{cases}$

(3) $\begin{cases} G(n) = (n+2)G(n-1)，n \geqslant 1 \\ G(0) = 2 \end{cases}$

4. 有 n 条封闭的曲线，两两相交于两点，并且任意三条都不交于一点，求这 n 条封闭曲线把平面划分成的区域个数。

5. 某银行的投资理财产品，投资期为 20 年，初始投资资金要求为 10000 元，每年得到两份红利，一份是当年账上资金的 20%，另一份是前一年账上资金的 4.5%，在投资期内，不允许取钱。设 a_n 为第 n 年末账上的资金额，求 $\{a_n\}$ 的递推关系，并计算投资期结束(即 20 年)时，账上的资金额。

6. 求解下列递推公式。

(1) $a_n = 3a_{n-1}$，$a_0 = 4$

(2) $a_n = 2a_{n-1} + 5a_{n-2} - 6a_{n-3}$，$a_0 = 7$，$a_1 = -4$，$a_2 = 8$

(3) $a_n = -3a_{n-1} - 3a_{n-2} - a_{n-3}$，$a_0 = 5$，$a_1 = -9$，$a_2 = 15$

7. 求解下列递推方程。

(1) $\begin{cases} G(n) = G(n-1) - n + 3，n \geqslant 1 \\ G(0) = 2 \end{cases}$

(2) $\begin{cases} G(n) = 2G(n-1) + 2n^2 \\ G(1) = 4 \end{cases}$

(3) $\begin{cases} G(n) = 2G(n-1) + 3^n \\ G(1) = 5 \end{cases}$

(4) $\begin{cases} G(n) = -5G(n-1) - 6G(n-2) + 42 \cdot 4^n \\ G(1) = 56，G(2) = 278 \end{cases}$

8. 设 m 是正整数，$a_n = C(m, k)$，$k = 0, 1, 2, \cdots, m$。那么序列 $a_0, a_1, \cdots, a_m$ 的生成函数是什么？

9. 使用生成函数求解下列递推方程。

(1) $\begin{cases} G(n) = 3G(n-1) + 2 \\ G(0) = 1 \end{cases}$

(2) $\begin{cases} G(n) = 5G(n-1) - 6G(n-2) \\ G(0) = 6, \ G(1) = 30 \end{cases}$

10. 把 15 个玩具苹果分给 6 个孩子，如果每个孩子至少得到 1 个但不超过 3 个苹果，使用生成函数确定一共有多少种分法。

11. 确定下列数列的生成函数。

(1) $a_n = (-1)^n$

(2) $a_n = (-1)^n \begin{bmatrix} n \\ \alpha \end{bmatrix}$

(3) $a_n = (-1)^n \dfrac{1}{n!}$

(4) $a_n = c^n$

(5) $a_n = (-1)^n (n+1)$

(6) $a_n = (-1)^n 2^n$

12. 假设某人去银行将一张 100 元的人民币换为低面额的人民币组合，请用生成函数分别求出在下列条件限制下的可兑换方式数。

(1) 用 10 元、20 元和 50 元面额的人民币。

(2) 用 5 元、10 元、20 元和 50 元面额的人民币。

(3) 用 5 元、10 元、20 元和 50 元面额的人民币，且每种纸币至少使用 1 张。

(4) 5 元、10 元和 20 元面额的人民币，且每种纸币至少 1 张、最多 4 张。

13. 用红、黄、蓝、绿四种颜色对 $1 \times n$ 的方格进行着色，要求有偶数个黄色和绿色方格，有多少种不同的着色方案？

14. 确定下列序列的指数生成函数

(1) $a_n = 5^n$

(2) $a_n = \dfrac{1}{n+1}$

15. 设 α 是一实数，对于序列 $a_0, a_1, a_2, \cdots a_n \cdots$，$a_0 = 1$，$a_n = \alpha(\alpha-1)\cdots(\alpha-n+1)$，确定此序列的指数生成函数。

16. 设多重集 $S = \{\infty \cdot b_1, \ \infty \cdot b_2, \ \infty \cdot b_3, \ \infty \cdot b_4\}$，$a_n$ 是 S 的满足以下条件的 n-组合数，且数列 $\{a_n\}$ 的生成函数为 $f(x)$，求 $f(x)$。

(1) 每个 b_i 出现奇数次，$i = 1, 2, 3, 4$。

(2) 每个 b_i 出现 3 的倍数次，$i = 1, 2, 3, 4$。

(2) b_1 不出现，b_2 至多出现 1 次。

(3) 每个 b_i 至少出现 10 次，$i = 1, 2, 3, 4$。

17. 确定由 0~9 十个数字中大于等于 4 的数字组成的数的个数 n，要求其中 4 和 6 每个出现偶数次，5 和 7 每个至少出现一次，数字 8 和 9 无限制。

第四部分

图　论

第7章 图 论

图论研究图的点和线的关系及特点，是研究离散结构及其特性的重要的数学分支，是一类具有广泛实际问题背景的数学模型。

图论的研究起源于伟大的瑞士数学家欧拉(Euler)利用图研究哥尼斯堡七桥问题。哥尼斯堡是俄国的一个小镇，有一些河流流经小镇，河流上总共建了7座桥。小镇的人们关心这样的问题：能不能找到一条行走路线，能够经过所有的桥，并且每座桥只能经过一次。小镇的人们反复尝试也没有找到这样的路线，后来欧拉发现这样的路径是不存在的。欧拉发现这个问题的基本方法就是把这个问题用一个抽象的图来表示，对于河流分割开的四个陆地区域，每一个区域用一个结点来表示，而把桥梁当成连接这些结点的连线。今天，这种表示方法已成为表述许多实际问题的数学语言。现实世界中，许多事物之间的关系可抽象成点及它们之间的联系，都可以用图来描述。比如Internet，每一个结点表示一个路由器，如果两个结点之间有边连接，就表示路由器直接通过光纤连接，这样就可以得到Internet图；再如人类社会关系网络，我们每一个人就是一个结点，两个人如果是朋友关系，那么这两个人之间就有一条边直接相连，这样的图就是社会关系网络图。此外，交通运输、城市规划、信息传递、电路网络、工作调配等都可以用图表示，用图论理论进行分析。

近几十年，图论已应用到运筹学、控制论、信息论、化学、社会学、经济学、计算机科学、工程和管理等许多领域。特别是在计算机科学领域，如开关理论、逻辑设计、数据结构、形式语言、操作系统及计算机网络、网络信息的搜索和挖掘等，图论都起着重要的作用。本章主要介绍图的基本概念、基本理论和基本算法，并应用图论的方法解决实际问题。

7.1 图的基本概念

图论中的图由结点和连接结点的边组成，常用结点表示事务或对象，用结点和结点之间是否有连线表示事务或对象之间是否有某种关系。连接两个结点的边可以是无方向的，也可以是有方向的，如图7.1.1和图7.1.2所示。根据连接结点的边是否有方向，可将图分为无向图和有向图。

7.1.1 无向图和有向图

定义7.1.1 一个无向图可以表示为 $G=(V, E)$，其中 V 是非空有限结点集，称 V 中的元素为结点或顶点；E 是边集，其中的元素是由 V 中的元素组成的无序对，称 E 中的元素为边。

例如，v、w 是集合 V 中的两个元素，e 是关联 v、w 的边，则 e 属于集合 E，可表示为 $e=(v, w)$ 或 $e=(w, v)$，这里的 (v, w) 是无序对，即 $(v, w)=(w, v)$。

定义 7.1.2 一个有向图可以表示为 $D=(V, E)$，其中 V 是非空有限结点集，称 V 中的元素为结点或顶点；E 是有向边集，E 中的元素是由 V 中的元素组成的有序对，称 E 中的元素为有向边。

无向图和有向图的区别是无向图的边没有方向，有向图的边有方向。如 $e=(a, b)$ 是有向图的一条有向边，则有向边 e 的方向是由 a 指向 b。在有向图中，$(b, a) \neq (a, b)$，(b, a) 是一条由 b 指向 a 的有向边。

图 7.1.1 是无向图 $G=(V, E)$。结点集 $V=\{v_1, v_2, v_3, v_4\}$，边集 $E=\{(v_1, v_2), (v_1, v_3), (v_1, v_3), (v_2, v_3), (v_2, v_2)\}$。$(v_1, v_2)$ 对应边 e_1，记 $e_1=(v_1, v_2)$，v_1 和 v_2 是边 e_1 的两个端点，称边 e_1 关联于结点 v_1 和 v_2。

图 7.1.1 中边 e_2 和 e_3 都关联于结点 v_1 和 v_3，所以在边集合中 (v_1, v_3) 出现两次。也就是说，在边集中允许相同的元素重复出现，在一对结点间存在多条边。

定义 7.1.3 在无向图中，如果关联一对结点的边多于一条，则称这些边为**平行边**。如果有边关联于一对结点，则称这对结点是**邻接**的。一条边的两个端点如果关联于同一个结点，则称为**环**。和任何边都不关联的点称为**孤立点**。

图 7.1.1 中，边 e_2 和 e_3 是平行边，边 e_1 关联结点 v_1 和 v_2，称 v_1 和 v_2 是邻接的，边 e_5 的两个结点都是 v_2，边 e_5 是环，v_4 和任何边都不关联，是孤立点。

图 7.1.2 是有向图 $D=(V, E)$。结点集 $V=\{v_1, v_2, v_3, v_4\}$，有向边集 $E=\{(v_1, v_2), (v_1, v_2), (v_1, v_3), (v_3, v_1), (v_2, v_3), (v_4, v_3), (v_4, v_4)\}$。

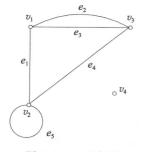

图 7.1.1 无向图

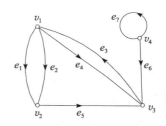

图 7.1.2 有向图

同无向图一样，在有向边集中允许相同的元素重复出现，如在有向边集中 (v_1, v_2) 出现两次。

如果关联一对结点的方向相同的有向边多于一条，则称这些有向边为多重有向边或平行边。如关联于结点 v_1 和 v_2 的两条有向边是平行边，而关联于结点 v_1 和 v_3 的两条有向边方向相反，不是平行边。(v_4, v_4) 称为环。对于有向边 (v_2, v_3)，称 v_2 为**起点**，v_3 为**终点**，v_2 和 v_3 是邻接的。

定义 7.1.4 若 $G=(V, E)$ 为有（无）向图，$|V|=n$，则称 G 为 **n 阶图**。只有结点没有边的图称为零图。1 阶零图称为**平凡图**。结点集为空集的图为**空图**。

定义 7.1.5 平凡图只有一个结点，没有边。在图的定义中规定结点集合 V 为非空集，但在运算中可能产生结点集为空集的运算结果，因此规定结点集为空集的图为**空图**，记为 $\varnothing$。

7.1.2 度的概念

定义 7.1.6 设 $G=(V, E)$ 为一无向图，$v_i \in V$，称所有边和结点 v_i 关联的次数之和为结点 v_i 的**度数**，简称**度**，记作 $d(v_i)$。

在图 7.1.1 中，$d(v_1)=3$，$d(v_2)=4$，$d(v_3)=3$，$d(v_4)=0$。

定义 7.1.7 设 $D=(V, E)$ 为一有向图，$v_i \in V$，以结点 v_i 为起点所关联的边数称为 v_i 的**出度**，记作 $d^+(v_i)$；以结点 v_i 为终点所关联的边数称为 v_i 的**入度**，记作 $d^-(v_i)$。结点 v_i 的总度数是该结点的入度和出度之和，即 $d(v_i)=d^+(v_i)+d^-(v_i)$。

例如，图 7.1.2 中，$d^+(v_1)=3$，$d^-(v_1)=1$，$d^+(v_2)=1$，$d^-(v_2)=2$，$d^+(v_3)=1$，$d^-(v_3)=3$，$d^+(v_4)=2$，$d^-(v_4)=1$。

在无向图 G 中，最大的结点度数称为 G 的最大度，最小的结点度数称为 G 的最小度，分别记为

$$\Delta(G)=\max\{d(v) \mid v \in V(G)\}$$
$$\delta(G)=\min\{d(v) \mid v \in V(G)\}$$

在有向图 D 中，除可类似定义最大度 $\Delta(D)$ 和最小度 $\delta(D)$ 外，还有最大出度 $\Delta^+(D)$、最小出度 $\delta^+(D)$、最大入度 $\Delta^-(D)$、最小入度 $\delta^-(D)$

$$\Delta(D)=\max\{d(v) \mid v \in V(D)\}$$
$$\delta(D)=\min\{d(v) \mid v \in V(D)\}$$
$$\Delta^+(D)=\max\{d^+(v) \mid v \in V(D)\}$$
$$\delta^+(D)=\min\{d^+(v) \mid v \in V(D)\}$$
$$\Delta^-(D)=\max\{d^-(v) \mid v \in V(D)\}$$
$$\delta^-(D)=\min\{d^-(v) \mid v \in V(D)\}$$

可把它们分别简记为 Δ，δ，Δ^+，δ^+，Δ^-，δ^-。

在图 7.1.2 中，$\Delta=4$，$\delta=3$，$\Delta^+=3$，$\delta^+=1$，$\Delta^-=3$，$\delta^-=1$。

在无向图中，每个环提供给它的结点 2 度。在有向图中，每个环提供给它的结点 1 度出度和 1 度入度。

定义 7.1.8 度数为 1 的结点称为**悬挂结点**，它所对应的边称为**悬挂边**。

一个图中，边的数目和结点的数目之间的关系如下。

定理 7.1.1 设图 $G=(V, E)$ 为无向图或有向图，G 有 n 个结点 v_1，v_2，$\cdots$，v_n，e 条边（无向或有向），则图 G 中所有结点的度数之和为边数的两倍，即

$$\sum_{i=1}^{n} d(v_i) = 2e$$

证明 图中任何一条边均有两个端点。在计算各结点的度数之和时，每条边提供 2 度，当然 e 条边共提供 $2e$ 度。这就是各结点的度数之和。◀

这是**图论的基本定理**，又称为**握手定理**。它有一个重要的推论。

推论 任何图（无向的或有向的）中，度数为奇数的结点的个数为偶数。

证明 设 G 为任意图。设 V_1 和 V_2 分别是图 G 中奇数度数和偶数度数的结点集，则

根据握手定理有

$$\sum_{v \in V_1} d(v) + \sum_{v \in V_2} d(v) = \sum_{v \in V} d(v) = 2e$$

由于 $\sum_{v \in V_2} d(v)$ 是偶数之和,必为偶数,而 $2e$ 为偶数,所以 $\sum_{v \in V_1} d(v)$ 也为偶数。可是对于每个 $v \in V_1, d(v)$ 为奇数。只有偶数个奇数之和才能为偶数,所以度数为奇数的结点集合中结点的个数必为偶数。

例如,图 7.1.1 中,度数为奇数的结点有两个: v_1 和 v_3 。

由于有向图的边有方向,每条边为它的起点提供 1 度出度,为它的终点提供 1 度入度,所以有如下定理。

定理 7.1.2 在有向图中,所有结点的入度之和与所有结点的出度之和相等,都等于图中的有向边数。

证明 在有向图中,每条有向边均有一个起点和一个终点。于是在计算图中各结点的出度之和与各结点的入度之和时,每条有向边各提供一个出度和一个入度。当然,e 条有向边共提供 e 个出度和 e 个入度。因此所有结点的入度之和与所有结点的出度之和相等,都等于图中的有向边数 e 。

例如,图 7.1.2 中,$d^+(v_1) + d^+(v_2) + d^+(v_3) + d^+(v_4) = 7$,$d^-(v_1) + d^-(v_2) + d^-(v_3) + d^-(v_4) = 7$,$\sum d^+(v) = \sum d^-(v) = |E| = 7$ 。

设 $V = \{v_1, v_2, \cdots, v_n\}$ 为图的结点集,称 $(d(v_1), d(v_2), \cdots, d(v_n))$ 为 G 的度数序列。一个由自然数构成的序列如恰好是一个图的度数序列,根据握手定理,此序列的各项之和必为偶数。

例 7.1.1 已知图 G 中有 10 个结点,每个结点的度数均为 3,问 G 中有多少条边?为什么?

解 因为所有结点的度数之和为 $3 \times 10 = 30$,所以 $2e = 30$,$e = 15$。G 中有 15 条边。

例 7.1.2 自然数序列 $(3, 3, 2, 2, 1)$ 和 $(4, 2, 2, 1, 1)$ 能作为图的结点的度数序列吗?为什么?

解 在 $(3, 3, 2, 2, 1)$ 中,各个数之和为奇数,由握手定理可知,$(3, 3, 2, 2, 1)$ 不能作为图的结点的度数序列。

$(4, 2, 2, 1, 1)$ 有两个奇数,能找到以 $(4, 2, 2, 1, 1)$ 为结点度数序列的图。图 7.1.3 中的两个图都是以 $(4, 2, 2, 1, 1)$ 为结点度数序列。

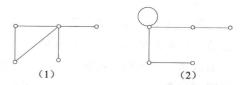

图 7.1.3 以 $(4, 2, 2, 1, 1)$ 为结点度数序列的图

7.1.3 图的分类

定义 7.1.9 设图 $G = (V, E)$ 为无向图或有向图,如果 G 中不含平行边,也不含环,则称为**简单图**。

如图 7.1.4(1) 是一个简单无向图,图 7.1.5(1) 是一个简单有向图。

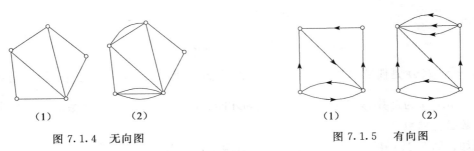

图 7.1.4 无向图   图 7.1.5 有向图

定义 7.1.10 设图 $G=(V, E)$ 为无向图或有向图，如果 G 中含有平行边，则称为**多重图**。

如图 7.1.4(2)是一个无向多重图，图 7.1.5(2)是一个有向多重图。注意，在有向图中，平行边的方向要相同，图 7.1.5(2)中有 3 条边是平行边。

很多实际问题可以建立图模型，下面给出一些图模型。

例 7.1.3 航班路线图。某航空公司每天的航班路线为：1 个航班从 A 市到 B 市，2 个航班从 B 市到 A 市，2 个航班从 B 市到 C 市，1 个航班从 C 市到 B 市，1 个航班从 C 市到 D 市，1 个航班从 D 市到 C 市，2 个航班从 D 市到 B 市。可以用图表示航空公司的航班路线。若对城市之间的每个航班（任何方向）来说，在表示城市的结点之间有边，则航班路线图见图 7.1.6，是一个无向多重图。若对每个航班来说，从表示出发城市的结点到表示终止城市的结点之间有边，则画出的航班路线图是有向多重图，见图 7.1.7。◀

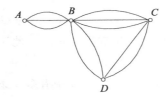   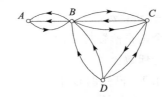

图 7.1.6 无向多重图   图 7.1.7 有向多重图

例 7.1.4 微博关注图。微博是一种通过关注机制分享简短实时信息的广播式社交网络平台，每个用户用一个结点表示，如果用户 a 关注用户 b，则用一条由 a 指向 b 的有向边连接结点 a 和结点 b，这样得到的有向图是微博用户关注关系图。这个模型不需要环和多重边，是一个简单有向图。◀

例 7.1.5 合作关系图。合作关系图可以用来为学术论文的合作者或共同出演一部电影的合作演员建模。在合作图中，结点表示作者或演员，如果两个人合写论文或共同出演一部电影，则用边连接两个人。当只表示是否有合作时，可用一条无向边连接结点，这样的图不包含多重边和环，是简单无向图；如果需要表示出合作的次数，则需要多重无向边，两个人的每一次合作都用一条边表示，因此是无向多重图。◀

定义 7.1.11 设 $G=(V, E)$ 是 n 阶无向简单图，若 G 中任何结点都与其余的 $n-1$ 个结点相邻，则称 G 为 n 阶无向**完全图**，记作 K_n。

设 $G=(V, E)$ 为 n 阶有向简单图，若对于 V 中任意的两个结点 u 和 v，既有有向边 (u, v)，又有有向边 (v, u)，则称 G 是 n 阶有向完全图。

无特别说明时，完全图均指无向完全图。在图 7.1.8 中，(1)为 4 阶无向完全图 K_4，

（2）为 5 阶无向完全图 K_5，（3）为 3 阶有向完全图。

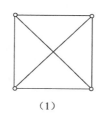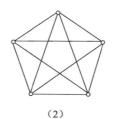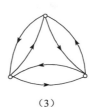

（1）　　　　　　（2）　　　　　　（3）

图 7.1.8　完全图

对于 n 阶无向完全图来说，每个结点的度数为 $n-1$，所有结点的总度数为 $n(n-1)$，根据握手定理，$2e=n(n-1)$，因而，n 阶无向完全图的边数为 $n(n-1)/2$。因为有向完全图的任何一对结点之间都有方向相反的两条有向边，所以 n 阶有向完全图的边数为 $n(n-1)$。

定理 7.1.3　设 G 为任意 n 阶无向简单图，则 $\Delta(G) \leqslant n-1$。

例 7.1.6　判断下列各非负整数列是否是无向简单图的结点度数序列。

1)(5，5，4，4，2，1)

2)(5，4，3，2，2)

3)(3，3，2，2，1，1)

4)(0，0，0，3，3)

5)$(d_1, d_2, \cdots, d_n), d_1 > d_2 > \cdots > d_n \geqslant 1$ 且 $\sum_{i=1}^{n} d_i$ 为偶数

解　1)整数序列(5，5，4，4，2，1)中有 3 个奇数，根据握手定理的推论，(5，5，4，4，2，1)不是图的结点度数序列。

2)整数序列(5，4，3，2，2)的 5 个数中，最大数是 5，根据定理 7.1.3，不是无向简单图的结点度数序列。

3)整数序列(3，3，2，2，1，1)是无向简单图的结点度数序列。图 7.1.9 的两个无向简单图都是以(3，3，2，2，1，1)为结点度数序列。

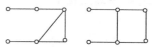

4)不是简单图的结点度数序列。以(0，0，0，3，3)为结点度数序列的图一定有环或平行边。

图 7.1.9　无向简单图

5)序列的最大值 $d_1 > n$，根据定理 7.1.3，不是无向简单图的结点度数序列。　◀

定义 7.1.12　设 G 为 n 阶无向简单图，若 $\forall v \in V(G)$，均有 $d(v)=k$，则称 G 为 **k-正则图**。

根据握手定理，n 阶 k-正则图的边数 $m=nk/2$。因而，当 k 为奇数时，n 为偶数。当 $k=0$ 时，0-正则图就是 n 阶零图。n 阶无向完全图是 $(n-1)$-正则图。

定义 7.1.13　如果图 $G=(V, E)$ 的结点集 $V=\{v_1, v_2, \cdots, v_n\}(n \geqslant 3)$，边集 $E=\{(v_1, v_2), (v_2, v_3), \cdots, (v_{n-1}, v_n), (v_n, v_1)\}$，则称 G 为**环图**，记为 C_n。

图 7.1.10 是环图 C_3，C_4，C_5，C_6。环图都是 2-正则图。

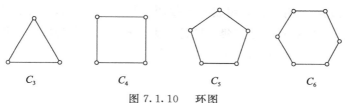

C_3　　　　　C_4　　　　　C_5　　　　　C_6

图 7.1.10　环图

定义 7.1.14   给环图 $C_{n-1}(n \geq 4)$ 添加一个结点，并把这个结点和 C_{n-1} 里的每个结点逐个连接后得到的图称为**轮图**，记作 W_n。图 7.1.11 是轮图 W_4，W_5，W_6，W_7。

  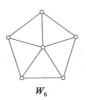

图 7.1.11   轮图

采用环形拓扑的局域网可用环图 C_n 建模，而采用环形拓扑和星形拓扑的混合形式的局域网可用轮图 W_n 建模。

定义 7.1.15   如果图 $G=(V，E)$ 有 2^n 个结点，每个结点表示一个长度为 n 的位串，任何两个相邻的结点表示的位串只有一位不同，则 G 称为 n **方体图**，记作 Q_n。

图 7.1.12 是 Q_1，Q_2，Q_3 图。n 方体图 Q_n 是 n-正则图。

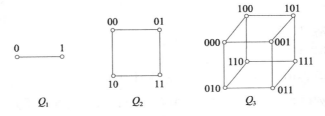

图 7.1.12 $n=1$、2、3 的方体图

定义 7.1.16   如果图 $G=(V，E)$ 的结点集 V 能划分为两个子集 V_1 和 V_2，使每条边有一个端点在 V_1 中，另一个端点在 V_2 中，则称该图为**二分图**（或二部图）。

 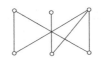

图 7.1.13   二分图

图 7.1.13 的图都是二分图。它的结点集可分成两个集合 V_1 和 V_2，每一条边都连接 V_1 的一个结点和 V_2 的一个结点。

定义 7.1.17   二分图 $G=(V，E)$ 的结点集 V 能划分为两个子集 V_1 和 V_2，若 V_1 中的每个结点和 V_2 中的每个结点均有且仅有一条边相连，则称 G 为**完全二分图**。若 $|V_1|=m$，$|V_2|=n$，则可记为 $K_{m,n}$。图 7.1.14 所示的是 $K_{2,3}$ 和 $K_{3,3}$。

定义 7.1.18   每个结点或每条边都带有数值的图称为**带权图**。

可以用有序三元组或有序四元组表示带权图。如 $G=(V，E，f)$、$G=(V，E，g)$ 或 $G=(V，E，f，g)$，其中 V 是结点集，E 是边集，f 是结点所带的权的集合，g 是边所带的权的集合。图 7.1.15 为一边带权图。

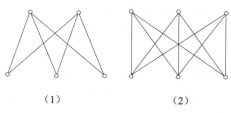

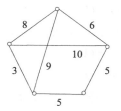

图 7.1.14 完全二分图 $K_{2,3}$ 和 $K_{3,3}$ 　　　图 7.1.15 带权图

7.1.4 子图与补图

定义 7.1.19 设图 $G=(V, E)$。

1)设 $e \in E$，从 G 图中删去边 e 得到的图表示为 $G-e$，称为删除边运算；设 $E_1 \subseteq E$，从 G 图中删去 E_1 的所有边得到的图表示为 $G-E_1$，称为删除边集运算。

2)设 $v \in V$，从 G 图中删去结点 v 及 v 关联的所有边得到的图表示为 $G-v$，称为删除结点运算；设 $V_1 \subseteq V$，从 G 图中删去 V_1 中所有结点及它们关联的所有边得到的图表示为 $G-V_1$，称为删除结点集运算。

3)设 $e=(u, v) \in E$，从 G 图中删去边 e，将 e 的两个端点 u、v 用一个新的结点 w 代替，将 u、v 关联的所有边都关联结点 w，称为边 e 的收缩，记为 $G \setminus e$。

4)设 u，$v \in V$，在 u、v 之间加一条边 (u, v)，称为加新边，表示为 $G \cup (u, v)$（或 $G+(u, v)$）。

在图 7.1.16 中，(1)为图 G，(2)为 $G-e_1$，(3)为 $G-\{e_1, e_4\}$，(4)为 $G-v_3$，(5)为 $G-\{v_1, v_3\}$，(6)为 $G \setminus e_1$。

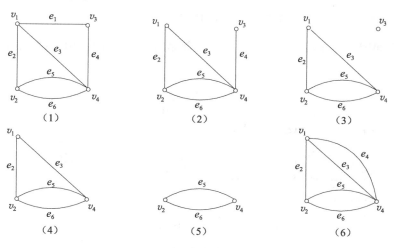

图 7.1.16 图的运算

定义 7.1.20 设 $G=(V, E)$ 和 $G_1=(V_1, E_1)$ 是两个图。

1)若 $V_1 \subseteq V$，且 $E_1 \subseteq E$，则称 G_1 是 G 的**子图**，G 是 G_1 的**母图**，记作 $G_1 \subseteq G$。

2)若 $G_1 \subseteq G$ 且 $G_1 \neq G$（即 $V_1 \neq V$，或 $E_1 \neq E$），则称 G_1 是 G 的**真子图**。

3)若 $G_1 \subseteq G$ 且 $V_1 = V$，则称 G_1 是 G 的**生成子图**。

4）对图 $G=(V，E)$，设 $V_1 \subseteq V$ 且 $V_1 \neq \varnothing$，以 V_1 为结点集，以两端点均在 V_1 中的全体边为边集的 G 的子图，称为 G 的由**结点集 V_1 导出的子图**，记为 $G(V_1)$。

5）对图 $G=(V，E)$，设 $E_1 \subseteq E$ 且 $E_1 \neq \varnothing$，以 E_1 为边集，以 E_1 中边关联的结点的全体为结点集的 G 的子图，称为 G 的由**边集 E_1 导出的子图**，记为 $G(E_1)$。

$G(V-V_1)$ 是 G 的由结点集 $V-V_1$ 导出的子图，也就是在 G 图中删去结点集 V_1 中的所有结点及它们关联的边的 G 的子图，常将 $G(V-V_1)$ 记为 $G-V_1$。$G(E-E_1)$ 是 G 的由边集 $E-E_1$ 导出的子图，是在 G 图中删去边集 E_1 中的所有边及所关联的边都在 E_1 中的结点的 G 的子图。$G-E_1$ 是在 G 图中删去边集 E_1 中的所有边所得到的子图，是边集合为 $E-E_1$ 的生成子图。在删去边集运算时，即使一个结点关联的边都被删去了，该结点仍要保留，不能一起删去，因此边集删去运算的结点集和 G 图的结点集相等。因而要注意区别 $G(E-E_1)$ 和 $G-E_1$。

例如，在图 7.1.17 中，（2）、（3）均为（1）的子图；（3）是生成子图；（2）是结点子集 $\{v_1，v_2，v_4\}$ 的导出子图，也是边子集 $\{e_2，e_3，e_5，e_6\}$ 的导出子图；（3）是边子集 $\{e_1，e_2，e_4，e_5，e_6\}$ 的导出子图。

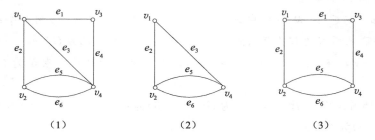

图 7.1.17　无向图 G 和 G 的子图

有向图 G 如图 7.1.18(1)所示，（2）、（3）都是有向图 G 的子图，（2）是有向图 G 的生成子图。

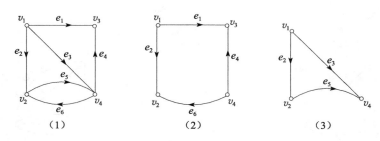

图 7.1.18　有向图 G 和 G 的子图

定义 7.1.21 设 $G=(V，E)$ 是 n 阶无向简单图或有向简单图。以 V 为结点，以所有能使 G 成为完全图需添加的边组成的集合为边集的图，称为 G 相对于完全图的**补图**，简称 G 的**补图**，记作 $\sim G$。

在图 7.1.19 中，（1）是（2）的补图，当然（2）也是（1）的补图，即（1）和（2）互为补图。同理，（3）和（4）互为补图。

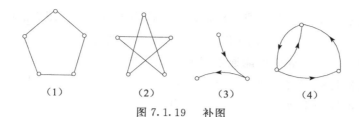

图 7.1.19 补图

例 7.1.7 证明：在任意 6 个人的集会上，总会有 3 个人互相认识或有 3 个人互相不认识（假设认识是相互的）。

证明：把参加集会的每个人作为一个结点，相互认识的人之间连边，可得到一个无向图 G。三个互相认识的人为 G 中的一个 K_3 子图。对图 G 求补图 $\sim G$，则 $\sim G$ 中的边表示两个人不认识。补图 $\sim G$ 中的 K_3 子图表示有三个人互相不认识。因此，这个问题可以转化为证明 6 个结点的无向图 G 或其补图 $\sim G$ 中至少有一个完全子图 K_3。

考虑完全图 K_6，结点 v_1 与其余 5 个结点各有一条边相连，这 5 条边一定有 3 条边在 G 或 $\sim G$ 中。假设有 3 条边在 G 图中，这 3 条边为 $(v_1，v_2)$、$(v_1，v_3)$、$(v_1，v_4)$。对于结点 v_2、v_3、v_4，如果至少存在一条边，如 v_2、v_3 间存在一条边，则在 v_1、v_2、v_3 三个结点都有边连接，构成一个 K_3 子图，即三个人相互认识。若在 G 中 v_2、v_3、v_4 间无边连接，则 v_2、v_3、v_4 在 $\sim G$ 中有边连接，构成 $\sim G$ 中的一个 K_3 子图，即有三个人相互不认识。因此，在任意六个人的集会上，总会有三个人互相认识或互相不认识。 ◄

7.1.5 图的同构

图是表达事物之间关系的工具。在画图时，由于结点位置的不同，边的直、曲不同，同一事物之间的关系可能画出不同形状的图来，然而表面上看起来不一样的图实际上是一样的，因为图论只关心有多少个结点和哪些结点之间有线连接，至于连线的长短、曲直和结点的位置都无关紧要，因而引出了图的同构概念。

定义 7.1.22 设两个图 $G=(V，E)$ 和 $G'=(V'，E')$，如果从 V 到 V' 存在双射函数 f，使得对于任意的 u、$v \in V$，$(u，v) \in E$，当且仅当 $(f(u)，f(v)) \in E'$；如果在 u、v 间存在平行边，则关联于结点 u、v 的平行边数与关联于结点 $f(u)$、$f(v)$ 的平行边数相同，则称 G 与 G' 是**同构**的，记作 $G \cong G'$。

例 7.1.8 如图 7.1.20 所示，存在双射函数使图(1)和图(2)的结点及结点关联的边一一对应，即 $a \rightarrow v_1$、$b \rightarrow v_5$、$c \rightarrow v_3$、$d \rightarrow v_2$、$e \rightarrow v_4$，所以图(1)和图(2)是同构的。 ◄

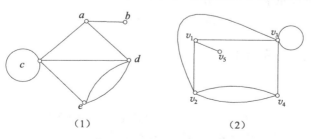

图 7.1.20 同构的图

例 7.1.9　图 7.1.21 所示的图(1)和图(2)不是同构的。因为图中的结点一一对应后，结点相关联的边不能一一对应，两个图之间不存在双射函数。◀

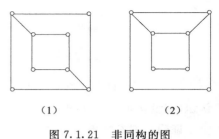

两个图同构，可以理解为可能通过对其中一个图的结点和边重新标记而使之与另一个图完全相同。从直观图形上看，可以理解为在平面上经过平移、旋转和边线长度的伸缩等变换，使两个图重合在一起。因此，同构图在一些参数上必须相同，如结点数、边数等。

图 7.1.21　非同构的图

由此可以总结出判断两个图同构的一些必要条件：

1)结点数相同。

2)边数相同。

3)相同度数的结点数相同。

4)相同长度的回路数相同。

图 7.1.21 所示的两个图满足以上条件 1、2、3，不满足条件 4，这两个图不同构。

例 7.1.10　画出 3 个以 1、1、1、2、2、3 为度数列的非同构的无向简单图。

解　由握手定理，所画图的总度数为 10，有 5 条边，3 个以 1、1、1、2、2、3 为度数列的非同构的无向简单图如图 7.1.22 所示。◀

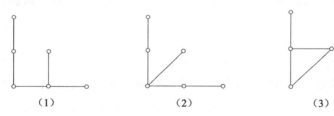

（1）　　　　　　（2）　　　　　　（3）

图 7.1.22　非同构的无向图

定义 7.1.23　如果一个图同构于它的补图，则称此图为**自互补图**。

图 7.1.23 所示的图(1)和图(2)是自互补图。

例 7.1.11　证明：一个图为自互补图，其对应的完全图的边数必为偶数。

证明　设 G 为自互补图，G 有 e 条边，并设 G 对应的完全图的边数为 m，则 G 的补图的边数为 $m-e$。对于自互补图 G，有 $G \cong \sim G$，所以 $e = m - e$，$m = 2e$ 是偶数。◀

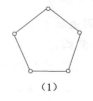

（1）　　　　（2）

图 7.1.23　自互补图

7.2　通路与回路、连通的概念

7.2.1　通路与回路

定义 7.2.1　图 $G = (V, E)$ 中，以 v_0 为起点、v_n 为终点的由结点和边交替出现的序列 $v_0 e_1 v_1 e_2 v_2 \cdots v_{n-1} e_n v_n$ 称为从结点 v_0 到 v_n 的长度为 n 的**通路**。G 是无向图时，其中的边 e_i 的端点是 v_{i-1} 和 $v_i (i = 1, 2, \cdots, n)$；$G$ 是有向图时，其中的有向边 e_i 的起点是 v_{i-1}，

终点是 $v_i (i=1, 2, \cdots, n)$。

若一条通路的起点和终点是同一点，则称它是一条**回路**。若通路中的所有边互不相同，则称它为**简单通路**或**迹**。若回路中的所有边互不相同，则称它为**简单回路**或**闭迹**。若通路中的所有结点互不相同，所有边互不相同，则称它为**基本通路**或**初级通路**、**路径**。若回路中的所有结点互不相同，所有边互不相同，则称它为**基本回路**或**初级回路**、**圈**。

基本通路(回路)一定是简单通路(回路)，反之不然。

一条通路或回路包含的边的数目称为通路或回路的**长度**。如果一条回路的长度为奇(偶)数，则称为奇(偶)回路。

图 7.2.1 中的 $v_1 e_1 v_2 e_9 v_6 e_9 v_2 e_8 v_6 e_7 v_5$ 是从结点 v_1 到 v_5 的长度为 5 的通路，$v_2 e_4 v_4 e_5$ $v_5 e_6 v_2 e_1 v_1 e_{10} v_6$ 是简单通路，$v_2 e_4 v_4 e_5 v_5 e_6 v_2 e_1 v_1 e_{10} v_6 e_9 v_2$ 是简单回路，$v_3 e_3 v_4 e_5 v_5 e_6 v_2 e_1 v_1 e_{10}$ v_6 是基本通路，$v_2 e_1 v_1 e_{10} v_6 e_7 v_5 e_6 v_2$ 是基本回路或圈。

在有向图中要注意边的方向，通路上一条边的终点是这条通路下一条边的起点。如图 7.2.2 中的 $v_1 e_2 v_2 e_5 v_4 e_4 v_3$ 是从结点 v_1 到 v_3 的长度为 3 的通路，$v_1 e_2 v_2 e_5 v_4 e_6 v_2$ 是简单通路，$v_1 e_2 v_2 e_5 v_4 e_4 v_3$ 是基本通路。

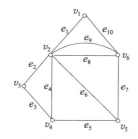

图 7.2.1　无向图中的通路

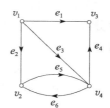

图 7.2.2　有向图中的通路

图的通路和回路可以用边序列表示，当无多重边时，通路和回路还可以用结点序列表示。如图 7.2.2 中的通路 $v_1 e_2 v_2 e_5 v_4 e_4 v_3$ 可以表示为边序列 $e_2 e_5 e_4$ 和节点序列 $v_1 v_2 v_4 v_3$。

定理 7.2.1　在 n 阶图 G 中，若从结点 u 到 $v (u \neq v)$ 存在通路，则从 u 到 v 存在长度小于或等于 $n-1$ 的通路。

证明　设 $u e_1 v_1 e_2 v_2 \cdots e_k v$ 为 G 中从 u 到 v 的长度为 k 的通路，通路上有 $k+1$ 个结点。若通路长度 $k \leqslant n-1$，则定理成立。若 $k > n-1$，该通路上的结点数大于 G 的结点数 n，根据鸽巢原理，必有一个结点在通路上出现两次，即存在 $t, s, 0 \leqslant t \leqslant s \leqslant k$，使得 $v_s = v_t$，因此通路上存在回路。删去回路，至少要删去一条边，得通路 $u e_1 v_1 e_2 v_2 \cdots v_t e_{s+1} \cdots e_k v$ 仍是从 u 到 v 的通路，长度至少减小 1。重复上述过程，经过有限步后，一定能得到从 u 到 v 的长度小于或等于 $n-1$ 的通路。◀

推论　在 n 阶图 G 中，若从结点 u 到 $v (u \neq v)$ 存在通路，则从 u 到 v 存在长度小于或等于 $n-1$ 的基本通路。

类似地，有下面的定理和推论。

定理 7.2.2　在 n 阶图 G 中，若从结点 u 到自身存在回路，则存在从结点 u 到自身的长度

小于或等于 n 的回路。

推论 在 n 阶图 G 中，若从结点 u 到自身存在回路，则一定存在从结点 u 到自身的长度小于或等于 n 的基本回路。

定义 7.2.2 设 u、v 为图 G 中任意两个结点，u、v 之间长度最短的通路称为 u、v 之间的短程线。短程线的长度称为 u、v 之间的距离，记作 $d(u, v)$。当 u、v 不连通时，规定 $d(u, v) = \infty$。

如图 7.2.1 中的 $v_1 e_1 v_2 e_9 v_6 e_9 v_2 e_8 v_6 e_7 v_5$ 是从结点 v_1 到 v_5 的长度为 5 的通路。v_1 到 v_5 的短程线是 $v_1 e_1 v_2 e_6 v_5$，v_1 到 v_5 的距离 $d(v_1, v_5) = 2$。

对图 G 中的任意结点 u、v、w，距离具有如下性质：

1）$d(u, v) > 0$

2）$d(u, u) = 0$

3）$d(u, v) + d(v, w) \geq d(u, w)$

当 G 是无向图时，两个结点间的距离具有对称性，即 $d(u, v) = d(v, u)$。对于有向图则不然，图 7.2.2 中，从结点 v_1 到 v_3 的距离 $d(v_1, v_3) = 1$，而 $d(v_3, v_1) = \infty$，因为从结点 v_3 到 v_1 不存在通路。

例 7.2.1 根据人和人之间的相识关系可以建立相识关系图，每个人用一个结点表示，如果两个人彼此认识，则在这两个人对应的结点之间连接一条边。有一个数学领域的猜想，名为六度分隔理论或小世界理论。六度分隔理论指出：你和任何一个陌生人之间所间隔的人不会超过六个，也就是说，最多通过六个中间人你就能够认识任何一个陌生人。在相识关系图中，这个间隔就是两个结点间长度最短的通路，即它们的距离。

电影演员合作图中的贝肯数（Bacon number）和论文合作关系图中的埃德斯数（Erdös number）也是基于结点间的距离定义的。在好莱坞演员合作图中，当存在边连接两个结点 a 和 b，则这两个演员出演过一部电影，演员 A 的贝肯数定义为连接演员 A 和演员 Kalvin Bacon 的最短通路的长度。表 7.2.1 是 2014 年具有不同贝肯数的演员数（数据来源于 http://oracleofbacon.org/）。在论文合作关系图中，每个结点是一个论文作者，如果两个人合作共同发表过论文，则有一条无向边连接这两个结点。因为埃德斯发表了很多论文，所以定义了埃德斯数。埃德斯的埃德斯数为 0，与他直接合作写论文的人的埃德斯数为 1，与埃德斯数为 1 的人合写论文的人埃德斯数为 2，以此类推。一个数学家的埃德斯数，就是这个数学家对应的结点到埃德斯对应的结点的距离。◄

表 7.2.1

贝肯数	人数
0	1
1	2822
2	327146
3	1132453
4	283932
5	21784
6	2324
7	260
8	20

7.2.2 连通的概念

定义 7.2.3 若无向图 G 是平凡图或 G 中任意两结点间都有一条通路（长度≥1），则称 G 是**连通图**；否则，称 G 是**非连通图**。

如图7.2.3，图(1)是连通图，其中的任何两个结点间有一条通路。图(2)不是连通图，a、b、c、d 中的任一点和 e、f、g 中的任一点间都没有通路。连通图是"一整块"图。非连通图由两"块"或更多"块"图组成。称每一"块"图是一个连通分支。

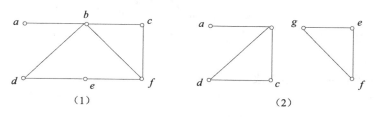

图 7.2.3 连通图与非连通图

在一个无向图中，若从结点 v_i 到 v_j 存在通路，则称 v_i 和 v_j 有**连通关系**。一个结点 v_i 和自己有连通关系。显然，无向图中结点的连通关系具有自反性、对称性和传递性，是等价关系。

设 $G=(V，E)$ 是一个无向图。R 是结点集 V 上的连通关系。由 R 可将结点集 V 划分成 $p(p \geqslant 1)$ 个等价类 V_1、V_2、$\cdots$、V_p。每个等价类中的结点都彼此连通，不同等价类中的两个结点都不连通。它们的导出子图 $G(V_1)$，$G(V_2)$，$\cdots$，$G(V_p)$ 称为 G 的**连通分支**，简称分支，其个数记作 $W(G)$。若 G 是连通的，则 $W(G)=1$。如图 7.2.3 的图(2)有两个连通分支，所以 $W(G)=2$。

定理 7.2.3 设简单图 $G=(V，E)$ 有 n 个结点，e 条边，w 个连通分支，则 $n-w \leqslant e$。

证明 （用归纳法来证明）

1）当 $e=0$ 时，也就是对于 n 个结点的零图，$w=n$，则 $n-w \leqslant e$ 成立。

2）假设边数为 $e-1$ 的简单图结论成立。对于边数为 e 的简单图 G，从 G 中删去一条边，得到边数为 $e-1$ 的简单图 G'。分两种情况分析。

情况 1 删去一条边的图 G' 的连通分支数没有增加，即 G' 有 n 个结点，w 个分支，$e-1$ 条边，由归纳假设有 $n-w \leqslant e-1$，所以 $n-w \leqslant e$ 成立。

情况 2 删去一条边的图 G' 的连通分支数增加，即 G' 有 n 个结点，$w+1$ 个分支，$e-1$ 条边，由归纳假设有 $n-(w+1) \leqslant e-1$，所以 $n-w \leqslant e$ 成立。

当图 G 是连通图时，$w=1$，则 $n-1 \leqslant e$，即连通图至少有 $n-1$ 条边。 ◄

定义 7.2.4 设无向图 $G=(V，E)$，若存在结点子集 $V_1 \subset V$，使 G 的由 $V-V_1$ 导出的子图 $G-V_1$ 的连通分支数与 G 的连通分支数满足 $W(G-V_1)>W(G)$，而对于任何 $V_2 \subset V_1$，$W(G-V_2)=W(G)$，则称 V_1 为 G 的一个**点割集**。若点割集中只有一个结点 v，则称 v 为**割点**。

若存在边集的子集 E_1，将 E_1 中的边从 G 中全部删除后，所得子图 $G-E_1$ 的连通分支数与 G 的连通分支数满足 $W(G-E_2)>W(G)$，而对于任何 $E_2 \subset E_1$，$W(G-E_1)=W(G)$，则称 E_1 是 G 的一个**边割集**（或**割集**），若边割集中只有一条边 e，则称 e 为**割边**或**桥**。

在图 7.2.4(1)中，$\{b，c\}$ 是点割集，$\{e_4，e_2，e_3，e_7\}$ 是边割集，图 7.2.4(2)中的结

点 b 和结点 g 都是割点，边 (b, g) 是桥。

例 7.2.2 试证明 $2n$ 个城市，如果每个城市至少可以和另外 n 个城市相互直航，那么这 $2n$ 个城市中任何两个城市之间可互相通航（有些可能要通过另外的城市中转）。

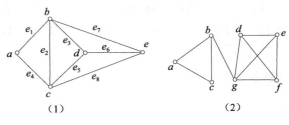

图 7.2.4 无向图

分析：每个城市用一个结点表示。若两个城市可以直航，在这两个城市对应的结点之间连一条边。如果一个城市可以和另外 n 个城市直航，则该城市对应的结点的度数为 n。因此，这个问题可以用一个有 $2n$ 个结点，每个结点的度数 $\geqslant n$ 的简单图表示。$2n$ 个城市中，任何两个城市之间可互相通航，即表明图是连通的。因此，需要证明对于 $2n$ 个结点，每个结点的度数 $\geqslant n$ 的简单图是连通的。

证明 设有 $2n$ 个结点的图 G 不连通，则 G 中至少包含两个连通分支，而且必有一个分支的结点数 $\leqslant n$，即使这个分支是完全图，其每个结点的度数 $d(v) \leqslant n-1$，和 $d(v) \geqslant n$ 矛盾。所以图 G 只有一个连通分支，G 是连通的。 ◀

定义 7.2.5 设 $G=(V, E)$ 是一个有向图，对 G 中任意两个结点 u 和 v，若从 u 到 v 存在通路，则称由 u 到 v 是**可达**的，否则称由 u 到 v 是不可达的。若从 u 到 v 存在通路，且从 v 到 u 存在通路，则称 u 和 v 是相互可达的。规定一个结点到自己总是可达的。

有向图的结点之间的可达关系具有自反性和传递性，不具有对称性。

如图 7.2.5 所示的有向图中，v_2 到 v_3 是可达的，而 v_3 到 v_2 也是可达的，因而 v_2 和 v_3 是相互可达的。v_1 到 v_2 是可达的，而 v_2 到 v_1 是不可达的，结点之间的可达关系不具有对称性。

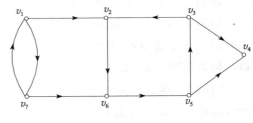

图 7.2.5 有向图

定义 7.2.6 设 $G=(V, E)$ 是有向图。

1)如果图 G 的任意两个结点间至少从一个结点到另一个结点是可达的，则称 G 是**单向连通**的。

2)如果图 G 的任意两个结点间是互相可达的，则称 G 是**强连通**的。

3)如果图 G 在略去有向边的方向后得到的无向图是连通的，则称 G 是**弱连通**的。

具有三种连通性中的任何一种的有向图都称为**有向连通图**。

由上述定义可知，对有向图来说，如果它是强连通的，一定是单向连通的；如果它是单向连通的，一定是弱连通的。但这两个命题的逆均不成立。

例 7.2.3 图 7.2.6 中哪个是强连通图？哪个是弱连通图？哪个是单向连通图？

解 在图(1)中任何两个结点都是相互可达的，所以图(1)为强连通图；图(2)中任意两个结点间至少从一个结点到另一个结点是可达的，因此图(2)为单向连通图；图(3)中存在一对结点是互相不可达的，所以图(3)是弱连通图。 ◀

对于有向图 $G=(V, E)$，相互可达关系是 V 上的满足自反性、对称性和传递性的二元关系，是等价关系。利用相互可达关系可将结点集 V 划分为等价类 V_1，V_2，…，V_w，每个 V_i 的任两个结点都是互相可达的。所以每个 V_i 导出的子图 G_i 是强连通的，称为 G 的一个**强分图**。如图 7.2.7 中的结点集由互相可达关系划分为 $V_1=\{v_1, v_7\}$、$V_2=\{v_2,$ $v_3, v_5, v_6\}$、$V_3=\{v_4\}$，所以 G 有 3 个强分图，如图 7.2.7 所示。

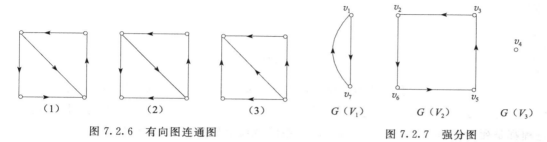

图 7.2.6　有向图连通图　　　　　　　　　　图 7.2.7　强分图

有向图中每个结点位于且仅位于一个强分图中，每一条边至多在一个强分图中。

下面给出强连通图的判别定理。

定理 7.2.4　有向图 G 是强连通的当且仅当 G 中存在经过每个结点的回路。

证明　（充分性）如果 G 中存在经过每个结点的回路 C，则 G 中每个结点都在回路 C 上，因而任意两个结点都是相互可达的，所以 G 是强连通图。

（必要性）设 v_1，v_2，…，v_n 为 G 中的结点。若 G 是连通图，则 G 中任意两个结点间相互可达，因而 v_i 到 v_{i+1} 可达，$i=1$，2，…，$n-1$，并且 v_n 到 v_1 可达，也就是 v_i 到 v_{i+1} 间存在通路，$i=1$，2，…，$n-1$，并且 v_n 到 v_1 间存在通路。这些通路可以连接起来形成回路 C，这个回路经过图 G 的每个结点。　◄

例 7.2.4　计算机系统中可以同时执行多个程序，程序共享计算机系统中的资源，操作系统负责把资源分配给各个程序。当一个程序要求使用某种资源时，要发出请求，操作系统必须保证这一请求得到满足。对资源的请求可能发生冲突，如程序 A 控制着资源 1，请求资源 2；但程序 B 控制着资源 2，请求资源 1，这种情况称为死锁状态。冲突的请求必须解决，资源分配图有助于发现和纠正死锁。

资源分配图是有向图 $G=(V, E)$，其中 V 是顶点的集合，E 是边的集合。顶点集合分为两部分：$P=\{P_1, P_2, …, P_n\}$，它由进程集合的所有活动进程组成；$R=\{r_1, r_2, …, r_m\}$，它由进程集合所涉及的全部资源类型组成。边集合分为以下两种：申请边 (P_i, r_j)，表示进程 P_i 申请一个单位的 r_j 资源，但当前 P_i 在等待该资源；赋给边 (r_j, P_i)，表示有一个单位的 r_j 资源已分配给进程 P_i。

图 7.2.8 是两个资源分配图 G_1 和 G_2。在图 G_1 中，$P=\{P_1, P_3\}$，$R=\{r_1, r_2\}$，且各类资源的个数都是 1，$E=\{(P_1, r_1), (P_3, r_2), (r_1, P_3), (r_2, P_1)\}$，即进程 P_1 占有一个 r_2 资源，且等待一个 r_1 资源；进程 P_3 占有一个 r_1 资源，且等待一个 r_2 资源。在图 G_2 中，$P=\{P_1, P_2, P_3, P_4\}$，$R=\{r_1, r_2\}$，且各类资源的个数都是 2，$E=\{(P_1, r_1), (P_3, r_2), (r_1, P_3), (r_2, P_1), (r_1, P_2), (r_2, P_4)\}$，即进程 P_1 占有一个 r_2 资源，且等待一个 r_1 资源；进程 P_2 占有一个 r_1 资源，进程 P_3 占有一个 r_1 资源，且等待一个 r_2 资源，

进程 P_4 占有一个 r_2 资源。

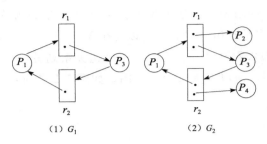

图 7.2.8 资源分配图

利用资源分配图可以发现死锁。对每种类型只有一个资源的系统(如只有一台扫描仪,一台 CD 刻录机)构造的资源分配图中,如果出现回路就说明存在死锁。在此环路中的每个进程都是死锁进程。如果没有出现回路,系统就没有发生死锁。例如,图 G_1 中有一个回路,所以是死锁状态。如果每类资源的实体不只一个,那么资源分配图中出现回路并不表明一定出现死锁。在这种情况下,资源分配图中存在回路是死锁存在的必要条件,但不是充分条件。图 G_2 也有一个回路 $P_1 r_1 P_3 r_2 P_1$,然而没有出现死锁。因为进程 P_2 和 P_4 能释放占有的资源 r_1 和 r_2,然后就可以将 r_1 和 r_2 分给 P_1 和 P_3,这样环路就打开了。总之,如果资源分配图中没有回路,那么系统就不会陷入死锁状态。如果存在回路,那么系统就有可能出现死锁。

7.3 图的表示

图的表示方法很多,如前面讨论的,可以用集合的方法描述图,或直接画出图,还可以用列出结点的邻接结点的邻接表来表示图。为了方便用计算机分析和处理图,常用矩阵表示图,用矩阵把图的问题变为数字计算问题,利用矩阵代数来计算图的通路、回路和其他特征,借助计算机来实现图的研究。下面介绍常用的表示图的方法。

7.3.1 邻接表

定义 7.3.1 列出图的每一个结点和它的所有邻接结点的表称为邻接表。

可以用邻接表表示不带多重边的图。

例 7.3.1 用邻接表表示图 7.3.1 所示的无向简单图。

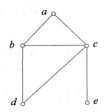

图 7.3.1 无向简单图

表 7.3.1 无向简单图的邻接表

结点	邻接结点
a	b, c
b	a, c, d
c	a, b, d, e
d	b, c
e	c

例 7.3.2 用邻接表表示图 7.3.2 所示的有向图。

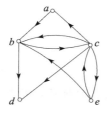

图 7.3.2 有向图

表 7.3.2 有向图的邻接表

起点	终点
a	b
b	$c,\ d$
c	$a,\ b,\ d,\ e$
d	
e	$b,\ c$

7.3.2 邻接矩阵

定义 7.3.2 设图 $G=(V,\ E)$ 是有向图, $V=\{v_1,\ v_2,\ \cdots,\ v_n\}$, G 的邻接矩阵为 $A(G)=(a_{ij})_{n\times n}$, 其中

$$a_{ij}=\begin{cases} k, & \text{如果以 } v_i \text{ 为起点、} v_j \text{ 为终点的边有 } k \text{ 条} \\ 0, & \text{如果无以 } v_i \text{ 为起点、} v_j \text{ 为终点的边} \end{cases}$$

例 7.3.3 如图 7.3.3 所示的有向图 G, 写出它的邻接矩阵。

解 邻接矩阵为

$$\begin{bmatrix} 0 & 2 & 1 & 1 & 0 \\ 0 & 1 & 0 & 0 & 0 \\ 0 & 1 & 0 & 1 & 0 \\ 0 & 0 & 1 & 0 & 0 \\ 0 & 0 & 0 & 0 & 0 \end{bmatrix}$$

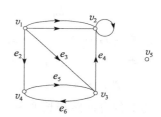

图 7.3.3 有向图 G

用邻接矩阵表示图时, 也要先对结点排序, 然后按结点顺序标记矩阵的行和列。因此, 结点的顺序不同, 邻接矩阵也不同。有 n 个结点的图有 $n!$ 个不同的邻接矩阵, 因为 n 个结点有 $n!$ 个不同的排列顺序。

从有向图的邻接矩阵可以看出:

1)邻接矩阵的第 i 行的所有元素之和表示这一行对应结点 v_i 的出度, 即

$$\sum_{j=1}^{n} a_{ij} = d^{+}(v_i)$$

邻接矩阵的第 j 列的所有元素之和表示这一列对应结点 v_j 的入度, 即

$$\sum_{i=1}^{n} a_{ij} = d^{-}(v_j)$$

于是 $\sum_{i=1}^{n}\sum_{j=1}^{n} a_{ij} = \sum_{i=1}^{n} d^{+}(v_i) = \sum_{j=1}^{n} d^{-}(v_j) = m$, 即邻接矩阵的所有元素之和等于所有结点的出度之和、入度之和, 等于边数。

2) 设 $\boldsymbol{A}^2 = \boldsymbol{A}\cdot\boldsymbol{A} = (a_{ij}^{(2)})_{n\times n}$, $a_{ij}^{(2)} = \sum_{k=1}^{n} a_{ik}a_{kj}$。若 $a_{ik}a_{kj}\neq 0$, 即 $a_{ik}\neq 0$ 且 $a_{kj}\neq 0$, 则存

在从 v_i 到 v_k 到 v_j 的长度为 2 的有向路,其数目等于 $a_{ik}a_{kj}$。所以 $a_{ij}^{(2)}$ 是从 v_i 到 v_j 的长度为 2 的所有有向路的数目,这里的有向路的边可能重复。

3)孤立点对应的行和列都为 0。

4)主对角线的元素不为 0 表示对应的结点有环。

定理 7.3.1 设 A 是有向图 $G=(V,E)$ 的邻接矩阵,$V=\{v_1,v_2,\cdots,v_n\}$,$A^k=(a_{ij}^{(k)})_{n\times n}$,则 $a_{ij}^{(k)}$ 表示 G 中从 v_i 到 v_j 的长度为 k 的所有有向路的数目,其中 $a_{ii}^{(k)}$ 是从 v_i 到自身的长度为 k 的所有回路的数目。

证明 用归纳法证明,对 k 作归纳。

1)当 $k=1$ 时,由邻接矩阵的定义知结论成立。

2)设 $k=m$ 时,结论成立。

3)当 $k=m+1$ 时,有 $(a_{ij}^{(k)})_{n\times n}=A^{m+1}=A^m\cdot A$,从而 $a_{ij}^{(m+1)}=\sum_{p=1}^{n}a_{ip}^{(m)}a_{pj}$。显然 $a_{ip}^{(m)}a_{pj}$ 等于从 v_i 出发经 v_p 到 v_j 的长度为 $m+1$ 的有向路的数目。由于 p 的任意性,$a_{ij}^{(m+1)}$ 等于 G 中从 v_i 到 v_j 的长度为 $m+1$ 的所有有向路的数目。◄

推论 设矩阵 $B_l=A+A^2+\cdots+A^l$,则 B_l 中的元素

$$b_{ij}^{(l)}=a_{ij}^{(1)}+a_{ij}^{(2)}+\cdots+a_{ij}^{(l)}=\sum_{k=1}^{l}a_{ij}^{(k)}$$

表示图 G 中从结点 v_i 到 v_j 的长度小于等于 l 的所有通路的总数。其中 $b_{ii}^{(l)}$ 是从 v_i 到自身的长度小于等于 l 的所有回路的总数目。

例 7.3.4 对图 7.3.4 所示的有向图,从结点 v_1 到 v_3 的长度为 2 的有向路和长度为 3 的有向路各有几条?所有长度为 3 的有向路有几条?

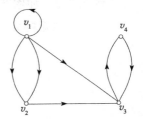

图 7.3.4 有向图

解 图 7.3.4 的邻接矩阵为

$$A(D)=\begin{bmatrix}1&2&1&0\\0&0&1&0\\0&0&0&1\\0&0&1&0\end{bmatrix},\quad A^2(D)=\begin{bmatrix}1&2&3&1\\0&0&0&1\\0&0&1&0\\0&0&0&1\end{bmatrix},\quad A^3(D)=\begin{bmatrix}1&2&4&3\\0&0&1&0\\0&0&0&1\\0&0&1&0\end{bmatrix}$$

根据矩阵 $A^2(D)$,v_1 到 v_3 的长度为 2 的有向路有 3 条;根据矩阵 $A^3(D)$,v_1 到 v_3 的长度为 3 的有向路有 4 条,所有长度为 3 的有向路的数目是矩阵 $A^3(D)$ 的所有元素之和,因此共有 $1+2+4+3+1+1+1=13$ 条有向路。◄

邻接矩阵也可以用来表示无向图。

定义 7.3.3 设图 $G=(V,E)$ 是无向图,$V=\{v_1,v_2,\cdots,v_n\}$,G 的邻接矩阵为 $A(G)=(a_{ij})_{n\times n}$,其中

$$a_{ij}=\begin{cases}k,&\text{如果关联于 }v_i\text{ 和 }v_j\text{ 的边有 }k\text{ 条}\\0,&\text{如果不存在关联于 }v_i\text{ 和 }v_j\text{ 的边}\end{cases}$$

例 7.3.5 写出图 7.3.5 所示的无向图 G 的邻接矩阵。

解 邻接矩阵为

$$A(G) = \begin{bmatrix} 0 & 2 & 1 & 0 \\ 2 & 0 & 1 & 0 \\ 1 & 1 & 1 & 0 \\ 0 & 0 & 0 & 0 \end{bmatrix}$$

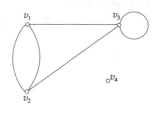

图 7.3.5 无向图

显然，无向图的邻接矩阵是关于主对角线对称的矩阵。主对角线的元素不为 0 表示对应的结点有环。当无向图是简单图时，邻接矩阵是 0-1 矩阵。当结点顺序发生变化时，同一个图的邻接矩阵也随着发生变化。有 n 个结点的图可以用 $n!$ 个不同的邻接矩阵表示。

无向图的邻接矩阵的特性类似于有向图的邻接矩阵的特性，当无向图的邻接矩阵的第 i 行对应的结点 v_i 没有环时，该行的所有元素之和是结点 v_i 的度数；无向图的邻接矩阵 A 的 2 次幂 A^2 的元素 $a_{ij}^{(2)}$ 是从 v_i 到 v_j 的长度为 2 的所有通路的数目，A^k 中的元素 $a_{ij}^{(k)}$ 等于从结点 v_i 到 v_j 的长度为 k 的所有通路的数目。

根据给定的邻接矩阵可以画出这个矩阵所表示的图。

例 7.3.6 画出给定的邻接矩阵所表示的图。

$$1) \begin{bmatrix} 0 & 1 & 1 \\ 1 & 0 & 0 \\ 1 & 0 & 0 \end{bmatrix} \qquad 2) \begin{bmatrix} 0 & 1 & 1 & 1 \\ 1 & 0 & 0 & 1 \\ 0 & 0 & 0 & 1 \\ 1 & 1 & 1 & 0 \end{bmatrix}$$

解 邻接矩阵 1)所表示的图见图 7.3.6，可以是无向图 7.3.6(1)或有向图 7.3.6(2)。邻接矩阵 2)所表示的图见图 7.3.7。

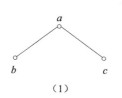
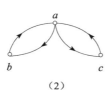

图 7.3.6 邻接矩阵 1)表示的图

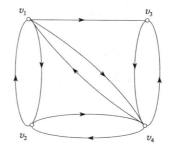

图 7.3.7 邻接矩阵 2)表示的图

注意，当给定一个邻接矩阵是关于主对角线对称的矩阵时，它可以表示一个无向图，也可以表示一个有向图。

设图 $G=(V, E)$，$|V|=n$，A 是 G 的邻接矩阵。根据定理 7.3.1 的推论，$B_n = A^1 + A^2 + \cdots + A_n$，则 b_{ij}^n 的值等于 G 中从结点 v_i 到 v_j 的长度小于等于 n 的所有通路的总数。根据定理 7.2.1，在 n 个结点的图 G 中，若有从结点 v_i 到 v_j 的通路，则必有一条从 v_i 到 v_j 的长度不超过 n 的通路。因而，$b_{ij}^n \neq 0$ 时，结点 v_i 到 v_j 间存在通路。若 $b_{ii}^n \neq 0$，结点 v_i 到自己存在回路。因此，可以通过邻接矩阵的运算判断图的连通性，这种方法可用于判断程

序的某过程是否是递归的。

例 7.3.7 判定下面的邻接矩阵 A 所表示的图 G 是否强连通图。

$$A = \begin{bmatrix} 0 & 1 & 1 \\ 0 & 0 & 1 \\ 0 & 1 & 0 \end{bmatrix}$$

解 $A^2 = \begin{bmatrix} 0 & 1 & 1 \\ 0 & 1 & 0 \\ 0 & 0 & 1 \end{bmatrix}$, $A^3 = \begin{bmatrix} 0 & 1 & 1 \\ 0 & 0 & 1 \\ 0 & 1 & 0 \end{bmatrix}$。

所以，$B_3 = A + A^2 + A^3 = \begin{bmatrix} 0 & 3 & 3 \\ 0 & 1 & 2 \\ 0 & 2 & 1 \end{bmatrix}$。

因为 B_3 中存在为 0 的元素，所以图 G 不是强连通图，见图 7.3.8。◀

一般认为，当图的边数较少时，该图属于稀疏图，反之则是稠密图。使用邻接矩阵表示法的优点在于可以很快判断两个给定结点是否存在连接边，缺点在于当要表示的图是稀疏图时，有大量的空间会被浪费。邻接表表示方式的优点在于节省空间，缺点在于判断两个给定结点是否存在连接时，需要遍历其中某个结点的邻接表，效率较低。社交网络一般属于稀疏图结构，常使用邻接表表示，可以节省大量空间，提高空间利用率；对于一些不需要快速判断两个给定结点是否存在连接边的算法也可以用邻接表表示图。

例 7.3.8 判断图 7.3.9 的两个图是否同构。

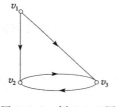
图 7.3.8 例 7.3.7 图

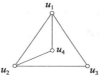
图 7.3.9 例 7.3.8 图

解 图 7.3.9 的两个图的邻接矩阵为

$$A_1 = \begin{bmatrix} 0 & 1 & 1 & 1 \\ 1 & 0 & 1 & 1 \\ 1 & 1 & 0 & 0 \\ 1 & 1 & 0 & 0 \end{bmatrix}, \quad A_2 = \begin{bmatrix} 0 & 1 & 1 & 1 \\ 1 & 0 & 1 & 0 \\ 1 & 1 & 0 & 1 \\ 1 & 0 & 1 & 0 \end{bmatrix}$$

将矩阵 A_2 的第 2 行元素和第 3 行元素交换，得到矩阵 A_2'，然后将矩阵 A_2' 的第 2 列元素和第 3 列元素交换，得到矩阵 A_2''，分别如下

$$A_2' = \begin{bmatrix} 0 & 1 & 1 & 1 \\ 1 & 1 & 0 & 1 \\ 1 & 0 & 1 & 0 \\ 1 & 0 & 1 & 0 \end{bmatrix}, \quad A_2'' = \begin{bmatrix} 0 & 1 & 1 & 1 \\ 1 & 0 & 1 & 1 \\ 1 & 1 & 0 & 0 \\ 1 & 1 & 0 & 0 \end{bmatrix}$$

矩阵 A_2'' 和矩阵 A_1 相同，所以图 7.3.9 的两个图同构。◀

两个图同构，则它们的邻接矩阵相同，或对其中一个邻接矩阵的行和列同时进行调整后相同。如例 7.3.8，对矩阵 $\boldsymbol{A}_2$，交换第 2 行和第 3 行，同时交换第 2 列和第 3 列后，两个图的矩阵相同。

7.3.3 可达矩阵

定义 7.3.4 设图 $G=(V,E)$ 是有向图，$V=\{v_1,v_2,\cdots,v_n\}$，$\boldsymbol{A}$ 是 G 的邻接矩阵，$\boldsymbol{B}^n=(b_{ij})_{n\times n}=\boldsymbol{A}+\boldsymbol{A}^2+\cdots+\boldsymbol{A}^n$，则 G 的可达矩阵为 $\boldsymbol{P}(G)=(p_{ij})_{n\times n}$，$i,j=1,2,\cdots,n$，其中

$$p_{ij}=\begin{cases}1, & b_{ij}\neq 0\\0, & b_{ij}=0\end{cases},\quad i\neq j$$

$$p_{ij}=1,\qquad i=j$$

例 7.3.9 写出图 7.3.8 的可达矩阵。

解 对于图 7.3.8，$\boldsymbol{B}_3=\boldsymbol{A}+\boldsymbol{A}^2+\boldsymbol{A}^3=\begin{bmatrix}0 & 3 & 3\\0 & 1 & 2\\0 & 2 & 1\end{bmatrix}$，所以可达矩阵为

$$\boldsymbol{P}=\begin{bmatrix}1 & 1 & 1\\0 & 1 & 1\\0 & 1 & 1\end{bmatrix}$$

◀

对可达矩阵 $\boldsymbol{P}$ 求转置 $\boldsymbol{P}^{\mathrm{T}}$，$\boldsymbol{P}^{\mathrm{T}}$ 中 (i,j) 的元素为 p_{ij}^{T}，定义一个矩阵 $\boldsymbol{P}\wedge\boldsymbol{P}^{\mathrm{T}}$，使得其 (i,j) 的元素为 $p_{ij}p_{ij}^{\mathrm{T}}$，于是矩阵 $\boldsymbol{A}\wedge\boldsymbol{A}^{\mathrm{T}}$ 的第 i 行的"1"对应的结点组成一个含有结点 v_i 的强连通分支。

例如，对图 7.3.8 的可达矩阵 $\boldsymbol{P}$ 求转置矩阵 $\boldsymbol{P}^{\mathrm{T}}$ 和矩阵 $\boldsymbol{P}\wedge\boldsymbol{P}^{\mathrm{T}}$

$$\boldsymbol{P}^{\mathrm{T}}=\begin{bmatrix}1 & 0 & 0\\1 & 1 & 1\\1 & 1 & 1\end{bmatrix},\quad \boldsymbol{P}\wedge\boldsymbol{P}^{\mathrm{T}}=\begin{bmatrix}1 & 0 & 0\\0 & 1 & 1\\0 & 1 & 1\end{bmatrix}$$

矩阵 $\boldsymbol{P}\wedge\boldsymbol{P}^{\mathrm{T}}$ 的第 2 行的两个"1"表明结点 v_2 和 v_3 是一个强连通分支。

7.3.4 关联矩阵

定义 7.3.5 设图 $G=(V,E)$ 是无环的有向图，$V=\{v_1,v_2,\cdots,v_n\}$，$E=\{e_1,e_2,\cdots,e_m\}$，则 G 的关联矩阵 $\boldsymbol{M}(G)=(m_{ij})_{n\times m}$，其中

$$m_{ij}=\begin{cases}1, & v_i \text{ 是 } e_j \text{ 的起点}\\-1, & v_i \text{ 是 } e_j \text{ 的终点}\\0, & v_i \text{ 与 } e_j \text{ 不关联}\end{cases}$$

例 7.3.10 写出图 7.3.10 的关联矩阵。

解 图 7.3.10 的关联矩阵为

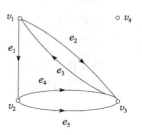

图 7.3.10 有向图

$$M(G) = \begin{bmatrix} 1 & 1 & -1 & 0 & 0 \\ -1 & 0 & 0 & 1 & 1 \\ 0 & -1 & 1 & -1 & -1 \\ 0 & 0 & 0 & 0 & 0 \end{bmatrix}$$ ◄

从有向图的关联矩阵可以看出有向图的一些性质：

1）G 中每条边有一个起点、一个终点，所以 $M(G)$ 中的每列中只有一个"1"和一个"-1"。

2）每行元素中"1"的个数为对应结点的出度，"-1"的个数为对应结点的入度。

3）孤立点对应的行全为 0。

4）多重边对应的列相同。

定义 7.3.6 设图 $G = (V, E)$ 是无向图，$V = \{v_1, v_2, \cdots, v_n\}$，$E = \{e_1, e_2, \cdots, e_m\}$，则 G 的关联矩阵 $M(G) = (m_{ij})_{n \times m}$，其中 m_{ij} 是 v_i 与边 e_j 的关联次数。

例 7.3.11 写出图 7.3.11 的关联矩阵。

解 图 7.3.11 的关联矩阵如下，其中的第 5 列只有一个元素不为 0，因为边 (v_2, v_2) 是环，它关联结点 v_2 两次，这个元素值为 2

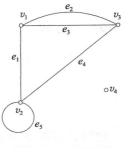

$$M(G) = \begin{bmatrix} 1 & 1 & 1 & 0 & 0 \\ 1 & 0 & 0 & 1 & 2 \\ 0 & 1 & 1 & 1 & 0 \\ 0 & 0 & 0 & 0 & 0 \end{bmatrix}$$

◄ 图 7.3.11 有向图

无向图的关联矩阵有如下特点：

1）G 中的边关联两个不同结点时，关联矩阵 $M(G)$ 中对应的列中有两个"1"；

2）G 中有环，关联矩阵 $M(G)$ 中对应的列只有一项不为 0；

3）每行所有元素之和为该行对应结点的度数，即 $d(v_i) = \sum_{j=1}^{m} m_{ij}$，关联矩阵 $M(G)$ 的所有元素之和为结点总度数，即 $\sum_{i=1}^{n} d(v_i) = \sum_{i=1}^{n} \sum_{j=1}^{m} m_{ij}$；

4）每列的元素之和为 2；

5）孤立点对应的行全为 0；

6）多重边对应的列相同；

7）同一个图当结点的顺序或边的顺序不同时，其对应的 $M(G)$ 有行序、列序的差别。

给定图 G 的关联矩阵，在同构的意义下可以画出 G 的图形。

例 7.3.12 画出下面的关联矩阵 $M(G)$ 表示的图 G。

$$M(G) = \begin{bmatrix} 1 & 1 & 1 & 0 & 0 & 0 \\ 0 & 1 & 0 & 0 & 1 & 1 \\ 1 & 0 & 0 & 1 & 0 & 0 \\ 0 & 0 & 1 & 1 & 1 & 1 \end{bmatrix}$$

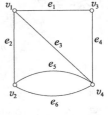

图 7.3.12 例 7.3.12 图

解 关联矩阵 $M(G)$ 表示的图 G 为图 7.3.12。 ◀

例 7.3.13 三枚钱币处于反、正、反面,每次只许翻动一枚钱币,问连续翻动三次后,能否出现全正面或全反面。

（1）初始状态　　　　　　　　（2）目标状态

图 7.3.13　钱币状态图

解 引入一个三元组(q_0,q_1,q_2)来描述钱币的状态,钱币正面为 0,反面为 1,全部可能的状态为:$Q_0=(0,0,0)$;$Q_1=(0,0,1)$;$Q_2=(0,1,0)$;$Q_3=(0,1,1)$;$Q_4=(1,0,0)$;$Q_5=(1,0,1)$;$Q_6=(1,1,0)$;$Q_7=(1,1,1)$。

翻动钱币一次,则钱币从一个状态跳转到另一个状态,如在状态 $Q_0=(0,0,0)$ 时,翻动 q_0 一次,则钱币状态变为 $Q_4=(1,0,0)$;翻动 q_1 一次,则钱币状态变为 $Q_2=(0,1,0)$;翻动 q_2 一次,则钱币状态变为 $Q_1=(0,0,1)$。以钱币的所有状态为结点,翻动钱币导致从一个状态跳转到另一个状态,在这两个状态间连一条边,可以得到图 7.3.14。这个图是对称的,因为任意两个状态是可以互相跳转的,所以是无向图。三枚钱币的初始状态是 Q_5,目标状态是 Q_0 和 Q_7。是否可以翻动 3 次后从 Q_5 到 Q_0 或 Q_7 的问题转化为在图 7.3.14 中是否存在从结点 Q_5 到 Q_0 或 Q_7 的长度为 3 的通路。通过对图 7.3.14 的邻接矩阵的幂运算可以解决这个问题。

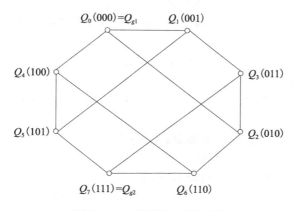

图 7.3.14　钱币状态跳转图

用邻接矩阵表示图

$$A=\begin{bmatrix} 0 & 1 & 1 & 0 & 1 & 0 & 0 & 0 \\ 1 & 0 & 0 & 1 & 0 & 1 & 0 & 0 \\ 1 & 0 & 0 & 1 & 0 & 0 & 1 & 0 \\ 0 & 1 & 1 & 0 & 0 & 0 & 0 & 1 \\ 1 & 0 & 0 & 0 & 0 & 1 & 1 & 0 \\ 0 & 1 & 0 & 0 & 1 & 0 & 0 & 1 \\ 0 & 0 & 1 & 0 & 1 & 0 & 0 & 1 \\ 0 & 0 & 0 & 1 & 0 & 1 & 1 & 0 \end{bmatrix}$$

求 A 的 3 次幂

$$A^2=\begin{bmatrix} 3 & 0 & 0 & 2 & 0 & 2 & 2 & 0 \\ 0 & 3 & 2 & 0 & 2 & 0 & 0 & 2 \\ 0 & 2 & 3 & 0 & 2 & 0 & 0 & 2 \\ 2 & 0 & 0 & 3 & 0 & 2 & 2 & 0 \\ 0 & 2 & 2 & 0 & 3 & 0 & 0 & 2 \\ 2 & 0 & 0 & 2 & 0 & 3 & 2 & 0 \\ 2 & 0 & 0 & 2 & 0 & 2 & 3 & 0 \\ 0 & 2 & 2 & 0 & 2 & 0 & 0 & 3 \end{bmatrix}, \quad A^3=\begin{bmatrix} 0 & 7 & 7 & 0 & 7 & 0 & 0 & 6 \\ 7 & 0 & 0 & 7 & 0 & 7 & 6 & 0 \\ 7 & 0 & 0 & 7 & 0 & 6 & 7 & 0 \\ 0 & 7 & 7 & 0 & 6 & 0 & 0 & 7 \\ 7 & 0 & 0 & 6 & 0 & 7 & 7 & 0 \\ 0 & 7 & 6 & 0 & 7 & 0 & 0 & 7 \\ 0 & 6 & 7 & 0 & 7 & 0 & 0 & 7 \\ 6 & 0 & 0 & 7 & 0 & 7 & 7 & 0 \end{bmatrix}$$

从矩阵 A^3 可知，$a_{61}=0$，$a_{68}=7$，即 Q_5 到 Q_0 没有长度为 3 的通路，Q_5 到 Q_7 有 7 条长度为 3 的通路。所以，连续翻动钱币 3 次，不能出现全正面，可以出现全反面，共有 7 种方法可以出现全反面。 ◀

7.4 图的运算

图可以进行各种运算，下面给出图的几种运算。

定义 7.4.1 设 $G_1=(V_1, E_1)$ 和 $G_2=(V_2, E_2)$ 是两个不含孤立点的图（同为无向图或同为有向图）。

1）G_1 和 G_2 的并图是以 $V_1 \bigcup V_2$ 为结点集，以 $E_1 \bigcup E_2$ 为边集的图，可表示成 $G_1 \bigcup G_2$。

2）G_1 和 G_2 的交图是以 $E_1 \bigcap E_2$ 为边集，以 $E_1 \bigcap E_2$ 中的边关联的结点的集合为结点集的图，可表示成 $G_1 \bigcap G_2$。

3）G_1 和 G_2 的差图是以 E_1-E_2 为边集，以 E_1-E_2 中的边关联的结点的集合为结点集的图，可表示成 G_1-G_2。

4）G_1 和 G_2 的环和图是以 $E_1 \bigoplus E_2$ 为边集，以 $E_1 \bigoplus E_2$ 中的边关联的结点的集合为结点集的图，可表示成 $G_1 \bigoplus G_2$。

两个图的环和可以用并、交、差给出：$G_1 \bigoplus G_2=(G_1 \bigcup G_2)-(G_1 \bigcap G_2)$。

定义 7.4.2 设 $G_1=(V_1, E_1)$ 和 $G_2=(V_2, E_2)$ 是两个图，若 $V_1 \bigcap V_2=\varnothing$，则称 G_1 和 G_2 是不交的；若 $E_1 \bigcap E_2=\varnothing$，则称 G_1 和 G_2 边不交的，或边不重的。

当 G_1 和 G_2 边不交时，$G_1 \bigcap G_2=\varnothing$，$G_1-G_2=G_1$，$G_2-G_1=G_2$，$G_1 \bigoplus G_2=G_1 \bigcup G_2$。

习题

1. 设无向图 $G=(V, E)$，$V=\{v_1, v_2, v_3, v_4, v_5\}$，$E=\{(v_1, v_2), (v_2, v_2), (v_2, v_4), (v_4, v_5), (v_3, v_4), (v_1, v_3), (v_3, v_1)\}$。

（1）画出 G 的图形；

（2）求出 G 中各结点的度及奇数度结点的个数。

2. 下列序列中，哪些是可构成无向简单图的结点度数序列？

（1）(1, 1, 2, 2, 3)　（2）(1, 1, 2, 2, 2)

（3）(0, 1, 3, 3, 3)　（4）(1, 3, 4, 4, 5)

（5）(0, 1, 1, 2, 3, 3)

3. 设无向图 G 有 16 条边，3 个 4 度结点，4 个 3 度结点，其余结点的度数均小于 3，则 G 中至少有几个结点？

4. 证明：若有 n 个人，每个人恰恰有三个朋友，则 n 必为偶数。

5. 设图 G 有 n 个结点，$n+1$ 条边，证明：G 中至少有一个结点度数 ≥ 3 。

6. 证明：无向简单图 $G=(V, E)$，$e=|E|$，$v=|V|$，则有 $e \leq v(v-1)/2$。

7. 设图 $G=(V, E)$，$e=|E|$，$v=|V|$，$d(v)_{\min}$ 为 G 中结点的最小度数，$d(v)_{\max}$ 为 G 中结点的最大度数。证明：$d(v)_{\min} \leq 2e/v \leq d(v)_{\max}$.

8. 有 n 个抽屉，若每两个抽屉里有一种相同的物品，每种物品恰好放在两个抽屉中，问共有多少种物品？

9. 证明：无向简单图的结点最大度数小于结点数。

10. 下列各图有多少个结点和多少条边？

（1）K_n　（2）C_n　（3）W_n　（4）$K_{m,n}$　（5）Q_n

11. 当 n 为何值时，下列各图是正则图？

（1）K_n　（2）C_n　（3）W_n　（4）Q_n

12. 证明：3-正则图必有偶数个结点。

13. 试证明下图中的两个图不同构。

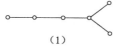

（1）

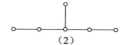

（2）

14. 证明：下图中的图是同构的。

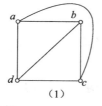

（1）

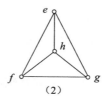

（2）

15. 证明：下面两图是同构的。

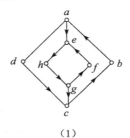

（1）

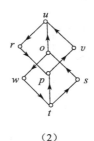

（2）

16. 证明：简单图的同构关系是等价关系。

17. 连通图 G 有 n 个结点，e 条边，则 $e \geq n-1$。

18. 给定图 G，如下图所示，求出 G 中从 v_1 到 v_6 的所有基本通路。

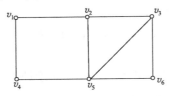

19. 给定图 G，如下图所示，找到 G 中从 v_2 出发的所有基本回路。

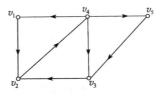

20. 设 G 为无向连通图，有 n 个结点，那么 G 中至少有几条边？为什么？对有向图如何？

21. 设 V' 和 E' 分别为无向连通图 G 的点割集和边割集，$G-E'$ 的连通分支数一定是多少？$G-V'$ 的连通分支数也是定数吗？

22. 证明：一个有向图是强连通的，当且仅当 G 中有一个回路，它至少包含每个结点一次。

23. 若简单图 G 至多有 $2n$ 个结点，每个结点度数至少为 n，则 G 是连通图。又若简单图 G 至多有 $2n$ 个结点，每个结点度数至少为 $n-1$，那么 G 是连通图吗？为什么？

24. 简单图 G 有 n 个结点、e 条边，设 $e > 0.5(n-1)(n-2)$，证明：G 是连通的。

25. 设图 $G = \langle V, E \rangle$，$V = \{v_1, v_2, v_3, v_4\}$ 的邻接矩阵

$$\boldsymbol{A}(G) = \begin{bmatrix} 0 & 1 & 0 & 1 \\ 1 & 0 & 1 & 1 \\ 1 & 1 & 0 & 0 \\ 1 & 0 & 0 & 0 \end{bmatrix}$$

则 v_1 的入度是多少？v_4 的出度是多少？从 v_1 到 v_4 长度为 2 的通路有几条？

26. 有向图 G 如图所示，求 G 中长度为 4 的路径总数，并指出其中有多少条是回路。v_3 到 v_4 的简单通路有几条。

27. 给定图 G，求：(1)给出 G 的邻接矩阵；(2)求各结点的出、入度；(3)求从结点 v_3 出发长度为 3 的所有回路。

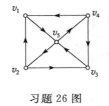

习题 26 图

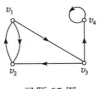

习题 27 图

28. 给定 G 如图所示；(1)写出 G 的邻接矩阵；(2)G 中长度为 4 的通路有几条？(3)G 中有几

条基本回路？

29. 试用矩阵法判断有向图 $G=(\{a, b, c, d\}, (a, b), (a, d), (c, b), (c, d)\})$连通性。

30. 求出所示图 G 的邻接矩阵、可达矩阵，找出从 v_2 到 v_3 长度为 3 的所有通路，并计算出 $\boldsymbol{A}^2$、$\boldsymbol{A}^3$ 进行验证。

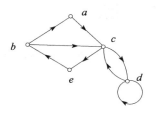

习题 28 图

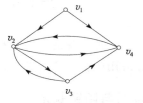

习题 30 图

31. 设图 G 中的边满足 $W(G-e)>W(G)$，称 e 为 G 的割边（桥）。证明：e 是割边，当且仅当 e 不包含在 G 的任一简单回路中。

第 8 章 特 殊 图

本章讨论几种特殊的图：欧拉图、哈密顿图、带权图、二分图和平面图，它们在理论研究和实际应用中都有重要意义。

8.1 欧拉图与哈密顿图

8.1.1 欧拉图

1736 年，瑞士数学家欧拉发表了图论的第一篇论文，解答了"哥尼斯堡七桥问题"。从此开始了图论的研究。

哥尼斯堡城位于 Pregel 河畔，河有许多支流，上面建有七座桥连接城的 4 个部分，七座桥分布如图 8.1.1 所示。

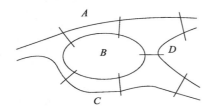 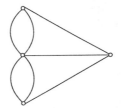

图 8.1.1 哥尼斯堡七桥图　　　　　图 8.1.2 "哥尼斯堡七桥问题"的图模型

当地人提出一个问题，能否从哥尼斯堡城的 4 个部分中的任一地出发不重复地经过所有桥又回到出发地。欧拉用 4 个结点分别表示哥尼斯堡城的 4 个部分，两个部分有桥相连，则在这两个部分对应的结点间连一条边。这样得到的图是"哥尼斯堡七桥问题"的图模型，如图 8.1.2 所示。因此，哥尼斯堡七桥问题即判断在图 8.1.2 中是否存在包含所有边的简单回路的问题。

定义 8.1.1 设 $G=(V,E)$ 是连通无向图，若 G 中有一条包含所有边的简单回路，则称该回路为**欧拉回路**，称图 G 为**欧拉图**。若 G 中有一条包含所有边的简单通路，则称该通路为**欧拉通路**，称图 G 为**半欧拉图**。

规定：平凡图是欧拉图。

例 8.1.1 在图 8.1.3 中，哪些有欧拉回路？没有欧拉回路的图中，哪些有欧拉通路？

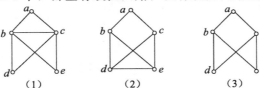

图 8.1.3 例 8.1.1 图

解 图(1)有欧拉回路，如 $bcdbecab$。图(2)和图(3)没有欧拉回路。图(3)有欧拉通路，如 $bdcebac$。图(2)没有欧拉通路。 ◀

图(1)的欧拉回路 $bcdbecab$ 从结点 b 开始，经过边 (b, c) 到达 c，边 (b, c) 为 b 点贡献 1 度。这条欧拉回路每经过一个结点就为其贡献 2 度，因为这条回路由关联该结点的一条边进入，经过另一条边离开，所以这条回路经过的结点的度数是偶数。最后，这条回路回到起始结点 b，为 b 点又贡献 1 度，因此 b 点的度数也是偶数。因此关于欧拉图的判别有如下定理。

定理 8.1.1 无向连通图 G 是欧拉图，当且仅当 G 的所有结点的度数都是偶数。

证明 （必要性）

设 G 是欧拉图，则 G 有欧拉回路 C。设 a 是图 G 的任一结点，欧拉回路经过和 a 关联的边到结点 a 后又经过另一条和 a 关联的边到下一个结点 b，因此每经过一个结点 a 就给它的度数贡献 2 度。若欧拉回路 k 次经过结点 a，则 $d(a) = 2k$。所以，欧拉图的所有结点的度数都是偶数。

（充分性）

假设 G 中所有结点的度数都是偶数。从 G 中的任一结点 v_1 开始，经过任一和 v_1 关联的边 e_1 到另一结点 v_2，再经过另一和 v_2 关联的边 e_2 到另一结点 v_3，以此类推，可以得到一条包含 G 的边的简单回路 C_1：$v_1 e_1 v_2 e_2 v_3 \cdots e_m v_1$。

当用完图 G 的所有边时，这个简单回路就是欧拉回路。

若图 G 中存在不在简单回路 C_1 上的边，则删除回路 C_1 得到图 G 的子图 G_1。因为 G 中所有结点的度数都是偶数，回路 C_1 的所有结点是偶数，$G_1 = G - C_1$，所以子图 G_1 的所有结点的度数都是偶数。

因为 G 是连通的，所以 G_1 和删去的回路 C_1 至少有一个公共结点。设这个公共结点是 v_p。图 G_1 的每一个结点都是偶数，在 G_1 中也可以找到一个从 v_p 开始的简单回路 C_2。C_1 和 C_2 可合并成一个简单回路。

重复前面的过程，直到用完图 G 中的所有边，可以得出一条包含 G 的所有边的简单回路，就是图 G 的欧拉回路。 ◀

图 8.1.2 中有 4 个结点是奇度数，所以它没有欧拉回路。因此，哥尼斯堡城七桥问题无解。

定理 8.1.2 连通无向图 G 为半欧拉图，当且仅当 G 中只有两个奇度数的结点。

证明 在连通无向图 G 的两个奇度数的结点之间加一条边 e 得到图 G'，则图 G' 的所有结点的度数都是偶数，有欧拉回路。在 G' 的欧拉回路中删去这条边 e，则可得到一条包含 G 中所有边的欧拉通路。因此图 G 是半欧拉图。 ◀

例 8.1.2 在图 8.1.4 中，哪些是欧拉图？哪些是半欧拉图？

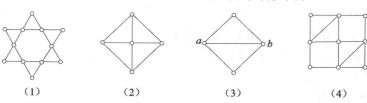

（1） （2） （3） （4）

图 8.1.4 无向图

解 图(1)和图(4)是欧拉图，因为它们的所有结点的度数都是偶数。因为图(2)有 4 个结点的度数为奇数，所以不是欧拉图，也不是半欧拉图。图(3)有两个结点的度数为奇数，所以是半欧拉图。◀

对于有向图可类似地定义欧拉图和半欧拉图。

定义 8.1.2 如果连通有向图 G 中有一条包含 G 中所有有向边的有向回路，则称它为欧拉有向回路，称图 G 为**欧拉有向图**。如果连通有向图 G 中有一条包含 G 中所有有向边的有向通路，则称它为欧拉有向通路，称图 G 为**半欧拉有向图**。

关于欧拉有向图的判定有如下定理。

定理 8.1.3 连通有向图 G 是欧拉图，当且仅当 G 中每个结点 v 的入度等于它的出度。

定理 8.1.4 连通有向图 G 是半欧拉图，当且仅当 G 中仅有两个奇度数结点，其中一个结点的入度比出度大 1，另一个结点的入度比出度小 1，其余结点的入度和出度相等。

这两个定理的证明同定理 8.1.1 和定理 8.1.2 的证明类似。

例 8.1.3 在图 8.1.5 中，哪些是欧拉图？哪些是半欧拉图？

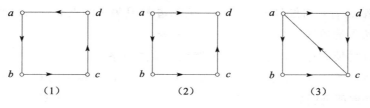

图 8.1.5 有向图

解 图 8.1.5 中，图(1)是欧拉图，一条欧拉回路是 $abcda$；图(2)既不是欧拉图，也不是半欧拉图。图(3)是半欧拉图。因为有两个奇数度结点 a 和 c，因而有以 a 为起点，c 为终点的欧拉通路，一条欧拉通路是 $abcadc$。◀

用欧拉通路和欧拉回路可以解决很多实际问题。许多实际应用都要求存在一条通路或回路，例如，一个邮递员想走一条每条街道只经过一次的投递线路，就是在他所负责投递的街道的图中求一条欧拉通路，这个问题称为中国邮递员问题。欧拉图的判定方法可应用于解决图的"一笔画"问题。因为对于给定的图形，能否不停顿、不重复的"一笔画"问题，也是关于一个图是否存在包含所有边的简单回路问题。

8.1.2 哈密顿图

19 世纪中期，爱尔兰数学家哈密顿（1805—1865）发明了环游世界的智力游戏：在图 8.1.6(1)所示的正十二面体上的 20 个结点代表世界上 20 个大城市。能否从一个城市出发，沿着棱经过每个城市一次而且仅一次，最后回到出发点？

正十二面体的所有结点和棱线可以画在一个平面上，如图 8.1.6(2)所示。因此哈密顿的环游世界问题就是在图 8.1.6(2)上寻找一条经过图中每个结点一次且仅一次的回路。图 8.1.6(3)就是哈密顿环游世界问题的一个解。为了纪念这位伟大的数学家，将图中的经过每个结点一次且仅一次的回路称为哈密顿回路。

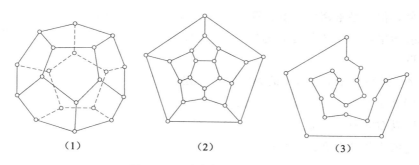

图 8.1.6　哈密顿环游世界问题

定义 8.1.3　设图 $G=(V,E)$ 是无向图或有向图。若 G 中有一条包含 G 的每个结点一次且仅一次的回路，则称该回路为**哈密顿回路**，称图 G 为**哈密顿图**。若图 G 有一条包含 G 的所有结点的通路，则称该通路为**哈密顿通路**，称图 G 为**半哈密顿图**。

规定：平凡图是哈密顿图。

在图 8.1.7 中，(1)中存在哈密尔顿通路，不存在哈密尔顿回路，所以(1)是半哈密尔顿图；(2)中存在哈密尔顿回路；(2)为哈密尔顿图；(3)没有哈密顿通路，也没有哈密顿回路。

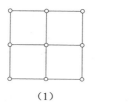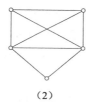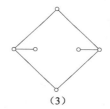

图 8.1.7　简单图

寻找哈密尔顿回路的问题，看起来和寻找欧拉回路的问题类似。但是，哈密尔顿回路经过图中每个结点，而欧拉回路经过图中每条边。与像欧拉回路的判定不同，关于哈密尔顿回路的判定至今还没有找到判定的充分必要条件，只找到一些充分条件和必要条件。

下面的定理是关于哈密尔顿图存在的必要条件。

定理 8.1.5　设无向图 $G=(V,E)$ 是哈密尔顿图，则对于结点集 V 的每一个真子集 S 均有 $W(G-S) \leqslant |S|$，其中，$W(G-S)$ 是 $G-S$ 的导出子图的连通分支数。

证明　设 C 为 G 中的一条哈密尔顿回路。对于 V 的任何一个非空子集 S，在 C 中删去 S 中任一结点 v_1，则 $C-v_1$ 是连通的非回路。若再删去任一结点 v_2，分两种情况讨论：如 v_2 和 v_1 邻接，则 $C-v_1-v_2$ 是连通的；如 v_2 和 v_1 不邻接，则 $C-v_1-v_2$ 是不连通的，$W(C-v_1-v_2)=2$。所以，删去两个结点时有 $W(C-v_1-v_2) \leqslant 2$。以此类推，显然有 $W(C-S) \leqslant |S|$。

又因为 C 是 G 的生成子图，所以 $C-S$ 是 $G-S$ 的生成子图，因而 $W(G-S) \leqslant W(C-S)$。因此有 $W(G-S) \leqslant |S|$。　◀

注意，定理 8.1.5 给出的条件是哈密尔顿图存在的必要条件，不是充分条件。有些图满足这个条件，但不是哈密尔顿图。例如，图 8.1.8 所示的彼德森图。

在彼德森图中，对于结点集 V 的每一个真子集 S 均有 $W(G-S) \leqslant |S|$。但彼德森图不是哈密顿图。

例 8.1.4　说明图 8.1.9 所示的无向图 G 不是哈密顿图。

解　在图 8.1.9 中删去结点集 $S = \{v_2, v_4, v_6, v_8\}$，$W(G-S) = 5$，不满足 $W(G-S) \leqslant |S|$。所以 G 不是哈密顿图。　◀

下面讨论哈密顿图存在的充分条件。

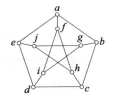

图 8.1.8　彼德森图

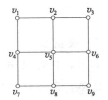

图 8.1.9　无向图

定理 8.1.6　如果 G 是有 n 个结点的简单无向图，对于每一对不邻接结点 u 和 v，满足 $d(u) + d(v) \geqslant n-1$，那么 G 中存在哈密顿通路，图 G 是半哈密顿图。

证明　首先用反证法证明图 G 是连通的。

假设图 G 不连通，则至少有两个连通分支 $G_1 = (V_1, E_1)$ 和 $G_2 = (V_2, E_2)$。取任意结点 $v_1 \in V_1$、$v_2 \in V_2$，因为 G 是简单无向图，所以 $d(v_1) \leqslant |V_1| - 1$，$d(v_2) \leqslant |V_2| - 1$，因而 $d(v_1) + d(v_2) \leqslant |V_1| + |V_2| - 2 = n-2$，与已知条件矛盾，所以图 G 是连通的。

然后证明 G 中存在哈密顿通路。

设 $L: v_1 v_2 \cdots v_k$ 是 G 中最长的基本通路，显然 $k \leqslant n$。因为 L 是 G 的最长基本通路，所以 v_1 和 v_k 的邻接点都在 L 上。

1）若 $k = n$，则 L 为 G 中经过所有结点的通路，即哈密顿通路。

2）若 $k < n$，说明 G 中存在不在 L 上的结点。此时可以证明存在仅经过 L 上的所有结点的基本回路，证明如下。

第一种情况：若在 L 上 v_1 和 v_k 相邻，则 $v_1 v_2 \cdots v_k v_1$ 是经过 L 上所有结点的基本回路。

第二种情况：若在 L 上 v_1 和 v_k 不相邻，设 v_1 与 L 上的结点 $v_{j_1} = v_2$，v_{j_2}，$\cdots$，v_{jm} 相邻（$m \geqslant 2$，否则 $d(v_1) + d(v_k) \leqslant 1 + k - 2 < n-1$），这时 v_k 必与 $v_{j2} \cdots v_{jm}$ 的邻接结点 $v_{j2-1} \cdots v_{jm-1}$ 之一相邻（否则 $d(v_1) + d(v_k) \leqslant m + k - 2 - (m-1) < n-1$）。设 v_k 与 v_{jr-1}（$2 \leqslant r \leqslant m$）相邻，如图 8.1.10 所示。在 L 中添加边 (v_1, v_{jr})，(v_k, v_{jr-1})，删除边 (v_{jr}, v_{jr-1}) 得基本回路 $C = v_1 v_2 \cdots v_{jr-1} v_k v_{k-1} \cdots v_{jr} v_1$，经过 L 上的所有结点。

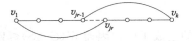

图 8.1.10　长度为 k 的基本回路　　　　图 8.1.11　长度为 $k+1$ 的基本通路

3）证明存在比 L 更长的通路。

因为 $k<n-1$，G 中必有不在 L 上的结点 v_{k+1}。由于 G 是连通的，v_{k+1} 与 L 上的一个结点 v_t 邻接，在 L 上删除边 $(v_{t-1}，v_t)$，添加边 $(v_t，v_{k+1})$，于是可得到一条长度为 $k+1$ 的基本通路 $v_{t-1}\cdots v_1 v_{jr}\cdots v_k v_{jr-1}\cdots v_t v_{k+1}$。重复 1)～3)，由于 G 中的结点数目有限，所以一定能在有限步内得到一条哈密顿通路。◀

推论 1　如果图 G 是有 n 个结点的简单无向图，对于每一对不邻接结点 u 和 v，满足 $d(u)+d(v)\geqslant n$，那么 G 中存在哈密顿回路，图 G 是哈密顿图。

推论 2　如果 G 是有 $n(n>2)$ 个结点的简单无向图，G 中每个结点的度数都至少为 $n/2$，那么图 G 是哈密顿图。

例如，$n\geqslant 3$ 的 K_n 图都是哈密顿图，因为每一个结点的度数都大于 $n/2$。定理 8.1.6 及其推论是哈密顿图的充分条件，不是必要条件。如 $n\geqslant 5$ 的 C_n 图都是哈密顿图，但 $d(v)+d(u)=4$，不满足 $d(u)+d(v)\geqslant n$。

例 8.1.5　有 7 个人，A 会讲英语，B 会讲英语和汉语，C 会讲英语、意大利语和俄语，D 会讲日语和汉语，E 会讲德语和意大利语，F 会讲法语、日语和俄语，G 会讲法语和德语。问能否将他们沿圆桌安排就坐成一圈，使得每个人都能与两旁的人交谈？

解　每个人对应图中一个结点，两个人会讲同一种语言，他们对应的结点间连接一条边，建立无向图 G，如图 8.1.12 所示。

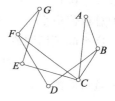

在图 G 中每个人都能和他的邻接结点的人交谈，因此问题转化为在图 G 中求一条哈密顿回路。图 G 的一条哈密顿回路是 $ABDFGECA$，按这条哈密顿回路安排位置，每个人都能与两旁的人交谈。

◀　图 8.1.12　无向图 G

这是一个用哈密顿回路解决的实际问题。许多应用问题要求一条哈密顿通路或哈密顿回路，建立适当的图模型，在其中找到哈密顿通路或回路就可以解决这些问题。

例 8.1.6　在一组数的编码中，若任意两个相邻的代码只有一位二进制数不同，则称这种编码为**格雷码**。表 8.1.1 是 2 位格雷码，表示数 0～3，表 8.1.2 是 3 位格雷码，表示数 0～7。◀

表 8.1.1　2 位格雷码

数	0	1	2	3
格雷码	00	01	11	10

表 8.1.2　3 位格雷码

数	0	1	2	3	4	5	6	7
格雷码	000	001	011	010	110	111	101	100

由于用格雷码表示的最大数与最小数之间仅有一位数不同，即"首尾相连"，因此这种编码又称**循环码**。在数字系统中，常要求代码按一定顺序变化。例如，按自然数递增计数，若采用 8421 码，则数 0111 变到 1000 时四位均要变化，而在实际电路中，4 位的变化不可能绝对同时发生，则计数中可能出现短暂的其他代码（如 0110、1111 等）。在特定情况下可能导致电路状态错误或输入输出错误。使用格雷码，变化到下一状态时只有 1 位不

同，可以避免这种错误。

要找到格雷码，可以用 n 立方体 Q_n 来建模。Q_n 图的每一个结点对应一个长度为 n 的二进制码，相邻结点对应的二进制码只有一位不同。在 Q_n 图上找一条哈密顿回路，按哈密顿回路上的结点顺序对应的二进制码序列就是格雷码。例如，Q_2、Q_3 的哈密顿回路如图 8.1.13 所示，哈密顿回路产生的二进制码序列就是表 8.1.1 和表 8.1.2 的格雷码。

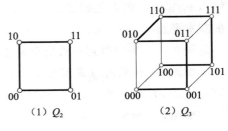

图 8.1.13 Q_2、Q_3 的哈密顿回路

8.2 带权图

8.2.1 旅行商问题

完全无向图的每个结点表示一个城市，用两个城市之间的距离作为边的权，可以得到一个边带权的完全无向图。旅行商问题是在这样的图中寻找一条旅行总距离最短，经过每个城市一次且仅一次，最后回到出发城市的旅行线路的问题。这个问题等价于求带权完全图中总权值最小的哈密顿回路。

这个问题用图论方法描述如下：设 $G=\langle V, E, W \rangle$ 是 n 个结点的带权完全图，$V=\{v_1, v_2, \cdots, v_n\}$ 是城市的集合，E 是连接城市的道路的集合，W 是边的权值（边连接的两个城市间的距离）的集合，是从 E 到正实数集合的一个函数。求 G 中一条最短的哈密顿回路。

例如，图 8.2.1(1)给出了一个 5 阶带权完全图 K_5，(2)、(3)、(4)是其中的 3 条哈密顿回路，其长度分别为 47、36、35，(4)是一条最短的哈密顿回路。

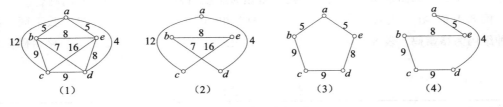

图 8.2.1 旅行商问题

最直接的求解旅行商问题的方法是找出所有的哈密顿回路，并且计算出每个哈密顿回路的总权值，从中挑选出权值最小的一条回路。在 n 个结点的图上，以每个结点为起点的所有的哈密顿回路共有 $(n-1)!$ 条，考虑回路 $v_1 v_2 \cdots v_{n-1} v_n v_1$ 和 $v_n v_{n-1} \cdots v_2 v_1 v_n$ 的权值相同，还需要计算 $(n-1)!/2$ 条回路的权值来求出答案。随着 n 的增加，$(n-1)!/2$ 增长极快。当结点较多时用这种方法解决旅行商问题是不切实际的，因此常用近似算法求解旅行商问题。

8.2.2 最短路径问题

在一个无向简单连通边带权图 $G=(V, E, W)$ 中，u 和 v 是它的任意两个结点，从 u

到 v 可以有多条通路。如图 8.2.2 中，从 u 到 v 的通路有 $uabv$、$uadv$、$ucdv$、$ucdabv$ 等。

在边带权图中，从 u 到 v 的一条通路中包含的各条边的权值之和称为这条通路的**长度**。从 u 到 v 的所有通路中长度最短的通路称为 u 到 v 的**最短路径**。求给定两结点之间的最短路径称为最短路径问题。

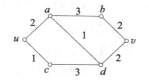

图 8.2.2　无向简单连通带权图

在图 8.2.2 中，从结点 u 到结点 v 的通路 $uabv$ 的长度为 7，$uadv$ 的长度为 5，$ucdv$ 的长度为 6，长度为 5 的通路 $uadv$ 是 u 到 v 的最短路径。

有几种算法可以求出两结点之间的最短路径。下面给出荷兰数学家 Dijkstra 在 1959 年提出的一种算法——Dijkstra 算法。

设 u 和 v 是无向简单连通边带权图 $G=(V, E, W)$ 中两个结点，其中每条边带的权均大于等于 0。用 Dijkstra 算法求从 u 到 v 的最短路径的基本思想是构造一个结点集 S。

首先在图中的除 u 外的所有结点中求距离 u 最近的结点，把该结点加入结点集 S 后，在剩余的结点中再求距离 u 最近的结点，再加入结点集 S。按照结点到 u 的距离由近到远的顺序将结点依次加入结点集 S 中，直到把结点 v 加入结点集 S，即求得从 u 到 v 的最短路径。

Dijkstra 算法采用结点标记的方法构造结点集 S。加入到 S 中的结点标记为 P（永久性），未加入到 S 中的结点标记为 T（临时性）。一个结点的 P 标记值是从 u 到该点的最短路径的长度，而一个结点的 T 标记值是从 u 到该点的某条路径的长度。Dijkstra 算法首先将 u 标记为 0，其余结点为临时标记，然后通过迭代逐步修改具有临时标记的结点的标记值，将所有临时标记的结点中带有最小标记值的结点加入到集合 S 中。当结点 v 被加入到集合 S 中时，它的标记值就是从 u 到 v 的最短路径的长度，从而求得从 u 到 v 的一条最短路径。

若图 G 的结点 $u=v_0$，v_1，$\cdots$，$v_n=v$，权为 $W(v_i, v_j)$，如果 (v_i, v_j) 不是图 G 的边，则 $W(v_i, v_j)=\infty$。

Dijkstra 算法的实现步骤为：

1）初始化标号。用 0 作为结点 u 的标号，其余结点临时标记为 ∞，即 $L(u)=0$，$L(v_i)=\infty$，$i=1, 2, \cdots, n$。$S=\{u\}$。

2）修改和结点 u 相邻的结点的标记值，$L(v_i)=L(u)+W(u, v_i)$。

3）将具有最小标记值的结点记为 t，并添加到结点集 S 中，即 $S=S\cup\{t\}$。

4）修改和结点 t 相邻且不在集合 S 中的结点的标记值，$L(v_i)=\min(L(v_i), L(t)+W(t, v_i))$。

5）重复 3）和 4）直到结点 v 被添加到集合 S 中。

可见，当结点 v 被最后加入结点集 S 中时，不仅可求出从 u 到 v 的一条最短路径，而且求出了从 u 到所有各个结点的最短路径。

可以证明，Dijkstra 算法能够求出任意两个结点间的最短路径。在此不给出关于这个算法的证明。

例 8.2.1　试求图 8.2.2 所示的简单无向带权图中结点 u 到 v 的最短路径。

解 图 8.2.3 是 Dijkstra 算法求结点 u 到 v 的最短路径的各个步骤。在算法的每次迭代里，用圆圈圈起了集合 S 中的结点，每次迭代都表明了只包含 S 中的结点的从 u 到每个结点的最短路径。在图 8.2.3(3) 中，由于结点 a 的标记值最小，将 a 加入集合 S，然后更新不在集合 S 中的结点的标记值，这时 $L(a)+W(a,d)=3$，小于结点 d 在上一步的标记值，因此 d 的标记值更新为 3，同时，路径也更新为 (u,a)，如图 8.2.3(4) 所示。当圆圈圈到 v 时，算法终止，找到从 u 到 v 的最短路径 $uadv$，长度为 5。　◄

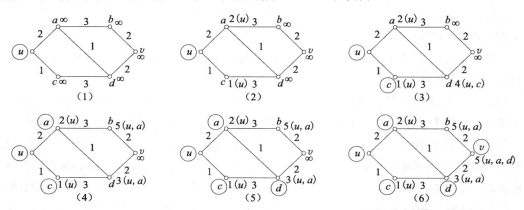

图 8.2.3　最短路径算法

8.2.3　中国邮路问题

一名邮递员带着要分发的邮件从邮局出发，经过要分发的每条街道，送完邮件后又返回邮局。如果他必须至少一次走过他负责范围内的每一条街道，如何选择投递路线可以走尽可能少的路程？这个问题是由我国数学家管梅谷先生（山东师范大学数学系教授）在 1962 年首次提出的，因此在国际上称为中国邮路问题。

用图论的述语，在一个连通的带权图 $G(V,E,W)$ 中，要寻找一条回路，使该回路包含 G 中的每条边至少一次，且该回路的总权值最小，也就是说要从包含 G 的每条边的回路中找一条总权值最小的回路。

如果 G 是欧拉图，只要求出图 G 的一条欧拉回路即可。但是若 G 不是欧拉图，即存在奇度数的结点，则中国邮递员问题的解决要困难得多，邮递员要完成任务就要在某些街道上重复走若干次。因此问题转化为：在有奇度数结点的连通带权图中，重复哪些边得到的包含每条边至少一次的回路的总权值最小。

首先，若图 G 有奇数度结点，则 G 的奇数度结点必是偶数个。把奇数度结点分为若干对，每对结点之间有相应的最短路，将这些最短路画在一起构成一个附加的边子集 E^1。令 $G^1=G+E^1$，即把附加边子集 E^1 叠加在原图 G 上形成一个多重图 G^1，这时 G^1 中没有奇度数结点。显然 G^1 是一个欧拉图，因而可以求出 G^1 的欧拉回路。该欧拉回路不仅通过原图 G 中每条边，同时还通过 E^1 中的每条边，且仅一次。邮递员问题的难点在于当 G 的奇数度节点较多时，可能有很多种配对方法，应怎样选择配对，能使相应的附加边子集 E^1 的权数 $W(E^1)$ 为最小。为此有下列定理。

定理 8.2.1　设 $G(V, E, W)$ 为一个连通的带权图，则使附加边子集 E^1 的权数 $W(E^1)$ 为最小的充分必要条件是 $G+E^1$ 中任意边至多重复一次，且 $G+E^1$ 中的任意回路中重复边的权值之和不大于该回路总权值的一半。

由定理 8.2.1 可得一个寻找邮递员问题最优解的方法，举例如下。

例 8.2.2　已知邮递员要投递的街道如图 8.2.4(1)所示，试求最优邮路。

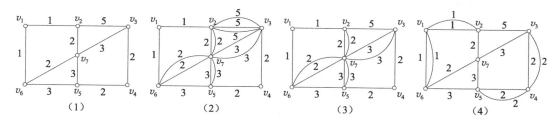

图 8.2.4　最优邮路问题

解　最优邮路就是一条权值最小的包含每条边至少一次的回路。先找出奇节点：v_2，v_3，v_5，v_6。任意将奇节点配对，不妨把 v_2 与 v_6、v_3 与 v_5 配对，选 v_2 与 v_6 之间的基本通路 $v_2 v_3 v_7 v_6$，v_3 与 v_5 之间的基本通路 $v_3 v_2 v_7 v_5$，每条通路中所含的边加一条平行边，增加平行边的图如图 8.2.4(2)所示，这时的图没有奇数结点，是欧拉图，但欧拉回路不是最优解。下面根据定理 8.2.1 进行调整。

首先，删去多于一条的重复边，即 v_2 与 v_3 之间的边，可去掉两条边，对结点 v_2 与 v_3 的奇偶性没有影响，删去后如图 8.2.4(3)所示。

在回路 $v_1 v_2 v_7 v_6 v_1$ 中重复边的权值和为 4，大于该回路权值 6 的一半。因而调整时，把该回路的重复边删去，在没有平行边的边上加上平行边。同样，在回路 $v_3 v_4 v_5 v_7 v_3$ 中重复边的权值和为 6，大于该回路权值 10 的一半。因而把该回路的重复边删去，在没有平行边的边上加上平行边，得图 8.2.4(4)。上述调整不影响结点的奇偶性。

进行检查发现，图 8.2.4(4)既没有多于一条的重复边，也没有任何回路使其重复边的权值之和大于该回路权值的一半，因此图 8.2.4(4)中添加的边子集就是最优的附加边子集 E^1，图 8.2.4(4)为欧拉图，图中的任意一条欧拉回路就是最优邮路。　◀

在现实生活中，很多问题都可以转化为中国邮递员问题，例如道路清扫时如何使开空车的总时间最少问题等。上面例题所用的求最优邮路的方法要验证每个回路，计算量较大，但这个问题已有比较有效的解决方法，有兴趣的读者可参考有关资料。

8.3　匹配和二分图

8.3.1　匹配

定义 8.3.1　在图 $G=(V, E)$ 中，若 $M \subseteq E$，且 M 中任意两条边都不相邻，则称 M 为 G 的一个**匹配**。若在 M 中再加入任意其他的边 e，$M \cup \{e\}$ 有相邻的边，则称 M 为 G 的**极大匹配**。若 G 中不存在匹配 M_1，使得 $|M_1| > |M|$，则称 M 为 G 的**最大匹配**。

定义 8.3.2 若 M 是 G 的一个匹配，M 的边和结点 v 关联，则称 v 为 M **饱和点**，否则称 v 为 M **非饱和点**。若 $G=(V, E)$ 的每个结点都是 M 饱和点，则称 M 为 G 的一个**完美匹配**。

例 8.3.1 在图 8.3.1 的各图中，给出一个极大匹配、最大匹配、完美匹配。

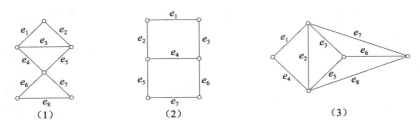

图 8.3.1 例 8.3.1 图

解 在图 8.3.1(1) 中，$\{e_1, e_7\}$ 是图的一个匹配，也是极大匹配，$\{e_2, e_4, e_8\}$ 是图的最大匹配，也是完美匹配。在图 8.3.1(2) 中，$\{e_2, e_6\}$、$\{e_3, e_5\}$ 是图的匹配，也是极大匹配，$\{e_1, e_4, e_7\}$ 是图的最大匹配，也是完美匹配。在图 8.3.1(3) 中，$\{e_3, e_4\}$、$\{e_1, e_5\}$、$\{e_2, e_6\}$、$\{e_4, e_7\}$ 等都是极大匹配，也是最大匹配，没有完美匹配。◀

定义 8.3.3 若 M 是 $G=(V, E)$ 的一个匹配，从 G 中的一个结点到另一个结点存在一条由属于 M 的边和不属于 M 的边交替出现组成的简单路，则称这条简单路为 M **交错路**。若 M 交错路的两端点为 M 非饱和点时，称这条 M 交错路是 M **可扩充路**。

若图 G 中存在 M 可扩充路，这条 M 可扩充路上不属于 M 的边的集合 M_1 也是 G 的一个匹配，而且 $|M_1| > |M|$，是一个比 M 更大的匹配。若图 G 中存在 M_1 可扩充路，则有比 M_1 更大的匹配。当找到一个匹配，使得 G 中不存在该匹配的可扩充路时，该匹配就是 G 的一个最大匹配。因此有如下定理。

定理 8.3.1 M 是图 $G=(V, E)$ 的最大匹配的充分必要条件是 G 中不存在 M 可扩充路。

在图 8.3.1(1) 中，$M=\{e_1, e_7\}$ 是图的一个匹配，$\{e_2, e_1, e_4, e_7, e_8\}$ 是 M 交错路，而且是 M 可扩充路。因此，存在比 M 更大的匹配 $M_1=\{e_2, e_4, e_8\}$。由于不存在 M_1 可扩充路，所以 M_1 是最大匹配。

例 8.3.2 求图 8.3.2 的最大匹配。

解 在图 8.3.2 中，$M=\{(v_2, v_6), (v_3, v_5), (v_4, v_7)\}$ 是匹配，$v_1 v_5 v_3 v_6 v_2 v_7 v_4 v_8$ 是 M 交错路，而且是 M 可扩充路。因此，存在比 M 更大的匹配 $M_1=\{(v_1, v_5), (v_3, v_6), (v_2, v_7), (v_4, v_8)\}$。由于不存在 M_1 可扩充路，所以 M_1 是最大匹配。◀

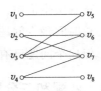

图 8.3.2 例 8.3.2 图

8.3.2 二分图

定义 8.3.4 如果无(有)向图 $G=(V, E)$ 的结点集 V 能划分成两个子集 V_1 和 V_2，使得 G 中任何一条边的两个端点一个属于 V_1，另一个属于 V_2，则称 G 为**二分(部)图**，V_1 和 V_2 称为互补结点集，二分图通常记为 $G=(V_1, V_2, E)$。若 V_1 中每一结点与 V_2 中每一个

结点均有且仅有一条边相关联，则称二分图 G 为**完全二分图**。若 $|V_1|=m$，$|V_2|=n$，则记完全二分图 G 为 $K_{m,n}$。

由定义可知，二分图 $G=(V_1，V_2，E)$ 中，没有两个端点全在 V_1 或全在 V_2 中的边，二分图没有自回路。$n(n \geqslant 2)$ 阶零图为二分图。

例如，一个单位有一些不同类型的工作空缺，有一些应聘者申请这些空缺的工作岗位。每个应聘者能胜任这些工作中的某些工作。如工作岗位集合为 $\{u_1，u_2，u_3\}$，应聘者集合为 $\{v_1，v_2，v_3，v_4，v_5\}$。每个应聘者能胜任的工作岗位可以图 8.3.3 所示的二分图表示，其中线 u_iv_j 表示工作岗位 u_i 适合应聘者 v_j。

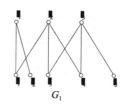

图 8.3.3 二分图

例 8.3.3 判断图 8.3.4 是否为二分图。

解 利用定义 8.3.4，只要能将结点集分为两个不交的子集 V_1 和 V_2，使得任意一条边的端点分别在 V_1 和 V_2 中，这个图就是二分图。图 8.3.4(1) 和 (2) 都是二分图，因为可以将结点集分为两个子集，使得任意一条边的端点分别在这两个结点子集上，如图 8.3.5 的 (1) 和 (2) 所示，图 8.3.4(1) 和 (2) 和图 8.3.5 的 (1) 和 (2) 分别同构，这两个图都是完全二分图。 ◀

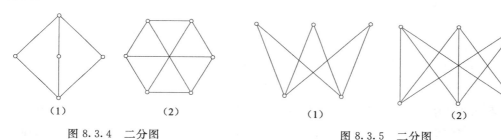

| （1） | （2） | （1） | （2） |

图 8.3.4 二分图　　　　　　图 8.3.5 二分图

关于如何判断一个无向简单图是二分图，有如下定理。

定理 8.3.2 一个无向简单图 $G=(V，E)$ 是二分图，当且仅当 G 中无奇数长度的回路。

证明 （必要性）

设无向简单图 $G=(V，E)$ 是二分图，$V_1 \cup V_2=V$，$V_1 \cap V_2=\varnothing$。G 中任一长度为 n 的回路可表示为 $v_1e_1v_2e_2\cdots v_ne_nv_1$。设 $v_1 \in V_1$，则 $v_2 \in V_2$，$v_3 \in V_1$，$v_4 \in V_2$，$\cdots$，$v_n \in V_2$。所以 n 必为偶数。

（充分性）

设无向简单图 $G=(V，E)$ 的所有回路的长度都是偶数。u 是图 G 的任一结点，$d(v，u)$ 表示结点 v 到结点 u 的距离。二分图的结点集 V 的两个子集可以表示为 $V_1=\{v \,|\, d(v，u)$ 为偶数$\}$，$V_2=V-V_1$。如果存在一条边 e 的两端点 v_i 和 v_j 都在结点集 V_1 中，则从 v_i 到 v_j 存在一条有偶数条边的通路 L。通路 L 和边 e 可以构成一条回路，回路的长度为奇数，和假设矛盾。同理可证，没有一条边的两端点都在结点集 V_2 中。由此可见，图 G 的每条边的端点，必定一个在结点集 V_1 中，另一个在结点集 V_2 中，而且 V_1 和 V_2 是 G 的

互补结点集。所以图 G 是二分图。

例 8.3.4 判断图 8.3.6 中的图是否是二分图。

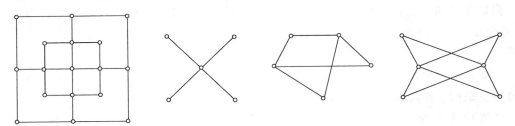

图 8.3.6 例 8.3.4 图

解 图 8.3.6 中的图均无奇回路，所以都是二分图。

定义 8.3.5 设 $G=(V,E)$ 是二分图，V_1 和 V_2 是 G 的互补结点集，若 G 的一个匹配 M 使得 $|M|=\min\{|V_1|,|V_2|\}$，称匹配 M 是 G 的**完备匹配**。这时，若 $|V_1|\leqslant|V_2|$，称 M 是从 V_1 到 V_2 的一个完备匹配。如果 $|V_1|=|V_2|$，称 M 是 G 的**完美匹配**。

例如，图 8.3.7(1) 中匹配 $M=\{e_1,e_2,e_3\}$ 为一个完备匹配，(2) 中匹配 $M=\{e_1,e_2,e_3\}$ 为一个完美匹配，(3) 中没有完备匹配。

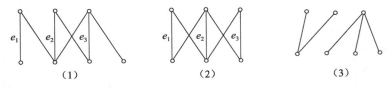

图 8.3.7 完备匹配和完美匹配

在图 8.3.3 中，每个工作岗位能否聘到合适的人选，就是在图 8.3.3 的二分图中是否存在从工作岗位集合 $\{u_1,u_2,u_3\}$ 到应聘者集合 $\{v_1,v_2,v_3,v_4,v_5\}$ 的完备匹配的问题。图中 $M=\{(u_1,v_1),(u_2,v_3),(u_3,v_4)\}$ 是一个完备匹配，所以每个工作岗位都能聘到合适的人。由于不存在完美匹配，因而不是每个人都能得到一个工作岗位。

可以用 Hall 定理判定二分图中是否存在完备匹配。

定理 8.3.3(Hall 定理) 设二分图 $G=(V,E)$，V_1 和 V_2 是 G 的互补结点集，存在从 V_1 到 V_2 的完备匹配，当且仅当对于 V_1 中的任意 k 个结点($k=1,2,\cdots,|V_1|$)至少邻接 V_2 的 k 个结点。

定理 8.3.3 中的条件通常称为相异性条件。

图 8.3.7(1)、(2) 满足相异性条件，都有完备匹配，而 (3) 中 V_1 中的两个结点与 V_2 中的一个结点相邻，不满足相异性条件，因而 (3) 不存在完备匹配。

判断一个二分图是否满足相异性条件通常比较复杂，要计算 V_1 的所有子集的邻接结点集合，共有 $2^{|V_1|}$ 个，当 $|V_1|$ 较大时，计算量太大。下面的定理是判断二分图是否存在完备匹配的充分条件，对于二分图来说，这些条件比较容易确定。

定理 8.3.4 设 $G=(V,E)$ 是二分图，V_1 和 V_2 是 G 的互补结点集。若存在正整数 t，使

1)V_1 中的每个结点至少关联 t 条边；

2)V_2 中的每个结点至多关联 t 条边。

则 G 中存在从 V_1 到 V_2 的完备匹配。

证明 由条件 1)可知，V_1 中的 k 个结点至少关联 kt 条边（$1 \leqslant k \leqslant |V_1|$）。由条件 2)可知，这些边至少关联 V_2 中的 k 个结点。因此，V_1 中的 k 个结点至少邻接 V_2 中的 k 个结点。由 Hall 定理，G 中存在完备匹配。 ◀

定理 8.3.4 的条件常称为 t 条件，是判断二分图存在完备匹配的充分条件，不是必要条件。在图 8.3.7 中，(1)不满足 t 条件，但有完备匹配。判断条件 t 比较简单，只需计算 V_1 中结点的最小度数和 V_2 中结点的最大度数。

例 8.3.5 要分派 5 位教师 A、B、C、D、E 去上课。A 可以上课的时间是星期二和星期三，B 的时间是星期一和星期三，C 的时间是星期四和星期五，D 的时间是星期二和星期五，E 的时间是星期一和星期四。应如何排课才可以使每天都只有一位教师上课？

解 令 $V_1 = \{A, B, C, D, E\}$，$V_2 = \{p_1, p_2, p_3, p_4, p_5\}$，$p_1$、$p_2$、$p_3$、$p_4$、$p_5$ 分别表示星期一到星期五。可以用如图 8.3.8 所示的二分图 G 表示 5 位教师可以上课的时间安排，如 A 可以上课的时间是星期二和星期三，则有边 (A, p_2) 和 (A, p_3)。于是问题归结为在图 G 中是否存在从 V_2 到 V_1 的完备匹配的问题。由上面定理知，G 满足 t 条件，存在从 V_2 到 V_1 的完备匹配 $M = \{(A, p_2), (B, p_3), (C, p_4), (D, p_5), (E, p_1)\}$。按照这个完备匹配排课可以使每天都只有一位教师上课。 ◀

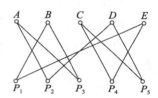

图 8.3.8 教师可以上课的时间安排

二分图的边可以带权值，称这样的二分图为带权二分图。带权二分图的一个匹配 M 的各条边的权值之和，称为匹配的权值。带权二分图可应用于视频检索中。

一段视频通常称作"片段"，每个片段由一串连续的"镜头"组成，每个镜头可以看作是由若干"帧"构成的序列，每帧是一幅图像。视频检索从上层到下层可以分为片段检索、镜头检索和图像检索。镜头检索就是在视频库中找到与给定的镜头 X 具有最大相似度的镜头 Y，可以通过比较 X 的帧图像和 Y 的帧图像来进行。给定的镜头 X，假设它由连续的帧 x_1，x_2，$\cdots$，x_n 构成，视频库中的镜头 Y 由帧 y_1，y_2，$\cdots$，y_m 构成。对于帧 x_i 和 y_j，可以通过图像识别计算它们的相似度 w_{ij}，$0 \leqslant w_{ij} \leqslant 1$，$i = 1, 2, \cdots, n$，$j = 1, 2, \cdots, m$。构造带权二分图 $G = \langle X, Y, E, W \rangle$，$X = \{x_1, x_2, \cdots, x_n\}$，$Y = \{y_1, y_2, \cdots, y_m\}$，$W = \{w_{ij} | i = 1, 2, \cdots, n, j = 1, 2, \cdots, m\}$。设 M 是 G 的一个匹配，M 的权值定义为 $W(M) = \sum_{(i,j) \in M} w_{ij}$。二分图 G 中的最大权的匹配就是镜头 X 和 Y 的相似度 $D(X, Y)$，即 $D(X, Y) = \max\{W(M) | M \text{ 是图 } G \text{ 的匹配}\}$。

8.4 平面图

8.4.1 平面图的定义

在实际应用中，如高速公路设计、印制电路板设计，都要求线路不能交叉。一个图能否画在一个平面上，使端点处以外的所有边都不交叉，这是图的平面化问题。

定义 8.4.1 设 $G=(V, E)$ 是一个无向图，如果能把 G 画在平面上，使得除结点处外，任意两条边都不相交，则称 G 为平面图。

例 8.4.1 判断图 8.4.1 中的各图是否是平面图。

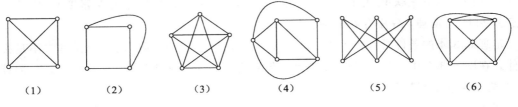

(1)   (2)   (3)   (4)   (5)   (6)

图 8.4.1   无向图

解 (1)、(2)、(4)是平面图，而(3)、(5)、(6)不是平面图。 ◀

图 8.4.1(4)中，在两个 3 度结点之间添加一条边，则成为 K_5 图。显然，两个 3 度结点之间的边是不可能在平面上不和任一边交叉地画出来的。所以(3)所示的 K_5 图不是平面图。图 8.4.1(5)所示的 $K_{3,3}$ 图也不是平面图。(6)和(3)同构，是 K_5 图，不是平面图。

有些图有边交叉，但可以在一个平面里把它画成没有边交叉的图，则这个图是可平面的。例如，图 8.4.1 中(1)是可平面的，调整其中一条边，可以画成(2)，显然(2)是平面图。将一个平面图 G 画成除结点处外，任意两条边都不相交的和它同构的图 G_1，称图 G_1 为图 G 的平面嵌入。如图 8.4.1(2)是(1)的平面嵌入。

图的平面性在电子电路的设计中具有重要作用。在设计电子电路的电路图时，元器件间的连线有时存在交叉，但是在制作印制电路板时，元器件不能交叉连接。用图为电路建立模型，用结点表示电路的器件，用边表示器件间的连接。如果一个电路的图是可平面的，则这个电路可以制作在单层印制电路板上，如果一个电路的图不是可平面的，就需要制作在多层印制电路板上。集成电路一般是多层，每一层有不同的平面图形，是电路的一个可平面子图。

定义 8.4.2 设 G 是一个平面嵌入，G 的边将 G 所在的平面划分成若干个区域，每个区域称为 G 的一个面。其中，面积无限的区域称为**无限面**或**外部面**，记成 f_0；面积有限的区域称为**有限面**或**内部面**，记为 f_1，f_2，$\cdots$，f_k。包围每个面的所有边所构成的回路称为该面的**边界**。一个面的边界包含的边数称为该面的**次数**，记为 $\deg(f)$。

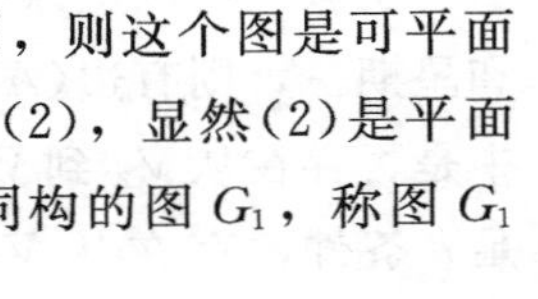

例如，图 8.4.2 的连通平面图中共有 4 个面：f_0，f_1，f_2 和 f_3。包围每个面的边界回路可能是环、简单回路，也可能是复杂回路。如面 f_0 的边界回路是一个复杂回路，$\deg(f_0)=9$，面 f_1 的边界回路是环，$\deg(f_1)=1$，面 f_2 和 f_3 的边界回路是简单回路，$\deg(f_2)=3$，$\deg(f_3)=3$。

图 8.4.2   连通平面图

由于连通平面图的每条边都在两个面上，因而关于连通平面图中边数和面的次数有下述定理。

定理 8.4.1 一个连通平面图 G 的边数为 e，G 的边将 G 所在的平面划分成 l 个面，所有面的次数之和等于边数 e 的 2 倍，即 $\sum_{i=0}^{l-1} \deg(f_i) = 2e$。

证明 对图 G 的每一条边 e，若 e 在两个面的公共边界上，则在计算这两个面的次数时，e 各提供 1。当 e 只在一个面的边界上出现时，它必在一个面的边界上出现 2 次，如图所示，因而在计算这个面的次数时，e 提供 2。因此所有面的次数之和等于边数 e 的 2 倍。

◀

8.4.2 平面图的欧拉公式

定理 8.4.2 设 G 为任意的连通的平面图，G 中有 n 个结点、e 条边、f 个面，则有公式 $n-e+f=2$ 成立。该公式称为**欧拉公式**。

证明 对边数 e 用归纳法。

1）当 $e=0$ 时，G 为仅有一个孤立点的图，此时 $n=1$，$f=1$，结论成立。

当 $e=1$ 时，分两种情况，第一种情况：G 有 1 个结点、1 个环，环把平面分成内部面和外部面，这时 $n=1$，$e=1$，$f=2$；第二种情况：G 有两个结点，边 e 连接着两个结点，图只有一个面，这时 $n=2$，$e=1$，$f=1$。这两种情况 $n-e+f=2$ 都成立。

2）假设 $e \leqslant k-1$ 时结论成立，证明 $e=k$ 时结论成立。

当 $e=k$ 时，在图 G 中删去一条边，有两种情况。图 8.4.3 是图 8.4.2 删去一条边的两种情况。

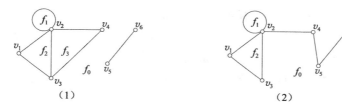

图 8.4.3 删去一条边的两种情况

第一种情况，若在图 G 中删去的一条边是桥，如图 8.4.3(1) 是图 8.4.2 删去边 (v_4, v_5)，这时 G 不连通，假设这时 G 有两个连通分支 G_1 和 G_2。每个连通分支的边数都小于 k，利用归纳假设，欧拉公式成立，即

$$n_1 - e_1 + f_1 = 2 \tag{8.1}$$

$$n_2 - e_2 + f_2 = 2 \tag{8.2}$$

式 (8.1) 和式 (8.2) 相加，得 $(n_1+n_2)-(e_1+e_2)+(f_1+f_2)=2+2$。 (8.3)

在两个连通分支的欧拉公式的面数中都计入了外部面，而图 G 只有 1 个外部面，所以 $f_1+f_2=f+1$。而 $n_1+n_2=n$，$e_1+e_2=e-1$。代入式 (8.3)，整理后得 $n-e+f=2$。

第二种情况，在图 G 中删去的一条边不是桥，是回路上的一条边，如图 8.4.3(2) 是图 8.4.2 删去边 (v_3, v_4)。设 C 为 G 中的一条回路，e 是回路 C 上的一条边。删去边 e，得 $G_1=G-e$。由于 e 在回路 C 上，G_1 仍连通，所以 G_1 是平面图。在 G_1 中有 $e_1=e-1=k-1$ 条边，$n_1=n$ 个结点，删去的边使得它所在的两个面成为一个面，所以 G_1 有 $f_1=f-1$

个面。利用归纳假设有 $n_1-e_1+f_1=2$ 成立，即 $n-e+f=2$ 成立。归纳完成。 ◀

例 8.4.2 假设连通平面图 G 有 30 条边，若 G 的边把图分成 20 个区域，则这个图有多少个结点？

解 根据题意，连通平面图 G 的边数 $e=30$，面数 $f=20$，代入欧拉公式 $n-e+f=2$ 得

$$n=2+e-f=2+30-20=12$$

所以，这个图有 12 个结点。 ◀

由欧拉公式可以得到下面一些推论。

推论 1 设 G 是有 $n(n\geqslant3)$ 个结点，e 条边、f 个面的简单连通平面图，则边数 $e\leqslant 3n-6$。

证明 当 $n=3$ 时，3 个结点的简单连通平面图的边数 $e\leqslant 3$，因此 $e\leqslant 3n-6$ 成立。

当 $n>3$ 时，G 的每个面至少由 3 条边围成，即每个面的次数 $\deg(f_i)\geqslant3$，所以所有面的总次数 $\sum\deg(f_i)\geqslant3f$。而 $\sum\deg(f_i)=2e$，因而有 $2e\geqslant3f$，即 $f\leqslant2e/3$。代入欧拉公式 $2=n-e+f\leqslant n-e+2e/3$ 有 $e\leqslant3n-6$ 成立。因此 $e\leqslant3n-6$ 成立。 ◀

推论 2 设 G 是有 $n(n\geqslant3)$ 个结点、e 条边、f 个面的简单连通平面图，若每个面由 4 条或 4 条以上的边围成，则 $e\leqslant2n-4$。

证明 G 的每个面由 4 条或 4 条以上的边围成，即每个面的次数 $\deg(f_i)\geqslant4$，所以所有面的总次数 $\sum\deg(f_i)\geqslant4f$。而 $\sum\deg(f_i)=2e$，因而有 $2e\geqslant4f$，即 $f\leqslant e/2$。代入欧拉公式 $2=n-e+f\leqslant n-e+e/2$ 有 $e\leqslant2n-4$ 成立。 ◀

由欧拉公式和推论 1 及推论 2 可以验证 K_5 和 $K_{3,3}$ 都不是平面图。例如，假设 K_5 是平面图，K_5 图有 $n=5$ 个结点、$e=10$ 条边，不满足 $e\leqslant3n-6$，和推论 1 矛盾。假设 $K_{3,3}$ 图是平面图，显然满足推论 2 的条件，$e=9$，$2n-4=8$，不满足 $e\leqslant2n-4$，和推论 1 矛盾。

因而有如下推论。

推论 3 K_5 和 $K_{3,3}$ 都不是平面图。

定理 8.4.3 设 G 是有 n 个结点、e 条边的简单连通平面图，则 G 中至少存在一个结点 v，使得 $d(v)\leqslant5$。

证明 假设 G 中每个结点 v，都有 $d(v)\geqslant6$，则由握手定理有

$$6n\leqslant\sum d(v)=2e$$

即 $e\geqslant3n>3n-6$，与推论 1 矛盾。 ◀

定理 8.4.2 是连通图的欧拉公式，可以推广到非连通图。

定理 8.4.4(欧拉公式的推广) 设 G 为任意的平面图，G 有 k 个连通分支、n 个结点、e 条边、f 个面，则有公式 $n-e+f=k+1$ 成立。

证明 设 G 有 k 个连通分支，分别为 G_i，$i=1$，2，$\cdots$，k，每个连通分支的结点数、边数和面数分别为 n_i、e_i、f_i，$i=1$，2，$\cdots$，k。每个连通分支都是平面图，满足欧拉公式

$$n_i - e_i + f_i = 2$$

于是有

$$\sum_{i=1}^{k} (n_i - e_i + f_i) = 2k$$

由于每个连通分支的面数都包括了外部面,而图 G 只有一个外部面,所以 G 的面数 $f = \sum_{i=1}^{k} f_i - k + 1$。

而 $n = \sum_{i=1}^{k} n_i, e = \sum_{i=1}^{k} e_i$,于是

$$n - e + f + k - 1 = 2k$$

整理得 $n - e + f = k + 1$。

欧拉公式及推论 1 和推论 2 是平面图的必要条件,不是充分条件。

下面讨论如何判断一个图是否平面图。

定义 8.4.3 设 $e = (u, v)$ 是图 G 的一条边,在 G 中删去边 e,增加新的结点 w,使 u、v 均与 w 相邻,则称在图 G 中插入 2 度结点 w;设 w 为 G 的一个度数为 2 的结点,w 与 u、v 相邻,删去 w 及与 w 相关联的边 (w, u)、(w, v),同时增加新边 (u, v),则称在图 G 中删去 2 度结点 w。

图 8.4.4 中图(2)是在图(1)中插入 2 度结点 w;图(4)是在图(3)中删去 2 度结点 w。显然,在一个给定的图的任一边插入或删除 2 度结点,都不会影响图的平面性。

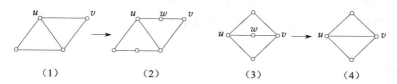

（1）　　　　　　（2）　　　　　　（3）　　　　　　（4）

图 8.4.4　插入、删去 2 度结点

定义 8.4.4 若两个图 G_1 和 G_2 同构或通过反复插入或删除 2 度结点后是同构的,则称 G_1 和 G_2 是**同胚**的。

例如,图 8.4.4 所示(1)和(2)是同胚的,(3)和(4)是同胚的。

由于 K_5 和 $K_{3,3}$ 图都不是平面图,因此,如果一个图含有 K_5 和 $K_{3,3}$ 图为子图,该图一定不是平面图。波兰数学家库拉托斯基于 1930 年给出判定一个图是否平面图的充分必要条件。

定理 8.4.5(库拉托斯基定理) 设 G 是无向图,则 G 是平面图的充分必要条件是图 G 不含和 K_5 或 $K_{3,3}$ 同胚的子图。

这里不给出关于该定理的证明,有兴趣的读者可以参考有关图论的书籍。

例 8.4.3 说明图 8.4.5(1)所示的彼得森图不是平面图。

解 彼得森图中删去边 (g, h) 和 (d, e) 的子图,如图 8.4.5(2),它和图 8.4.5(3)同构,图(3)和 $K_{3,3}$ 同胚。所以彼得森图不是平面图。

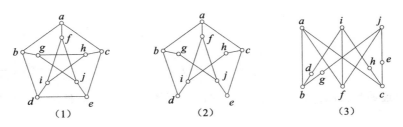

图 8.4.5 彼得森图和它的同胚子图

8.4.3 对偶图与着色

定义 8.4.5 设 G 是简单图。在图 G 的每个面中指定一个新结点,对两个面公共的边,指定一条新边与其相交。由这些新结点和新边组成的图称为 G 的对偶图 G^*。

给定平面图 G,用如下的方法构造 G 的对偶图 G^*:

1)在 G 的每一个面 f_i 中任取一个结点 v_i^* 作为 G^* 的结点;

2)若 e_k 是 G 的两个面 f_i 和 f_j 的公共边,有一条边 $e_k^* = (v_i^*, v_j^*)$ 作为 G^* 的边,且 (v_i^*, v_j^*) 与 e_k 相交;

3)若 e_k 只是 G 的一个面 f_i 的边界时,以 f_i 中的结点 v_i^* 为结点做环 e_k^*、e_k^* 与 e_k 相交,e_k^* 是 G^* 的一个环。

从定义不难看出,任何平面图 G 的对偶图都是连通的。

设 n、e、f 分别为平面图 G 的结点数、边数和面数,n^*、e^*、f^* 分别为 G 的对偶图 G^* 的结点数、边数和面数,按照对偶图的定义有 $n^* = f$,$e^* = e$,$f^* = n$。

如图 8.4.6 所示,虚线图就是实线图的对偶图。

需要注意的是,同构平面图的对偶图不一定是同构的。G 的对偶图的对偶图也不一定与 G 同构。

下面讨论平面图的着色问题。这个问题最早起源于地图的着色问题,也就是给一幅地图着色时,具有公共边界的区域着以不同的颜色,最少需用多少种不同的颜色。图的着色分为结点着色和边着色。

定义 8.4.6 对一个简单图 G 进行着色,是指给它的每个结点指定一种颜色,使得相邻结点都有不同的颜色。若用了 k 种颜色给 G 的结点着色,则称 G 是 k-可着色的。

给图的每个结点指定一种颜色,可以着色一个图。但是,对很多图可以用较少的颜色对结点着色。例如,为图 8.4.7(1)的结点着色,需要 4 种颜色,而为图 8.4.7(2)的结点着色,只需要 3 种颜色。

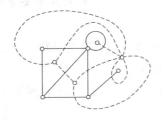

图 8.4.6 对偶图

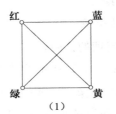

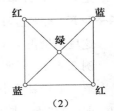

图 8.4.7 图的着色

定义 8.4.7 给图 G 的结点着色所用的最少的颜色数称为图 G 的**色数**。最少用了 k 种颜色，则称 G 是 **k 色图**。

例如，完全图 k_n 的色数是 n；对于圈图 C_n，当 n 为偶数时，C_n 图的色数是 2；当 n 为奇数时 C_n 图的色数是 3。

定理 8.4.6 对于任意的无环图 G，G 的色数为 k，则 $k \leqslant \Delta(G) + 1$，$\Delta(G)$ 是 G 的结点最大度数。

定理 8.4.7(Brooks 定理) 对于无环图 G，G 的色数为 k，若 G 不是完全图，也不是长度为奇数的基本回路，则 $k \leqslant \Delta(G)$。

例 8.4.4 二分图 $K_{m,n}$ 图的色数是多少？

解 由于二分图的结点集可分为两个不交的结点集 V_1 和 V_2，在每个结点集中的结点都不相邻，都可以指定相同的颜色，所以，只需两种颜色就可以给二分图 $K_{m,n}$ 着色。二分图 $K_{m,n}$ 图的色数是 2。◀

这个例题也给出一个判断二分图的方法。通过给图的结点着色，如果只需要两种颜色，则可以判断这个图是二分图。

例 8.4.5 为图 8.4.8 所示的图 G 的结点着色，需要几种颜色？

解 将 G 的结点按度数递减次序排序：D，A，E，B，C，F，G。

首先，指定结点 D 为红色；D 和其他结点都邻接，所以红色不能指定给其他结点。接着为结点 A 指定一种颜色，如绿色，同时可以将绿色指定给结点 F，因为 F 和 A 不邻接；为 E 指定黄色，B 和 E 不邻接，也可以为 B 指定黄色；为 C 指定蓝色，G 也可以是蓝色的。因此给图 G 的结点着色需要 4 种颜色。◀

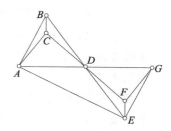

图 8.4.8 例 8.4.5 图

连通无桥平面图的平面嵌入及其所有的面称为地图，"国家"就是其中的面。若两个面的边界至少有一条公共边，称这两个面是相邻的。地图的着色是指给它的每个面指定一种颜色，使得相邻的面有不同的颜色。

地图是平面图，平面图都有对偶图。给地图着色的问题等价于给它的对偶图的结点着色。平面图的色数就是给平面地图着色，使得没有两个相邻的面的颜色相同所需的最少的颜色数。

定理 8.4.8(四色定理) 对一个平面图的各个面进行着色，使得相邻的面有不同的颜色，那么所用的颜色可以不多于四色。

四色定理最早是作为猜想在 19 世纪 50 年代提出的。德·摩根的一个学生注意到，用四种颜色可以给英格兰地图的郡着色，使得相邻的郡所着的颜色都不同，因而，猜想四色定理为真，并就这个猜想询问老师德·摩根。德·摩根对这个问题很感兴趣，向数学界公布了这个四色猜想。100 多年来，许多数学家致力于这个问题的研究，没能给出正确的证明。直到 1976 年，美国数学家阿普尔和黑肯用计算机做了一百多亿次逻辑判断，花了 1200 多小时才证明了四色猜想是成立的，从此，四色猜想成为四色定理。

注意，四色定理只适用于平面图，非平面图可以有任意大的色数。

定义 8.4.8 对于无环图 G 的每条边指定一种颜色，使得相邻的边有不同的颜色，称为对图 G 的边着色。若能用 k 种颜色给 G 的边着色，则称 G 是 k-可边着色的。若对 G 的边着色用的最少颜色数为 k，则称 G 的边色数为 k。

关于边色数有下面的定理。

定理 8.4.9

1）设 G 是简单图，G 的边色数为 $\Delta(G)$ 或 $\Delta(G)+1$；

2）设 G 是二分图，G 的边色数为 $\Delta(G)$。

例 8.4.6 圈图 C_n 的边色数是多少？

解 C_n 图的结点最大度数 $\Delta(C_n)=2$。当 n 为偶数时，C_n 图是二分图，边色数是 $\Delta(C_n)=2$；当 n 为奇数时，C_n 的边色数是 3。如图 8.4.9 所示，图 C_4 的色数是 2，图 C_5 的色数是 3。 ◀

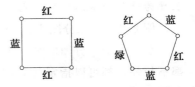

图 8.4.9 圈图的边着色

可用图的着色解决许多实际问题，如一些调度和分配的问题。

例 8.4.7 某班同学期末共有 7 门课程考试，课程编号为 1 到 7。已知一部分同学要参加 1、2、6 和 7 四门课程考试，一部分同学要参加 1、2、3 和 7 四门课程考试，一部分同学要参加 1、5 和 6 三门课程考试，一部分同学要参加 3、4 和 7 三门课程考试，一部分同学要参加 3、4 和 5 三门课程考试，试问如何安排考试时间，使得没有学生在同一时间有两门考试？

解 考试时间的安排问题可以用图模型来解决。如图 8.4.10 所示，用结点表示课程，有学生要参加两门课程的考试，则在这两门课程对应的两个结点之间连一条边。在这个图中相邻的结点表示的课程不能在同一时间段考试。用不同的颜色来表示考试的每个时间段，考试的时间安排就对应于这个图的结点的着色。

对这个图的结点着色需要 4 种颜色，如 1 和 4 着红色，2 着绿色，3 和 6 着蓝色，5 和 7 着黄色，因而需要安排 4 个时间段，如时间 A 考课程 1 和 4，时间 B 考课程 2，时间 C 考课程 3 和 6，时间 D 考课程 5 和 7。 ◀

例 8.4.8 计算机程序中有 7 个变量，这 7 个变量的保存和计算步骤是，t：步骤 1~6；u：步骤 2；v：步骤 2~4；w：步骤 1 和 3；x：步骤 1、5 和 6；y：步骤 3~6；z：步骤 4 和 5。程序运行时需要多少个不同的变址寄存器来保存这些变量？

解 构造一个图，每个变量用一个结点表示，如果两个变量要保存在同一步，则用一条边连接这两个变量。如图 8.4.11 所示。

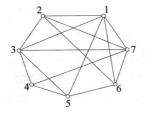

图 8.4.10 例 8.4.7 图

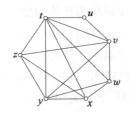

图 8.4.11 例 8.4.8 图

这个图是四色图，给 t 指定第一种颜色，指定 v 和 x 为第二种颜色，指定 u 和 y 为第三种颜色，w 和 z 为第四种颜色。所以需要 4 个不同的变址寄存器来保存这些变量。 ◄

习题

1. 判断下面的图是否是有欧拉回路，如果有，指出一条欧拉回路；如果没有，是否有欧拉通路，如果有，指出一条欧拉通路。

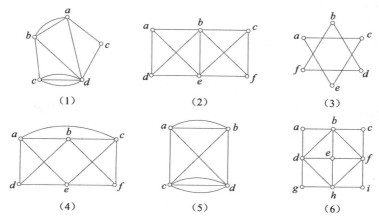

（1）　　　　　　（2）　　　　　　（3）

（4）　　　　　　（5）　　　　　　（6）

2. 构造一个欧拉图，其结点数 v 和边数 e 满足下述条件：

   (1) v、e 的奇偶性一样；

   (2) v、e 的奇偶性相反。

   如果不可能，请说明原因。

3. n 取怎样的值可使完全图 K_n 有一条欧拉回路？

4. 判断下面的有向图是否是有欧拉回路，如果有指出一条欧拉回路。如果没有欧拉回路，是否有欧拉通路，如果有，指出一条欧拉通路。

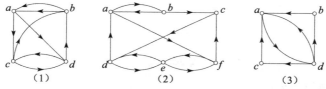

（1）　　　　　　（2）　　　　　　（3）

5. 判断题 1 的各图是否存在哈密顿回路，若存在，指出一条哈密顿回路。如果没有哈密顿回路，是否存在哈密顿通路？若存在，指出一条哈密顿通路。

6. (1) 画一个有一条欧拉回路和一条汉密尔顿回路的图。

   (2) 画一个有一条欧拉回路但没有一条汉密尔顿回路的图。

   (3) 画一个没有一条欧拉回路，但有一条汉密尔顿回路的图。

7. 如果图 G 中度数为奇数的结点个数为 0 或 2，则 G 可一笔画出吗？说明理由。

8. 若一个有向图 G 是欧拉图，它是否一定是强连通的？若有一个有向图 G 是强连通的，它是否一定是欧拉图？说明理由。

9. 下图是否为哈密尔顿图，若是，请给出一条从 a 出发的哈密尔顿回路。

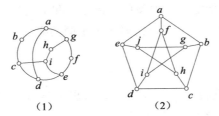

(1)　　　　　　(2)

10. 某次会议有 20 人参加，其中每人都至少有 10 个朋友，这 20 人围一圆桌入席，要想使每人相邻的两位都是朋友是否可能？为什么？

11. 完全图 $K_n(n \geqslant 1)$ 都是哈密顿图吗？

12. 设 G 为 $n(n \geqslant 3)$ 阶无向简单图，边数 $m = (1/2)(n-1)(n-2)+2$，证明 G 是哈密顿图。举例说明当 $m = (1/2)(n-1)(n-2)+1$ 时，G 不一定是哈密顿回路。

13. 设 G 是无向连通图，证明：若 G 中有桥或割点，则 G 不是哈密顿图。

14. 有 n 个人，已知他们中的任何两个人合起来认识其余的 $n-2$ 个人。证明：当 $n=3$ 时，这 n 个人可以排成一行，使得相邻的人都相互认识；当 $n=4$ 时，这 n 个人可以排成一行，使得相邻的人都相互认识。

15. 求下图中结点 a 到其他所有结点的最短路径和距离。

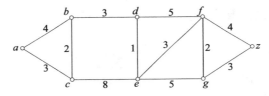

16. 求图中 A 到其余各结点的最短路径和距离。

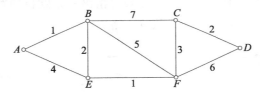

17. 判断下面的图中，哪些是二分图？哪些不是二分图？是二分图的，请给出互补结点集；若不是，请说明理由。

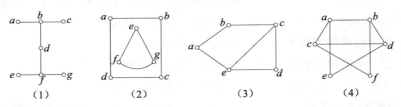

(1)　　　　　(2)　　　　　(3)　　　　　(4)

18. 对哪些 n 值，下面的图是二分图？
   (1)K_n 　　(2)C_n 　　(3)W_n 　　(4)Q_n

19. 证明：如果简单图 G 是二分图，有 n 个结点 m 条边，则 $m \leqslant n^2/4$。

20. 一次聚会，共有 n 位女士和 n 位男士，已知每位男士认识至少两位女士，而每位女士认识至多两位男士。问能否将男士和女士分配为 n 对，使得每对中的两人互相认识？

21. 判断下面的图是否是平面图？如果是，请画出它的平面嵌入。若不是，请说明理由。

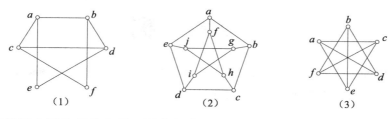

(1)　　　　　　　(2)　　　　　　　(3)

22. 指出下面的两个图各有几个面，写出每个面的边界和次数。

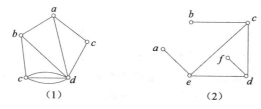

(1)　　　　　　　(2)

23. 证明：少于 30 条边的简单连通平面图至少有一个结点度数小于等于 4。

24. 证明：每个面至少有 4 条边的任何连通简单平面图中，$m \leqslant 2n - 4$，其中 n 为结点数，m 为边数。

25. 证明：设 G 是有 n 个结点、m 条边、$p (p \geqslant 2)$ 个连通分支的平面图，G 的每个面至少由 $k (k \geqslant 3)$ 条边围成，则 $m \leqslant \dfrac{k(n - p - 1)}{k - 2}$。

26. 证明：在有 6 个结点、12 条边的连通简单平面图中，每个面由 3 条边组成。

27. 设 G 是简单图，若结点数 $n < 8$，则 G 和 $\overline{G}$ 中至少有一个是平面图。

28. 试举例说明两个图同构，而它们的对偶图不同构。

29. 对下列图的结点着色，最少用几种颜色？
    (1) K_n　　　(2) C_n　　　(3) W_n　　　(4) Q_n　　　(5) $K_{m,n}$

30. 用尽可能少的颜色给 K_5 和 $K_{3,3}$ 的边着色。

31. 某大学有 5 门选修课，其中课程 1 和 2、1 和 3、1 和 4、2 和 4、2 和 5、3 和 4、3 和 5 均有人同时选修，问安排这 5 门课的考试需要多少个时间段？

第9章 树

树是图论中的重要概念之一,在计算机科学、电子通信技术、生物化学分析等许多领域中有着重要的应用。本章介绍树的基本知识和应用。

9.1 树的定义和特性

说明:下述定义中的回路指基本回路或简单回路。本章均如此约定,以后不再重复说明。

定义 9.1.1 一个连通且无回路的无向图称为**无向树**。树中的边称为**树枝**。度数为 1 的结点称为**树叶**。度数大于 1 的结点称为**分支点(内点)**。平凡图称为**平凡树**。

定义 9.1.2 一个不连通的,但每个连通分支都是无向树的图称为**森林**。

例 9.1.1 如图 9.1.1 所示,哪个图是树或森林?

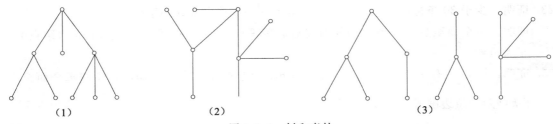

图 9.1.1 树和森林

解 图 9.1.1(1)、(2)都是连通且无回路的图,因此都是树,(3)是森林,因为有 3 个连通分支,每个连通分支都是树。 ◄

下面给出树的一些基本性质。

定理 9.1.1 对于有 n 个结点、e 条边的无向树 T,下列的命题等价。

1)T 是无回路的连通图。

2)T 是连通的但删去任一边后,便不连通。

3)T 是连通的且 $e=n-1$。

4)T 中无回路且 $e=n-1$。

5)在 T 的每一对结点之间有唯一的一条简单路。

6)T 中无回路,但在任意两个结点间增加一条边,得到一条且仅一条回路。

证明 1)⇒2)。用反证法证。$\forall u, v \in V$,若 T 中删去任一边 (u, v) 后仍连通,则从 u 到 v 存在一条通路 L,这条通路 L 加上 (u, v) 后形成回路,和 T 无回路矛盾。

2)⇒3)。对结点个数 n 用数学归纳法来证明 $e=n-1$。

当结点数为 $n=1$ 时,T 是平凡图,结论显然成立。

当结点数为 $n=2$ 时,T 是连通的但删去任一边后,便不连通,则 $e=1$,结论成立。

假设结点数为 $n \leqslant k(k>1)$ 时,结论成立。

当结点数为 $n=k+1$ 时，只有删去 T 中的一个 1 度结点及其关联的边的图 T'，才满足命题 2）的连通性。根据归纳假设，T' 有 k 个结点，所以 $e'=n'-1$，而 $e'=e-1$，$n'=n-1$。因此，将删去的 1 度结点及其关联的边添入 T' 得到图 T，T 仍连通且 $e=n-1$。

3）$\Rightarrow$ 4）。对结点个数 n 用数学归纳法来证明 T 是无回路的。

当结点数为 2 时，$e=1$，T 中无回路，即结论成立。

假设结点数为 $n=k-1$ 时无回路，$e=n-1$，结论成立。

当结点数为 $n=k$ 时，因为 T 是连通的，故 T 中每一个结点的度数均大于等于 1。可以证明至少有一个结点 v_0，使得 $\deg(v_0)=1$。因为若所有结点的度数均大于等于 2，则 $2e=\sum_{v\in V}\deg(v)\geqslant 2k$，从而 $e\geqslant k$，即图 T 至少有 k 条边，与 $e=n-1$ 矛盾。在 T 中删去 1 度结点 v_0 及其关联的边，得到新图 T' 是连通的。根据归纳假设，T' 无回路，$e'=n'-1$，将删去的 1 度结点 v_0 及其关联的边添入 T' 得到图 T，T 中仍无回路，且 $e=n-1$。

4）$\Rightarrow$ 5）。用反证法证明。假设在 T 的每一对结点之间的简单路不唯一，若结点 u、v 之间存在两条简单路，这两条简单路构成回路，和 T 中无回路矛盾，所以在 T 的每一对结点之间有唯一的一条简单路。

5）$\Rightarrow$ 6）。首先用反证法证明 T 中无回路。假设 T 中有回路，设 C 是一条包含边 (u,v) 的简单回路，在 C 中删去边 (u,v) 得到从 u 到 v 的一条简单通路，因而从 u 到 v 的简单通路不唯一，与命题 5）矛盾。

若在 T 的任意两个不邻接的结点间加上一条边 e，则 e 和联接这两个结点的唯一一条简单路构成 $T+e$ 的唯一的一条回路。

6）$\Rightarrow$ 1）。根据命题 6），任意两个结点间存在一条通路，所以 T 是连通的，结论成立。 ◀

定理 9.1.2 设 T 是有 $n(n\geqslant 2)$ 个结点的一棵树，则 T 中至少有两片树叶。

证明 由于 T 是有 $n(n\geqslant 2)$ 个结点的一棵树，对任一结点 $v_i\in T$，$d(v_i)\geqslant 1$。根据握手定理和定理 9.1.1 有

$$\sum d(v_i)=2(n-1)$$

如果 T 中至多有一个结点度数为 1，其他结点的度数均大于等于 2，于是

$$\sum d(v_i)\geqslant 2(n-1)+1$$

导致矛盾。所以 T 中至少有两个结点度数为 1，至少有两片树叶。 ◀

例 9.1.2 画出所有 5 阶非同构的无向树。

解 设 T 是 5 阶无向树。由定理 9.1.1 可知，T 的边数 $e=4$。根据握手定理，T 的所有结点的度数之和为 8。由于树是简单连通图，所以 $\delta(T)\geqslant 1$，$\Delta(T)\leqslant 4$。因此，T 的度数序列有如下几种情况

T_1：4，1，1，1，1； T_2：2，2，2，1，1； T_3：3，2，1，1，1

它们对应的无向树如图 9.1.2 所示。

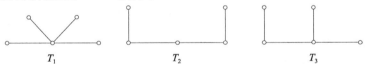

图 9.1.2 非同构无向图

例 9.1.3 一个无向树有 1 个 3 度结点，3 个 2 度结点，其余结点都是树叶，问这棵树有多少个结点？画出所有非同构的树。

解 假设这棵树有 n 个结点，e 条边，根据握手定理，$2e = \sum_i d(v_i) = 3 + 2 \times 3 + (n-1-3)$。由定理 9.1.1 有 $e = n-1$，因此，$2(n-1) = 9 + (n-4)$，解得 $n=7$。这棵树有 7 个结点。

这棵树的结点的度数序列为 3、2、2、2、1、1、1，和其中的 3 度结点相邻的结点度数有 3 种可能：

1)2，2，2　　2)1，2，2　　3)1，1，2

对应 3 棵非同构的树，如图 9.1.3。

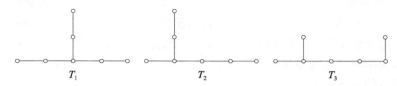

图 9.1.3　非同构树

9.2 生成树

9.2.1 生成树的定义

定义 9.2.1 给定无向连通图 G，如果它的生成子图 T_G 是树，则称 T_G 为 G 的**生成树**。生成树 T_G 中的边称为**树枝**；G 中的不在 T_G 中的边称为**弦**；T_G 的所有弦的集合称为生成树 T_G 的**余树**。

例 9.2.1 在图 9.2.1 中，哪些是图 9.2.1(1)的生成树？

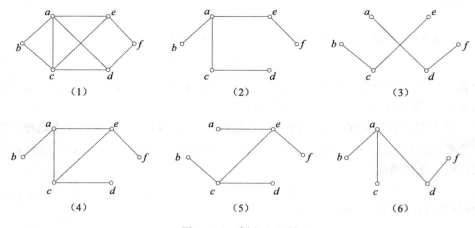

图 9.2.1　例 9.2.1 图

解 如图 9.2.1 所示，(2)、(5)是(1)的生成子图，而且是树，所以(2)、(5)是(1)的生成树。(3)、(4)、(6)不是(1)的生成树。(3)不连通，不是树。(4)有回路，不是树。(3)是(2)的余树，(6)是(5)的余树，余树不一定是树，如(3)。

实际上，当一个连通图不是树时，它可以有多棵生成树。关于生成树有如下定理。

定理 9.2.1　图 G 有生成树，当且仅当 G 是连通的。

证明　首先证明充分性。当图 G 连通时，如果图 G 是一棵树，则 G 本身就是生成树。当连通图 G 不是一棵树时，G 中有回路。对于 G 的一个回路，删去回路上的一条边，得到 G 的生成子图 G'。若 G' 仍有回路，继续删去其中一个回路上的一条边。重复这个过程，直到得到 G 的生成子图中没有回路，从而得到 G 的一棵生成树 T_G。

接着证明必要性。若图 G 有生成树，由于树是连通的，所以 G 是连通的。　◀

定理 9.2.1 的证明实际上给出了求无向图的生成树的一种算法，称这种算法为破圈法。在无向连通图 G 中，有很多算法可以求 G 的生成树，常用的还有避圈法。

求生成树的避圈法步骤如下。

设图 $G=(V，E)$，$|V|=n$，$E=\{e_1，e_2，\cdots，e_m\}$。

1）任取一条边 $e\in E$，令 $T_G=\{e\}$；

2）任取一条边 $e\in E-T_G$，若 $T_G\bigcup\{e\}$ 无回路，则把 e 添加到 T_G 中；

3）若 T_G 中的元素有 $n-1$ 个，则算法结束，否则返回 2）。

当把 $n-1$ 条边加入 T_G 时，T_G 就是图 G 的生成树。

例 9.2.2　如图 9.2.2(1)所示的无向图 G，用避圈法求生成树。

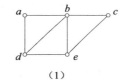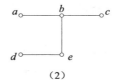

图 9.2.2　例 9.2.2 图

解　对如图 9.2.2(1)所示的无向图 G，依次取边 $(a，b)$、$(b，c)$、$(b，e)$ 和 $(d，e)$，得到 G 的一棵生成树，如图 9.2.2(2)所示。　◀

例 9.2.3　对图 9.2.2(1)所示的无向图 G，用破圈法求生成树。

解　依次在图 G 中删去边 $(a，d)$、$(d，e)$、$(b，c)$，如图 9.2.3(1)、(2)、(3)所示，使得图 G 没有回路，就得到 G 的一棵生成树，如图 9.2.3(3)。　◀

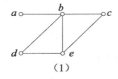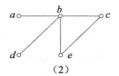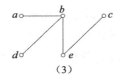

图 9.2.3　例 9.2.3 图

基于避圈法原理构造生成树的算法有深度优先搜索算法和宽度优先搜索算法。在此不介绍这两种算法，有兴趣的读者可以参阅有关的书籍。

9.2.2　最小生成树及其应用

下面讨论连通带权图中的最小生成树。

定义 9.2.2　设无向连通带权图 $G=(V,E,W)$，T 是 G 的一棵生成树，T 各边带权之和称为 T 的权，记作 $W(T)$。G 的所有生成树中带权最小的生成树称为**最小生成树**。

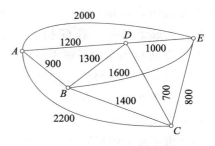

有大量的实际问题可以通过求带权图的最小生成树来解决。如计划修建一个连接若干个城市的高速公路网，已知修建直接连接两个城市 v_i 和 v_j 的公路建设费用为 w_{ij}，怎样设计这个连接所有城市的公路网，可以使得公路建设总费用最低。将每个城市看作图的一个结点，两个城市 v_i 和 v_j 的公路建设费用 w_{ij} 作为边 (v_i, v_j) 的权值，可以构造图 9.2.4 所示的图模型。显然，这个问题是求这个带权图中的最小生成树问题。

图 9.2.4　公路建设模型

求最小生成树的典型算法有 Kruskal 算法、Prim 算法和 Sollin 算法。

下面介绍 Kruskal 算法，这个算法基于避圈法的思想。

算法 9.2.1(Kruskal 算法)　设 $G=(V,E,W)$ 是 n 阶连通带权图。

1)在边集 E 中选一条具有最小权值的边 e，加入生成树 T 中，并将 e 从边集 E 中删去。

2)在边集 E 中选一条具有最小权值的边 e，若 e 和已在 T 中的边不构成回路，将 e 添加到 T 中，并从边集 E 中删去 e；若 e 和已在 T 中的边构成回路，从边集 E 中删去 e。

3)若 T 中的边数为 $n-1$，算法结束，否则返回 2)。

算法结束时，T 就是 G 的最小生成树。可以证明用 Kruskal 算法所得的图 T 就是连通带权图的最小生成树。(证明略)

例 9.2.4　用 Kruskal 算法求图 9.2.4 所示的带权图的最小生成树。

解　首先在图 9.2.4 中取权值最小的边 (D,C) 作为生成树的一条边，在 G 的其余的边中 (C,E) 的权值最小，且和已加入生成树的边不构成回路，将边 (C,E) 加入生成树中；重复同样的步骤，将边 (A,B) 和 (A,D) 加入生成树，算法结束，得到图 9.2.4 的最小生成树，如图 9.2.5 所示。

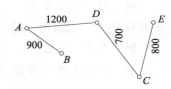

◀　　图 9.2.5　最小生成树

例 9.2.5　最小生成树在数据分析中的应用。

最小生成树可以应用于数据分析中的聚类。聚类是把数据集 D 中的数据按照它们之间的相似程度划分成若干个子类，使得同一子类中的数据尽可能地"接近"，不同子类的数据尽可能地"远离"。聚类分析在数据挖掘、图像分析、系统划分、电路设计等方面经常用到。下面介绍最小生成树聚类算法。

设有一组离散数据 $D=\{a_1,a_2,\cdots,a_n\}$，D 中的任意两个数据 a_i、a_j 的相似程度可以用一个相似度函数 $d(a_i,a_j)$ 来度量，称为这两个数据的距离。给定一个正整数 $k(1<k<n)$，D 的一个 k 聚类是 D 的一个 k 划分 $\pi=\{C_1,C_2,\cdots,C_k\}$，使得同一子类中的数据间的距离尽可能地"近"，不同子类的数据间的距离尽可能地"远"。

定义两个不同的子类 C_s 和 C_t 的距离 $D(C_s,C_t)$ 为 C_s 中的数据和 C_t 中的数据的相似

度的最小值，即

$$D(C_s, C_t) = \min\{d(a_i, a_j) \mid a_i \in C_s, a_j \in C_t\}$$

k 聚类 $\pi = \{C_1, C_2, \cdots, C_k\}$ 的最小间隔

$$D(\pi) = \min\{D(C_s, C_t) \mid C_s, C_t \in \pi, 1 \leqslant s < t \leqslant k\}$$

因此，数据集 D 上的 k 聚类就是求使得 $D(\pi)$ 最大的 k 划分。

可以用最小生成树解决这个问题。首先构造一个带权完全图 $G = (V, E, W)$，其中的每个结点是数据集 D 中的一个结点，即 $V = \{a_1, a_2, \cdots, a_n\}$，对于任意的 $a_i, a_j \in V$，它们的距离 $d(a_i, a_j)$ 作为边 (a_i, a_j) 的权值。在这个带权图上求最小生成树 T_G，在 T_G 上删去权值最大的 $k-1$ 条边，成为有 k 个连通分支的不连通的树，这 k 个连通分支就是所求聚类的 k 个子类 $C_1, C_2, \cdots, C_k$，并且具有最大的 $D(\pi)$。 ◀

9.3 根树

9.3.1 有向根树和有序根树

定义 9.3.1 一个有向图 G，如果略去有向边的方向所得无向图为一棵无向树，则称 G 为**有向树**。

例 9.3.1 判断图 9.3.1 中哪个是有向树。

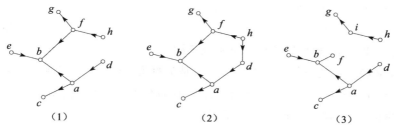

图 9.3.1 例 9.3.1 图

解 略去图 9.3.1(1) 的有向边的方向所得无向图为一棵无向树，因此图 9.3.1(1) 是一棵有向树。图 9.3.1(2) 和 (3) 都不是有向树，因为略去有向边的方向所得无向图不是无向树。 ◀

定义 9.3.2 一棵非平凡的有向树，如果有一个结点的入度为 0，其余结点的入度均为 1，则称此有向树为**有向根树**。称入度为 0 的结点为**树根**，称出度为 0 的结点为**树叶**，称出度不为 0 的结点（含根）为**分支点**。称入度为 1、出度大于 0 的结点为**内点**。在根树中，从树根到任意结点 v_i 只有唯一的一条简单路，这条路的长度称为 v_i 的**级（层）数**。级数最大的结点的级数称为树的**高度**。

例 9.3.2 如图 9.3.2 所示的根树中，指出每片树叶的级数，树的高度是多少？

解 树根是结点 a，树叶 e 在第 1 级上，树叶 c、d、g、h 在第 2 级上，树的高度是 2。 ◀

对于无向树，指定一个结点作为根，指定每条边的方向都是

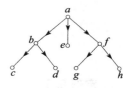

图 9.3.2 根树

离开根的方向，形成一个有向树，这个有向树是根树。通过选择任何一个结点作为根，就可以把非根树变为根树。注意，选择不同的结点作为根的根树是不同的。例如，图9.3.3(2)和图(3)是对图(1)的树 T 分别指定 a 和 b 作为根结点所形成的根树。通常在画根树时把根画在图的顶端，根树中的边的方向可以省略，因为对根的选择确定了边的方向。

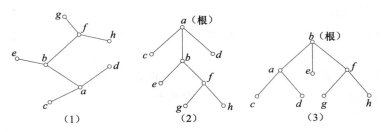

图 9.3.3   无向树和根树

一棵根树可以看成是一棵家族树，其中各结点间的关系定义如下。

定义 9.3.3   在根树 T 中：

1) 若结点 v_i 到结点 v_j 可达，则称 v_i 是 v_j 的祖先，v_j 是 v_i 的后代；

2) 若结点 v_i 邻接到结点 v_j，则称 v_i 是 v_j 的父亲，v_j 是 v_i 的儿子；

3) 若两个节点同为一个结点的儿子，则称这两个结点为兄弟。

定义 9.3.4   设 T 为一棵根树，v_i 为 T 中一个结点，且 v_i 不是树根，称 v_i 及其后代的导出子图为 T 的以 v_i 为根的子树，简称**根子树**。

如图 9.3.3(2)所示的根树中，结点 e 和 f 是 b 的儿子；结点 a 的所有后代是 b、c、d、e、f、g、h；结点 b 的所有后代是 e、f、g、h；结点 e 和 f 的祖先是结点 b 和 a。这棵根树的以 b 为根的根子树如图 9.3.4 所示。

图 9.3.4   根子树

定义 9.3.5   在根树中，如果每个结点的出度小于或等于 m，则称这棵树为 **m 元树**。$m=2$ 时称为**二元树**或**二叉树**。如果每个分支点的出度都等于 m，则称这棵树为 **m 元正则树**。所有树叶级(层)数相同的 m 元正则树称为**完全 m 元正则树**。

在图 9.3.5 所示的根树中，T_1 是三元树，T_2 是三元正则树，T_3 是完全二元正则树。

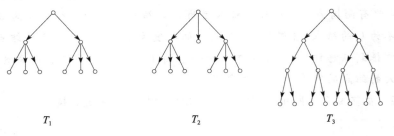

图 9.3.5   根树和正则树

定理 9.3.1   有 i 个分支点的 m 元正则树有 $n=mi+1$ 个结点。

证明   除根之外的每个结点都是分支点的儿子。因为每个分支点都有 m 个儿子，所

以，在树中除根之外还有 mi 个结点。因此，这棵树共有 $mi+1$ 个结点。◀

定理 9.3.2 对于一个 m 元正则树 T：

1）若 T 有 n 个结点，则有 $i=(n-1)/m$ 个分支点和 $l=[(m-1)n+1]/m$ 片树叶；

2）若 T 有 i 个分支点，则有 $n=mi+1$ 个结点和 $l=(m-1)i+1$ 片树叶；

3）若 T 有 l 片树叶，则有 $n=(ml-1)/(m-1)$ 个结点和 $i=(l-1)/(m-1)$ 个分支点。

证明 1）若 T 有 n 个结点，利用定理 9.3.1，有 $n=mi+1$，则分支点 $i=(n-1)/m$，树叶数 $l=n-i$，将 i 的表达式代入 $l=n-i$，得 $l=[(m-1)n+1]/m$。

2）若 T 有 i 个分支点，利用定理 9.3.1，有 $n=mi+1$ 个结点；树叶数 $l=n-i$，将 n 的表达式代入得 $l=(m-1)i+1$；

3）若 T 有 l 片树叶，$i=n-l$，代入 $n=mi+1$，则有 $n=m(n-l)+1$，整理得 $n=(ml-1)/(m-1)$，而分支点数 $i=n-l=(ml-1)/(m-1)-l=(l-1)/(m-1)$。◀

定理 9.3.3 在高度为 h 的 m 元树里至多有 m^h 片树叶。

证明 用归纳法对高度 h 进行归纳证明。

假设高度 $h=1$。高度 $h=1$ 的 m 元树由根结点及其不超过 m 个子结点组成，每个子结点都是树叶。因此高度为 h 的 m 元树里至多有 $m^1=m$ 片树叶。

假设高度 $h=k-1$ 时结论成立，即高度为 $k-1$ 的 m 元树里至多有 m^{k-1} 片树叶。

高度 $h=k$ 时，在高度为 $k-1$ 的 m 元树中给每片树叶添加至多 m 个子结点，就是高度为 k 的 m 元树，最多需要添加 $m(m^{k-1})=m^k$ 片树叶。因此，高度 $h=k$ 时，至多有 m^k 片树叶，结论成立。◀

推论 若一个高度为 h 的 m 元树 T 有 l 片树叶，则 $h\geqslant\lceil\log_m l\rceil$。

证明 根据定理 9.3.3，在高度为 h 的 m 元树中，树叶数 $l\leqslant m^h$，取以 m 为底的对数，得 $h\geqslant\log_m l$，因为 h 是整数，所以有 $h\geqslant\lceil\log_m l\rceil$。

当 m 元树的所有树叶的高度都是 h 时，等号成立，即 $h=\log_m l$。◀

定义 9.3.6 如果将根树每一层上的结点都规定次序，这样的根树称为**有序根树**。

在有序根树中，每一层上的结点按从左到右的次序排序。如二元有序树的一个分支点有两个子结点，则从左到右称这两个子结点为左儿子和右儿子。以这两个子结点为根所产生的根子树分别称为**左子树**和**右子树**。

在图 9.3.6(1)的有序根树中，结点 a 的左儿子是结点 b，右儿子是结点 c，图 9.3.6(2)和(3)分别为结点 a 的左子树和右子树。

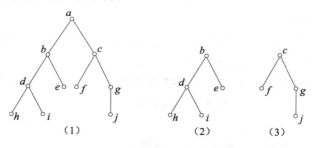

（1） （2） （3）

图 9.3.6 左子树和右子树

9.3.2 有序根树的遍历

有序根树常用来保存信息。系统地访问有序根树的每个结点，使得每个结点恰好访问一次，进行数据存取的过程称为**遍历算法**。有三种最常用的遍历算法：前序遍历、中序遍历和后序遍历。

算法 9.3.1 二元有序根树的前序遍历算法

1)访问根；

2)按前序遍历法访问左子树；

3)按前序遍历法访问右子树。

算法 9.3.2 二元有序根树的中序遍历算法

1)按中序遍历法访问左子树；

2)访问根；

3)按中序遍历法访问右子树。

算法 9.3.3 二元有序根树的后序遍历算法

1)按后序遍历法访问左子树；

2)按后序遍历法访问右子树。

3)访问根；

例 9.3.3 对于图 9.3.7 所示的二元有序根树，分别写出按中序、前序和后序遍历算法的结果。

解 先将树分为根、左子树和右子树，然后再对子树进行分解，按遍历算法写出结果。

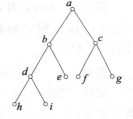

图 9.3.7 二元有序根树

按前序遍历算法，其结果为 $abdhiecfg$；

按中序遍历算法，其结果为 $hdibeafcg$；

按后序遍历算法，其结果为 $hidebfgca$。

可以用二元有序树来表示复杂的表达式，如命题公式、集合的组合，以及算术表达式。在画出表达式的二元有序树时，运算符放在分支点上，数字或变量放在树叶上。运算符左边的表达式或运算量放在左子树，运算符右边的表达式或运算量放在右子树。表示一元运算及其运算对象时，用分支点表示运算符，用这个结点的子结点表示运算对象。

例 9.3.4 用二元有序根树表示表达式 $((x-3)*2)+y/4$，用前序、中序和后序遍历算法访问该树，写出结果。

解 这个表达式是表达式 $(x-3)*2$ 和 $y/4$ 相加，所以二元有序根树的根结点是"＋"运算符，根结点的左子树是表达式 $(x-3)*2$，右子树是表达式 $y/4$。左子树的根结点是运算符"＊"，"＊"的左子树是 $x-3$，右子结点是数字 2，"＊"的左子树的根结点是"－"，"－"的左子结点是 x，右子结点是 3。用同样方法构造表示 $y/4$ 的右子树。如图 9.3.8 所示。

对这棵树的结点用三种遍历算法访问，结果如下。

前序遍历算法的结果为：$+*-x32/y4$；

中序遍历算法的结果为：$((x-3)*2)+y/4$；

后序遍历算法的结果为：$x3-2*y4/+$。 ◀

按前序遍历算法得到的表达式，运算符在参加运算的两个运算量的前面，称为前缀表示；按后序遍历算法得到的表达式，运算符在参加运算两数的后面，称为后缀表示；按中序遍历算法得到的表达式，运算符在参加运算两数的中间，称为中缀表示。需要注意的是，结点的中序遍历结果存在二义性，如图9.3.9(1)、(2)是表达式$(x-y)*(2+y)$和表达式$x-(y*(2+y))$的二元树，对这两棵树用中序遍历算法得到的结果相同，都是$x-y*2+y$。为了让这样的表达式无歧义，遇到运算时，按中序遍历算法得到的表达式要包含括号，括号中是子树的表达式。

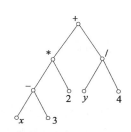

图 9.3.8　二元有序根树

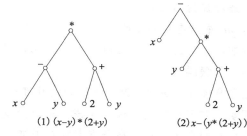

(1) $(x-y)*(2+y)$　　(2) $x-(y*(2+y))$

图 9.3.9　二元有序根树

前缀表达式和后缀表达式无须括号都可以唯一地表示一个有序根树。这种无括号记法是逻辑学家 Lukosiewicz 教授提出的，前缀表示称为"波兰"记法，后缀表示称为"逆波兰"记法。

例9.3.5 用二元有序树表示命题公式$\neg(p\wedge q)\leftrightarrow(p\vee\neg q)$，写出它的波兰记法和逆波兰记法。

解 如图9.3.10所示，由底向上构造二元有序树。首先构造$p\wedge q$、p和$\neg q$的子树，然后构造$\neg(p\wedge q)$、$p\vee\neg q$的子树，最后用这两个子树分别作为左子树和右子树，以$\leftrightarrow$为根结点的二元有序树就是所求的命题公式$\neg(p\wedge q)\leftrightarrow(p\vee\neg q)$的有序树。

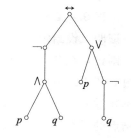

图 9.3.10　二元有序根树

按前序遍历算法得到波兰记法$\leftrightarrow\neg\wedge pq\vee p\neg q$，按后序遍历算法得到逆波兰记法$pq\wedge\neg pq\neg\vee\leftrightarrow$。 ◀

9.4　根树的应用

9.4.1　前缀码

在计算机和通信技术中，符号常用编码来表示，如26个英文字母用数字0或1组成的序列表示。如用等长的0—1序列表示26个英文字母，序列长度应为5。由于各个符号出现的频率不同，对所有符号都用等长的0—1序列表示是不科学的。根据各个符号出现的频率，用不同长度的0—1序列来表示它们，如出现频率高的符号用较短的0—1序列表示，出现频率低的符号用较长的0—1序列表示，可以使传输的信息的编码长度缩短。考虑到接收端应能对接收到的0—1序列进行正确的译码，每个0—1序列只能对应一个符号序列。但是对于有些编码，一个 0—1 序列可以对应 n 个符号序列，使得接收端难以正确地译码。例如，用 1 表示 A、0 表示 B、10 表示 C、100 表示 D 时，接收端接收到 1001 时，对应的字母序列有 $ABBA$、CBA 和 DA，无法辨别发送端发送的是哪一个。造成这种情况的原因是，字母 A 和 B 的编码出现在字母 C 和 D 的编码的开头部分，如发送 C 时的编码和发送 AB 的编码相同，在接收端就无法识别发送的是 C 还是 AB。因此，在编码时，一个符号对应的 0—1 序列不应当出现在其他符号的 0—1 序列的开头部分，具有这种性质的编码称为前缀码。

定义 9.4.1 设 $\beta = a_1 a_2 a_3 \cdots a_n$ 为长度为 n 的符号串，称 a_1，$a_1 a_2$，$\cdots$，$a_1 a_2 a_3 \cdots a_{n-1}$ 分别为符号串 β 的长度为 1，2，$\cdots$，$n-1$ 的前缀；设 $B = \{\beta_1, \beta_2, \cdots, \beta_m\}$ 为一个字符串集合，若对任意的 β_i，$\beta_j \in B$，$i \neq j$，β_i，β_j 互不为前缀，则称 B 为前缀码；若 $\beta_i(i=1, 2, \cdots, m)$ 中只有 0 和 1 两个符号，则称 B 为二元前缀码。

例如，$\{0, 10, 110, 111\}$、$\{11, 00, 010, 011\}$ 都是二元前缀码，而 $\{1, 01, 010, 110\}$ 不是前缀码。

定理 9.4.1 任何一棵二元树的树叶可对应一个前缀码。

证明 对于给定的一棵二元树，每个分支点至少有一个子结点，至多有两个子结点。若分支点有两个子结点，在分支点和左子结点连接的边上标 0，和右子结点连接的边上标 1；若分支点只有 1 个子结点，在分支点和它的子结点连接的边上标 0 或 1 都可以。这样，每片树叶将对应一个由 0 和 1 组成的序列，该序列由树根到这片树叶的通路上各边的标记组成。由于每片树叶对应的标记序列都不是另一片树叶标记序列的前缀，因而由所有树叶的标记序列构成一个前缀码。◀

定理 9.4.2 任何一个前缀码都对应一棵二元树。

证明 设给定一个前缀码，h 表示前缀码中最长序列的长度。画出一棵高度为 h 的二元正则树，在分支点和子结点连接的两条边上分别标记 0 和 1，这样，每个结点将对应一个由 0 和 1 组成的序列，该序列由树根到这个结点的通路上各边的标记组成。因此，对长度不超过 h 的每一个二进制序列必对应这棵二元树上的一个结点。将对应于前缀码的每一个结点的所有后代结点及其关联的边都删去，最后再删去没有和任一前缀码对应的树叶，得到一棵二元树，这棵二元树的树叶就对应给定的前缀码。◀

例 9.4.1 求图 9.4.1 所示的二元树所产生的前缀码。

解 由图 9.4.1 所示的二元树产生的前缀码为 $\{0, 11, 100, 101\}$。◀

例 9.4.2 画出前缀码 $\{00, 10, 010, 111, 1101\}$ 对应的二元树。

解 前缀码 $\{00, 10, 010, 111, 1101\}$ 中最长序列的长度为 4，首先画出高度为 4 的二元正则树，标记前缀码对应的结点，如图 9.4.2(1) 所示。将标记的结点的后代结点及其关联的都边删去，得到二元树如图 9.4.2(2) 所示。把未标记的树叶结点删去，得到图 9.4.2(3) 所示的二元树，就是前缀码 $\{00, 10, 010, 111, 1101\}$ 对应的二元树。◀

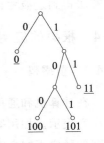

图 9.4.1 二元树

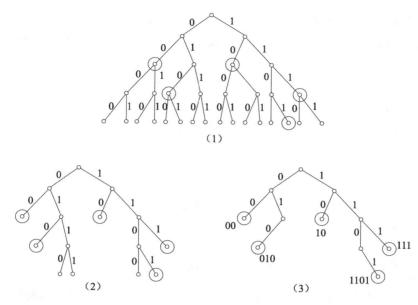

图 9.4.2　例 9.4.2 图

9.4.2　最优二元树和赫夫曼编码

当传输符号的出现频率已知时，使传输的二进制码位数最少的前缀码称为最佳前缀码。如何产生最佳前缀码呢？可以先产生一个最优二元树，用这个二元树产生的前缀码就是最佳前缀码。

定义 9.4.2　设 2 元树 T 有 t 片树叶 v_1，v_2，…，v_t，分别带权 w_1，w_2，…，w_t（w_i 为实数，$i=1$，2，…，t），称 $w(T)=\sum_{i=1}^{t}w_i l(v_i)$ 为 T 的权，其中 $l(v_i)$ 为带权的树叶 v_i 的级数。在所有的有 t 片树叶、带权 w_1，w_2，…，w_t 的 2 元树中，带权最小的 2 元树称为**最优二元树**。

下图所示的 3 棵树，都是带权 1、3、4、5、6 的 2 元树。其中图（1）的权 $w(T)=47$，图（2）的权 $w(T)=52$，图（3）的权 $w(T)=42$，图（3）是最优二元树。

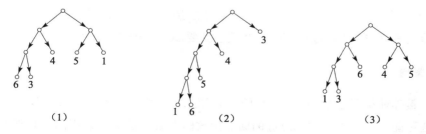

图 9.4.3　带权二元树和最优二元树

Huffman 给出了求最优二元树的算法，下面介绍这个算法。

算法 9.4.1(Huffman 算法)

给定 t 个实数按从小到大顺序排列，即 $w_1 < w_2 < \cdots < w_t$。

1)连接以 w_1、w_2 为权的两片树叶，得一分支点，其权为 $w_1 + w_2$；

2)在 $w_1 + w_2$，w_3，$\cdots$，w_t 中选出两个最小的权，连接它们对应的结点（不一定都是树叶），得分支点及其所带的权；

3)重复(2)，直到形成一棵有 $t-1$ 个分支点，t 片树叶的树为止。

例9.4.3 求带权为 3、4、5、8、9 的最优二元树。

解 用 Huffman 算法求最优二元树，全部过程如图9.4.4所示。◀

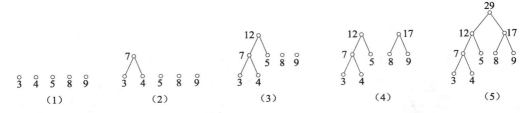

图 9.4.4 Huffman 算法过程

例9.4.4 在通信中要传输八进制数字 0，1，2，3，4，5，6，7。这些数字出现的频率为 0：30%，1：20%，2：15%，3：10%，4：10%，5：6%，6：5%，7：4%。求传输它们的最佳前缀码，传输按上述比例出现的数字 10000 个，至少要用多少个二进制数字？

解 可通过构造一个有 8 片树叶，树叶权值是各数字出现的频率的最优二元树来求这个前缀码。

用 100 乘以各数字出现的频率作为二元树的权值：$w_0 = 30$，$w_1 = 20$，$w_2 = 15$，$w_3 = 10$，$w_4 = 10$，$w_5 = 6$，$w_6 = 5$，$w_7 = 4$，将这些权值按由小到大顺序排列得 4，5，6，10，10，15，20，30。用 Huffman 算法求得最优二元树，如图9.4.5所示。

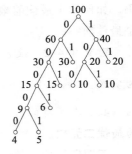

带权为 w_i 的树叶对应的标记序列就是传输数字 i 的符号串。因而各数字对应的符号串为 0：01，1：11，2：001，3：100，4：101，5：0001，6：00001，7：00000。这些编码就是传输它们的最佳前缀码。要传输按上述比例出现的数字 10000 个，至少要用 $10^4 \times 0.3 \times 2$

图 9.4.5 最优二元树

$+ 10^4 \times 0.2 \times 2 + 10^4 \times 0.15 \times 3 + 10^4 \times 0.1 \times 3 + 10^4 \times 0.1 \times 3 + 10^4 \times 0.06 \times 4 + 10^4 \times 0.05 \times 5 + 10^4 \times 0.04 \times 5 = 27400$ 个二进制数字。若用等长的编码传输这些数字，每个编码长度应为 3，传输 10000 个数字需要 30000 个二进制数字。◀

9.4.3 决策树

说明：最佳前缀码不唯一。用 Huffman 算法求最优二元树时，每一步选择两个最小的权的选法可能不同，连接它们对应的结点所放的左右位置也可以不同，画出的最优二元树可能不同，对应的最佳前缀码也不同。

根树可以为一些需要进行一系列比较和判断来求解的问题建模，如图9.4.6是排序 3 个不同数的决策树，用根树表示对 3 个不同数排序的比较判断过程。在这个根树中，每个分支点都对应着一次对两个数的比较，比较的可能结果数是这个分支点的子结点。从根开始，每次比较后，沿着可能的结果到达子结点，最后到达叶结点，获得比较排序结果。如在根结点比较 a 和 b，有两种比较结果：$a>b$ 和 $a<b$，因此根结点有两个子结点，根据 a 和 b 的比较结果，沿相应的边到达一个子结点进行下一步的比较判断，如 $a>b$ 时到达子结点比较 a 和 c，有两种比较结果 $a>c$ 和 $a<c$，因此这个结点有两个子结点；当 $a<c$ 时，得到 3 个数的排序 $c>a>b$，对应的结点是叶结点。在这个根树中，每个分支点都对应一个决策，分支点的子树对应该决策的每种可能结果，称这样的根数为**决策树**。

例 9.4.5 有 4 枚外观相同的硬币，其中 1 枚是伪币，伪币的质量和其他硬币不等，要在这 4 枚硬币中找出伪币，需要用天平秤多少次？

解 将 4 枚硬币分成两组，任取一组 2 个硬币在天平上称重，结果可能是：质量相同和质量不同。因此可用二元决策树解决这个问题。

设 4 枚硬币为 A、B、C、D，用 $A:B$ 表示将 A 和 B 放在天平上称重，"$=$"表示平衡，"$\neq$"表示不平衡。决策树是有 4 片树叶的二元树，根据定理 9.3.3 的推论，树的高度 $h=\lceil \log_2 4 \rceil=2$，构造决策树如图 9.4.7 所示。用天平秤 2 次可以找出伪币。◀

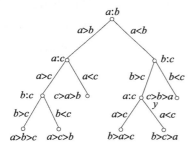

图 9.4.6 构造决策树

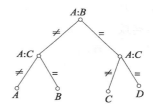

图 9.4.7 决策树

习题

1. 一个树有 2 个 4 度结点，3 个 3 度结点，其余结点都是叶子，问这棵树有多少片树叶？

2. 画出具有 6 个结点的所有非同构的无向树。

3. 下面哪一种图不是树？
   (1)无回路的连通图；
   (2)有 n 个结点，$n-1$ 条边的连通图；
   (3)每对结点间都有路的图；
   (4)连通但删去一条边则不连通的图。

4. 连通图 G 是一棵树，当且仅当满足下述条件中的哪一个？
   (1)有些边不是割边；
   (2)每条边都是割边；
   (3)无边割集；
   (4)每条边都不是割边。

5. (1)什么条件下，无向树有欧拉通路？
   (2)什么条件下，无向树有哈密顿通路？

(3)什么条件下，无向树既是欧拉图又是哈密顿图？

6. 设图 G 是一棵树，它有 n_2 个 2 度分支点，n_3 个 3 度分支点，$\cdots$，n_k 个 k 度分支点，求 G 中树叶数。

7. 证明：一棵完全二元正则树，必有奇数个结点。

8. 证明：任何无向树都是二分图。

9. 已知 n 阶 m 条边的无向图 G 是 $k(k \geqslant 2)$ 棵树组成的森林，证明：$m=n-k$。

10. 下图所示的无向图中有几棵非同构的生成树？画出这些生成树。

11. 证明：若边 e 是连通图 G 中的桥，则边 e 在 G 的任何一棵生成树中。

12. 证明简单连通无向图 G 的任何一条边都是 G 的某一棵生成树的边。

13. 设有 5 个城市 v_1、v_2、v_3、v_4、v_5，任意两城市之间铁路造价如下（以百万元为单位）：$w(v_1, v_2)=4$，$w(v_1, v_3)=7$，$w(v_1, v_4)=16$，$w(v_1, v_5)=10$，$w(v_2, v_3)=13$，$w(v_2, v_4)=8$，$w(v_2, v_5)=17$，$w(v_3, v_4)=3$，$w(v_3, v_5)=10$，$w(v_4, v_5)=12$，试求出连接 5 个城市的造价最低的铁路网。

14. 试用 Kruskal 算法求下图所示权图中的最小生成树。

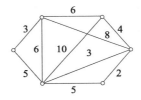

15. 设 T_1 和 T_2 是连通图 G 的两棵生成树，a 是 T_1 中但不在 T_2 中的一条边。证明：存在在 T_2 中但不在 T_1 中的边 b，使得 $(T_1-\{a\}) \cup \{b\}$ 和 $(T_2-\{b\}) \cup \{a\}$ 都是 G 的生成树。

16. 给定二元正则树 $G=\langle V, E \rangle$。证明：$|E|=2(t-1)$，其中 t 是树叶数。

17. 一个有向图 G，仅有一个结点入度为 0，其余所有结点的入度均为 1，G 一定是根树吗？

18. 画出表示算式 $((a+(b*c)*d)-e) \div (f+g)+(h*i)*j$ 的根树。

19. 用中序、前序、后序三种行遍法，写出遍历下图所示二元树的结果。

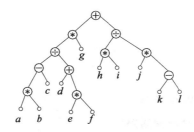

20. 设 T 是如下的二元树 T，试写出对 T 先根遍历、中根遍历和后根遍历时访问所有点的顺序。写出波兰符号法表示式和逆波兰符号法表示式。

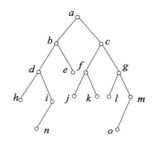

21. 画一棵权为 3、5、8、9、12 的最优二元树，并计算它的权。

22. 下面给出的各符号串集合，哪些是前缀码？

    (1) {11，00，10，01}

    (2) {a，b，c，ac，abc，bc}

    (3) {11，101，010，0001，0011}

    (4) {a，b，cb，cde}

23. 用下图的二元树产生一个前缀码。

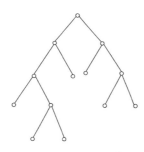

24. 画出产生前缀码 {11，01，001，1001，1010} 的二元树。

25. 设 6 个字母在通信中出现的频率如下，a：35%，b：15%，c：20%，d：10%，e：15%，f：5%，用 Huffman 算法求传输它们的最佳前缀码。画出最优树，指出每个字母对应的编码，编码一个字母需要的平均位数是多少？

第五部分

代 数 结 构

第 10 章 代 数 系 统

代数系统由集合和定义在集合上的运算构成，在自动机理论和形式语言、编码理论、软件理论等方面有着重要的应用。本章介绍代数系统的概念和性质及一些重要的代数系统。

10.1 代数系统的概念和性质

10.1.1 二元运算及其性质

在描述代数系统的定义之前，先给出运算的定义及有关运算定律的意义。

定义 10.1.1 设 A 为集合，函数 $f: A \times A \rightarrow A$ 称为 A 上的一个**二元代数运算**，简称**二元运算**。

由定义可知，A 上的二元运算是一种特殊的函数，它要求运算的结果仍然在同一集合 A 中，这种性质称为封闭性。因此，A 上的二元运算必须具有确定性和封闭性的特征，即 A 中元素的运算结果是唯一确定的且仍在 A 中。

例 10.1.1 1）加法、乘法运算是正整数集上的二元运算，减法和除法不是。因为正整数集合上不是每一对数的减法和除法运算结果都属于正整数集合，例如：$2-5$、$2/5$ 的结果都不是正整数，因此，减法和除法运算的封闭性不成立。

2）加法、减法、乘法运算是有理数集、实数集上的二元运算，除法不是，因为对于除法运算不是每一对数都有定义，如 $3/0$。

3）乘法和除法运算是非零实数集上的二元运算，而加法和减法运算不是，因为两个非零实数相加或相减可能为 0，不满足运算的封闭性。

4）两个集合的并运算和交运算都是集合 A 的幂集 $P(A)$ 上的二元运算。

5）所有 3 阶实矩阵组成的集合 M 对于矩阵的加法、减法、乘法都是 M 上的二元运算。 ◀

常用 $*$、$\circ$、$\cdot$、$\otimes$、$\oplus$ 等表示二元运算，称为**算符**。设 $f: A \times A \rightarrow A$ 是 A 上的一个二元运算，对任意的 x、$y \in A$，如果 $f(\langle x, y \rangle) = z$，可用算符 $*$ 简记为 $x * y = z$，用前缀表示法可写成 $*(x, y) = z$。这些算符除特别说明外，泛指抽象意义上的运算。

例 10.1.2 1）设 M 是所有 n 阶布尔矩阵的集合。对于任意 $A = (a_{ij})_{n \times n}$，$B = (b_{ij})_{n \times n} \in M$，定义 $A * B = (c_{ij})_{n \times n}$，其中 $c_{ij} = a_{ij} \vee b_{ij} (i, j = 1, \cdots, n)$，则 $*$ 运算为二元运算。

2）设 $\mathbf{Z}$ 为整数集，对于任意 $a, b \in \mathbf{Z}$，定义 $a * b = \max\{a, b\}$，则 $*$ 运算为二元运算。 ◀

A 为有限集合时，A 上的二元运算可以通过列表来表示，称其为 A 关于该运算的运算表。设 $A_n = \{a_1, a_2, \cdots, a_n\}$，$*$ 是 A 上的二元运算，可以通过表 10.1.1 定义二元运算。

表 10.1.1　二元运算表

*	a_1	a_2	…	a_j	…	a_n
a_1	$a_1 * a_1$	$a_1 * a_2$	…	$a_1 * a_j$	…	$a_1 * a_n$
a_2	$a_2 * a_1$	$a_2 * a_2$	…	$a_2 * a_j$	…	$a_2 * a_n$
⋮	⋮	⋮		⋮		⋮
a_n	$a_n * a_1$	$a_n * a_2$	…	$a_n * a_j$	…	$a_n * a_n$

例如，对于 $S=\{0，1\}$，由如下运算表可确定 S 的一个二元运算。

·	0	1
0	0	1
1	1	1

例 10.1.3　设 $\mathbf{Z}_n=\{0，1，2，\cdots，n-1\}$，$+_n$ 和 $\times_n$ 分别表示模 n 加法和模 n 乘法，即 $x+_ny=(x+y)\bmod n$，$x\times_ny=(xy)\bmod n$。当 $n=6$ 时，两个运算的运算表如表 10.1.2 和表 10.1.3 所示。

表 10.1.2　＋的运算表

$+_n$	0	1	2	3	4	5
0	0	1	2	3	4	5
1	1	2	3	4	5	0
2	2	3	4	5	0	1
3	3	4	5	0	1	2
4	4	5	0	1	2	3
5	5	0	1	2	3	4

表 10.1.3　×的运算表

$\times_n$	0	1	2	3	4	5
0	0	0	0	0	0	0
1	0	1	2	3	4	5
2	0	2	4	0	2	4
3	0	3	0	3	0	3
4	0	4	2	0	4	2
5	0	5	4	3	2	1

◄

一般地，将函数 $f：A_1\times A_2\times\cdots\times A_n\rightarrow A$ 称为一个 $A_1\times A_2\times\cdots\times A_n$ 到 A 的 n 元运算，简称 **n 元运算**。如果 $A_1=A_2=\cdots=A_n=A$，则称该运算是集合 A 上的 **n 元代数运算**。当 $n=1$ 时，称为 A 上的**一元运算**。

集合 A 上的二元运算就是一个 $A\times A$ 到 A 的映射。下面我们讨论二元运算具有的性质。

定义 10.1.2　设 * 是集合 A 上的二元运算，如果对于任意的 $x，y\in A$，都有
$$x * y=y * x$$
则称 * 运算满足**交换律**。

整数集 $\mathbf{Z}$ 上的加法运算和乘法运算满足交换律，对任意的 $x，y\in\mathbf{Z}$，都有 $x+y=y+x$ 和 $x\times y=y\times x$ 成立，而减法运算不满足交换律。

定义 10.1.3　设 * 是集合 A 上的二元运算，如果存在 $a\in A$，使得 $a * a=a$，则称 a 是 A 中关于 * 运算的**幂等元**。如果对于任意的 $x\in A$，都有 $x * x=x$，则称 * 运算满足**幂等律**。

整数集 $\mathbf{Z}$ 上，对任意的 $x\in\mathbf{Z}$，$x+x\neq x$，除非 $x=0$。所以整数集上的加法运算不满足幂等律。但是因为 $0+0=0$，所有 0 是"+"运算的幂等元。集合的幂集上的"$\cup$"和"$\cap$"运算满足幂等律。

定义 10.1.4 设 $*$ 是集合 A 上的二元运算，如果对于任意的 $x,y,z\in A$，都有

$$x*(y*z)=(x*y)*z$$

则称 $*$ 运算满足**结合律**。

整数集 $\mathbf{Z}$ 上的普通加法运算和普通乘法运算满足结合律，对任意的 $x,y,z\in\mathbf{Z}$，都有 $(x+y)+z=x+(y+z)$ 和 $(x\times y)\times z=x\times(y\times z)$ 成立，而减法运算不满足结合律。集合的"$\cup$"和"$\cap$"运算满足结合律。

定义 10.1.5 设 $*$ 是集合 A 上的二元运算，若存在 $a\in A$，对于任意的 $x,y\in A$，$a*x=a*y$，进而推出 $x=y$，则称 a 在 A 中关于 $*$ 运算是**左可消去元**。类似地，若存在 $a\in A$，对于任意的 $x,y\in A$，由 $x*a=y*a$，可推出 $x=y$，则称 a 在 A 中关于 $*$ 运算是**右可消去元**。如果 a 既是左可消去元，又是右可消去元，则称 a 是 A 的**可消去元**。

若 A 上的所有元素都是关于 $*$ 运算的可消去元，则称 $*$ 运算满足**消去律**。

整数集 $\mathbf{Z}$ 上的普通加法运算满足消去律，普通乘法运算不满足消去律，例如 $0\times 2=0\times 3$，但是 $2\neq 3$。矩阵加法满足消去律，矩阵乘法不满足消去律，集合的"$\cup$"和"$\cap$"运算不满足消去律，例如 $\{a\}\cup\{a,b,c\}=\{b,c\}\cup\{a,b,c\}$，但是 $\{a\}\neq\{b,c\}$。

定义 10.1.6 设 $*$、$\circ$ 是集合 A 上的二元运算，如果对于任意的 $x,y,z\in A$，都有

$$x*(y\circ z)=(x*y)\circ(x*z)$$

则称 $*$ 运算对 $\circ$ 运算**左可分配**。如果对于任意的 $x,y,z\in A$，都有

$$(y\circ z)*x=(y*x)\circ(z*x)$$

则称 $*$ 运算对 $\circ$ 运算**右可分配**。

如果 $*$ 运算对 $\circ$ 运算既左可分配，又右可分配，则称 $*$ 运算和 $\circ$ 运算满足**分配律**。

整数集上的普通乘法对加法满足分配律，加法对乘法不满足分配律。例如：$5+(2\times 3)\neq(5+2)\times(5+3)$。集合上的并运算对交运算满足分配律，交运算对并运算也满足分配律。

定义 10.1.7 设 $*$、$\circ$ 是集合 A 上的二元运算，如果 $*$ 和 $\circ$ 都可交换，并且对于任意的 $x,y\in A$，都有 $x*(x\circ y)=x$ 和 $x\circ(x*y)=x$，则称 $*$ 运算对 $\circ$ 运算满足**吸收律**。

整数集上的普通乘法对加法、加法对乘法都不满足吸收律。例如：$5+(5\times 3)\neq 5$。集合上的并运算对交运算、交运算对并运算都满足吸收律。

例 10.1.4 设 $*$ 是集合 A 上的二元运算，其运算表如表 10.1.4 所示。

表 10.1.4 二元运算表

$*$	a_1	a_2	a_3	a_4
a_1	a_1	a_2	a_3	a_4
a_2	a_2	a_2	a_1	a_2
a_3	a_3	a_1	a_3	a_4
a_4	a_4	a_3	a_4	a_4

运算 $*$ 满足结合律、交换律、消去律、幂等律吗？为什么？

解　1)结合律：根据表 10.1.4 可知

$$(a_2 * a_3) * a_4 = a_1 * a_4 = a_4$$

$$a_2 * (a_3 * a_4) = a_2 * a_4 = a_2$$

即

$$(a_2 * a_3) * a_4 \neq a_2 * (a_3 * a_4)$$

因此，结合律不成立。

2)交换律：如果运算 $*$ 满足交换律，则对任意 a_i，$a_j \in A$，有 $a_i * a_j = a_j * a_i$，即这个运算表应该关于对角线对称，但表 10.1.4 不对称，如 $a_4 * a_2 \neq a_2 * a_4$，因此运算 $*$ 不满足交换律。

3)消去律：如果运算 $*$ 满足消去律，则对任意 a_k，a_i，$a_j \in A$，若 $a_k * a_i = a_k * a_j$，有 $a_i = a_j$，即运算表中第 k 行的元素应该互不相同。由 k 的任意性可知，运算表中同一行的元素应该互不相同。同理，运算表中同一列的元素也应该互不相同。但根据表 10.1.4，a_4 在第 4 行出现了 3 次，所以运算 $*$ 不满足消去律。

4)幂等律：如果运算 $*$ 满足幂等律，则对任意 $a_i \in A$，有 $a_i * a_i = a_i$，即这个运算表的对角线元素是 a_1、a_2、a_3、a_4，表 10.1.4 的对角线元素符合 $a_i * a_i = a_i$，$i = 1$，2，3，4，所以幂等律成立。　◀

10.1.2　代数系统和子代数

定义 10.1.8　设 A 是非空集合，$*_1$、$*_2$、$\cdots$、$*_m$ 是定义在 A 上的各种运算，称集合 A 和定义在 A 上的各种运算 $*_1$、$*_2$、$\cdots$、$*_m$ 组成的系统为**代数系统**，记为 $\langle A$，$*_1$、$*_2$、$\cdots$、$*_m \rangle$。

由定义可知，代数系统包括非空集合 A(称为代数系统的**载体**)以及 A 上的运算，这些运算可以是一元运算、二元运算或多元运算，并且要求这些运算关于 A 都满足封闭性。

例 10.1.5　1)设 $\mathbf{R}$ 表示实数集，$\langle \mathbf{R}$，$+ \rangle$、$\langle \mathbf{R}$，$\times \rangle$ 和 $\langle \mathbf{R}$，$+$，$\times \rangle$ 都是代数系统，其中"$+$"、"$\times$"分别为实数集 $\mathbf{R}$ 上的普通加法、乘法运算。

2)对集合 A 的幂集 $P(A)$，$\langle P(A)$，$\bigcup \rangle$、$\langle P(A)$，$\bigcap \rangle$ 和 $\langle P(A)$，$\bigcup$，$\bigcap$，$\sim \rangle$ 都是代数系统，其中"$\bigcup$"、"$\bigcap$"、"$\sim$"分别是集合的并、交、补运算。

3)设 $\mathbf{Z}_n = \{0$，1，2，$\cdots$，$n-1\}$，$\langle \mathbf{Z}_n$，$+_n \rangle$ 和 $\langle \mathbf{Z}_n$，$\times_n \rangle$ 都是代数系统，其中 $+_n$ 和 $\times_n$ 分别表示模 n 加法和模 n 乘法，即 $x +_n y = (x+y) \bmod n$，$x \times_n y = (xy) \bmod n$。

4)对于全体 $n \times n$ 实数矩阵组成的集合 M，$\langle M$，$\circ \rangle$ 是代数系统，其中"$\circ$"为矩阵乘法运算。　◀

定义 10.1.9　设 $\langle A$，$*_1$、$*_2$、$\cdots$、$*_m \rangle$ 是代数系统，如果 $B \subseteq A$，且 $B \neq \varnothing$，运算 $*_1$、$*_2$、$\cdots$、$*_m$ 对 B 封闭，则 $\langle B$，$*_1$、$*_2$、$\cdots$、$*_m \rangle$ 也是一个代数系统，称为代数系统 $\langle A$，$*_1$、$*_2$、$\cdots$、$*_m \rangle$ 的**子代数系统**或**子代数**。如果 $B \subset A$，则称 $\langle B$，$*_1$、$*_2$、$\cdots$、$*_m \rangle$ 是 $\langle A$，$*_1$、$*_2$、$\cdots$、$*_m \rangle$ 的**真子代数**。

对任何代数系统 A，它的子代数一定存在，因为任何代数系统都是它自身的子代数。

例 10.1.6 对⟨**R**，＋⟩而言，⟨**N**，＋⟩为其真子代数，＋是普通加法运算。⟨**N**，－⟩不是⟨**R**，－⟩的子代数，因为普通减法"－"对自然数集合 **N** 不满足封闭性。 ◀

子代数是抽象代数中的一个重要概念。当原来代数系统的运算满足某些运算律时，它的子代数也满足相同的运算律，也就是子代数和原来的代数系统是同种代数系统。因此，可以通过研究子代数的结构和性质，得到原代数系统的某些性质。

10.1.3 代数系统的性质

一些代数系统所规定的运算中，有些元素呈现出与其他元素很不同的性质，称这些有特殊性质的元素为**特异元素**，这些特异元素又称为代数系统的**代数常数**。特异元素的存在反映了代数系统的一些性质，下面讨论一些常用的特异元素。

定义 10.1.10 设⟨A，＊⟩是代数系统，＊是 A 上的二元运算。

1)如果存在 $e_l \in A$，对任意元素 $x \in S$ 满足

$$e_l * x = x$$

则称 e_l 为 A 中关于 ＊ 运算的**左幺元**，或称**左单位元**。

2)如果存在 $e_r \in A$，对任意元素 $x \in S$ 满足

$$x * e_r = x$$

则称 e_r 为 A 中关于 ＊ 运算的**右幺元**，或称**右单位元**。

3)如果存在 $e \in A$，对任意元素 $x \in S$ 满足

$$x * e = e * x = x$$

则称 e 为 A 中关于 ＊ 运算的**幺元**，或称**单位元**。

显然，幺元 e 既是左幺元又是右幺元。

例 10.1.7 1)⟨**R**，＋⟩中的数 0、⟨$P(A)$，$\bigcup$⟩中的 $\varnothing$ 以及⟨$P(A)$，$\bigcap$⟩中的集合 A，分别是这三个代数系统的关于"＋"、"$\bigcup$"、"$\bigcap$"运算的幺元，因为对任意 $x \in$ **R**

$$x + 0 = 0 + x = x$$

或 $S \in P(A)$

$$S \cup \varnothing = \varnothing \cup S = S, \quad S \cap A = A \cap S = S$$

2)设 $\mathbf{Z}_n = \{0, 1, 2, \cdots, n-1\}$，$+_n$ 和 $\times_n$ 分别表示模 n 加法和模 n 乘法，即 $x +_n y = (x+y) \bmod n$，$x \times_n y = (xy) \bmod n$。在⟨$\mathbf{Z}_n$，$+_n$⟩中 0 是幺元，⟨$\mathbf{Z}_n$，$\times_n$⟩中 1 是幺元，因为对任意 $x \in \mathbf{Z}_n$

$$x +_n 0 = 0 +_n x = x, \quad x \times_n 1 = 1 \times_n x = x$$

3)设 $A = \{a, b, c\}$，A 上运算 ＊ 由运算表 10.1.5给出，那么 a，c 都是⟨A，＊⟩的左幺元，它没有右幺元和幺元。注意，左幺元、右幺元、幺元未必总是存在。 ◀

表 10.1.5 运算表

＊	a	b	c
a	a	b	c
b	c	a	b
c	a	b	c

定理 10.1.1 设⟨A，＊⟩是代数系统，＊是 A 上的二元运算，e_l 和 e_r 分别为 A 中关于 ＊ 运算的左幺元和右幺元，则左幺元等于右幺元，即 $e_l = e_r = e$，且幺元是唯一的。

证明　$e_r = e_l * e_r = e_l$。下面证明唯一性。设 $\langle A, * \rangle$ 有幺元 e 和 e'，那么

$$e = e' * e = e'$$

故幺元是唯一的。

设 e_r、e_l 分别为 $\langle A, * \rangle$ 的左、右幺元，那么

$$e_r = e_l * e_r = e_l$$

因此 $e_r(e_l)$ 即幺元 e，即 $e_r = e_l = e$。　　◀

定义 10.1.11　设 $\langle A, * \rangle$ 是代数系统，$*$ 是 A 上的二元运算。

1）如果存在 $\theta_l \in A$，对任意元素 $x \in A$ 满足

$$\theta_l * x = \theta_l$$

则称 θ_l 为 A 中关于 $*$ 运算的**左零元**。

2）如果存在 $\theta_r \in A$，对任意元素 $x \in A$ 满足

$$x * \theta_r = \theta_r$$

则称 θ_r 为 A 中关于 $*$ 运算的**右零元**。

3）如果存在 $\theta \in A$，对任意元素 $x \in A$ 满足

$$x * \theta = \theta * x = \theta$$

则称 θ 为 A 中关于 $*$ 运算的**零元**。

显然，零元 θ 既是左零元又是右零元。

例 10.1.8　1）$\langle \mathbf{R}, \times \rangle$（$\times$ 为普通乘法运算）中的数 0、$\langle P(A), \cup \rangle$ 中的集合 A、$\langle P(A), \cap \rangle$ 中的 $\varnothing$，分别是这三个代数系统的关于"$\times$"、"$\cup$"、"$\cap$"运算的零元。

2）设 $\mathbf{Z}_n = \{0, 1, 2, \cdots, n-1\}$，$+_n$ 和 $\times_n$ 分别表示模 n 加法和模 n 乘法，在 $\langle \mathbf{Z}_n, +_n \rangle$ 中不存在零元，$\langle \mathbf{Z}_n, \times_n \rangle$ 中 0 是零元。　　◀

定理 10.1.2　设 $\langle A, * \rangle$ 是代数系统，$*$ 是 A 上的二元运算，θ_l 和 θ_r 分别为 A 中关于 $*$ 运算的左零元和右零元。则 $\langle A, * \rangle$ 有关于 $*$ 运算的零元 θ，且零元是唯一的，而且 $\theta_r = \theta_l = \theta$。

该定理的证明方法和定理 10.1.1 相似，留给读者。

幺元和零元是代数系统的特异元，依赖于代数系统中的运算。例如，在代数系统 $\langle \mathbf{N}, +, \times \rangle$ 中，0 关于普通加法运算"$+$"是幺元，关于普通乘法运算"$\times$"是零元；1 关于"$\times$"是幺元，关于"$+$"则既非幺元又非零元。幺元和零元的存在表明运算具有某种特异性，或者说具有某种性质，同结合律、交换律一样，是非常重要的性质。例如，零元一定不是可消去元，所以包含零元的代数系统上的运算不满足消去律，如代数系统 $\langle \mathbf{N}, \times \rangle$ 存在零元，$\langle \mathbf{N}, \times \rangle$ 上的普通乘法运算"$\times$"不满足消去律。

定义 10.1.12　设 $\langle A, * \rangle$ 是代数系统，$*$ 是 A 上的二元运算，e 是 A 中关于 $*$ 运算的幺元，对于一个元素 $a, b \in A$：

1）如果 $a * b = e$，则称 a 是 b 的**左逆元**，b 是 a 的**右逆元**。

2）如果 $a * b = b * a = e$，则称 a **可逆**，b 是 a 的一个**逆元**，或称 b **可逆**，a 是 b 的一个**逆元**。

根据上述定义可知：a 的逆元既是左逆元，又是右逆元。对于幺元 e，有 $e * e = e * e = e$，所以幺元的逆元就是它自身。通常 a 的逆元记为 a^{-1}。当运算是普通加法运算"$+$"时，

a 的逆元可记为 $-a$。

例 10.1.9 1)代数系统 $\langle M, \times \rangle$，其中 M 为所有 n 阶方阵组成的集合，"$\times$"为矩阵的乘法运算，则 n 阶单位矩阵 E_n 为幺元，只有可逆矩阵有逆元，不可逆矩阵没有逆元。

2)代数系统 $\langle \mathbf{Z}, +, \times \rangle$，其中 $\mathbf{Z}$ 为整数集，"$+$"为普通加法运算，"$\times$"为普通乘法运算，$\mathbf{Z}$ 的每个元素 x 对加法运算均有逆元 $-x$，但除 1 以外的数对乘法运算都没有逆元。

3)代数系统 $\langle \mathbf{Q}, +, \times \rangle$，其中 $\mathbf{Q}$ 为有理数集，"$+$"为普通加法运算，"$\times$"为普通乘法运算，对加法运算，$\mathbf{Q}$ 中每个元素 x 都有逆元 $-x$。对乘法运算，0 无逆元，除 0 以外的每个元素 x 都有逆元 $x^{-1}=1/x$。◄

定理 10.1.3 设 $\langle A, * \rangle$ 是代数系统，$*$ 是 A 上的二元运算，$*$ 满足结合律，e 为 A 中关于 $*$ 运算的幺元。对于 $a \in A$，如果存在左逆元 b_l 和右逆元 b_r，则 $b_l = b_r = b$，b 是 a 的逆元，而且是关于 $*$ 运算 a 的唯一逆元。

证明 如果存在左逆元 b_l 和右逆元 b_r，则有

$$b_l * a = e \text{ 和 } a * b_r = e$$

因为 $*$ 满足结合律，所以有 $b_l = b_l * e = b_l * a * b_r = (b_l * a) * b_r = e * b_r = b_r$，即 $b_l * a = e = a * b_r = a * b_l$，所以 $b_l = b_r = b$。

再证明逆元是唯一的。

对于 $a \in A$，存在逆元，假设 b 和 b' 都是 a 的逆元，则有

$$a * b = b * a = e$$
$$a * b' = b' * a = e$$

由于 $*$ 满足结合律，所以有

$$b = e * b = (b' * a) * b = b' * (a * b) = b' * e = b'$$

即 a 的逆元是唯一的。◄

前面 10.1.1 节给出的可消去元与逆元有密切联系。

定理 10.1.4 $\langle A, * \rangle$ 是代数系统，$*$ 运算满足结合律，对于 $a \in A$，a 有逆元，那么 a 是可消去元。

证明 设 a 的逆元为 a^{-1}，那么由 $a * x = a * y$ 可得

$$a^{-1} * (a * x) = a^{-1} * (a * y)$$

由于 $*$ 运算满足结合律，所以有

$$(a^{-1} * a) * x = (a^{-1} * a) * y$$

即 $e * x = e * y$，可推得 $x = y$。因此，a 是可消去元。◄

注意：当 a 是可消去元时，a 不一定是可逆的。例如 $\langle \mathbf{N}, + \rangle$ 中，任一非零元素 a 均是可消去元，但 a 无逆元。

10.1.4 代数系统的分类

定义 10.1.13 设 $\langle A, *_1, *_2, \cdots, *_m \rangle$ 和 $\langle B, \circ_1, \circ_2, \cdots, \circ_k \rangle$ 是两个代数系统，如果 $k = m$，对应的运算 $\circ_i$ 和 $*_i$ 都是 k_i 元运算，$i = 1, 2, \cdots, k$，而且两个代数系统的代数常数也相同，则称这两个代数同**类型**。

例如，代数系统$\langle \mathbf{R}, +, \times \rangle$和$\langle P(A), \bigcup, \bigcap \rangle$是同类型的，它们都含有两个二元运算。

定义 10.1.14　设$\langle A, *_1, *_2, \cdots, *_m \rangle$和$\langle B, \circ_1, \circ_2, \cdots, \circ_m \rangle$是两个同类型的代数系统，对应的运算$\circ_i$和$*_i$所规定的运算性质也相同，$i = 1, 2, \cdots, k$，则称这两个代数**同种**。

例如定义代数系统时规定：第一个二元运算满足结合律和交换律，第二个二元运算满足结合律，第二个二元运算对第一个二元运算满足分配律，代数系统$\langle \mathbf{R}, +, \times \rangle$和$\langle P(A), \bigcup, \bigcap \rangle$是同种的。如果还规定第一个二元运算有幺元，而且每个元素都有逆元，那么代数系统$\langle \mathbf{R}, +, \times \rangle$和$\langle P(A), \bigcup, \bigcap \rangle$不是同种的，因为$P(A)$的元素对$\bigcup$并不都可逆。

10.2　代数系统的同态和同构

同态映射、同构映射是研究代数系统之间关系的工具。

定义 10.2.1　设$\langle A, * \rangle$及$\langle B, \cdot \rangle$均为同类型的代数系统，f是A到B的映射，对任意的$a, b \in A$，有$f(a * b) = f(a) \cdot f(b)$，则称函数$f: A \rightarrow B$是从$\langle A, * \rangle$到$\langle B, \cdot \rangle$的**同态映射**，或**同态**。当同态$f$为单射时，又称为**单一同态**；当$f$为满射时，又称为**满同态**；当$f$为双射时，又称为**同构映射**，或**同构**。当两个代数系统间存在满同态（或同构）映射时，也称这两个代数系统**同态**（或**同构**）。当f为$\langle A, * \rangle$到$\langle A, * \rangle$的同态（同构）时，称f为A的**自同态**（**自同构**）。通常用$\langle A, * \rangle \backsim \langle B, \cdot \rangle$表示$\langle A, * \rangle$与$\langle B, \cdot \rangle$同态，用$\langle A, * \rangle \cong \langle B, \cdot \rangle$表示$\langle A, * \rangle$与$\langle B, \cdot \rangle$同构。

例 10.2.1　1）设$f: \mathbf{R} \rightarrow \mathbf{R}$为$f(x) = 2^x$（$\mathbf{R}$为实数集），那么$f$为$\langle \mathbf{R}, + \rangle$到$\langle \mathbf{R}, \cdot \rangle$的同态。因为对任意实数$x, y$，有

$$f(x + y) = 2^{x+y} = 2^x \cdot 2^y = f(x) \cdot f(y)$$

由f的定义还可知f为单一同态，但不是满同态，因为0无原象，所以f不是同构。

2）设$f: \mathbf{Z} \rightarrow \mathbf{E}$为$f(x) = 2x$，其中$\mathbf{Z}$为整数集，$\mathbf{E}$为偶整数集。因为对任意实数$x, y$，有

$$f(x + y) = 2(x + y) = 2x + 2y = f(x) + f(y)$$

而且f是双射函数，所以f为$\langle \mathbf{Z}, + \rangle$与$\langle \mathbf{E}, + \rangle$的同构映射。

3）设$g: \mathbf{R} \rightarrow \mathbf{R}$为$g(x) = kx$（$k$为常实数），那么$g$为$\langle \mathbf{R}, + \rangle$到$\langle \mathbf{R}, + \rangle$的自同态，因为对任何实数$x, y$，有

$$g(x + y) = k(x + y) = kx + ky = g(x) + g(y)$$

并且在$k \neq 0$时，g为自同构。　◀

例 10.2.2　证明代数结构$\langle \mathbf{N}, + \rangle$与$\langle \mathbf{N}, \cdot \rangle$不同构。

证明　用反证法。设$\langle \mathbf{N}, + \rangle$与$\langle \mathbf{N}, \cdot \rangle$同构，$f$为任一同构映射。

不失一般性，设有$n(n \geqslant 2)$，$f(n)$为一质数p。于是

$$p = f(n) = f(n + 0) = f(n) \cdot f(0) \tag{10.2.1}$$

$$p = f(n) = f(n - 1 + 1) = f(n - 1) \cdot f(1) \tag{10.2.2}$$

根据式(10.2.1)，$f(n) = 1$或$f(0) = 1$；根据式(10.2.2)，$f(n-1) = 1$或$f(1) = 1$。总之，至少在两处f的值为1，这与f为同构映射（双射）冲突，因此$\langle \mathbf{N}, + \rangle$与$\langle \mathbf{N}, \cdot \rangle$不同构。　◀

同态映射和同构映射建立了两个代数系统之间的一种联系，如果一个代数系统的运算具有某种性质，则另一个代数系统的运算也有这种性质。关于同态的性质有下面的定理。

定理 10.2.1 设 f 为代数系统 $\langle A,\ *\rangle$ 到 $\langle B,\ \cdot\rangle$ 的满同态，则

1）若运算 $*$ 可结合，则运算 $\cdot$ 也可结合。

2）若运算 $*$ 可交换，则运算 $\cdot$ 也可交换。

3）若 $\langle A,\ *\rangle$ 有幺元 e、零元 θ 和幂等元 a，则 $f(e)$、$f(\theta)$ 和 $f(a)$ 分别是 $\langle B,\ \cdot\rangle$ 的幺元、零元和幂等元。

4）若 x^{-1} 是 x 在 $\langle A,\ *\rangle$ 上的逆元，则 $f(x^{-1})$ 是 $f(x)$ 在 $\langle B,\ \cdot\rangle$ 上的逆元。

证明 1）对任意 $x,y,z\in B$，因为是满射，所以存在 $a,b,c\in A$，使得

$$f(a)=x,\quad f(b)=y,\quad f(c)=z$$

由于运算 $*$ 可结合，则有 $(a*b)*c=a*(b*c)$，因而有

$$
\begin{aligned}
(x\cdot y)\cdot z &= (f(a)\cdot f(b))\cdot f(c)\\
&= (f(a*b))*f(c)=f((a*b)*c)=f(a*(b*c))\\
&= f(a)\cdot(f(b)\cdot f(c))\\
&= x\cdot(y\cdot z)
\end{aligned}
$$

所以，运算 $\cdot$ 满足结合律。

2）证明方法类似1），略。

3）对任意 x，存在 $a\in A$，使得 $f(a)=x$，若 $\langle A,\ *\rangle$ 有幺元 e，则有 $e*a=a*e=a$，因而有

$$f(e)\cdot f(a)=f(e*a)=f(a*e)=f(a)\cdot f(e)=f(a)$$

即

$$f(e)\cdot x=x\cdot f(e)=x$$

所以 $f(e)$ 是 $\langle B,\ \cdot\rangle$ 的幺元。

类似地，可以证明 $f(\theta)$ 和 $f(a)$ 分别是 $\langle B,\ \cdot\rangle$ 的零元和幂等元。

4）设 $\langle A,\ *\rangle$ 的幺元为 e，根据3），$f(e)$ 是 $\langle B,\ \cdot\rangle$ 的幺元。因而有

$$f(x^{-1})\cdot f(x)=f(x^{-1}*x)=f(e)$$
$$f(x)\cdot f(x^{-1})=f(x*x^{-1})=f(e)$$

所以，$f(x^{-1})$ 是 $f(x)$ 在 $\langle B,\ \cdot\rangle$ 上的逆元。 ◄

为了进一步讨论同态的性质，我们引入同态象的概念。

定义 10.2.2 设 f 为代数系统 $\langle A,\ *\rangle$ 到 $\langle B,\ \cdot\rangle$ 的同态映射，那么称 $f(A)$ 为**同态象**，其中 $f(A)=\{f(x)\,|\,x\in A\}$。

定理 10.2.2 设 f 为代数系统 $\langle A,\ *\rangle$ 到 $\langle B,\ \cdot\rangle$ 的同态，那么同态象 $f(A)$ 与 $\cdot$ 构成 $\langle B,\ \cdot\rangle$ 的一个子代数 $\langle f(A),\ \cdot\rangle$。

证明 只要证 $f(A)$ 非空，且对运算 $\cdot$ 封闭。

因为 A 为非空集合，所以 $f(A)$ 是 B 的非空子集是显然的。

设 a,b 为 $f(A)$ 中任意两个元素，则存在 $x,y\in A$，使得 $f(x)=a,f(y)=b$。那么

$$x\cdot y=f(a)\cdot f(b)=f(a*b)\in f(A)$$

故 $f(A)$ 对运算 · 封闭，$\langle f(A)$，·$\rangle$ 为 $\langle B$，·$\rangle$ 的子代数。　◀

10.3　半群

定义 10.3.1　在代数系统 $\langle S$，$*\rangle$ 中，如果二元运算 $*$ 满足结合律，则称代数系统 $\langle S$，$*\rangle$ 为**半群**。当半群 $\langle S$，$*\rangle$ 含有关于 $*$ 运算的幺元 e 时，称它为**含幺半群**或**独异点**。独异点有时记作 $\langle S$，$*$，$e\rangle$。

例如 $\langle \mathbf{Z}$，$+\rangle$，$\langle \mathbf{N}$，$+\rangle$，$\langle \mathbf{R}$，$+\rangle$ 都是半群，$+$ 是普通加法，因为 $+$ 运算满足结合律。它们都含有关于 $+$ 运算的幺元，即独异点。

例 10.3.1　设 $\mathbf{Z}_n = \{0, 1, 2, \cdots, n-1\}$，$\times_n$ 为模 n 乘法运算，即 $x \times_n y = xy \pmod n$。证明 $\langle \mathbf{Z}_n$，$\times_n\rangle$ 为含幺半群。

根据定义，代数系统是半群的充分必要条件是其上有一个二元运算，且该二元运算是可结合的。因此这里需要证明运算 $\times_n$ 在 $\mathbf{Z}_n$ 上是封闭的、可结合的，且存在幺元。

证明　1) $\forall x$，$y \in \mathbf{Z}_n$，令 $k = x \times_n y = xy \pmod n$，则有

$$0 \leqslant k \leqslant n-1$$

即 $k \in \mathbf{Z}_n$，封闭性成立。

2) $\forall x$，y，$z \in \mathbf{Z}_n$，假设 $u = x \times_n y$，$v = y \times_n z$，有 $xy - u$ 和 $yz - v$ 都能被 n 整除，因而有

$$uz - xv = x(yz - v) - (xy - u)z$$

故 $uz - xv$ 能被 n 整除，所以 $u \times_n z = x \times_n v$，即

$$(x \times_n y) \times_n z = x \times_n (y \times_n z)$$

结合律成立。

3) $\forall x \in \mathbf{Z}_n$，有

$$x \times_n 1 = 1 \times_n x = x$$

1 是幺元，所以 $\langle \mathbf{Z}_n$，$\times_n\rangle$ 为含幺半群。　◀

定义 10.3.2　设代数系统 $\langle S$，$*\rangle$ 为半群，如果二元运算 $*$ 满足交换律，则称代数系统 $\langle S$，$*\rangle$ 为**可交换半群**。当它含有关于 $*$ 运算的幺元 e 时，称为**可交换含幺半群**，或**可交换独异点**。

例 10.3.2　设 S 是一个集合，$P(S)$ 是 S 的幂集，试证明：代数系统 $\langle P(S)$，$\bigcup\rangle$ 和 $\langle P(S)$，$\bigcap\rangle$ 都是可交换的含幺半群。

证明　集合的"$\bigcup$"、"$\bigcap$"运算是可交换和可结合的，所以代数系统 $\langle P(S)$，$\bigcup\rangle$ 和 $\langle P(S)$，$\bigcap\rangle$ 都是可交换的半群。

因为对任意集合 $A \in P(S)$，都有 $A \bigcup \varnothing = A = \varnothing \bigcup A$，$A \bigcap S = A = S \bigcap A$，所以 $\varnothing$ 是 $\langle P(S)$，$\bigcup\rangle$ 的幺元，S 是 $\langle P(S)$，$\bigcap\rangle$ 的幺元。

因此，代数系统 $\langle P(S)$，$\bigcup\rangle$ 和 $\langle P(S)$，$\bigcap\rangle$ 都是可交换的含幺半群。　◀

半群及独异点具有如下性质。

定理 10.3.1　设 $\langle S$，$*\rangle$ 为一半群，若对于任意 $A \subseteq S$，且 $A \neq \varnothing$，运算 $*$ 对 A 封闭，则 $\langle A$，$*\rangle$ 是半群，称为 $\langle S$，$*\rangle$ 的**子半群**。若 $\langle S$，$*\rangle$ 为独异点，幺元 $e \in A$，则 $\langle A$，$*$，$e\rangle$

是独异点，称为$\langle S, *, e\rangle$的**子独异点**。

半群$\langle S, *\rangle$的任一子代数都是半群，独异点$\langle S, *, e\rangle$的子代数含有幺元e，则它必为一独异点，证明较简单，这里不赘述。

在半群$\langle S, *\rangle$中，因为 $*$ 运算满足结合律，对于元素$a\in S$，可以定义a的幂

$$a^1 = a$$
$$a^2 = a * a$$
$$a^3 = a^2 * a = a * a * a$$
$$\vdots$$
$$a^n = a^{n-1} * a = \underbrace{a * a * \cdots * a}_{n\uparrow a}, \quad n\in \mathbf{Z}^+$$
$$\vdots$$

显然$a^n \in S$。如果$\langle S, *\rangle$存在幺元，设幺元为e，则增加规定

$$a^0 = e$$

容易证明，对于$m, n\in \mathbf{N}$，幂运算满足如下规则：

$$a^m * a^n = a^{m+n}$$
$$(a^m)^n = a^{mn}$$

例 10.3.3 设$\langle S, *\rangle$是半群，对于元素$a\in S$，由a的正整数幂构成的集合$M = \{a^n \mid n\in \mathbf{Z}^+\}$，证明$\langle M, *\rangle$是$\langle S, *\rangle$的子半群。

根据子半群的定义，需要证明M是S的非空子集，$*$运算对M是封闭的。

证明 因为$a = a^1 \in M$，所以M是非空集合。根据元素的幂的定义，$\forall n\in \mathbf{Z}^+$，$a^n \in S$，所以$M$是$S$的非空子集。$\forall a^n, a^m \in M$，其中$n, m\in \mathbf{Z}^+$，则$a^n * a^m = a^{n+m}$，因而$a^{n+m}\in M$，故 $*$ 运算对M是封闭的。所以$\langle M, *\rangle$是$\langle S, *\rangle$的子半群。 ◀

下面介绍一种特殊结构的半群。

定义 10.3.3 $\langle S, *\rangle$是半群，如果存在一个元素$a\in S$，使得对任意的$x\in S$，有

$$x = a^n, \quad 其中\ n\in \mathbf{Z}^+$$

则称$\langle S, *\rangle$是**循环半群**，并称a为该循环半群的一个**生成元**，$M = \{a \mid a\in S \wedge a$ 是 S 的生成元$\}$称为该循环半群的**生成集**。

注意，a^n只是一种抽象记号，不表示n个a相乘，而是表示当运算为。时，$a^n = a$。$a\circ a\circ \cdots \circ a$，如当。为＋时，$a^n = a + a + a + \cdots + a$。

如果知道循环半群$\langle S, *\rangle$的生成元a，则S中的所有元素都可以用a的幂表示，即

$$S = \{a^1, a^2, \cdots, a^n, \cdots\}$$

此时，可记循环半群$\langle S, *\rangle$为$\langle \langle a\rangle, *\rangle$。

对于含幺半群有类似的定义。

例 10.3.4 判断$\langle \mathbf{N}, +\rangle$是否是一个循环含幺半群。

解 因为存在元素$1\in \mathbf{N}$，对任意的$n\in \mathbf{N}$，有

$$n = (n-1) + 1 = 1 + 1 + 1 + \cdots + 1 = 1^n$$

对幺元0，有$0 = 1^0$，因而1是生成元，所以$\langle \mathbf{N}, +\rangle$是一个循环含幺半群。 ◀

10.4　群

10.4.1　群及其基本性质

定义 10.4.1　设 $\langle G, * \rangle$ 为二元代数系统，如果 $*$ 运算是可结合的二元运算，且存在幺元 $e \in G$，并对任意 $x \in G$，都有 x 的逆元 x^{-1}，则称二元代数系统 $\langle G, * \rangle$ 为**群**。

根据定义，群是含幺半群，而且每个元素都是可逆的。通常用字母 G 表示群。

定义 10.4.2　在群 $\langle G, * \rangle$ 中，

1）若 $*$ 运算满足交换律，则称 G 为**交换群**或**阿贝尔群**。

2）G 为有限集时，称 G 为**有限群**，此时 G 的元素个数也称为 G 的**阶**；否则，称 G 为**无限群**。

3）只含幺元的群称为**平凡群**。

例 10.4.1　1）代数系统 $\langle \mathbf{Z}, + \rangle$、$\langle \mathbf{Q}, + \rangle$、$\langle \mathbf{R}, + \rangle$（其中"$+$"为普通加法运算）都是无限群，而且是可交换群（阿贝尔群），数 0 为它们的幺元。$\langle \mathbf{Z}, \times \rangle$ 和 $\langle \mathbf{N}, + \rangle$ 不是群，因为 $\langle \mathbf{Z}, \times \rangle$ 中所有非零整数都没有逆元，$\langle \mathbf{N}, + \rangle$ 中，对任意 $a \in \mathbf{N}$ 没有逆元，但 $\langle \mathbf{Z}, \times \rangle$ 和 $\langle \mathbf{N}, + \rangle$ 都是含幺半群。

2）代数系统 $\langle \mathbf{Z}, \times \rangle$、$\langle \mathbf{Q}, \times \rangle$、$\langle \mathbf{R}, \times \rangle$（其中"$\times$"为普通乘法运算）都不是群，它们虽然都有幺元 1，$\langle \mathbf{Q} - \{0\}, \times \rangle$、$\langle \mathbf{R} - \{0\}, \times \rangle$ 都是阿贝尔群，1 为它们的幺元，对任意元素 x，其逆元为"$1/x$"。

3）代数系统 $\langle P(A), \cap \rangle$、$\langle P(A), \cup \rangle$ 都不是群，因为它们虽然分别有幺元"$\varnothing$"和"A"，但对于任意集合 $x \in P(A)$，当 $x \neq \varnothing$ 或 $x \neq A$ 时，x 没有逆元。代数系统 $\langle P(A), \oplus \rangle$（其中 $\oplus$ 为对称差运算）是阿贝尔群，幺元是"$\varnothing$"，对于任意集合 $x \in P(A)$，x 的逆元是 x。　◀

例 10.4.2　设 $\mathbf{Z}_n = \{0, 1, 2, \cdots, n-1\}$，$+_n$ 为模 n 加法运算，即 $x +_n y = x + y \pmod{n}$。证明 $\langle \mathbf{Z}_n, +_n \rangle$ 为一阿贝尔群。

证明　需要证明 $+_n$ 运算在 $\mathbf{Z}_n$ 上是封闭的，满足结合律和交换律，幺元存在，G 中每个元素的逆元都存在。

1）$\forall x, y \in \mathbf{Z}_n$，令 $k = x +_n y = xy \pmod{n}$，则有

$$0 \leqslant k \leqslant n-1$$

即 $k \in \mathbf{Z}_n$，封闭性成立。

2）$\forall x, y, z \in \mathbf{Z}_n$，假设 $p = x +_n y$，$q = y +_n z$，有 $x + y - p$ 和 $y + z - q$ 都能被 n 整除，因而有

$$(p+z) - (x+q) = (y+z-q) - (x+y-p)$$

故 $(p+z) - (x+q)$ 能被 n 整除，所以 $p +_n z = x +_n q$，即

$$(x +_n y) +_n z = x +_n (y +_n z)$$

所以结合律成立。

3）$\forall x \in \mathbf{Z}_n$，有 $x +_n 0 = 0 +_n x = x$，所以 0 是幺元。

4）$\forall x \in \mathbf{Z}_n$，如果 $x \neq 0$，有 $x +_n (n-x) = 0 = (n-x) +_n x$，即 x 的逆元是 $n-x$；如果

$x=0$，$x+_n0=0+_nx=0$。所以，$\mathbf{Z}_n$ 中的所有元素都是可逆的。

5）$+_n$ 运算在 $\mathbf{Z}_n$ 上显然满足交换律。

因此，$\langle \mathbf{Z}_n, +_n \rangle$ 为一阿贝尔群。◀

例 10.4.3 设 G 为集合 A 上全体双射函数的集合，$G=\{f: A{\rightarrow}A\,|\,f\text{ 是双射函数}\}$，。为函数合成运算。证明$\langle G, \circ \rangle$为一群。

需要证明。运算在 G 上是封闭的，满足结合律，幺元存在，G 中每个元素的逆元都存在。

证明 1）$\forall f, g \in G$，f，g 是双射，所以 $f \circ g$ 也是双射，因而 $f \circ g \in G$，。运算对 G 是封闭的。

2）函数的合成运算。满足结合律，所以在 G 上。运算满足结合律。

3）A 上的恒等映射 $I_A \in G$，而对于任意 $f \in G$，$f \circ I_A = I_A \circ f = f$，所以 I_A 是$\langle G, \circ \rangle$的幺元。

4）对于任意 $f \in G$，因为 f 是双射函数，所以 f^{-1} 存在，而且 $f \circ f^{-1} = f^{-1} \circ f = I_A$。所以 f^{-1} 是 f 的逆元，即 G 中每个元素的逆元都存在。

所以，$\langle G, \circ \rangle$是群。

在群中元素 a 的幂 a^n 可推广到 $n \in \mathbf{Z}$，这是因为在群 G 中，a^{-1} 有意义，且有单位元。◀

定义 10.4.3 设$\langle G, * \rangle$为群，对任意 $a \in G$，可以定义 a 的**幂**

$$a^n = \begin{cases} e, & n=0 \\ a^{n-1} * a, & n \in \mathbf{Z}^+ \\ (a^{-1})^m, & n \in \mathbf{Z}^-, m=-n \end{cases}$$

幂指数 n 在群中可以取负整数，例如在群$\langle \mathbf{Z}, + \rangle$中，有

$$2^{-2} = (2^{-1})^2 = (-2) + (-2) = -4, \quad 2^0 = 0 = e$$

对群还可以引入元素的阶的概念。

定义 10.4.4 设$\langle G, * \rangle$为群，$a \in G$，如果 $a^n = e$，且 n 为满足此式的最小正整数，则称 a 的**阶**为 n，或称 a 为 n 阶元，若这样的正整数 n 不存在，称 a 有**无限阶**，或称 a 为**无限阶元**。

例 10.4.4 1）群$\langle \mathbf{Z}, + \rangle$的幺元为 0，$0^1 = 0$，所以 0 是 1 阶元，对于任意非 0 整数 a，$a^n = a + a + \cdots + a = na \neq 0$，$a$ 是无限阶元，所以除 0 外的其他整数都是无限阶元。

2）在群$\langle \mathbf{Z}_4, +_4 \rangle$中，$2^2 = 2 + 2 (\mathrm{mod}\ 4) = 0$，所以 2 的阶是 2，可以求得：1 的阶是 4，3 的阶是 4，0 的阶是 1。◀

例 10.4.5 计算群$\langle G, \times \rangle$中元素的阶，$G=\{1, -1, \mathrm{i}, -\mathrm{i}\}$，$\times$是普通乘法。

解 1 的阶为 1，-1 的阶为 2，i，$-\mathrm{i}$ 的阶都为 4。◀

注意，在任何群 G 中：

1）幺元的阶为 1，而且只有幺元的阶为 1；

2）元素的阶总是正整数，0 和负数不能作为元素的阶；

3）a 为 n 阶元实际上是要同时满足下面两个条件：

• 存在正整数 n，使得 $a^n = e$；

• 对于任何 $0 < n_1 < n$, $a^{n_1} \neq e$。

对群$\langle G, * \rangle$的任意元素 a 及任何整数 m, n, 有以下两式成立：

1) $a^m * a^n = a^{m+n}$

2) $(a^m)^n = a^{mn}$

群具有下列性质。

定理 10.4.1 设$\langle G, * \rangle$为群, 有

1) $\forall a \in G$, $(a^{-1})^{-1} = a$。

2) G 的所有元素都是可消去的。

3) 幺元是 G 的唯一的等幂元素。

4) $\forall a$, $b \in G$, $(a * b)^{-1} = b^{-1} * a^{-1}$。

5) 当 $G \neq \{e\}$ 时, G 无零元。

6) $\forall a$, $b \in G$, 关于 x 的方程 $a * x = b$, $x * a = b$ 都有唯一解。

7) 群$\langle G, * \rangle$的运算表中任意一行(列)都没有两个相同的元素。

证明 1) $(a^{-1})^{-1}$ 是 a^{-1} 的逆元, 而 a 也是 a^{-1} 的逆元, 根据逆元的唯一性, 等式得证。

2) 因为 G 是群, 每个元素都有逆元, 逆元是可消去元, 因而, G 的所有元素都是可消去的。

3) 设幺元为 e, 则

$$e * e = e$$

e 是等幂元。设 G 中有另一等幂元 x, 那么

$$x * x = x$$

因而有

$$x * x = x * e = x$$

消去 x 得 $x = e$。所以幺元 e 是唯一的等幂元。

4) 根据群 G 的运算满足结合律, 且每个元素都有逆元, 有

$$(a * b) * (b^{-1} * a^{-1}) = a * (b * b^{-1}) * a^{-1} = e$$

$$(b^{-1} * a^{-1}) * (a * b) = b^{-1} * (a^{-1} * a) * b = e$$

因此 $a * b$ 的逆元为 $b^{-1} * a^{-1}$, 即 $(a * b)^{-1} = b^{-1} * a^{-1}$。

5) 若 G 有零元 θ, 则 $\theta * \theta = \theta$, 即 θ 是幂等元, 由 2) 知：

$$\theta = e$$

当 $G \neq \{e\}$ 时, $\exists a \in G$, $a \neq \theta$, 由 θ 是零元, 有

$$a * \theta = \theta * a = \theta$$

又由于 $\theta = e$ 是幺元, 有

$$a * \theta = a * e = a$$

即 $a = \theta$, 和 $a \neq \theta$ 矛盾。所以, G 无零元。(注意, $G = \{e\}$ 时, e 既是幺元, 又是零元。)

6) 将 $a^{-1} * b$ 代入方程 $a * x = b$ 左边的 x, 有

$$a * (a^{-1} * b) = (a * a^{-1}) * b = e * b = b$$

所以, $a^{-1} * b$ 是方程 $a * x = b$ 的解。假设 c 是方程的解, 则有 $a * c = b$, 因而有

$$c=e*c=(a^{-1}*a)*c=a^{-1}*(a*c)=a^{-1}*b$$

所以 $a^{-1}*b$ 是方程 $a*x=b$ 的唯一解。同理可证 $x*a=b$ 有唯一解。

7)假设群 $\langle G,\ *\rangle$ 的运算表中某一行有两个相同的元素 c。设它们所在的行表头元素为 a，列表头元素为 b_1 和 b_2，显然 $b_1 \neq b_2$，而 $c=a*b_1=a*b_2$，由消去律得 $b_1=b_2$，矛盾。◀

定理 10.4.1 中 4)的结果可以推广到有限多个元素的情况，即

$$(a_1*a_2*\cdots*a_r)^{-1}=a_r^{-1}*a_{r-1}^{-1}*\cdots a_2^{-1}*a_1^{-1}$$

10.4.2 子群

定义 10.4.5 设 $\langle G,\ *\rangle$ 为群，如果 $\langle H,\ *\rangle$ 为 $\langle G,\ *\rangle$ 的子代数，且 $\langle H,\ *\rangle$ 为一群，则称 $\langle H,\ *\rangle$ 为 $\langle G,\ *\rangle$ 的**子群**。若 $H \subset G$，称 $\langle H,\ *\rangle$ 为 $\langle G,\ *\rangle$ 的**真子群**。

根据定义，$\langle \{e\},\ *\rangle$ 和 $\langle G,\ *\rangle$ 均为 $\langle G,\ *\rangle$ 的子群，称为 $\langle G,\ *\rangle$ 的**平凡子群**。$\langle G,\ *\rangle$ 的其他子群则称为**非平凡子群**或**真子群**。

例 10.4.6 1)$\langle \{0,3\},\ +_6\rangle$ 和 $\langle \{0,2,4\},\ +_6\rangle$ 是群 $\langle \mathbf{Z}_6,\ +_6\rangle$ 的真子群。

2)$\langle n\mathbf{Z},\ +\rangle$ 是 $\langle \mathbf{Z},\ +\rangle$ 的子群，n 是自然数，当 $n \neq 1$ 时是真子群。◀

对于群 $\langle G,\ *\rangle$，若 H 是 G 的非空子集，可以根据定义判断 H 是否是子群，除此之外，还可以由以下的定理判断子群。

定理 10.4.2 设 $\langle G,\ *\rangle$ 为群，H 是 G 的非空子集，那么 $\langle H,\ *\rangle$ 为 $\langle G,\ *\rangle$ 的子群的充分必要条件是

1)若 $a,b \in H$，则 $a*b \in H$。

2)若 $a \in H$，则 $a^{-1} \in H$。

证明 先证必要性。

若 $\langle H,\ *\rangle$ 为 $\langle G,\ *\rangle$ 的子群，$*$ 对 H 满足封闭性，H 中的每个元素都可逆，所以 1)和 2)显然成立。

再证充分性。事实上满足条件 1)、2)便可知 $*$ 对 H 满足封闭性，H 中的每个元素都可逆。因为 H 是 G 的子集，$*$ 在 G 上满足结合律，$*$ 在 H 上也满足结合律。最后只需证明 G 的幺元 $e \in H$。若 $a \in H$，根据条件 2)，$a^{-1} \in H$。再由条件 1)有 $a*a^{-1} \in H$，而 $a*a^{-1}=e$ 为 G 的幺元，所以 $e \in H$。因而，$\langle H,\ *\rangle$ 为 $\langle G,\ *\rangle$ 的子群。◀

定理 10.4.3 设 $\langle G,\ *\rangle$ 为群，H 是 G 的非空子集，那么 $\langle H,\ *\rangle$ 为 $\langle G,\ *\rangle$ 的子群的充分必要条件是：$\forall a,b \in H$，有 $a*b^{-1} \in H$。

证明 充分性：即证如果 $\forall a,b \in H$，有 $a*b^{-1} \in H$，则 $\langle H,\ *\rangle$ 为 $\langle G,\ *\rangle$ 的子群。

$\forall a \in H$，根据给定条件，有 $a*a^{-1} \in H$，即幺元 $e=a*a^{-1} \in H$。由 $e,a \in H$，有 $e*a^{-1} \in H$，因而 $a^{-1} \in H$。

由 $a,b \in H$，有 $b^{-1} \in H$，根据给定条件，有 $a*(b^{-1})^{-1} \in H$，即 $a*b \in H$。

满足定理 10.4.2 的两个条件，$\langle H,\ *\rangle$ 为 $\langle G,\ *\rangle$ 的子群。

必要性：如果 $\langle H,\ *\rangle$ 为 $\langle G,\ *\rangle$ 的子群，根据定理 10.4.2 的条件 2)，$\forall a,b \in H$，有 $b^{-1} \in H$，再根据条件 1)，有 $a*b^{-1} \in H$。◀

例 10.4.7　设 $\langle G,\ *\rangle$ 是一个群，对任意的 $a\in G$，令 $S=\{a^n\,|\,n\in \mathbf{Z},\ \mathbf{Z}$ 是整数集$\}$，证明 $\langle S,\ *\rangle$ 是 $\langle G,\ *\rangle$ 的子群。

证明　因为 $a\in S$，所以 S 是 G 的非空子集。$\forall x,\ y\in S$，存在 $n,\ m\in \mathbf{Z}$，

$$x=a^n,\quad y=a^m$$

则

$$x*y^{-1}=a^n*(a^m)^{-1}=a^{n-m}$$

由 $n,\ m\in \mathbf{Z}$，有 $n-m\in \mathbf{Z}$，所以 $a^{n-m}\in S$，由定理 10.4.3 可知 $\langle S,\ *\rangle$ 是 $\langle G,\ *\rangle$ 的子群。　◀

10.5　循环群和置换群

在这一节里介绍两种重要的群：循环群和置换群。

10.5.1　循环群

定义 10.5.1　如果 $\langle G,\ *\rangle$ 为群，且 G 中存在元素 $g\in G$，使得 $\forall a\in G$，有

$$a=g^i(i\in \mathbf{Z},\ \mathbf{Z}\ \text{为整数集合})$$

则称 $\langle G,\ *\rangle$ 为**循环群**，记作 $G=\langle g\rangle$，并称 g 为循环群 G 的**生成元**，G 的所有生成元的集合称为 G 的**生成集**。

根据循环群的定义，判断一个群是否是循环群，需要说明其生成元存在。

例 10.5.1　证明整数加法群 $\langle \mathbf{Z},\ +\rangle$ 是循环群，并求其生成集。

证明　设 $g\in \mathbf{Z}$ 是生成元，则由生成元的定义，$\forall n\in \mathbf{Z}$，存在 $k\in \mathbf{Z}$，使得

$$n=g^k=\underbrace{g+g+\cdots+g}_{k\uparrow g}=kg$$

特别取 $n=1$ 时，有

$$1=kg$$

由于 $g,\ k$ 都是整数，所以必然有

$$g=1\ \text{或}\ g=-1$$

由此说明，如果 g 是生成元，则 g 必须为 1 或 -1。

$\forall n\in \mathbf{Z}$，有

$$n=1+1+\cdots+1=1^n$$
$$n=1+1+\cdots+1=(-1)^{-1}+(-1)^{-1}+\cdots+(-1)^{-1}=((-1)^{-1})^n=(-1)^{-n}$$

所以，1 和 -1 是生成元，$\langle \mathbf{Z},\ +\rangle$ 是循环群，其生成集为 $\{1,\ -1\}$。　◀

例 10.5.2　证明 $\langle \mathbf{Z}_n,\ +_n\rangle$ 为循环群，并求其生成集。

证明　设 g 是 $\langle \mathbf{Z}_n,\ +_n\rangle$ 的生成元，则 $\forall m\in \mathbf{Z}_n$，$\exists k\in \mathbf{Z}$ 有

$$m=g^k=kg(\bmod n)$$

若 $m=1$，则有

$$1=kg(\bmod n)$$

因而存在 $t\in \mathbf{Z}$，使得

$$nt+kg=1$$

所以有 $\gcd(n, g)=1$，也就是 n 和 g 互素。

如果有 $\gcd(n, g)=1$，则

$$\exists b, c\in\mathbf{Z}, bn+cg=1$$

有

$$1=cg(\bmod n)$$

因而有

$$1=g^c$$

则 $\forall m\in\mathbf{Z}_n$，

$$m=1^m=(g^c)^m=g^{cm}(cm\in\mathbf{Z})$$

g 是生成元。因此，g 是生成元的充分必要条件是 n 和 g 互素。对于任何小于 n 且与 n 互素的整数都是 $\langle\mathbf{Z}_n, +_n\rangle$ 的生成元，所以 $\langle\mathbf{Z}_n, +_n\rangle$ 是循环群。$\langle\mathbf{Z}_n, +_n\rangle$ 的生成集为：$\{g\,|\,g\in\mathbf{Z}_n\wedge(\gcd(g, n)=1)\}$。 ◀

例如在 $\langle\mathbf{Z}_6, +_6\rangle$ 中，1，5 和 6 互素，所以 $\langle\mathbf{Z}_6, +_6\rangle$ 的生成集为 $\{1, 5\}$。

对于循环群 $G=\langle g\rangle$，由群 G 的阶可以得到两类循环群：

1）若 g 是无限阶元，则

$$G=\{\cdots, g^{-2}, g^{-1}, g^0=e, g^1, g^2, \cdots\}$$

称 G 为**无限阶循环群**。

2）若 g 是 n 阶元，则

$$G=\{g^0=e, g^1, g^2, \cdots g^{n-1}\}$$

称 G 为 **n 阶循环群**。

定理 10.5.1 对于循环群 $G=\langle g\rangle$，

1）若 G 为无限阶循环群，则 G 有且仅有两个生成元：g 和 g^{-1}。

2）若 G 为 n 阶循环群，对于任何小于 n 且与 n 互素的自然数 r，g^r 是 G 的生成元。

证明 略。 ◀

定理 10.5.2 设 $\langle G, *\rangle$ 为循环群，则 G 为阿贝尔群。

证明 设 g 为循环群 $\langle G, *\rangle$ 的生成元，$\forall a, b\in G$，$\exists x, y\in\mathbf{Z}$，有

$$a*b=g^x*g^y=g^{x+y}=g^{y+x}=g^y*g^x=b*a$$

所以，G 为阿贝尔群。 ◀

关于循环群的子群有以下定理：

定理 10.5.3 对于循环群 $G=\langle g\rangle$，

1）循环群 G 的子群都是循环群。

2）若 $G=\langle g\rangle$ 是一个 n 阶循环群，则由 n 的一切因子 d 都可对应产生一个且仅一个 d 阶子群 $\langle g^{n/d}\rangle$。

证明 1）设 $\langle G, *\rangle$ 为 g 生成的循环群，$\langle H, *\rangle$ 为其子群。当然，H 中的元素均可表示为 g^r。

若 $H=\{e\}$，显然 H 为循环群。

若 $H\neq\{e\}$，那么 H 中有 $g^i(i\neq0)$。由于 H 为子群，H 中必还有 g^{-i}。因此，不失一

般性，可设 i 为正整数，并且它是 H 中元素的最小正整数指数。现证明 H 为 g^i 生成的循环群。

设 g^j 为 H 中任一元素。令 $j=mi+r$，其中 m 为 i 除 j 的商，r 为余数，$0\leqslant r<i$。于是

$$g^j=g^{mi+r}=g^{mi}*g^r$$
$$g^r=g^{-mi}*g^j$$

由于 g^j，$g^{-mi}\in H$（因 $g^{mi}\in H$），故 $g^r\in H$，根据 i 的最小性，$r=0$，从而 $g^j=g^{mi}=(g^i)^m$，H 为循环群。

2）的证明略。 ◀

例如 $\langle n\mathbf{Z}，+\rangle$ 是 $\langle \mathbf{Z}，+\rangle$ 的子群，n 是自然数。因为 $\langle \mathbf{Z}，+\rangle$ 是循环群，所以 $\langle n\mathbf{Z}，+\rangle$ 也是循环群。

10.5.2 置换群

置换群是一种具有重要应用的代数系统。

定义 10.5.2 设 S 为有限集合，$|S|=n$，S 上的任何双射函数 $\tau：S\to S$ 称为 S 上的**一个 n 元置换**。

假设 $S=\{a_1，a_2，\cdots，a_n\}$ 时，S 上的 n 元置换 τ 可表示为：

$$\begin{pmatrix} a_1 & a_2 & \cdots & a_n \\ \tau(a_1) & \tau(a_2) & \cdots & \tau(a_n) \end{pmatrix}$$

例 10.5.3 设 $S=\{1，2，3\}$，那么 S 上有 6 个置换：

$$\tau_1=\begin{pmatrix} 1 & 2 & 3 \\ 1 & 2 & 3 \end{pmatrix} \qquad \tau_2=\begin{pmatrix} 1 & 2 & 3 \\ 2 & 1 & 3 \end{pmatrix} \qquad \tau_3=\begin{pmatrix} 1 & 2 & 3 \\ 3 & 2 & 1 \end{pmatrix}$$

$$\tau_4=\begin{pmatrix} 1 & 2 & 3 \\ 1 & 3 & 2 \end{pmatrix} \qquad \tau_5=\begin{pmatrix} 1 & 2 & 3 \\ 2 & 3 & 1 \end{pmatrix} \qquad \tau_6=\begin{pmatrix} 1 & 2 & 3 \\ 3 & 1 & 2 \end{pmatrix}$$

◀

一般地，$S=\{a_1，a_2，\cdots，a_n\}$ 时，S 上有 $n!$ 个置换。

置换的复合运算通常用记号。表示。

定义 10.5.3 设 τ_1 和 τ_2 是两个 n 元置换，τ_1 和 τ_2 的复合 $\tau_1\circ\tau_2$ 也是 n 元置换。

例如上例中，

$$\tau_2\circ\tau_3=\begin{pmatrix} 1 & 2 & 3 \\ 2 & 3 & 1 \end{pmatrix}$$

将 n 个元素的集合 S 上的全体置换记为 S_n，对于置换的复合运算而言，n 元置换的复合运算对 S_n 是封闭的，复合运算是可结合的，S 上的全体置换中有幺元：恒等函数，又**称幺置换**，且每一置换都有逆置换，因此 $\langle S_n，\circ\rangle$ 是一个群。

定义 10.5.4 将 n 个元素的集合 S 上的全体置换记为 S_n，那么称群 $\langle S_n，\circ\rangle$ 为 S 上的**n 次对称群**，它的任何子群称为 S 上的 **n 次置换群**。

例如在例 10.5.3 中，$S=\{1，2，3\}$，那么 $S_3=\{\tau_i|i=1，2，3，4，5，6\}$，其中 τ_1 为幺置换，$\tau_2^{-1}=\tau_2$，$\tau_3^{-1}=\tau_3$，$\tau_4^{-1}=\tau_4$，$\tau_5^{-1}=\tau_6$。$\langle S_3，\circ\rangle$ 为三次对称群，且 $H=\{\tau_1\}=\{e\}$ 为 S_3 的子群。

10.6 环和域

群是只有一个二元运算的代数系统，是较为简单的代数结构，但是实际的代数系统的结构要更为丰富，包含多个二元运算，而且这些二元运算发生联系。环和域是含有两个发生联系的二元运算的代数系统。

定义 10.6.1 设$\langle \mathbf{R}, +, \cdot \rangle$是代数系统，$+$和$\cdot$分别称为加法运算和乘法运算（不一定是普通的加法和乘法运算），如果

1)$\langle \mathbf{R}, + \rangle$是阿贝尔群（或加群）；

2)$\langle \mathbf{R}, \cdot \rangle$是半群；

3)乘法运算对加法运算可分配，即对任意元素$a, b, c \in \mathbf{R}$

$$a \cdot (b+c) = a \cdot b + a \cdot c, \quad (b+c) \cdot a = b \cdot a + c \cdot a$$

则称$\langle \mathbf{R}, +, \cdot \rangle$为**环**（ring）。

为了简便，下文将$a \cdot b$简记为ab，对一个元素x的加法逆元记为$-x$，若x存在乘法逆元，记为x^{-1}。

例如代数系统$\langle \mathbf{Z}, +, \times \rangle$、$\langle \mathbf{R}, +, \times \rangle$、$\langle \mathbf{Q}, +, \times \rangle$和$\langle \mathbf{C}, +, \times \rangle$都是环，其中$\mathbf{Z}$、$\mathbf{R}$、$\mathbf{Q}$、$\mathbf{C}$分别为整数集、实数集、有理数集和复数集，"$+$"、"$\times$"是普通加法和乘法运算。代数系统$\langle M_n(R), +, \times \rangle$是环，$M_n(R)$是$n(n \geqslant 2)$阶实矩阵集合，"$+$"、"$\times$"是矩阵加法和矩阵乘法运算。代数系统$\langle \mathbf{Z}[x], +, \times \rangle$是环，$\mathbf{Z}[x]$是所有$x$的整系数多项式的集合，"$+$"、"$\times$"是多项式的加法和乘法，而$\langle \mathbf{Z}, -, \times \rangle$不是环。

例 10.6.1 证明：代数系统$\langle \mathbf{Z}_n, +_n, \times_n \rangle$是环。

证明 1)$\langle \mathbf{Z}_n, +_n \rangle$为阿贝尔群（证明见例 10.4.2）。

2)$\langle \mathbf{Z}_n, \times_n \rangle$为半群（证明见例 10.3.1）。

3)对任意的$a, b, c \in \mathbf{Z}_n$，有

$$
\begin{aligned}
a \times_n (b +_n c) &= a \times_n ((b+c) \bmod n) \\
&= (a \times b + a \times c)(\bmod n) \\
&= a \times b(\bmod n) +_n a \times c(\bmod n) \\
&= a \times_n b +_n a \times_n c
\end{aligned}
$$

同理可证$(b +_n c) \times_n a = b \times_n a +_n c \times_n a$，即"$\times_n$"对"$+_n$"是可分配的。

所以，代数系统$\langle \mathbf{Z}_n, +_n, \times_n \rangle$是环。 ◀

环有下列基本性质。

定理 10.6.1 设$\langle R, +, \cdot \rangle$为环，$0$为加法幺元，那么对任意$a, b, c \in R$，

1)$0a = a0 = 0$

2)$(-a)b = a(-b) = -ab$

3)$(-a)(-b) = ab$

4)若用$a-b$表示$a+(-b)$，则

$$(a-b)c = ac - ab, \quad c(a-b) = ca - cb$$

证明 1)$a0 + a0 = a(0+0) = a0$，所以，$a0 = 0$。同理可证$0a = 0$，即环的加法幺元必为乘法零元。

2)$(-a)b = ab + (-ab) + (-a)b = (a+(-a))b + (-ab) = 0b + (-ab) = -ab$，同理可

证 $a(-b)=-ab$。

3)仿照 2)可证。

4)$(a-b)c=(a+(-b))c=ac+(-b)c=ac+(-bc)=ac-bc$，同理可证 $c(a-b)=ca-cb$。　◀

注意，$\langle R,+,\cdot\rangle$ 中乘运算未必满足交换律，也未必有幺元(但一定有零元)。

定义 10.6.2　设 $\langle R,+,\cdot\rangle$ 是环。

1)如果环中乘法运算 $\cdot$ 满足交换律，称 R 为**交换环**。

2)当乘法运算 $\cdot$ 有幺元时，称 R 为**含幺环**。

3)若有非零元素 a,b 满足 $ab=0$，则称 a,b 为 R 的**零因子**，并称 R 为**含零因子环**，否则称 R 为**无零因子环**。

4)如果 $\langle R,+,\cdot\rangle$ 是含幺环，且是交换环和无零因子环，则称 R 为**整环**。

例如代数系统 $\langle \mathbf{Z},+,\times\rangle$、$\langle \mathbf{R},+,\times\rangle$、$\langle \mathbf{Q},+,\times\rangle$ 和 $\langle \mathbf{C},+,\times\rangle$ 都是环，乘法运算满足交换律，因而都是交换环；乘法运算存在幺元，幺元为 1，所以都是含幺环；都不存在非零元素 a,b 满足 $ab=0$，都是无零因子环。所以都是整环。

代数系统 $\langle \mathbf{Z}_n,+_n,\times_n\rangle$ 是环，$\times_n$ 满足交换律，1 是 $\times_n$ 运算的幺元，因而是交换环和含幺环；但是不是对任意 n 都是无零因子环，因为当 $n=6$ 时，$2\times_n 3=0$，2 和 3 都是零因子，所以不是对任意 n，$\langle \mathbf{Z}_n,+_n,\times_n\rangle$ 都是整环，如 $\langle \mathbf{Z}_6,+_6,\times_6\rangle$ 是含零因子环，不是整环，而 $\langle \mathbf{Z}_5,+_5,\times_6\rangle$ 是整环。可以证明，当且仅当 n 是素数时，$\langle \mathbf{Z}_n,+_n,\times_n\rangle$ 是整环。

代数系统 $\langle M_n(R),+,\times\rangle$ 是环，是含幺环，幺元为 $\begin{pmatrix}1&0\\0&1\end{pmatrix}$，但不是交换环和无零因子环，所以不是整环。如在环 $\langle M_2,+,\circ\rangle$ 中有零因子

$$\begin{pmatrix}1&-1\\-1&1\end{pmatrix}\quad 和 \quad \begin{pmatrix}1&1\\1&1\end{pmatrix}$$

因为

$$\begin{pmatrix}1&-1\\-1&1\end{pmatrix}\cdot\begin{pmatrix}1&1\\1&1\end{pmatrix}=\begin{pmatrix}0&0\\0&0\end{pmatrix}$$

$\begin{pmatrix}0&0\\0&0\end{pmatrix}$ 是矩阵乘法的零元。

定义 10.6.3　设 $\langle F,+,\cdot\rangle$ 是一个代数系统，其中 $|F|>1$，如果 $\langle F,+,\cdot\rangle$ 为一环，且 $\langle F-\{0\},\cdot\rangle$ 为阿贝尔群，称 $\langle F,+,\cdot\rangle$ 为**域**。

根据定义，域是可交换含幺环，而且域中无零因子，所以域为整环。但整环未必是域。$\langle \mathbf{R},+,\times\rangle$ 和 $\langle \mathbf{Q},+,\times\rangle$ 都是域，但 $\langle \mathbf{Z},+,\times\rangle$ 不是域，因为 $\langle \mathbf{Z}-\{0\},\times\rangle$ 不是群，说明整环不一定是域。

例 10.6.2　当运算为实数加法和乘法时，判断下列集合和给定运算是否构成环、整环和域。如果不是，说明理由。

1)$A=\{2z+1\mid z\in \mathbf{Z}\}$

2)$A=\{2z\mid z\in \mathbf{Z}\}$

3)$A=\{a+b\sqrt[3]{5}\mid a,b\in \mathbf{Q}\}$

4)$A=\{1,-1\}$

解 1)不是环，因为关于加法运算不封闭。

2)是环，不是整环和域，因为乘法没有幺元。

3)不是环，因为关于乘法运算不封闭。

4)不是环，因为加法运算不封闭。 ◀

习题

1. 数的加、减、乘、除运算是否为下列集合上的二元运算？

 (1)正实数集   (2)非零实数集

 (3)正整数集   (4)偶数集

 (5)$\{2^k \mid k \in \mathbf{Z}\}$

2. 设集合 $A = \{a, b, c, d\}$ 上的运算表如下所示：

*	a	b	c	d
a	a	b	c	d
b	b	a	d	d
c	c	d	a	d
d	d	d	d	d

 (1)说明运算是否可结合？为什么？

 (2)求单位元与零元。

3. 判断下列命题的真假。

 (1)$\forall x, y \in R, x * y = |x - y|$，则 0 为 $\langle R, * \rangle$ 的单位元。

 (2)$\forall x, y \in R, x * y = x + y - xy$，则 $\forall x \in R, x^{-1} = x/(1-x)$。

 (3)每个群都有子群。

 (4)$\langle P(A), \cup \rangle$ 和 $\langle P(A), \cap \rangle$ 这两个代数系统都存在零元和幺元。

4. 以下集合对于给定的运算是否构成代数系统？如果构成，说明该系统是否满足交换律和结合律。求出该运算的零元、幺元及所有可逆元的逆元。

 (1)有理数集 $\mathbf{Q}$，$x * y = (x + y)/2$。

 (2)$U = \{x \mid x^3 = 1, x$ 为复数$\}$，运算为复数的乘法。

 (3)正整数集，$x * y = \gcd(x, y)$，即求 x 与 y 的最大公约数。

 (4)所有一次多项式的全体构成的集合 $F_1[x]$ 对于运算：多项式的加法。

5. (1)求代数系统 $\langle \mathbf{N}, * \rangle$ 的幺元及所有可逆元的逆元，其中 $*$ 是普通乘法运算。

 (2)求代数系统 $\langle z, + \rangle$ 的元及所有可逆元的逆元。

 (3)设 p 为所有命题公式构成的集合，运算公式为析取运算 $\vee$。求代数系统 $\langle p, \vee \rangle$ 的幺元及所有可逆元的逆元。

 (4)求代数系统 $\langle \mathbf{Z}_4, + \rangle$ 的幺元、零元，以及所有可逆元。

6. 设代数系统 $V = \langle S, \circ \rangle$，其中 S 为实数集，代数运算。是普通乘法。以下各映射是否为 M 的自同态映射？是否为满自同态映射和自同构映射？

 (1)$x \mapsto |x|$ (2)$x \mapsto 2x$ (3)$x \mapsto x^2$ (4)$x \mapsto -x$

7. 设代数系统 $\langle S, * \rangle$ 有幺元 e，零元为 0，并且 $|S| \geqslant 2$。证明 0 无左(右)逆元。

8. 设 $A = \{a, b, c\}$，A 上的二元运算。为：$\forall x, y \in A, x \circ y = c$。

 (1)找出 A 上的所有双射函数。

(2)说明这些函数是否为 $A=\langle a，\circ\rangle$ 的自同构，为什么?

9. 设 $A=\{a，b，c\}$，A 上的二元运算 $\circ$ 为：$\forall x，y\in A$，$x\circ y=x$。

(1)证明 A 关于 $\circ$ 运算构成半群。

(2)试通过增加最少的二元运算使得 A 扩张成一个独异点。

10. 设 $\mathbf{Z}^{+}$ 是正整数集合，$x，y\in\mathbf{Z}^{+}$，$\mathbf{Z}^{+}$ 上的运算 $*$ 为：$x*y=\min(x，y)$，问 $\langle\mathbf{Z}^{+}，*\rangle$ 是否是半群、独异点?

11. 设 $\langle S，*\rangle$ 是半群，对任意 $x，y\in S$，若 $x\neq y$，有 $x*y=y*x$。试证明：

(1)对任意 $x\in S$，必有 $x*x=x$。

(2)对任意 $x，y\in S$，必有 $x*y*x=x$。

(3)对任意 $x，y，z\in S$，必有 $x*y*z=x*z$。

12. 设 $\langle S，*\rangle$ 是半群，a 是 S 中的一个元素，使得对 S 中的每一个元素 x，存在 u，$v\in S$，满足 $a*u=v*a=x$，证明 A 中存在幺元。

13. 设 $\langle S，*\rangle$ 是半群，若 S 是有限集合，则 S 中必存在幂等元。

14. 判断下列集合关于指定运算是否构成半群、独异点和群：

(1)$\mathbf{Q}^{+}$ 是正有理数集，运算是普通加法；

(2)$U=\{x\mid x^{3}=1，x$ 为复数$\}$，运算是普通乘法；

(3)a 是正实数，$G=\{a^{n}\mid n\in\mathbf{Z}\}$，运算是普通乘法；

(4)$\mathbf{N}$ 是自然数集，$x*y=\max\{x，y\}$；

(5)$G=\left\{\begin{bmatrix}1 & x\\0 & 1\end{bmatrix}\Big|x\in\mathbf{Z}\right\}$，运算是矩阵乘法。

15. 设 $\mathbf{Z}$ 是整数集，运算 $*$ 是：对任意 $a，b\in\mathbf{Z}$，$a*b=a+b-2$，这里 $+$ 和 $-$ 是普通加法和减法运算，证明 $\langle\mathbf{Z}，*\rangle$ 是一个群。

16. 证明群 G 是交换群，当且仅当对任意 $a，b\in G$，有 $(ab)^{2}=a^{2}b^{2}$。

17. 设 G 为群，若 $\forall x\in G$ 有 $x^{2}=e$，证明 G 为交换群。

18. 设 $G=\langle a\rangle$ 是 15 阶循环群。

(1)求出 G 的所有生成元；(2)求出 G 的所有子群。

19. 证明循环群一定是阿贝尔群，说明阿贝尔群是否一定是循环群，并说明你的理由。

20. 判断下列集合和给定运算是否构成环、整环和域，如果不能，请说明理由。

(1)$A=\{3x\mid x\in\mathbf{Z}\}$，运算为实数加法和乘法；

(2)$A=\{2x+1\mid x\in\mathbf{Z}\}$，运算为实数加法和乘法；

(3)$A=\{a+b\sqrt[4]{5}\mid a，b\in\mathbf{Q}\}$，运算为实数加法和乘法。

(4)A 为所有 5 阶矩阵的全体，运算为矩阵的加法和乘法。

21. 设 $\langle R，+，*\rangle$ 是环，其乘法幺元为 1，加法幺元为 0，对于任意的 $a，b\in R$，$\oplus$ 和 $\circ$ 定义为 $a\oplus b=a+b+1$，$a\circ b=a*b+a+b$，证明 $\langle R，\oplus，\circ\rangle$ 也是环，且与 $\langle R，+，*\rangle$ 同构。

22. 设 a 和 b 是含幺环 R 中的两个可逆元，证明：

(1)$-a$ 也是可逆元，且 $(-a)^{-1}=-a^{-1}$。

(2)ab 也是可逆元，且 $(ab)^{-1}=b^{-1}a^{-1}$。

23. 证明如果 $\langle R，+，*\rangle$ 是整环，且 R 是有限集合，则 $\langle R，+，*\rangle$ 是域。

第 11 章　格与布尔代数

格与布尔代数是含有两个二元运算的代数系统，在代数学、逻辑理论研究以及许多实际应用中都占有重要的地位。

11.1　格

格的定义有两种，一种是从偏序集的角度定义，一种是从代数系统的角度定义。这两种格的定义是等价的。

11.1.1　格的基本概念

第 4 章介绍了偏序和偏序集的概念，对偏序集的任一子集引入最小上界和最大下界的概念，但并非每个子集都有最小上界或最大下界，例如在图 11.1.1(1) 中哈斯图所示的偏序集里，$\{a, b\}$ 没有最小上界，$\{c, d\}$ 没有最大下界。在图 11.1.1(2) 中哈斯图所示的偏序集里，它的任何两个元素的集合都存在最小上界和最大下界，这样的偏序集称为**偏序格**。

定义 11.1.1　设 $\langle L, \leqslant \rangle$ 是一个偏序集，如果 L 中的任何两个元素构成的子集都有最小上界和最大下界，则称 $\langle L, \leqslant \rangle$ 为**格**(lattice)。

在格 $\langle L, \leqslant \rangle$ 中，对于任意 $a, b \in L$，$\{a, b\}$ 的最小上界和最大下界都存在而且是唯一的，因此求最小上界和最大下界可以看成是二元运算。通常用 $a \vee b$ 表示 $\{a, b\}$ 的最小上界，用 $a \wedge b$ 表示 $\{a, b\}$ 的最大下界。由于对任何 a, b，$a \vee b$ 及 $a \wedge b$ 都是 L 中确定的成员，因此 $\vee$，$\wedge$ 均为 L 上的运算。

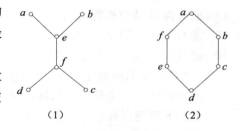

图 11.1.1　哈斯图

例 11.1.1　判断下列偏序集是否是格，说明理由。

1) 偏序集 $\langle P(A), \subseteq \rangle$，其中 $P(A)$ 是集合 A 的幂集。

2) 偏序集 $\langle \mathbf{R}, \leqslant \rangle$，其中 $\mathbf{R}$ 表示实数集，$\leqslant$ 表示 $\mathbf{Z}$ 上的小于等于关系。

3) 偏序集 $\langle S_n, D \rangle$，其中 S_n 是 n 的所有因子的集合，D 是整除关系。

解　1) $\forall X, Y \in P(A)$，有

$$X \vee Y = X \cup Y, \quad X \wedge Y = X \cap Y$$

由于 $\cup$ 和 $\cap$ 运算在 $P(A)$ 上是封闭的，所以 $X \cup Y$ 和 $X \cap Y \in P(A)$，偏序集 $\langle P(A), \subseteq \rangle$ 是格，称为 A 的幂集格。

2) $\forall m, n \in \mathbf{R}$，有 $m \vee n = \max(m, n)$，$m \wedge n = \min(m, n)$，所以偏序集 $\langle \mathbf{R}, \leqslant \rangle$

是格。

3）$\forall x, y \in S_n$，有 $x \vee y = \mathrm{lcm}(x, y)$，即 x 与 y 的最小公倍数；$x \wedge y = \gcd(x, y)$，即 x 与 y 的最大公约数。所以偏序集$\langle S_n, D\rangle$是格。   ◄

例 11.1.2 判断图 11.1.2 中哈斯图表示的偏序集是否构成格，说明理由。

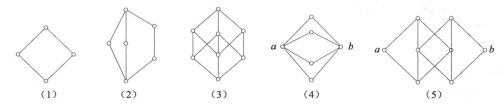

（1）   （2）   （3）   （4）   （5）

图 11.1.2 哈斯图

解 （1）、（2）、（3）是格，每个图中的任何两个元素的集合都存在最小上界和最大下界。（4）、（5）不是格，（4）中的$\{a, b\}$有两个下界元素，但是没有最大下界，（5）中的$\{a, b\}$没有下界元素，没有最大下界。   ◄

格有许多重要的应用，如数据仓库中关于物化视图的分组方案，采用格的结构，可以占用较小的存储空间，尽可能满足更多的查询需求，提高查询效率。

当$\langle L, \leqslant\rangle$为格时，如果偏序关系"$\leqslant$"的逆关系用"$\geqslant$"表示，则$\langle L, \geqslant\rangle$也为格。在命题演算、集合代数中有对偶定理，例如集合的运算公式具有对偶性，若$A \cup (A \cap B) = A$为真，它的对偶式$A \cap (A \cup B) = A$也为真。关于格也存在对偶性。

定义 11.1.2 设 P 是含有格中元素及符号$=$、$\leqslant$、$\geqslant$、$\vee$ 和 $\wedge$ 的命题。将 P 中符号$\vee$ 换成 $\wedge$、$\wedge$ 换成 $\vee$、$\leqslant$ 换成 $\geqslant$、$\geqslant$ 换成 $\leqslant$ 后得到公式 P^*，称 P^* 为 P 的**对偶命题**。

例如 $P = a \vee (b \vee c)$ 的对偶命题为 $P^* = a \wedge (b \wedge c)$，而且 P 和 P^* 互为对偶命题。

格的对偶原理 设 P 是含有格中元素及符号$=$、$\leqslant$、$\geqslant$、$\vee$ 和 $\wedge$ 的命题，若 P 对一切格为真，则 P 的对偶命题 P^* 对一切格也为真。

例如，如果对所有 L，命题"$\forall a, b \in L, a \wedge b \leqslant a$"成立，根据对偶原理，对所有 L，命题"$\forall a, b \in L, a \vee b \geqslant a$"也成立。

许多格的性质都是互为对偶命题的，有了格的对偶原理，在证明格的性质时，只需证明其中的一个命题就可以了。格具有下面的重要性质。

定理 11.1.1 设$\langle L, \leqslant\rangle$为格，那么对 L 中任意元素 a, b, c 有：

1）幂等律：$a \vee a = a$，$a \wedge a = a$

2）交换律：$a \vee b = b \vee a$，$a \wedge b = b \wedge a$

3）结合律：$a \vee (b \vee c) = (a \vee b) \vee c$

　　　　　$a \wedge (b \wedge c) = (a \wedge b) \wedge c$

4）吸收律：$a \wedge (a \vee b) = a$，$a \vee (a \wedge b) = a$

证明 1）$a \vee a$ 是$\{a\}$的最小上界，所以$a \vee a = a$。由对偶原理 $a \wedge a = a$ 也成立。

2）$a \vee b$ 是$\{a, b\}$的最小上界，$b \vee a$ 是$\{b, a\}$的最小上界，$\{a, b\} = \{b, a\}$，所以$a \vee b = b \vee a$。由对偶原理 $a \wedge b = b \wedge a$ 也成立。

3）两个公式互为对偶，所以只证 $a \wedge (b \wedge c) = (a \wedge b) \wedge c$。

由最大下界定义有

$$(a \wedge b) \wedge c \leqslant a \wedge b \leqslant a$$
$$(a \wedge b) \wedge c \leqslant a \wedge b \leqslant b$$
$$(a \wedge b) \wedge c \leqslant c$$

从而$(a \wedge b) \wedge c \leqslant b \wedge c$，进而$(a \wedge b) \wedge c \leqslant a \wedge (b \wedge c)$。

同理可证

$$a \wedge (b \wedge c) \leqslant (a \wedge b) \wedge c$$

由偏序关系"$\leqslant$"的反对称性，$a \wedge (b \wedge c) = (a \wedge b) \wedge c$。

4）显然，$a \wedge (a \vee b) \leqslant a$；另一方面，由于

$$a \leqslant a, \ a \leqslant a \vee b$$

故而

$$a \leqslant a \wedge (a \vee b)$$

于是有

$$a \wedge (a \vee b) = a$$

根据格的对偶原理，$a \vee (a \wedge b) = a$ 也成立。◀

根据定理11.1.1，格是具有两个二元运算的代数系统$\langle L, \wedge, \vee \rangle$，其中的运算满足上述的四个运算律，这一结论反过来也正确，即若在一个集合上定义了两个二元运算，且这两个二元运算满足前述四个运算律，则可在集合上定义一个偏序关系使之成为格。

定理 11.1.2 设$\langle L, \wedge, \vee \rangle$是代数系统，$\wedge$，$\vee$是二元运算，且满足幂等律、结合律、交换律和吸收律，在L上定义一种关系"$\leqslant$"为：$\forall a, b \in L$，$a \leqslant b$ 当且仅当 $a \vee b = b$，则$\langle L, \leqslant \rangle$是格。

证明 首先证明关系"$\leqslant$"是偏序关系。

因为$a \vee a = a$，所以$a \leqslant a$，"$\leqslant$"是自反的。

假设$a \leqslant b$，$b \leqslant a$，则有

$$a \vee b = b, \ b \vee a = a$$

由于$\vee$满足交换律，因而

$$b = a \vee b = b \vee a = a$$

所以"$\leqslant$"是反对称的。

假设$a \leqslant b$，$b \leqslant c$，则有

$$a \vee b = b, \ b \vee c = c$$

由于$\vee$满足结合律，则

$$a \vee c = a \vee (b \vee c) = (a \vee b) \vee c = b \vee c = c$$

即

$$a \leqslant c$$

所以"$\leqslant$"是传递的。因而，"$\leqslant$"是偏序关系，$\langle L, \leqslant \rangle$是偏序集。

要证明$\langle L, \leqslant \rangle$是格，需要证明$\forall a, b \in L$，存在最小上界和最大下界。

因为$\wedge$，$\vee$满足吸收律，有

$$a = a \wedge (a \vee b), \ b = b \wedge (b \vee a)$$

所以 $a \leqslant a \vee b$，$b \leqslant a \vee b$。因此，$a \vee b$ 是 $\{a, b\}$ 的一个上界。

设 u 是 $\{a, b\}$ 的一个上界，则有 $a \leqslant u$，$b \leqslant u$，由结合律有 $(a \vee b) \vee u = a \vee (b \vee u) = a \vee u = u$，

所以 $a \vee b \leqslant u$，即 $a \vee b$ 是 $\{a, b\}$ 的最小上界。

同理，$a \wedge b$ 是 $\{a, b\}$ 的最大下界。

所以 $\langle L, \leqslant \rangle$ 是格。定理得证。　　◀

根据上述定理，可以给出格的另一个等价定义。

定义 11.1.3　设 $\langle L, \wedge, \vee \rangle$ 是代数系统，$\wedge$，$\vee$ 是二元运算，如果 $\wedge$ 和 $\vee$ 满足结合律、交换律和吸收律，则 $\langle L, \wedge, \vee \rangle$ 构成格。

格中的运算需要满足 4 条运算律，但其实幂等律可以由吸收律推出。$\forall a \in L$，由吸收律得

$$a \vee a = a \vee (a \wedge (a \vee a)) = a$$

同理有

$$a \wedge a = a$$

因此，在 $\langle L, \wedge, \vee \rangle$ 中，$\wedge$ 和 $\vee$ 满足幂等律。所以在这个定义中，只需满足 3 条运算律即可。

定义 11.1.4　设 $\langle L, \wedge, \vee \rangle$ 是格，S 是 L 的非空子集，若 S 关于 L 中的运算 $\wedge$，$\vee$ 仍构成格，则称 S 是 L 的**子格**。

例 11.1.3　设格 L 如图 11.1.3 所示，$S_1 = \{a, b, c, d\}$，$S_2 = \{a, f, b\}$，S_1 和 S_2 是否是 L 的子格？

解　S_1 是 L 的子格，S_2 不是 L 的子格，因为对 b 和 f，$b \wedge f = d$，而 $d \notin S_2$。　　◀

11.1.2　分配格

定义 11.1.5　设 $\langle L, \vee, \wedge \rangle$ 是一个格，如果对任意 $a, b, c \in L$，有
$$a \wedge (b \vee c) = (a \wedge b) \vee (a \wedge c)$$
$$a \vee (b \wedge c) = (a \vee b) \wedge (a \vee c)$$
即运算满足分配律，则称 $\langle L, \vee, \wedge \rangle$ 为**分配格**。

例如，格 $\langle P(A), \bigcap, \bigcup \rangle$ 是分配格，$P(A)$ 是集合 A 的幂集，因为对任意 $X, Y, Z \in P(A)$，有
$$X \cap (Y \cup Z) = (X \cap Y) \cup (X \cap Z)$$
$$X \cup (Y \cap Z) = (X \cup Y) \cap (X \cup Z)$$
即集合的交、并运算满足分配律。

例 11.1.4　说明图 11.1.4 的格是否是分配格。

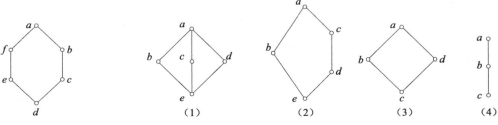

图 11.1.3　格　　　　　　　　　　　　　图 11.1.4　格

解 图 11.1.4 中(1)、(2)都不是分配格，(3)、(4)是分配格。因为在(1)中
$$b \wedge (c \vee d) = b \wedge a = b$$
$$(b \wedge c) \vee (b \wedge d) = e \vee e = e$$
在(2)中
$$c \wedge (b \vee d) = c \wedge a = c$$
$$(c \wedge b) \vee (c \wedge d) = e \vee d = d$$

称图 11.1.4(1)为**钻石格**，图 11.1.4(2)为**五角格**。 ◀

下面给出判断格是分配格的充分必要条件。

定理 11.1.3 设 $\langle L, \vee, \wedge \rangle$ 是格，则 L 是分配格的充分必要条件是 L 中不含有与钻石格或五角格同构的子格。

证明 略。 ◀

推论 1)小于 5 元的格都是分配格。

2)任何一条链都是分配格。

例 11.1.5 说明图 11.1.5 的格是否是分配格。

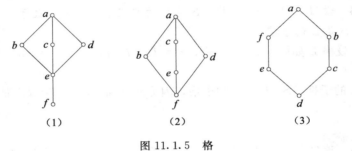

图 11.1.5 格

解 图 11.1.5(1)、(2)、(3)都不是分配格，因为(1)的子格 $\{a, b, c, d, e\}$ 同构于钻石格，(2)的子格 $\{a, b, c, d, f\}$ 也同构于钻石格，(3)的子格 $\{a, b, c, d, e\}$ 同构于五角格。 ◀

定理 11.1.4 设 $\langle L, \vee, \wedge \rangle$ 为分配格，那么对 L 中任意元素 a, b, c，有
$$a \wedge b = a \wedge c \text{ 并且 } a \vee b = a \vee c \text{ 当且仅当 } b = c$$

证明 充分性是显然的。

现证必要性。由于

$$
\begin{aligned}
(a \wedge b) \vee c &= (a \wedge c) \vee c = c & a \wedge b = a \wedge c \\
(a \wedge b) \vee c &= (a \vee c) \wedge (b \vee c) & \text{分配律} \\
&= (a \vee b) \wedge (b \vee c) & a \vee c = a \vee b \\
&= b \vee (a \wedge c) & \text{分配律} \\
&= b \vee (a \wedge b) & a \wedge b = a \wedge c \\
&= b
\end{aligned}
$$

故 $b = c$。 ◀

利用定理 11.1.4 可以反证某格不是分配格，如对于图 11.1.4(1)所示的格 L，有 $a \wedge b$

$=a\wedge c$ 并且 $a\vee b=a\vee c$，但是 $b\neq c$，所以图 11.1.4(1)所示的格 L 不是分配格。

11.1.3 有界格和有补格

定义 11.1.6 设 L 是格，如果存在 $a\in L$，使得 $\forall x\in L$ 有 $a\leqslant x$，则称 a 为格 L 的**全下界**，记为 0；如果存在 $b\in L$，使得 $\forall x\in L$ 有 $x\leqslant b$，则称 b 为格 L 的**全上界**，记为 1。存在全上界和全下界的格，称为**有界格**，记为 $\langle L, \vee, \wedge, 0, 1\rangle$。

例如，对任意集合 A 的幂集 $P(A)$，$\langle P(A), \cap, \cup\rangle$ 是有界格，因为格 $\langle P(A), \cap, \cup\rangle$ 存在全上界 $1=A$，全下界 $0=\varnothing$。

实际上格 $\langle L, \leqslant\rangle$ 的全上界和全下界，就是 L 的最大元和最小元。而集合的最大元和最小元是唯一的，所以，若格 $\langle L, \leqslant\rangle$ 存在全上界和全下界，一定是唯一的。

显然，有限格是有界格。若有限格 $L=\{a_1, a_2, \cdots, a_n\}$，则 $a_1\wedge a_2\wedge\cdots\wedge a_n$ 是 L 的全下界，$a_1\vee a_2\vee\cdots\vee a_n$ 是 L 的全上界。但有界格不一定是有限格，例如 $\langle[0, 1], \leqslant\rangle$ 是有界格，但不是有限格。

定义 11.1.7 设 $\langle L, \vee, \wedge, 0, 1\rangle$ 为有界格，$a\in L$，如果存在 $b\in L$，使得

$$a\vee b=1 \text{ 和 } a\wedge b=0$$

则称 b 为 a 的**补元**或**补**。

应当注意补元的下列特点：

1)补元是相互的，即 b 是 a 的补元，那么 a 也是 b 的补元。

2)0 和 1 互为补元。

3)并非有界格中每个元素都有补元，而一个元素的补元也未必唯一。

例 11.1.6 指出图 11.1.6 中各个元素的补元。

解 图 11.1.6(1)中元素 a 和 d 互为补元，a 是全上界，d 是全下界，c, b, e 都没有补元；(2)中元素 a 和 e 互为补元，a 是全上界，e 是全下界，b 的补元是 c 和 d，c 的补元是 b 和 d，d 的补元是 a 和 c；(3)中元素 a 和 e 互为补元，a 是全上界，e 是全下界，b 有补元 c 和 d，而 c，d 的补元同为 b；(4)中元素 a 和 c 互为补元，a 是全上界，c 是全下界，b 没有补元。

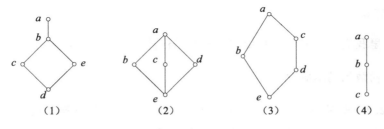

图 11.1.6 有界格 ◀

定义 11.1.8 设 $\langle L, \vee, \wedge, 0, 1\rangle$ 为有界格，如果 L 中每个元素都有补元，称 L 为**有补格**。

例 11.1.7 判断图 11.1.6 中的格是否是有补格。

解 图 11.1.6(1)不是有补格，因为存在元素没有补元；(2)和(3)中每个元素都有补元，是有补格；(4)不是有补格，多于两个元素的链不是有补格。 ◀

关于有补格有下列事实：

定理 11.1.5 有补格$\langle L, \vee, \wedge, 0, 1\rangle$中元素0，1的补元是唯一的。

证明 已知0，1互为补元。设a也是1的补元，那么$a \wedge 1 = 0$，即$a = 0$。因此1的补元仅为0。同样可证0的补元仅为1。 ◀

定理 11.1.6 有补分配格中每一元素的补元都是唯一的。

证明 设$\langle L, \vee, \wedge, 0, 1\rangle$为有补分配格，$a$为$L$中任一元素，$b$，$c$都是$a$的补元，那么

$$a \wedge b = 0 = a \wedge c, \quad a \vee b = 1 = a \vee c$$

根据定理11.1.4，$b = c$，因此a只有唯一补元。 ◀

有补分配格中元素a的补元可用$\bar{a}$来表示。

推论 对有补分配格中每一元素a，有

$$\bar{\bar{a}} = a$$

定理 11.1.7 设$\langle L, \vee, \wedge\rangle$为有补分配格，那么对$L$中任意元素$a$，$b$，有

1) $\overline{a \vee b} = \bar{a} \wedge \bar{b}$

2) $\overline{a \wedge b} = \bar{a} \vee \bar{b}$

证明 由于

$$(a \vee b) \wedge (\bar{a} \wedge \bar{b}) = (a \wedge (\bar{a} \wedge \bar{b})) \vee (b \wedge (\bar{a} \wedge \bar{b})) = 0$$

$$(a \vee b) \vee (\bar{a} \wedge \bar{b}) = (a \vee b \vee \bar{a}) \wedge (a \vee b \vee \bar{b})) = 1$$

因此$\bar{a} \wedge \bar{b}$为$a \vee b$的补元。由补元的唯一性得知：

$$\overline{a \vee b} = \bar{a} \wedge \bar{b}$$

同样可证(2)，请读者自行完成。 ◀

定义 11.1.9 设$\langle L, \vee, \wedge\rangle$为格，如果对$L$中任意元素$a$，$b$，$c$，只要$a \leqslant c$，就有$a \vee (b \wedge c) = (a \vee b) \wedge c$，则称$\langle L, \vee, \wedge\rangle$为**模格**。

由定义可知，分配格一定是模格，但模格不一定是分配格。

11.2 布尔代数

在这一节里我们讨论另一代数结构——布尔代数，其实它是特殊的格。

11.2.1 布尔代数的基本概念

定义 11.2.1 如果一个格是有补分配格，则称它为**布尔格**或**布尔代数**。

布尔代数中的每一个元素都存在补元，所以在B上还有一个一元运算——求补运算。通常用$\langle B, \vee, \wedge, \bar{}, 0, 1\rangle$来表示布尔代数，其中$\bar{}$为一元求补运算。

例 11.2.1 设A是任意集合，证明幂集格$\langle P(A), \cup, \cap, \bar{}, \varnothing, A\rangle$（其中$\bar{}$为一元求补运算）为布尔代数（称为集合代数）。

证明 $P(A)$关于$\cap$和$\cup$构成格，因为$\cap$和$\cup$运算满足交换律、结合律和吸收律。由于$\cap$对$\cup$运算和$\cup$对$\cap$运算都是可分配的，所以$P(A)$是分配格，且全下界是$\varnothing$，全上界

是集合 A。取全集为 A。根据绝对补的定义，对任意 $x \in P(A)$，x 的补元是 $A - x$。因此 $P(A)$ 是有补分配格，即是布尔代数。　◀

由于布尔代数是一个有补分配格，所以关于格、有补格、分配格中成立的所有运算律在布尔代数中都成立。下面列出布尔代数满足的运算律。

对任意 a，b，$c \in L$，有

1）$\bar{\bar{a}} = a$ 　　　　　　　　　　　　　双重否定律

2）$a \wedge 1 \Leftrightarrow a$ 　　　　　　　　　　　同一律

　　$a \vee 0 \Leftrightarrow a$

3）$a \vee 1 \Leftrightarrow 1$ 　　　　　　　　　　　零元律

　　$a \wedge 0 \Leftrightarrow 0$

4）$a \vee a \Leftrightarrow a$ 　　　　　　　　　　　幂等律

　　$a \wedge a \Leftrightarrow a$

5）$a \vee b \Leftrightarrow b \vee a$ 　　　　　　　　　交换律

　　$a \wedge b \Leftrightarrow b \wedge a$

6）$(a \vee b) \vee c \Leftrightarrow a \vee (b \vee c)$ 　　　结合律

　　$(a \wedge b) \wedge c \Leftrightarrow a \wedge (b \wedge c)$

7）$a \vee (a \wedge b) \Leftrightarrow a$ 　　　　　　　吸收律

　　$a \wedge (a \vee b) \Leftrightarrow a$

8）$\overline{a \vee b} = \bar{a} \wedge \bar{b}$ 　　　　　　　德·摩根律

　　$\overline{a \wedge b} = \bar{a} \vee \bar{b}$

9）$a \wedge (b \vee c) \Leftrightarrow (a \wedge b) \vee (a \wedge c)$ 　分配律

　　$a \vee (b \wedge c) \Leftrightarrow (a \vee b) \wedge (a \vee c)$

10）$a \wedge \bar{a} = 0$ 　　　　　　　　　　互补律

　　$a \vee \bar{a} = 1$

上面的运算律不是各自独立的，由交换律、分配律、同一律和互补律可以推出其他运算律，因此布尔代数还可以用代数系统的性质来定义。

定义 11.2.2　设有代数系统 $\langle B, \vee, \wedge \rangle$，$\vee$，$\wedge$ 为 B 上的二元运算。

1）交换律：$\forall a$，$b \in B$，有

$$a \vee b = b \vee a, \quad a \wedge b = b \wedge a$$

2）分配律：$\forall a$，b，$c \in B$，有

$$a \vee (b \wedge c) = (a \vee b) \wedge (a \vee c)$$

$$a \wedge (b \vee c) = (a \wedge b) \vee (a \wedge c)$$

3）存在 0，$1 \in B$，使得 $\forall x \in B$，有

$$x \vee 1 = 1, \quad x \wedge 0 = 0$$

4）$\forall x \in B$，均存在元素 $\bar{a}$，使

$$a \vee \bar{a} = 1, \quad a \wedge \bar{a} = 0$$

称 $\langle B, \vee, \wedge \rangle$ 为**布尔代数**。

可以证明定义 11.2.1 与定义 11.2.2 等价，只要证明 B 为格，进而由 2)、3)、4)可断定 B 为有补分配格。证明略。

例 11.2.2 1)在 $\langle B, \vee, \wedge, ^-, 0, 1\rangle$ 中取 $B=\{0, 1\}$，得 $\langle\{0, 1\}, \vee, \wedge, ^-, 0, 1\rangle$ 为一布尔代数。

2)$\langle P, \vee, \wedge, \neg, f, t\rangle$ 为布尔代数，这里 P 为命题公式集，$\vee$，$\wedge$，$\neg$ 为析取、合取、否定等真值运算，f, t 分别为永假命题、永真命题，又称为**命题代数**。

3)设 B_n 为由真值 $0, 1$ 构成的 n 元有序组组成的集合，即
$$B_n=\{\langle a_1, a_2, \cdots, a_n\rangle \mid a_i=0 \text{ 或 } a_i=1, i=1, 2, \cdots, n\}$$
在 B_n 上定义运算(以下用 $\boldsymbol{a}$ 表示 $\langle a_1, a_2, \cdots, a_n\rangle$，$\boldsymbol{0}$ 表示 $\langle 0, 0, \cdots, 0\rangle$，$\boldsymbol{1}$ 表示 $\langle 1, 1, \cdots, 1\rangle$)
$$\boldsymbol{a} \vee \boldsymbol{b}=\langle a_1 \vee b_1, a_2 \vee b_2, \cdots, a_n \vee b_n\rangle$$
$$\boldsymbol{a} \wedge \boldsymbol{b}=\langle a_1 \wedge b_1, a_2 \wedge b_2, \cdots, a_n \wedge b_n\rangle$$
$$\neg \boldsymbol{a}=\langle \neg a_1, \neg a_2, \cdots, \neg a_n\rangle$$
那么，$\langle B_n, \vee, \wedge, \neg, 0, 1\rangle$ 为一布尔代数，常称为**开关代数**。　◀

定义 11.2.3 设 $f: A \to B$ 为布尔代数 $\langle A, \vee, \wedge, ^-, 0, 1\rangle$ 到布尔代数 $\langle B, \vee, \wedge, ^-, 0, 1\rangle$ 的同态映射，即对任何元素 a, b，

1)$f(a \vee b)=f(a) \vee f(b)$

2)$f(a \wedge b)=f(a) \wedge f(b)$

3)$f(\bar{a})=\overline{f(a)}$

那么称 f 为 A 到 B 的**布尔同态**。当 f 是双射时，称布尔代数 $\langle A, \vee, \wedge, ^-, 0, 1\rangle$ 和 $\langle B, \vee, \wedge, ^-, 0, 1\rangle$ **同构**。

11.2.2　布尔表达式与布尔函数

布尔代数中的布尔表达式、布尔函数的范式表示及简化，无论在理论研究和实际应用中都有十分重要的意义，本小节介绍这两个概念。

定义 11.2.4 设 $\langle B, \vee, \wedge, ^-\rangle$ 为布尔代数，如下递归地定义 B 上的布尔表达式：

1)布尔常元(取值于 B 的常元)是一个布尔表达式。

2)布尔变元(取值于 B 的变元)是一个布尔表达式。

3)如果 e_1, e_2 为布尔表达式，那么 $\overline{e_1}$，$(e_1 \vee e_2)$，$(e_1 \wedge e_2)$ 也是布尔表达式。

4)只有有限次使用规则 1)、2)、3)生成的表达式才是布尔表达式。

为了省略括号，我们约定运算 $^-$ 的优先级高于运算 $\vee$，$\wedge$，并约定表达式最外层括号省略。

定义 11.2.5 含有 n 个不同变元 $x_1, x_2, \cdots, x_n$ 的布尔表达式称为 **n 元布尔表达式**，记作 $f(x_1, x_2, \cdots, x_n)$。

例 11.2.3 设 $\langle\{0, a, b, 1\}, \vee, \wedge, ^-\rangle$ 为布尔代数，那么
$$0 \wedge x_1, (1 \vee \overline{x_2}) \wedge x_1, ((a \wedge x_1) \vee \overline{x_1 \wedge x_2}) \wedge (\overline{x_1} \vee \overline{x_3})$$

都是布尔表达式，分别称为含有单个变元 x_1 的布尔表达式、含有 2 个变元 x_1、x_2 的布尔表达式和含有 3 个变元 x_1、x_2、x_3 的布尔表达式。　◀

定义 11.2.6　设 $\langle B, \vee, \wedge, ^- \rangle$ 为布尔代数，$B^n = \{(x_1, x_2, \cdots, x_n) \mid x_i \in \{0, 1\},$ $0 \leqslant i \leqslant 1\}$，如果一个从 B^n 到 B 的函数 $f: B^n \to B$ 能够用 $\langle B, \vee, \wedge, ^- \rangle$ 上的 n 元布尔表达式 $f(x_1, x_2, \cdots, x_n)$ 来表示，称函数 $f: B^n \to B$ 为 **n 元布尔函数**。设 $B = \{0, 1\}$，变元 x 仅从 B 中取值，则称该变元为**布尔变元**。

每个布尔表达式都表示一个布尔函数，布尔函数的值可以通过用 0 和 1 替换表达式中的变元得到。

例 11.2.4　计算由 $f(x, y, z) = (x \wedge y) \vee \bar{z}$ 表示的布尔函数。

解　$f(x, y, z) = (x \wedge y) \vee \bar{z}$ 表示的布尔函数的值见表 11.2.1。

表 11.2.1　布尔函数表

x	y	z	$(x \wedge y) \vee \bar{z}$	x	y	z	$(x \wedge y) \vee \bar{z}$
0	0	0	1	1	0	0	1
0	0	1	0	1	0	1	0
0	1	0	1	1	1	0	1
0	1	1	0	1	1	1	1

◀

给定一个布尔函数表，可以写出表示这个布尔函数的布尔表达式。方法类似于在命题代数中，给定命题的真值表写出命题表达式。根据布尔函数表可以写出布尔表达式的析取范式和合取范式。

定义 11.2.7　布尔表达式

$$\alpha_1 \wedge \alpha_2 \wedge \cdots \wedge \alpha_n$$

称为 n 个变元的**极小项**，其中 α_i 为变元 x_i 或 $\bar{x}_i$，而表达式

$$\alpha_1 \vee \alpha_2 \vee \cdots \vee \alpha_n$$

称为 n 个变元的**极大项**，其中 α_i 为变元 x_i 或 $\bar{x}_i$。

显然，n 个变元的极小项和极大项各有 2^n 个。它们具有的性质与第 1 章中命题表达式的极小项和极大项的性质相同。

布尔表达式的析取范式是极小项的布尔和，合取范式是极大项的布尔积。对于两个变量 x_1 和 x_2，称 $x_1 \vee x_2$ 为**布尔和**，$x_1 \wedge x_2$ 为**布尔积**。在布尔代数中布尔和常用 $x_1 + x_2$ 表示，布尔积常用 $x_1 x_2$ 表示。

例 11.2.5　根据表 11.2.1 可以写出布尔表达式

$$f(x, y, z) = (\bar{x} \wedge \bar{y} \wedge \bar{z}) \vee (\bar{x} \wedge y \wedge \bar{z}) \vee (x \wedge \bar{y} \wedge \bar{z}) \vee (x \wedge y \wedge \bar{z}) \vee (x \wedge y \wedge z)$$

这个表达式是 $f(x, y, z) = (x \wedge y) \vee \bar{z}$ 的析取范式。　◀

11.2.3　布尔代数和数字电路

数字电路广泛应用于通信、电子计算机、自动控制、航天、雷达、电视等科学技术领域。数字电路是用数字信号实现算术运算和逻辑运算的电路，布尔代数是分析和设计数字

电路的数学工具。

数字电路中的逻辑门电路可以实现布尔代数的运算，图 11.2.1 是基本的逻辑门电路符号。图 11.2.1(1)是反相器，它有一个输入端和一个输出端，输入布尔值，输出该布尔值的补。图 11.2.1(2)是与门，它有两个或多个输入端和一个输出端，输入两个或多个布尔值，输出这些布尔值的布尔积。图 11.2.1(3)是或门，它有两个或多个输入端和一个输出端，输入两个或多个布尔值，输出这些布尔值的布尔和。

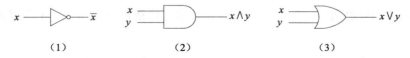

（1）   （2）   （3）

图 11.2.1   基本的逻辑门电路符号

电路的输出只与输入有关，和电路的当前状态无关，称这样的电路为**组合电路**。使用反相器、与门和或门的组合可以构造组合电路。

例 11.2.6   构造产生下列输出的电路：1) $(x \vee y) \wedge \overline{x}$；2) $\overline{y} \wedge \overline{x \vee \overline{z}}$。

解   电路如图 11.2.2(1)和(2)所示。

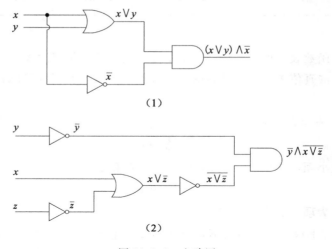

（1）

（2）

图 11.2.2   电路图   ◀

例 11.2.7   一决策小组由 3 人组成，每人对决议可以投赞成或反对票，一项决议如果获得两票赞成，则获通过。请设计一个投票表决电路。

解   设 3 个人的投票情况分别用 x，y，z 的值表示，如第一人投赞成票时 $x=1$，投反对票时 $x=0$，决议获得通过则 $f=1$，决议未获通过则 $f=0$。对 3 个人所有可能的投票情况及各种情况下的输出 f 值，可以列出一个表，即投票电路的布尔函数表 11.2.2。

表 11.2.2   例 11.2.7 表

x	y	z	F	x	y	z	F
0	0	0	0	1	0	0	0
0	0	1	0	1	0	1	1
0	1	0	0	1	1	0	1
0	1	1	1	1	1	1	1

根据这个表可以写出用析取范式表示的布尔函数

$$F(x, y, z) = (\overline{x} \wedge y \wedge z) \vee (x \wedge \overline{y} \wedge z) \vee (x \wedge y \wedge \overline{z}) \vee (x \wedge y \wedge z)$$

可以用反相器、与门和或门构成的组合电路实现这个布尔函数。在这个布尔函数中，每个极小项(布尔积)用一个 3 输入的与门实现，4 个极小项需要 4 个与门，变量的补用反相器实现，4 个与门的输出作为或门的输入，或门输出布尔函数值。用逻辑门电路实现布尔函数，布尔函数越简单，需要的门电路越少。利用布尔代数的性质，可以对布尔函数化简，如上式可化简为：

$$F(x, y, z) = (\overline{x} \wedge y \wedge z) \vee (x \wedge \overline{y} \wedge z) \vee (x \wedge y \wedge \overline{z}) \vee (x \wedge y \wedge z)$$
$$= (x \wedge y) \vee (x \wedge z) \vee (y \wedge z)$$

这时，可以用 3 个 2 输入与门和 1 个 3 输入或门实现这个布尔函数，这个投票电路如图 11.2.3所示。

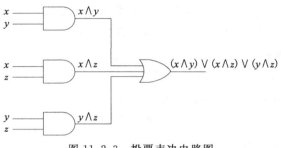

图 11.2.3　投票表决电路图　◀

习题

1. 下面各哈斯图中，哪些是格，哪些不是格？说明理由。

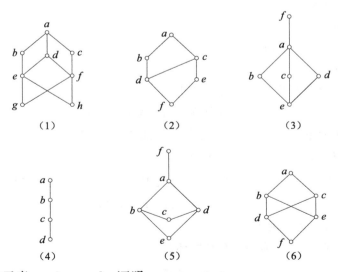

（1）　　　　　　　（2）　　　　　　　（3）

（4）　　　　　　　（5）　　　　　　　（6）

2. 对格 L 中任意元素 a, b, c, d, 证明：

　　(1)$a \leqslant b$, $a \leqslant c$ 当且仅当 $a \leqslant b \wedge c$。

　　(2)$a \leqslant c$, $b \leqslant c$ 当且仅当 $a \vee b \leqslant c$。

(3)若 $a\leqslant b\leqslant c$，$d\wedge c=a$，则 $d\wedge b=a$。

(4)$(a\wedge b)\vee(a\wedge c)\leqslant a\wedge(b\vee c)$。

(5)$((a\wedge b)\vee(a\wedge c))\wedge((a\wedge b)\vee(b\wedge c))=a\wedge b$。

(6)$(a\wedge b)\vee(c\wedge d)\leqslant(a\vee c)\wedge(b\vee d)$。

3. 令 $x<y$ 表示 $x\leqslant y$ 且 $x\neq y$，对格 L 中任意元素 a，b，证明：$a\wedge b<a$ 且 $a\wedge b<b$ 当且仅当 a 与 b 是不可比较的，即 $a\leqslant b$，$b\leqslant a$ 都不成立。

4. 对于第 1 题图中的每个格，如果格中的元素存在补元，则求出这些补元。

5. 判断第 1 题图中的每个格是否是分配格、有补格和布尔格，并说明理由。

6. 证明：在有界分配格中，拥有补元的所有元素可以构成一个子格。

7. 设 $\langle L$，$\vee$，$\wedge\rangle$ 为有补分配格，a，b 为 L 中任意元素，证明
$$\bar{b}\leqslant\bar{a} \text{ 当且仅当 } a\wedge\bar{b}=0 \text{ 当且仅当 } \bar{a}\vee b=1$$

8. 设 $\langle L$，$\vee$，$\wedge$，0，$1\rangle$ 是有界格，a 为 L 中任意元素，证明
$$a\wedge 0=0，a\vee 0=a，a\wedge 1=a，a\vee 1=1$$

9. 证明下列布尔恒等式：

(1)$(a\wedge b)\vee(a\wedge\bar{b})\vee(\bar{a}\wedge b)=a\vee b$

(2)$(a\wedge c)\vee(\bar{a}\wedge b)\vee(b\wedge c)=(a\wedge c)\vee(\bar{a}\wedge b)$

(3)$(a\vee\bar{b})\wedge(b\vee\bar{c})\wedge(c\vee\bar{a})=(\bar{a}\vee b)\wedge(\bar{b}\vee c)\wedge(\bar{c}\vee a)$

(4)$(a\wedge b)\vee(\bar{a}\wedge c)\vee(\bar{b}\wedge c)=(a\wedge b)\vee c$

(5)$(a\vee b\vee d)\wedge(\bar{a}\vee c\vee e)=((a\vee b)\wedge(\bar{a}\vee c))\vee((a\vee d)\wedge(a\vee e))$

(6)$(a\vee b)\wedge(\bar{a}\vee c)=(\bar{a}\wedge b)\vee(a\wedge c)$

10. 化简下列布尔表达式，并求它们的对偶式。

(1)$(1\wedge a)\vee(0\wedge\bar{a})$

(2)$(a\wedge b)\vee(\bar{a}\wedge b\wedge c,)\vee(b\wedge c)$

(3)$((a\wedge\bar{b})\vee c)\wedge(a\vee\bar{b})\wedge c$

(4)$\overline{\overline{a\wedge b}\vee\overline{a\vee b}}$

11. 设 a，b 为布尔代数 B 中任意元素，证明
$$a=b \text{ 当且仅当 }(a\wedge\bar{b})\vee(\bar{a}\wedge b)=0$$

12. 设 a，b，c，d 为布尔代数 B 中任意元素，证明：当 $c\vee a=b$，$c\wedge a=0$，$d\vee a=b$，$d\wedge a=0$ 时有 $b\wedge a=a$，$b\wedge c=c$，$c=d$。

13. 设 $\langle B$，$\vee$，$\wedge$，$^-$，0，$1\rangle$ 为布尔代数，定义 B 上的环和运算 $\oplus$：对任意 a，$b\in B$
$$a\oplus b=(a\wedge\bar{b})\vee(\bar{a}\wedge b)$$

(1)证明：$\langle B$，$\oplus\rangle$ 为一阿贝尔群。

(2)证明：$\langle B$，$\oplus$，$\wedge\rangle\rangle$ 为一含幺交换环。

14. 设 $\langle B$，$\vee$，$\wedge$，$^-$，0，$1\rangle$ 为布尔代数，证明
$$a\leqslant b\Leftrightarrow a\wedge\bar{b}=0\Leftrightarrow\bar{a}\vee b=1$$

15. 已知 $\langle\{0$，a，b，$1\}$，$\vee$，$\wedge$，$^-$，0，$1\rangle$ 为布尔代数，其上有布尔函数

$$f(x_1, x_2, x_3) = (a \wedge x_1 \wedge \overline{x_2}) \vee (x_1 \wedge (x_3 \vee b))$$

(1) 求 $f(b, 1, a)$ 的值。

(2) 求 $f(x_1, x_2, x_3)$ 的主析取范式与主合取范式。

16. 设 a, b 为布尔代数 B 的两个常元，且 $a \wedge b = a$，证明下列方程组

$$\begin{cases} x \vee a = b \\ x \wedge a = 0 \end{cases}$$

有唯一解 $x = \overline{a} \wedge b$。

17. 证明：在分配格中有：

(1) $a \wedge \bigvee_{i=1}^{m} b_i = \bigvee_{i=1}^{m} (a \wedge b_i)$

(2) $a \vee \bigwedge_{i=1}^{m} b_i = \bigwedge_{i=1}^{m} (a \vee b_i)$

18. 求下面所给电路的输出。

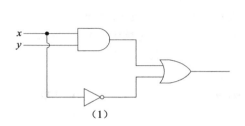

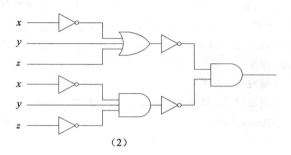

(1)　　　　　　　　　　　　　　(2)

19. 用反相器、与门和或门构造产生下列输出的电路。

(1) $x + \overline{y}$

(2) $\overline{\overline{x}y} + y$

(3) $(x + y + z)(\overline{x} + \overline{y} + \overline{z})$

(4) $\overline{\overline{xy} + \overline{yz}}$

参 考 文 献

[1] 左孝凌，李为鑑，刘永才．离散数学[M]．上海：上海科学技术文献出版社，1982．

[2] 屈婉玲，耿素云，张立昂．离散数学[M]．北京：高等教育出版社，2008．

[3] Kenneth H Rosen．离散数学及其应用[M]．袁崇义，等译．6版．北京：机械工业出版社，2009．

[4] 徐凤生，等．离散数学及其应用[M]．北京：机械工业出版社，2009．

[5] 屈婉玲，耿素云，张立昂．离散数学学习指导与习题解析[M]．北京：高等教育出版社，2010．

[6] 石纯一，王家．数理逻辑与集合论[M]．北京：清华大学出版社，2005．

[7] 徐洁磐，朱怀宏，宋方敏．离散数学及其在计算机中的应用[M]．北京：人民邮电出版社，2005．

[8] 耿素云，屈婉玲，王捍贫．离散数学教程[M]．北京：北京大学出版社，2001．

[9] 傅彦，顾小丰，王庆先，等．离散数学及其应用[M]．北京：高等教育出版社，2008．

[10] 傅彦，王丽杰，尚明生，等．离散数学实验与习题解析[M]．北京：高等教育出版社，2007．

[11] 屈婉玲，耿素云，张立昂．离散数学题解[M]．北京：清华大学出版社，2001．

[12] 董晓蕾，曹珍富．离散数学[M]．北京：机械工业出版社，2009．

[13] Bernard Kolman，Robert C Busby，Sharon Cutler Ross．离散数学结构[M]．罗平，译．4版．北京：
    高等教育出版社，2001．

[14] 柴玉梅，张坤丽．人工智能[M]．北京：机械工业出版社，2012．

[15] James A Anderson．离散数学和组合数学[M]．俞正光，等译．北京：清华大学出版社，2004．

[16] 王元元，等．离散数学教程[M]．北京：高等教育出版社，2010．

[17] Herbert B Enderton．集合论基础[M]．北京：人民邮电出版社，2006．

[18] Gary Chartrand，Ping Zhang．图论导引[M]．范益政，等译．北京：人民邮电出版社，2006．

[19] 屈婉玲，耿素云，张立昂．离散数学[M]．2版．北京：清华大学出版社，2008．

推荐阅读

数据挖掘与商务分析：R语言

作者：约翰尼斯·莱道尔特 ISBN：978-7-111-54940-6 定价：69.00元

统计学习导论——基于R应用

作者：加雷斯·詹姆斯 等 ISBN：978-7-111-49771-4 定价：79.00元

数据科学：理论、方法与R语言实践

作者：尼娜·朱梅尔 等 ISBN：978-7-111-52926-2 定价：69.00元

商务智能：数据分析的管理视角（原书第3版）

作者：拉姆什·沙尔达 等 ISBN：978-7-111-49439-3 定价：69.00元

推荐阅读

算法导论（原书第3版）
作者：Thomas H. Cormen 等
ISBN：978-7-111-40701-0　定价：128.00元

C程序设计语言（第2版·新版）
作者：Brian W. Kernighan 等
ISBN：978-7-111-12806-0　定价：30.00元

深入理解计算机系统（原书第3版）
作者：Randal E. Bryant 等
ISBN：978-7-111-54493-7　定价：139.00元

计算机组成与设计：硬件/软件接口（原书第5版）
作者：David Patterson 等
ISBN：978-7-111-50482-5　定价：99.00元